Foto: Frank Rosell

Prof. Dr. Frank Rosell

Die Welt der Gerüche

Spezial-Spürhunde im Einsatz

Kynos

Titel der norwegischen Originalausgabe:
En Nese for alt. Hunden – menneskets nyttigste venn.

Aus dem Norwegischen übersetzt von Dr. Annette Hosius.

Kynos Verlag Dr. Dieter Fleig GmbH, 2017
Konrad-Zuse-Straße 3, D-54552 Nerdlen / Daun
Telefon: 06592 957389-0
Telefax: 06592 957389-20
www.kynos-verlag.de

Grafik & Layout: Kynos Verlag
Gedruckt in Lettland

ISBN: 978-3-95464-133-8

Bildnachweis: Titelbild: fotolia@emer; S. 16 Frank Rosell; S. 48 fotolia@Mikkel Bigandt; S. 66 Jeff Schettler; S. 84 fotolia@Sergio; S. 100 fotolia@muro; S. 118 fotolia@Dogs; S. 144 Frank Rosell; S.172 Axel Grønkjaer; S. 184 fotolia@muehlberg; S. 200 Medical Detection Dogs, UK; S. 216 fotolia@branislav; S. 248 Frank Rosell; S. 270 fotolia@Giorgio Pulcini

Inhaltsverzeichnis

Vorwort und Danksagung 11

1. Der Arbeitshund 17

2. Der Geruchssinn 49

3 Der Menschenkenner 67

4 Der Haustiersuchhund 85

5 Der Rettungshund 101

6 Der Jagdhund 119

7 Der Polizeihund 145

8 Der Zollhund 173

9 Der Militärhund 185

10 Der Diagnoseschnüffelhund 201

11 Der Artenschutzhund 217

12 Der Schädlingsbekämpfer und Gebäudeinspektor 249

13 Andere Arbeitsaufgaben für Spürhunde 271

Quellenverzeichnis 290

Vorwort und Danksagung

Ich arbeite als Professor für Verhaltensbiologie an der Hochschule Telemark in Bö, Norwegen. In meiner Forschung befasse ich mich hauptsächlich mit der chemischen Kommunikation zwischen Säugetieren. Meine Faszination für Hunde begann bereits im Alter von 12 Jahren, als mein Zwillingsbruder Terje und ich unseren ersten Hund bekamen – Tinka, einen Shetland Sheepdog. Schon früh bemerkte ich, wie Säugetiere mit Hilfe von Duftstoffen miteinander kommunizieren – mein Interesse war geweckt. Ich absolvierte zunächst ein Studium zum Chemieingenieur (1988-1991), aber weil mich das Verhalten der Tiere immer am meisten faszinierte, spezialisierte ich mich auf die chemische Verhaltensökologie. 2002 promovierte ich dann wurde fünf Jahre später Professor auf diesem Gebiet. Seit zwanzig Jahren forsche und unterrichte ich nun über die Geruchskommunikation von verschiedenen Säugetierarten, unter anderem Biber, Braunbären, Murmeltier und Dachs.

Ich bin in Halden in der norwegischen Region Östfold geboren und aufgewachsen. Meine Forschung konzentrierte sich hauptsächlich auf Biber, seit ich am 21. Juli 1990, einen Tag vor meinen 21. Geburtstag, das erste Individuum beobachtet hatte. Ab da wurde Tinka zur festen Begleitung bei meinen häufigen Biberexkursionen, und ab Herbst 2008 bezog ich Hunde und ihren Geruchssinn auch in meine Forschung mit ein. Alle Hunde, mit denen ich in Halden und später in Bö zusammenlebte, haben mir sehr viel Freude gemacht. Tinka 1 und die Border Collies Tinka 2, Tapio, Shib, Tapas und Chilli haben alle ihre Nasen fleißig benutzt, überall „markiert“, haben läufige Hündinnen verfolgt, sich in Kot gewälzt und an Gesichtern, Hinterteilen und Duftdrüsen anderer Hunde gerochen. Dies alles habe ich oft mit Interesse, Verwunderung und manchmal auch mit Irritation beobachtet.

Der Hund ist seit 11.000-33.000 Jahren der beste Freund des Menschen, und in den letzten Jahrhunderten auch mehr als das: Hunde wurden für die verschiedensten Zwecke eingesetzt. Dieses Buch handelt davon, wie wir uns die Hundenase in vielen verschiedenen Arbeitsbereichen zunutze gemacht haben. Hunde können ausgebildet werden, fast alles zu riechen. Sie haben eine Nase für wirklich alles, und es ist ausschließlich unsere eigene Vorstellungskraft, welche die Möglichkeiten für solche Arbeitsaufgaben begrenzt. Wir alle kennen Jagdhunde. Rettungshunde werden für die Suche nach Vermissen eingesetzt, Zollhunde spüren Drogen, Geld und Schmuggelwaren auf, während Polizeihunde auf das Aufspüren von Waffen, Blut und Sperma trainiert sind. Militärhunde suchen nach Bomben, Minen und anderen explosiven Stoffen, während Schädlingsbekämpfer ihre Hunde auf Ameisen, Mäuse, Ratten und Wanzen spezialisiert haben. Es gibt Tausende von Hunden, die uns vor Kriminellen, Schmugglern, Brandstiftern und Terroristen schützen. Ebenso können sie fremde und bedrohte Tier- und Pflanzenarten sowie Verschmutzungen erschnüffeln und sogar Diabetes und einige Krebsarten in einem frühen Stadium entdecken. Dies sind nur einige der Themen, die in diesem Buch behandelt werden. Sie werden nicht nur die „Alles-ist-möglich-Hunde“ Demi und Andrea kennen lernen, sondern auch den Wein- und Spirituosenladenhund Tutta, den Haustiersuchhund Aj, den Rettungshund Barry, den Jagdhund Balder, die Polizeihunde Rasko, Trixxi und Chaos, die Zollhunde Rossi, Dusty und Harvey, den Militärhund Lisa, die Krebserkennungshunde Jack und Kaktus, die Diabeteshunde Shirley und Nemi, den Meeresschildkrötenhund Ridley, den Lundehund Fröya, den Orca-Exkremente-Hund Tucker, die Biberhunde Mie, Shib und Tapas, die Borkenkäferhunde Meja und Aska, den Fäulnishund Cleo, den Bauinspektorhund Luna, die Trüffelhunde Lello, Louise und Kokkos, den Weinhund Miss Louisa Belle, die Erdölhunde Jippi und Tara, den Brunft-Erkennungshund Elvis, die Stuhlgang-Analysehunde Sable und Logan sowie den Golfballhund Goya.

Ich möchte mich bei all denen bedanken, die mich mit Bildern, Tipps und Ratschlägen unterstützt haben, bei jenen, die ich besuchen durfte sowie bei denen, die mein Buch mit ihren Anmerkungen bereichert haben.

Ein besonderer Dank geht an Ole K. Auten (Kapitel 7 und 9), Terje Groth Berntsen (Kapitel 1 und 2), Dag K. Bjerketvedt (Kapitel 10-12), Susan Bulanda (Kapitel 5 und 6), Turid Buvik (Kapitel 10), Olav Inge Edvardsen (Kapitel 11), Birgit Espedalen (Kapitel 10-12), Rune Fjellanger (Kapitel 1,9 und 12), Asbjörn Grande (Kapitel 7-9), Claire Guest (Kapitel 10), Monica Hagerup (Kapitel 5), Inger Hanssen-Bauer (Kapitel 6), Anne Hermansen (Kapitel 1-3,7 und 8), György Horvath (Kapitel 10), Tadeusz Jezierski (Kapitel 7), Kai Iversen (Kapitel 7), Per Tore Iversen (Kapitel 5), Imke Jürgens (Kapitel 10-12),

Jon Einar Karlsen (Kapitel 7), Kristin Killingsmo (Kapitel 13), Rolf von Krogh (Kapitel 8), Torun Knapperholen (Kapitel 8), Marcia König (Kapitel 7), Tor Iljar (Kapitel 12), Anne Molia (Kapitel 13), Howard Parker (Kapitel 6), Kaare Vidar Pedersen (Kapitel 6), Paola A.Prada (Kapitel 3), Ole Reitan (Kapitel 3-6 und 11), Christian A.Robstad (Kapitel 11), Gary S. Settles (Kapitel 2), Knut Skaar (Kapitel 5), Cato Sletten (Kapitel 12), Monica Alterskjaer Sundset (Kapitel 1), Siri Stedje (Kapitel 10), Björn G. Stehen (komplettes Buch), Öyvind Steifetten (Kapitel 10 und 11), Thor Svendsen (Kapitel 8), Per Arne Södal (Kapitel 7), Mona Saebö (Kapitel 1), Helga Veronica Tinnesand (Kapitel 10 und 11), Torun Thomassen (Kapitel 1-3), Silje Vang (Kapitel 6), Vidar Vestreng (Kapitel 8), Andreas Zedrosser (Kapitel10 und 11) sowie Fröde Ödegaard (Kapitel 12).

Ich möchte auch der Universitätsbibliothek der HiT in Bö für die zahllosen Anschaffungen von Fachliteratur, Hundebüchern und wissenschaftlichen Artikeln danken sowie der Dekanin Tone Jöran Oredalne, die mein Hundeprojekt vom Anfang an unterstützt hat. Ein besonderer Dank geht an Tor

Foto: Frank Rosell

Iljar im Dogpoint für ein lehrreiches Hundeprojekt, an meine Doktorandin Hannah B. Cross, an die Masterstudentin Christin Beate Johnson und an die Hundefanatikerin Beate Jaspers für ihren fantastischen Einsatz beim Hundetraining. Ein besonderer Dank gilt auch dem Redakteur von Gyldendal Sakprosa, Björn Olav Jahr, für viele gute Anmerkungen und seinen großen Einsatz, der die Veröffentlichung dieses Buches ermöglicht hat.

Und ganz zum Schluss: Frid Elisabeth Berge und Yrja Skaerum sei für ihre Geduld und Unterstützung bei der Arbeit an diesem Buch gedankt.

Ich hoffe, dass Sie bei der Lektüre dieses Buchs einen besseren Einblick in das einzigartige Geruchsuniversum unserer Hunde bekommen.

Viel Spaß beim Lesen!
Frank Rosell
Bö, Telemark, Oktober 2014

Für meine Eltern, die meinem Zwillingsbruder Terje und mir den Hund Tinka 1 zum 12. Geburtstag schenkten und für alle meine vierbeinigen Freunde, Tinkas, Tapio, Shib und Chilli.

1. Der Arbeitshund

Im Jahre 1925 brach in Nome/Alaska eine Diphtherie-Epidemie aus und für die von Ansteckung betroffenen Patienten war es lebenswichtig, Impfserum zu erhalten. Wegen der starken Winterstürme und unpassierbaren Wege war dies jedoch beinahe ein Ding der Unmöglichkeit. Trotzdem stellte sich der Norweger Gunnar Kaasen dieser Herausforderung und es gelang ihm mit Hilfe seines Hundegespanns aus sibirischen Huskys und dem Leithund Balto, das Impfserum zu liefern und so etliche Menschenleben zu retten. Über Baltos Leben wurde ein Dokumentarfilm gedreht und ihm zu Ehren errichtete man ein eigenes Denkmal im New Yorker Central Park, außerdem begeisterte Steven Spielbergs beliebter Zeichentrickfilm über Baltos beeindruckende Leistung viele Kinder und Erwachsene.

Aber zurück zu Kaasen, der es eigentlich schon aufgegeben hatte, es mit dem Impfserum bis Nome zu schaffen und in einem letzten verzweifelten Versuch Balto darum bat, einen Weg durch den Schneesturm zu finden. Die Sicht war nur minimal und Kaasen musste sich voll und ganz auf Baltos Geruchssinn verlassen. Das Buch von Salisbury & Salisbury beschreibt die Szene wie folgt:

Balto begriff, dass es nun auf ihn ankam, den Weg im Schneesturm zu finden. Dazu musste er den mehr als schwachen Geruch von anderen Hunden, die in jenem Winter diesen Weg vor ihm zurückgelegt hatten, aufnehmen. Mit seiner Nase am Boden bewegte er sich langsam vorwärts. Die Minuten zogen sich wie Stunden, Balto suchte und suchte. Plötzlich hob er seinen Kopf und nahm Tempo auf. Sie hatten den richtigen Weg wiedergefunden. Gegen 5:30 Uhr morgens am zweiten Februar konnte Kaasen das Kreuz des Kirchturms der St. Josephskirche erblicken. Innerhalb weniger Minuten gelangte er in die Hauptstraße und hielt vor der Tür der „Miners & Merchants Bank“ in Nome an. Kaasen taumelte von seinem Schlitten, ging zu Balto und murmelte: „Damn fine dog!“ („Verdammt guter Hund!“) [1]

Hunde und Menschen

Während unserer langen Beziehung zu Hunden haben wir gelernt, sie nicht nur zu verstehen, sondern auch mit ihnen zu kommunizieren.[2] Wir haben über 1.000 Hunderassen gezüchtet[3] (ca. 275 Rassen in Norwegen)[4] und jede einzelne davon hat spezielle Eigenschaften.[5-6] In Haushalten auf der ganzen Welt leben fast 900 Millionen Hunde.[7] Allein in den USA gibt es 75 Millionen Hundebesitzer[8] und 40 % davon nehmen ihren „besten Freund" mit ins Bett.[9] In Norwegen gab es 2014 circa 500.000 registrierte Hunde im „Norsk Kennel Klub" (80-90 % von ihnen reinrassig) und fast genauso viele Hundebesitzer. In 19 % der norwegischen Haushalte lebt ein Hund, sodass ungefähr 700.000 von uns täglich in Kontakt mit Hunden sind. Jährlich werden ungefähr 30.000 neue Hunde im „Norsk Kennel Klub" gemeldet.[10-11] *(In Deutschland leben nach statistischen Erhebungen im Jahr 2016 rund 11,6 Mio. Hunde, Anm.d.Übers.).*

Ständig neue wissenschaftliche Forschungsarbeit wird auch zu den Erfahrungen mit und Möglichkeiten für Arbeitshunde geleistet. Trotzdem ist das Feld noch immer unterentwickelt, weil es so viele verschiedene Teilbereiche gibt, wie zum Beispiel Landwirtschaft, Ökologie, Zoologie und Entomologie, Kriminologie, Medizin, Psychologie und Wildbiologie.[12] Ich hoffe, dass dieses Buch dazu beitragen kann, diese verschiedenen Disziplinen einander näher zu bringen und neue Möglichkeiten der zukünftigen Zusammenarbeit zu eröffnen. Hunde als Arbeitshunde bergen immer noch viel ungenutztes Potenzial. Ich hoffe außerdem, dass viele Hunde durch ihre Tätigkeit als Arbeitshunde ein noch bereichertes Leben führen werden, da sie ihre Nase noch intensiver nutzen können – nicht nur zu unserer, sondern auch zu ihrer eigenen Freude. Hunden die Möglichkeit zu geben, Aufgaben zu erfüllen und Entscheidungen zu treffen, ist für ihr Wohlbefinden enorm wichtig.[13]

Vom Wolf zum Hund

Wann und wie wurde der Hund unser „bester Freund"? Die Familie der Hundeartigen (Canidae), der Wölfe und Hunde angehören, entstand vor

50 Millionen Jahren.[14] Das Genom des Hundes (also sein gesamtes Erbmaterial) wurde 2003 entschlüsselt und die Ergebnisse lassen darauf schließen, dass der Hund vom Grauwolf abstammt. Genetisch betrachtet ist ein Hund zu 99,96% ein Wolf.[15] Hund und Wolf werden der gleichen Art zugeordnet, auch deswegen, weil sie sich untereinander paaren und fruchtbare Nachkommen zeugen können. Solche Paarungen finden in der Regel zwischen Wölfinnen und Hunderüden statt, können aber auch zwischen Hündinnen und Wolfsrüden stattfinden.[16] Gleichwohl haben viele den lateinischen Namen *Canis familiaris* für den Hund verwendet und nicht den Unterartnamen *Canis lupus familiaris*, welcher nach Ansicht vieler eher der korrekten Terminologie entspricht.

Darüber, wann Wolf und Hund sich getrennt haben, gibt es große Unstimmigkeiten. Viele Forscher sind der Meinung, dass dies erst vor 11.000 -16.000 Jahren geschah.[17-20] Bewiesen ist, dass Hunde schon vor rund 14.000 Jahren zusammen mit Menschen begraben wurden,[21] was darauf hinweist, dass der Hund schon zu jener Zeit der beste Freund und auch Beschützer des Menschen war. In der von Menschen bewohnten Razboinichya-Grotte in Sibirien wurde ein Hundeschädel gefunden, der vermutlich 33.000 Jahre alt ist.[22] Dieser ähnelt sehr den domestizierten Hunden in Grönland, die rund eintausend Jahre alt sind, und auch denen der früheren und heutigen Wölfe. Aber diese Hundelinie existierte nicht lange genug, um ausreichend Nachkommen zu produzieren und ist daher nicht der älteste Vorfahre der heutigen Hunde. Vermutlich war es in der Region des heutigen Deutschland und der Schweiz, in der Urmenschen die freundlichsten Wölfe zu sich aufnahmen, um sich gegen Höhlenbären und Löwen zu schützen. Dies bedeutet, dass die Domestikation des Hundes in Europa und nicht, wie früher angenommen, in Asien geschah. Laut den Erkenntnissen von 2013 wurden Wölfe bereits vor 18.800 – 32.100 Jahren domestiziert, als noch große Teile Nordeuropas von Eis bedeckt waren. Wenn freundlichere Wölfe rund um das Lager der Urzeitmenschen nach Mammutfleisch suchten, wurde dies akzeptiert, da diese Wölfe eine zusätzliche Schutzwache boten. Die Wölfe gewöhnten sich mit der Zeit daran, Nahrung mit mehr pflanzlicher Stärke, wie sie in den meisten Grünpflanzen gebildet wird, aufzunehmen.[23] Eine andere denkbare Möglichkeit ist, dass Menschen trächtige Wölfinnen gefangen und deren Welpen gezähmt haben.[24]

Eine im Jahr 2013 unter der Leitung von Erik Axelsson, einem Wissenschaftler für Evolutionsgenetik an der Universität Uppsala/Schweden, durchgeführte Studie belegt, dass es 36 spezifische Genorte (*Loci oder Genloci)* gibt, an denen sich das Genom von Hund und Wolf unterscheidet. Neunzehn dieser Genorte beinhalten an der Gehirnentwicklung beteiligte Gene, was erklären könnte, warum Hunde freundlicher sind als Wölfe. Die Forscher fanden auch heraus, dass Hunde zehn Gene besitzen, die die Verdauung von Stärke und die Fettverbrennung begünstigen. Drei dieser Gene bewirken, dass Hunde besser als fleischfressende Wölfe Stärke zu Zucker verdauen und somit absorbieren können.[25] Die meisten Hundewelpen werden von uns aufgezogen und die Ernährung kann einen wichtigen Einfluss auf das im späteren Leben bevorzugte Futter haben. Welpen haben im Gegensatz zu erwachsenen Hunden eine deutliche Vorliebe für Fleisch.[26] Wir wissen auch aus der Epigenetik, der Wissenschaft erblicher Veränderungen im Genausdruck und davon, wie Gene letztlich verwendet werden, dass die Nachkommen von den Erfahrungen ihrer Eltern genetisch beeinflusst werden können. Beispielsweise kann die Labormaus, der die Vermeidung bestimmter Gerüche antrainiert werden kann, diese Eigenschaft an ihre Nachkommen weitergeben. Dies kann anhand einer epigenetischen Programmierung der DNA geschehen, mit der Gene an- und ausgeschaltet werden können.[27] Dieses Forschungsgebiet entwickelt sich immer mehr und kann unter anderem dazu beitragen, die großen Unterschiede zwischen Wolf und Hund, beispielsweise im Verhalten, zu erklären.

Im Jahr 2014 untersuchte der Postdoktorandenstudent Adam H. Freedman mit seinen Kollegen an der Universität von Los Angeles in Kalifornien das Genom von Grauwölfen aus drei unterschiedlichen Regionen (China, Kroatien und Israel), in der möglicherweise die Domestikation des Grauwolfs stattgefunden hatte. Außerdem untersuchten sie das Genom eines afrikanischen Basenjis und eines australischen Dingos. Diese beiden Rassen stammen aus Gegenden ohne Grauwölfe und konnten sich daher nie mit diesen paaren. Die Wissenschaftler fanden heraus, dass die Grauwölfe aus diesen drei verschiedenen Gegenden mehr Gemeinsamkeiten untereinander aufwiesen als mit Hunden. Außerdem untersuchten sie das Genom eines Boxers und es zeigte sich, dass die drei Hunderassen aus den unterschiedlichen Regionen untereinander mehr Gemeinsamkeiten hatten als mit den Wölfen. Dies deutet darauf hin, dass die modernen Hunde und Grauwölfe Nachbaräste im evolutionären Stammbaum darstellen und dass beide von einem älteren, ausgestorbenen gemeinsamen Vorfahren abstammen. Diese Ergebnisse widerlegen also frühere Vermutungen, dass Hunde sich aus einem der drei Grauwolfsbestände entwickelt hätten.[28]

Einige wilde Hunderudel haben eine Dominanz-Hierarchie, die bestimmten Tieren einen Vorteil bezüglich Nahrungsaufnahme oder Paarungsmöglichkeiten verschafft. Dies ist nicht so stark ausgeprägt wie bei Wölfen. Bei wilden Hunden ist es kein Paar, welches das Rudel anführt, sondern ein altes, hochrangiges Individuum. Hochrangige Hunde, die Unterwerfungsgesten sowohl bei Begrüßungsritualen als auch bei Kämpfen annehmen, sind häufiger Rudelführer als solche, die Unterwerfungen nur in feindlichen Begegnungen annehmen. Oft ist also der am freundlichsten gesinnte Hund mit den meisten freundschaftlichen Verhältnissen der Anführer des Rudels.[29] Es spielt jedoch für die Beziehung zum Besitzer keine Rolle, ob ein Hund in einem spielerischen Gerangel gewinnt oder verliert; er wird dadurch nicht mehr oder nicht weniger dominant.[30] Weil Hunde höherrangige Gruppenmitglieder möglichst nicht herausfordern, erleichtert uns dies, die Kontrolle über unseren Hund zu behalten und ihn anzuleiten.[31]

Mit der Nase bei der Arbeit

Hunde haben einen sehr gut ausgeprägten Geruchssinn und stehen seit vielen Tausend Jahren in unseren Diensten. Die Hundenase ist einhundert bis eine Million Mal empfindlicher als die Menschennase.[32] Das Riechhirn des Hundes ist fast sieben Mal größer und dieser fantastische Geruchssinn ist es, der zu vielen verschiedenen Arbeitsaufgaben im Dienste der Menschen geführt hat.[33-35] Anfangs haben sich Menschen die Hundenase während der Jagd zunutze gemacht, seitdem haben sich die Arbeitsbereiche aber ständig erweitert. Im 19. Jahrhundert hat man Hunde zum Aufspüren entflohener Sklaven eingesetzt. Während des Krieges und bei Kriegsende spürten Hunde Sprengstoff und Minen auf. In den letzten vierzig Jahren ist der Einsatz von Spezial-Suchhunden enorm gestiegen. Diese Hunde sind in erster Linie auf den Geruch von Menschen und Gegenständen abgerichtet. Rettungshunde-Organisationen nutzen Hunde für die Vermisstensuche, der Zoll für das

Aufspüren von Drogen, Geld und Schmuggelwaren, während Polizeihunde darauf trainiert werden, Waffen, Blut und Sperma zu finden. Das norwegische Militär hat Hunde auf das Aufspüren von Bomben, Minen und anderem Sprengstoff spezialisiert, die Hunde der Schädlingsbekämpfer wiederum auf das Lokalisieren von Ameisen, Ratten, Mäuse und Wanzen. Tausende Hunde schützen uns also vor Kriminellen, Schmugglern, Terroristen oder Brandstiftern.[36] Hunde erschnuppern auch fremde oder bedrohte Tier- und Pflanzenarten, machen Umweltverschmutzungen ausfindig oder erkennen Diabetes und einzelne Krebsarten bereits zu einem frühen Zeitpunkt.

Im Jahr 2003 wurde eine Liste mit dreißig verschiedenen Spezial-Suchhunden erstellt,[37] die seitdem erweitert wurde. Hier finden Sie eine aktualisierte Auflistung (Stand Frühjahr 2014) mit Dingen, auf die Hunde abgerichtet sind. Dies ist auch eine Übersicht, wie die verschiedenen Arbeitsbereiche im Buch erwähnt werden. Die sogenannten „Artenschutzhunde" (Kapitel 11) können einerseits nach lebenden und toten Tieren suchen, andererseits auch nach ihren Spuren wie Kot, Haut, Haaren, Nestern, Eiern und Federn.

Kapitel 5 Der Rettungshund	Suche nach lebenden und toten Menschen
Kapitel 6 Der Jagdhund	Aufspüren von Vögeln oder Wild
Kapitel 7 Der Polizeihund	Waffen, Patronenhülsen, Schießpulver, lebende oder tote Menschen samt Körperflüssigkeiten (Blut oder Sperma) sowie Zähne, brennbare Flüssigkeiten und Brandbeschleuniger
Kapitel 8 Der Zollhund	Unterschiedliche landwirtschaftliche und tierische Produkte (Nahrungsmittel, Gemüse, Elefanten-Stoßzähne und Nashörner) Mobiltelefone, DVDs, CDs, Videospiele Seltene Muscheln (z. B. Abalone) Drogen (Ecstasy, Amphetamine, Heroin, Hasch, Kokain, Khat, Marihuana, Cannabis und Opium) Währungen, Geldscheine (Dollar, Euro)

Kapitel 9 Der Militärhund	Sprengstoff, Bomben, Minen
Kapitel 10 Der Diagnose-schnüffelhund	Krebs (Blasen-, Haut-, Lungen-, Brust-, Eierstock-, Prostata- und Darmkrebs) Diabetes Erdnüsse und andere Nüsse Bakterien (wie Durchfall verursachendes Clostridium difficile) Narkolepsie (Schläfrigkeit) Kataplexie (plötzliche und kurz andauernde Muskelschwäche) Addisonkrise (Nebennierenschwäche) Asthma
Kapitel 11 Der Artenschutzhund	Weichtiere/Mollusken Muscheln (Zebramuscheln, auch Wandermuscheln genannt) Insekten (Hummelnester) Amphibien (Frösche, Strandkröten und große Salamander) Fische Kriechtiere (braune Nachtbaumnatter, Tuatara, Geckos, Eidechsen und Schildkröten) Vögel (Kiwi, Kakapo (eine Papageienart) und viele andere Arten) Säugetiere (Fledermäuse, viele andere Nager und Raubtiere) Pflanzen (Knopfkraut, Klee, Lupinen und Baumrosen)
Kapitel 12 Der Schädlings-kontrolleur und Gebäudeinspektor	Insekten (Blattläuse, Schwammspinner, Schmeißfliegen, Chagaswanzen, roter Palmrüsselkäfer, Borkenkäfer, Wanzen, Termiten und Ameisen) Schimmelpilze/Fäulnis Bakterien Rundwürmer bei Schafen Räudemilben Ratten Gasleckagen Rost/Korrosion

Kapitel 13 Andere Arbeitsaufgaben für Spürhunde	Pilze (Pfifferlinge, Trüffel und andere Sorten) Gemüse und Früchte Blaugrünalgen in Fischteichen 2,4,6-Trichloranisol (TCA) in Weinkorken Öl und Teeröl (Kreosot) Bewachung (Raubtiere) Gold, Silber, Messing und andere Metalle Kloake Trächtigkeit Verunreinigungen/Verschmutzungen (PCB, Quecksilber und andere Gifte) Golfbälle

Chaser kennt alle Namen ihrer 1022 Spielzeuge. Foto: Sebastien Micke

Einem Hund kann fast jede Geruchsarbeit beigebracht werden und es ist lediglich unser eigenes Vorstellungsvermögen, das dieser Fülle von Arbeitsmöglichkeiten Grenzen setzt. Das wichtigste daran ist, dass Hunde darauf trainiert werden können, uns die von ihnen aufgespürten Informationen mitzuteilen. Beispiele für die außerordentliche Lernfähigkeit von Hunden finden sich im Buch *The Genius of Dogs* von Brian Hare und Vanessa Woods aus dem Jahre 2013.[38] Die darin enthaltenen Berichte über die Border Collies Rico[39] und Chaser machen den Lerneifer der Hunde und ihre potenzielle Hirnkapazität deutlich. Chaser wurde im Mai 2004 geboren. Als sie fünf Monate alt war, begann John W. Pilley, pensionierter Professor für Psychologie am Wofford College in Süd-Carolina, USA, ihr verschiedene Worte beizubringen. Innerhalb der nächsten drei Jahre lernte und erinnerte sich Chaser an die Namen von 1022 verschiedenen Gegenständen! Darunter befand sich alles Mögliche von Kuscheltieren und Bällen bis hin zu Frisbees und diversen Plastikgegenständen. Von 145 Tests mit je 20 Gegenständen erkannte Chaser immer mindestens 18 der 20 Gegenstände, was einer Trefferquote von circa 95 % entspricht. Chaser wurde auch beigebracht, einen Gegenstand mit der Schnauze aufzunehmen, ihn mit der Vorderpfote zu berühren oder ihn mit Maul oder Nase anzustupsen. Wenn Pilley zum Beispiel „nimm Leo" rief, sollte sie das Kuscheltier Leo mit der Schnauze aufnehmen. Sie bekam 14 ähnliche Aufgaben gestellt und erfüllte sie alle richtig.

Chaser verstand außerdem, dass die Namen verschiedener Gegenstände einer von vielen in einer Kategorie sein können. „Ball" entspricht zum Beispiel einer Kategorie mit 116 runden und hüpfenden Gegenständen. Auch unbekannte Dinge konnte sie durch das logische Ausschließen anderer Möglichkeiten finden. Sie schaffte es acht Mal hintereinander, ein ihr unbekanntes Teil zu bringen, dessen Namen sie nie zuvor gelernt hatte, weil dieses sich zusammen mit ihr ansonsten bekannten Dingen befand. Vierundzwanzig Stunden später hatte sie die Namen für diese neuen Gegenstände wieder vergessen. Ein Langzeitgedächtnis für unbekannte Sachen zu entwickeln benötigt Wiederholung.[40] In einem letzten Test sollte Chaser „zum Ball bring das Frisbee" und „zum Frisbee bring den Ball" ausführen. Sie verstand in 78 % der Fälle, welchen Gegenstand sie zu welchem bringen sollte, wenn mehrere ihr bekannten Dinge in einem Satz genannt wurden.[41] Das Training endete nach drei Jahren, nicht, weil Chasers Grenzen erreicht waren, sondern weil Pilley keine Zeit mehr hatte, vier bis fünf Stunden pro Tag mit ihr zu trainieren.[42]

Chaser lernte unsere Sprache genau wie ein Kleinkind im Alter von drei bis vier Jahren. Die meisten Worte, die sie lernte, konnte sie in anderen Zusammenhängen und neuen Sätzen einsetzen, ohne dass es ihr extra hätte beigebracht werden müssen.[43-45]

Wir haben durch die Domestikation der Hunde eine einzigartige Bindung zu ihnen aufgebaut. Wenn ein Fressnapf nach Futter riecht und wir auf einen anderen zeigen, folgt der Hund nicht dem Geruch, sondern unserem Finger. Ein Zeichen, wie sehr er uns vertraut.[46] Nicht ganz so überraschend ist, dass Hunde ihrem Besitzer mehr vertrauen als einem Fremden. [47] Auch ohne Training und Sozialisierung verstehen Hunde unsere Handbewegungen besser als Wölfe und Schimpansen, obwohl Schimpansen in den meisten Situationen schlauer als Hunde sind.

Wenn es darum geht, unsere Bewegungen zu lesen, sind Arbeitshunde am schnellsten von allen.[48] Sie sind hochmotiviert, einen Auftrag richtig auszuführen, auch, wenn sie keine unmittelbare Belohnung dafür erhalten.[49] Wenn es darum geht, die „beste" Hunderasse zu bestimmen, so gibt es keine wissenschaftlichen Anhaltspunkte dafür, dass einzelne Rassen intelligenter als andere sind.[50] Die gebräuchlichsten Arbeitshunde sind jedoch Deutsche Schäferhunde, Belgische Schäferhunde (Malinois), English Springer Spaniel, Labrador Retriever, Golden Retriever und Border Collies. Diese Rassen sind intelligent, stark, loyal, wendig und nicht zuletzt sehr lernwillig.

Hunde haben eine unglaubliche Fähigkeit, sich an wechselnde Arbeitszeiten zu gewöhnen. Sie haben natürlicherweise ein kurzes Schlafmuster mit häufigen Schlaf-Wach-Zyklen, was es ihnen ermöglicht, sich leicht an Veränderungen in der Arbeitsroutine zu gewöhnen.[51] Aber auch Hunde benötigen Arbeitspausen und vier Stunden Arbeit pro Tag sind im Allgemeinen eine gute Richtlinie.[52]

Doch nicht nur Forscher und Menschen, die jeden Tag mit Hunden arbeiten, interessieren sich für Aufgaben rund um die Hundenase; auch auf internationaler Ebene wird dieses Thema immer populärer.[53-55]

Auch im Privathundebereich werden Kurse und Seminare für Spezialsuchen immer beliebter.[56-57] Nasenarbeit ist sowohl physisch als auch mental

In den USA hat sich die Nasenarbeit mittlerweile zu einem sehr beliebten Sport unter Hundebesitzern entwickelt. In Norwegen befindet er sich noch in der Startphase und wird „Smeller" genannt. Am 12.Juni 2014 wurde eine eigene Organisation gegründet, der „Norwegische Smellerklub" (NSK). Foto: Janet Oatney

anregend für Hunde und tut ihnen gut. Zum Beispiel kann Hunden leicht beigebracht werden, nach Leckerbissen oder unterschiedlichen Gegenständen zu suchen (Spielzeug oder Dinge, die wir verloren haben, z. B. Autoschlüssel), oder verschiedenen Spuren zu folgen (Pfannkuchen-, Wurst- oder Menschenspuren).[58-59] Es gibt ein Video, das diese Nasenspiele detailliert zeigt.[60]

Hunde können solche Suchen sowohl im Labor als auch woanders ausführen.[61] Es gibt viele Möglichkeiten, dieses Geruchstraining für unsere Hunde zu gestalten. Der Hund kann zur Suche entweder an einen speziellen Ort (Raum, Wiese, Feld), gebracht werden, oder die Geruchsprobe wird zum Hund auf ein Gelände oder ins Labor gebracht. Der Hund wird zu einem „Detektor" und kann in der Tat effektivere Arbeit leisten als ein Analyseinstrument. Bei Geruchsproben im Labor wird dem Hund eine Multiple Choice-Aufgabe gestellt. Mit der Zeit wurden mehrere Hilfsmittel dafür entwickelt, jeweils mit eigenen Suchmethoden. Dies können ein Labyrinth, ein Dosentraining, eine Apparatur für Dosentraining, eine Plattform, eine Suchbahn oder ein Karussell sein. Die drei letztgenannten sind die gebräuchlichsten Hilfsmittel. Früher wurden die Boxen an Stühle befestigt, die umher bewegt werden konnten, später nutzte man dafür einen runden Tisch. [62] Dieses Multiple Choice-Prinzip wurde in den 1960er Jahren entwickelt.[63-65] In Norwegen nutze zunächst die Polizei in Oslo diese Methode für die Ausbildung von Drogenspürhunden und verwendet es auch heute noch. Rune Fjellanger von der Fjellanger Hundeschule entwickelte diese Methode, die er auch heute noch nutzt.[66] Bis 2014 ist die Multiple Choice-Methode für das Training vieler verschiedener Spürhunde eingesetzt worden, die unter anderem auf die Suche nach Blut, Sperma, Sprengstoff, Minen, Schimmel und Umweltgiften spezialisiert werden sollten.

Tor Iljar von Dogpoint trainiert mit Geruchsproben vom Biber in einer Plattform. Wenn der Hund die richtige Dose anzeigt, nutzt Iljar einen Klicker, der anzeigt, dass der Hund richtig gewählt hat und belohnt ihn danach mit einem Leckerbissen. Foto: Frank Rosell

Tor Iljars beide Hunde Demi und Andrea haben gelernt, viele verschiedene Dinge in einer Plattform zu riechen:

- Tee/Kaffee
- Wanzen
- Verschiedene Ameisen
- Ratten und Mäuse (lebend und tot)
- Leichensekret
- Ruß- und Rauchschäden nach Brand
- Castoreum (Bibergeil) und Analdrüsensekret von Bibern
- Homöopathische Medikamente
- Stanozol (befindet sich in Anabolika),
- Drogen (Hasch, Kokain, Heroin, LSD, Methadon), Sprengstoff (TNT), Schwarzpulver
- Blei (Komponente von Waffen und Sprengmitteln)
- Gas- und Wasserleckagen

Herausforderungen und zukünftige Möglichkeiten

Seit 1997 habe ich verschiedene Biberstudien an den Flüssen Straumen (Gemeinde Nome), Gvarv und Saua (Gemeinde Sauherad) für die Hochschule Telemark durchgeführt. Die Biber in diesen drei Flüssen sind Teil meiner Langzeitbeobachtungen. Bis Mai 2014 haben wir 393 verschiedene Individuen mit Hilfe von Netzen eingefangen,[67] die meisten von ihnen mehre Male. Insgesamt hatten wir 1.143 Fänge und Wiederholungsfänge. Unsere aktuelle Datenbank beinhaltet Informationen von beinahe 18 Jahren. Jedes Jahr haben wir Tiere von circa 25 verschiedenen Familiengruppen beobachtet und gefangen. Die Tiere wurden mit Ohrmarken und Mikrochips im Nacken versehen, gewogen und gemessen und das Geschlecht anhand der Farbe des Analdrüsensekrets bestimmt.[68] Wir haben auch Haarproben für genetische Untersuchungen gesammelt sowie Castoreum (=Bibergeil: ein

Urinkonzentrat mit vielen flüchtigen Stoffen, mit anderen Worten Moleküle, die leicht freigesetzt werden und Geruch bilden) und Analdrüsensekret (viele schwere Stoffe mit Molekülgewichten von über 300 Dalton), um chemische Analysen durchzuführen und diese in Geruchsexperimenten zu benutzen. Der Kot wurde zwecks chemischer Untersuchungen samt Ernährungs- und Parasitenanalysen gesammelt. Die Reviergrenzen wurden kartiert, indem die Geruchsmarkierungen entlang der Flussufer untersucht wurden[69] und/oder mit Hilfe von Radiotelemetrie[70] und GPS-Sendern.[71] Das Verhalten der Biber wurde ebenfalls mit einem 3D-Beschleunigungssensor kartiert.[72] Fang- und Beobachtungsdaten wurden in Dateien über Familienzusammensetzungen, Ausbreitungsbegebenheiten, Sterblichkeit und Reproduktionserfolg zusammengefasst. Zusätzlich zu unseren Kenntnissen über die Identität der Tiere und wo sie leben haben all diese Geruchsproben viele spannende und einzigartige Studien für den Geruchssinn der Hunde ermöglicht. Viele Forscher haben Hunde darauf trainiert, den Kot verschiedener Tiere zu erkennen, jedoch hatte zuvor noch niemand Studien über andere Tiersekrete wie Urin und Analdrüsensekret durchgeführt.

Forschung mit eigenen und fremden „Biberhunden"

Während meiner Doktorarbeit 2001 fanden mein damaliger Mastergrad-Student Lars Jöran Sundsdal und ich heraus, dass es in erster Linie das so genannte Bibergeil ist, welches auf die Markierungshaufen der Biber im Winter abgesetzt wird.[73] Man weiß wenig über das Analdrüsensekret der Biber, aber es wird im Frühjahr und Sommer auf den Geruchsmarkierungen abgesetzt.[74] Bibergeil enthält wenig detaillierte Informationen über das Individuum und sagt nur „Hier wohne ich, dies ist mein Revier". Das Analdrüsensekret enthält Informationen zum Geschlecht, aber wir wissen nicht, ob es bei Bibergeil auch so ist. Als wir chemische Analysen von Bibergeil mittels Gaschromatograph mit Massenspektrometer durchführten, fanden wir keine Geschlechtsunterschiede.[75] Deshalb wollte ich untersuchen, ob Hunde mit ihrem Geruchssinn zwischen den unterschiedlichen Geschlechtern sowie zwischen Bibergeil und Analdrüsensekret unterscheiden können. Gemeinsam mit dem Wissenschaftsrat Andreas Zedrosser und den Doktorandinnen Hannah B. Cross und Helga Veronica Tinnesand konnte ich im

Frühjahr 2013 den Hundetrainer Tor Iljar von Dogpoint dafür gewinnen, acht Hunde darauf zu trainieren, zwischen Bibergeil und Analdrüsensekret zu unterscheiden. Es wurde ihnen auch beigebracht, Bibergeil von männlichen und weiblichen Tieren zu unterscheiden sowie die Analdrüsensekrete von männlichen und weiblichen Tieren. Iljar hatte die Verantwortung für die Labradore Demi und Andrea. Die Hundeführerin Marit Sörum mit den Jack Russell-Terriern Petra und Ronja, Mia Palmgren mit dem Pudel Zappa und Nina Hansen mit dem Papillon Mie sowie die Border Collies Vims und Liz nahmen ebenfalls an dem Projekt teil. Die Hunde waren zwischen zwei und sieben Jahren alt. Zu Beginn war die Anwesenheit der Hundebesitzer wichtig, um für eine verbesserte Motivation bei den Hunden zu sorgen.[76] Außerdem ist es für die Hunde einfacher, die positive Stimmung des eigenen Besitzers zu interpretieren als die fremder Menschen.[77]

Durch die große Bandbreite unter den Hunden und Hundetrainern ist es schwierig, sich im Training an feste Regeln zu halten.[78] Es gibt unzählige Bücher darüber, wie man einen Hund trainieren soll und viele Methoden diesbezüglich. Als die fünf meistverkauften Bücher über Hundetraining – darunter das des bekannten Hundetrainers Cesar Millan[79] – miteinander verglichen wurden, stellte sich heraus, dass der Inhalt sehr unterschiedlich war. Die Psychologie-Doktorandin Clare M. Browne der Universität Waikato, Neuseeland und ihre Kollegen fassten 2012 zusammen, dass die Bücher nicht unbedingt die nötigen Informationen enthielten, damit die Hundebesitzer lernen konnten, wie sie eine Trainingsaufgabe durchführen sollten.[80] In einem alten Witz heißt es, dass es fünf verschiedene Meinungen gibt, wenn vier Hundetrainer im gleichen Raum sind. Leider haben die Forscher bisher nur wenig Interesse daran gezeigt, die verschiedenen Trainingsmethoden zu untersuchen und miteinander zu vergleichen.[81]

In unserer Studie ging es in der ersten Phase darum, die Hunde an eine Plattform mit sieben Löchern zu gewöhnen, in welche jeweils Dosen gestellt wurden. Vier der Löcher in der Plattform lagen innerhalb der beiden Plexiglasscheiben der Plattform, drei davon waren außerhalb. Diese Löcher mit Dosen konnten mit Hilfe eines Griffs an verschiedene Positionen gerückt werden, so dass alle Dosen innerhalb des Plexiglasbereiches gelangen konnten. Der Griff war dabei an das Loch der vierten Dose befestigt. Iljar benutzte Tee als Geruch, nach dem die Hunde suchen sollten. Ein Wattebausch wurde in Tee getränkt und in die Dose gelegt, an der der Griff mit einem Klicker befestigt war. Der Griff war im Training immer unter der richtigen Geruchsprobe befestigt. Zu Beginn des Trainings wurden die Geruchsproben in Dosen aus rostfreiem Stahl gelegt, um ungewollte Geruchsverunreinigung durch die Dosen zu vermeiden. Wenn die Hundeführer „such den Biber“ sagten, begannen die Hunde an den Löchern mit den Dosen zu schnuppern. Wenn sie den richtigen Geruch fanden, bestätigten die Hundeführer dies mit dem Klicker (sodass die Hunde den richtigen Fund mit diesem Geräusch assoziierten), bevor sie unmittelbar danach mit einem Leckerbissen belohnt wurden. Das positive Ergebnis und die richtige Anzeige gaben dem Hund ein gutes Erlebnis und damit die Motivation, weiter zu suchen. Dann wurde der Griff an verschiedene Positionen gebracht und die Hunde mussten den Teegeruch wiederfinden. Als sie das geschafft hatten, wurden saubere Wattebäusche in die anderen sechs Dosen gelegt. Andere störende Gerüche, unter anderem Menschen- und Essensgeruch, wurden dazugemischt, sodass die Hunde lernten, diese zu ignorieren und in allen Dosen zu suchen, um den richtigen Geruch zu finden. Wenn die Hunde 20 Mal richtig angezeigt hatten und länger als fünf Sekunden markierten, war diese Phase vorüber. Alle Hunde schafften das innerhalb von sieben Sitzungen mit je ein bis zwei Stunden Training.

Es ist wichtig, die Duftproben während des Trainings zu variieren. An unserer Hochschule haben wir viele Proben sowohl von lebend gefangenen als auch von erlegten eurasischen Bibern, die bei -20°C gelagert werden. Viele wissenschaftliche Studien der 1980er und 90er Jahre brachten hierbei schlechte Resultate: Es stellte sich heraus, dass das Trainingsmaterial verunreinigt war und die Hunde auf alles Mögliche reagiert haben, vom Geruch des Menschen, der mit den Proben hantiert hatte, über das Klebeband bis hin zur Tintenmarkierung der Proben. Es gibt auch Berichte darüber, dass die Hunde auf die Geruchsproben reagiert haben, die die Trainer benutzt haben, jedoch nicht auf andere Proben.[82] Hunde haben ein gutes Gedächtnis für Gerüche und können sich an früher gebrauchte Geruchsproben aus dem Training erinnern. Daher ist es wichtig, ein Set von Geruchsproben im Training zu benutzen, im Versuch selbst dann aber komplett andere, unbekannte Proben. Ebenso ist es wichtig, viele verschiedene Proben zu benutzen. Ein übliches Problem der Geruchsproben ist, dass diese mit anderen Materialien zusammen gelagert werden und daher deren Gerüche annehmen können.[83] Nachdem ein Trainingsset eine Weile gebraucht wurde, ist es verunreinigt und sollte ausgetauscht werden. Es wird empfohlen, die Proben in einem Glas mit Teflon-Verschluss zu verwahren und nicht in Plastiktüten. Es ist wie bereits erwähnt sehr wichtig, unterschiedliches Probenmaterial zu verwenden.

In der zweiten Phase unserer Studie wurden vier Hunde auf Bibergeil trainiert und vier auf Analdrüsensekret von männlichen oder weiblichen Tieren. Der Bibergeruch wurde auf Wattebäuschen präsentiert. Die anderen sechs Dosen enthielten Watte ohne beigefügten Geruch. Später wurde auch das andere Geschlecht eingeführt und dann der andere Geruchstyp desselben Geschlechts, sodass die Hunde die verschiedenen Gerüche unterscheiden mussten. So wurde zum Beispiel der Papillon Mie zunächst ausschließlich auf Analdrüsensekret von männlichen Tieren trainiert, während später auch Analdrüsensekret von weiblichen Tieren und Bibergeil von männlichen Tieren auf die Plattform hinzugefügt wurden.

Hunde sind sehr geübt darin, ihre Besitzer zu „lesen" und aufgrund ihrer Signale die richtige Dose zu deuten. Hundeführer senden häufig Signale aus, ohne sich darüber im Klaren zu sein. Entsprechende Forschungsfehler wurden bereits früh im letzten Jahrhundert in Verbindung mit dem Pferd „Schlauer Hans" entdeckt. Es wurde behauptet, dass der Schlaue Hans sowohl zählen als auch andere Denkaufgaben lösen konnte. Aber konnte er das wirklich? Viele glaubten das, bis der Psychologe Oskar Pfungst 1911 herausfand, dass das Pferd auf sehr kleine, unbeabsichtigte Posituren und Gesichtsausdrücke des Besitzers, dem Mathematiklehrer Wilhelm von Osten aus Deutschland, und anderen Personen im Publikum reagierte.[84] Der Maler Emilio Rendich aus Deutschland zweifelte ebenfalls an den Fähigkeiten des Pferdes. Daher trainierte er seinen Hund Nora auf das gleiche Reaktionsmuster. Nora sollte so oft bellen, wie der Trainer es ihr sagte. Wenn sie das getan hatte, beugte er sich ein wenig nach vorne und Nora hörte mit dem Bellen auf.[85] Hunde sind sehr gehorsam. In einem wissenschaftlichen Experiment der Forscherin Viktoria Szetei und ihrer Kollegen an der Universität Eötvös Lóránd in Budpest/Ungarn 2003 zeigte sich, dass ungefähr die Hälfte der Hunde zu einer leeren Futterschüssel gingen, weil der Besitzer dorthin gezeigt hatte. Die Hunde ignorierten eine andere Schüssel, obwohl diese Futter enthielt und danach roch.[86] Lisa Lit, Professorin an der Universität

Davis in Kalifornien/USA, untersuchte 2011 in einer Studie, ob die Körpersprache der Hundeführer eine Auswirkung auf die Resultate der Hunde bei einer Suche im geschlossenen Raum hatte.[87] Den Hundeführern erzählte man, dass sich Drogen und Schießpulver in verschiedenen Räumen einer Kirche befänden. Eventuelle Markierungen seien gefälscht. 18 Hunde waren beteiligt und sie markierten 225 Mal und insgesamt 85 % der Versuche. Die Annahme der Hundeführer, dass ein Geruch vorhanden war, beeinflusste also ihre Hunde und sie reagierten auf unwillkürliche Signale ihrer Hundeführer. Hunde können unter anderem auf Zeigen, Starren und Kopfbewegungen in Richtung eines Zieles reagieren[88-90,] und es ist am besten, Hunde so zu trainieren, dass sie die Körpersprache des Hundeführers nicht deuten können.[91]

Wenn die Hunde ein bestimmtes Niveau erreicht haben, muss mit sogenannten „Blindtests" sichergestellt werden, dass Hund und Führer auf dem richtigen Weg sind. Die Geschichte von Hund Nora zeigt die Wichtigkeit solcher Tests, weil Hunde sehr gut unsere Körpersprache deuten können. Wenn der Hundeführer nicht weiß, in welcher Dose sich der Geruch befindet, kann das Ergebnis auch nicht unbewusst beeinflusst werden. Der Testleiter, der den Geruch auslegt, darf nicht mit den Hundeführern sprechen oder sich im gleichen Raum wie Hund und Führer aufhalten, um so zu vermeiden, dass die Ergebnisse beeinflusst werden. Unsere Tests wurden alle mit drei Videokameras gefilmt und die Testleiterin Hannah B. Cross verfolgte in einem anderen Raum den Test am Monitor. Hunde können bei Tageslicht besser sehen, als früher angenommen wurde,[92] auch wenn sie Schwierigkeiten bei der Unterscheidung zwischen den Farben rot und grün haben. Die Farben hellblau, grau und gelb können sie hingegen einfacher erkennen.[93] Bei einer Geruchsaufgabe sollte das Ziel schwer zu sehen sein, damit die Hunde in erster Linie ihren Geruchssinn und nicht die Augen zur Lösung der Aufgabe nutzen. Hunde sind empfindlich gegenüber ultraviolettem Licht. Dies steigert zum Beispiel die Sichtbarkeit von Urinmarkierungen und kommt normalerweise bei teilweise nachtaktiven Arten vor.[94]

Nachdem Mie und die anderen Hunde die beiden verschiedenen Geruchstypen und die Geschlechter voneinander unterscheiden und den richtigen Geruch finden konnten, waren wir für ein wissenschaftliches Experiment bereit. Forscher nutzen in der Regel Sensitivität und Spezifität zur Interpretation der Testergebnisse.[95] Die Sensitivität gibt an, wie oft ein Hund eine Dose mit Bibergeruch angezeigt hat. Spezifität bezeichnet, wie oft ein Hund eine Dose ohne Bibergeruch ignoriert hat. Oder, etwas vereinfacht ausgedrückt, wie oft schafft es der Hund, die Dose mit dem richtigen Geruch zu finden und gleichzeitig das Anzeigen der falschen Gerüche zu vermeiden. Ziel des gesamten Trainings ist die Genauigkeit des Hundes. Drei Wochen sollte es dauern, bis man 90 % korrekte Resultate erhält, drei Monate für 90-95 % und drei Jahre, um auf 100 % zu kommen.[96] Dies hängt natürlich auch immer vom Geruch ab, den der Hund erkennen soll, von der Hunderasse, dem Training, der Methode (je mehr Dosen, desto schwieriger für den Hund)[97], dem Hund selber und seinem Hundeführer.[98]

Im Biberexperiment, das in einem Blindtest durchgeführt wurde, wurden nur vier Dosen benutzt und je vier Tropfen von Bibergeruch auf die Wattebäusche verteilt, also vier verschiedene Gerüche in vier verschiedenen Dosen. In Dose eins befand sich der richtige Duft, in Dose zwei der gleiche Geruchstyp vom anderen Geschlecht, in Dose drei ein anderer Geruchstyp vom „richtigen“ Geschlecht und in Dose vier ein reiner Wattebausch. Diese Gerüche wurden für jeden Test zufällig in einer der vier Dosen verteilt. Die Plattform wurde nach jedem Test mit Essig abgewaschen. Wir haben außerdem ähnliche Tests mit Duftmarkierungen von bekannten männlichen und weiblichen Bibern, die wir eingefangen hatten, durchgeführt. Die Hunde waren in der Lage, Bibergeil von Analdrüsensekret zu unterscheiden (100 % Trefferquote bei allen Hunden, außer einem), sowie die Geschlechtserkennung bei Bibergeil (92 %) und Analdrüsensekret (88 %; drei der vier Hunde hatten 100 % richtige Ergebnisse. Der Hund, der falsch lag, war für einen kranken Hund kurzfristig eingesprungen und hatte noch nicht so viel Training). Bei Bibergeil waren die Hunde effektiver als unser Gaschromatograph.

Wir hatten noch keine Gelegenheit, die Hunde mit ins Gelände zu nehmen. Wenn die Hunde draußen genauso gut wie im Labor sind, wird uns das viele Antworten auf Fragen liefern, wie Biber ihr Revier verteidigen, was sonst schwierig zu klären wäre. Wir können zum Beispiel auch erforschen, wo die männlichen beziehungsweise weiblichen Tiere ihr Revier markieren und womit – mit Bibergeil und/oder Analdrüsensekret.

Die „Biberhunde" Chilli, Ship und Tapas sind darauf trainiert, Bibergeil von eurasischen oder nordamerikanischen Bibern zu erkennen. Foto: Frank Rosell

Im Herbst 2013 begann ich mit dem Training meiner eigenen Hunde. Das Training fand zusammen mit anderen Hunden und in Zusammenarbeit mit der Doktorandin Hannah B. Cross, der Mastergradstudentin Christin Beate Johnson und der Hundeenthusiastin Beate Jaspers statt. Ich war für meine Border Collies verantwortlich: die Geschwister Chilli und Tapas (Jahrgang 2007) und ihrer Mutter Shib (Jahrgang 2005). Christin trug die Verantwortung für Nova Scotia Duck Tolling Retriever (auch Toller genannt) Bailey (Jahrgang 2010) und Beate für die Samojeden Danny (Jahrgang 2009) und Shany (Jahrgang 2003), sowie für die Papillons Triana und Carmelita (beide Jahrgang 2011).

In Finnland gibt es nordamerikanische und eurasische Biber. Es ist sehr schwierig, die beiden Arten durch ihr Äußeres oder ihr Verhalten voneinander zu unterscheiden,[99] dank chemischer Analysen in einem Gaschromatografen[100] oder genetischer Untersuchungen ist es jedoch möglich.[101] In Nordfinnland gibt es zwei kleinere Bestände von ungefähr 50 Tieren der nordamerikanischen Biber, die sich nach Schweden und Norwegen ausbreiten könnten. Wir möchten den nordamerikanischen Biber aber weder in Schweden noch in Norwegen, da er eine fremde Art ist und unsere einheimischen eurasischen Biber verdrängen könnte.[102] Ich habe daraufhin vorgeschlagen, unsere acht Hunde zwei Mal pro Woche darauf zu trainieren, Bibergeil der verschiedenen Arten zu unterscheiden, da dieses als häufigste Geruchsmarkierung im Gelände draußen abgesetzt wird.

Zunächst habe ich mit meinen Hunden im Wohnzimmer geübt und die anderen Hundeführer darum gebeten, dies ebenfalls mit ihren Hunden zu tun. Ich habe einen Leckerbissen in einen von drei Plastikbechern gelegt, die in circa 10 cm Abstand voneinander auf dem Boden standen. Jedes Mal, wenn mir meine Hunde den Becher mit dem Leckerbissen angezeigt hatten, habe ich einen Klicker benutzt und sie verbal gelobt. Dann haben sie den Leckerbissen bekommen. Es dauerte nicht lange, bis alle Hunde dies richtig gemacht hatten, und zwar jedes Mal in zehn aufeinanderfolgenden Versuchen. Dies war ein guter Start dafür, ihnen auch die „Platz"-Anzeige beizubringen. Die schwedische Forscherin Ragen T.S. McGowen an der schwedischen Landwirtschaftsfakultät und ihre Kollegen zeigten 2014, dass Hunde es lieben, Aufgaben zu lösen und selbst ihren Zugang zu Belohnungen zu kontrollieren.[103] Die Beagle in dieser Studie freuten sich mehr über ein Aha-Erlebnis. Das entspricht genau dem, was ich empfand, als ich sah, wie meine Hunde ihre Aufgaben lösten. Sie waren in kurzer Zeit sehr geschickt geworden. Die Forscher fanden auch heraus, dass die Hunde sich mehr freuten, wenn sie eine Belohnung für eine von ihnen erfüllte Aufgabe bekamen, als wenn sie einfach so belohnt wurden und ebenso, dass sie eine Futterbelohnung einer Liebkosung vorzogen.

Im nächsten Schritt sollten die Hunde an die Plattform gewöhnt werden. Zunächst legten wir Leckerbissen in eine der Dosen. Nachdem die Hunde gelernt hatten, richtig auf die Leckerbissen zu reagieren, führten wir den Bibergeruch ein. Zu Beginn nutzen wir den Geruch toter Biber, die seit Ende der 1990er Jahre einer Tiefkühltruhe aufbewahrt wurden, weil wir wollten, dass die Hunde die schwereren Geruchsbestandteile vorrangig erschnüffeln sollten. Die leichten und flüchtigen Stoffe verschwinden, wenn die Proben längere Zeit gelagert werden. Die Hunde Tapas, Danny, Chilli und Triana wurden dann auf das Erkennen des Geruchs der eurasischen Biber trainiert, Bailey, Shib, Carmelita und Shanie hingegen auf den der nordamerikanischen Biber. Wir begannen zunächst nur mit dem richtigen Bibergeruch. Nachdem die Hunde diesen Geruch erkannten, führten wir den anderen Bibergeruch ein, sodass die Hunde nun zwischen den Gerüchen der beiden Arten unterscheiden mussten. Zusätzlich trainierten wir die Hunde darauf, andere Tiergerüche, die sich ebenfalls im Lebensraum der Biber finden, wie etwa die von Elch, Reh und Hirsch, zu ignorieren. Nachdem die Hunde die Aufgaben und das Prinzip der Plattform verstanden hatten, trainierten wir mit dem Rücken zu ihnen, um unwillkürliche Zeichen von uns zu verhindern. Später wechselten wir zu einer Bodenbahn („Geruchserkennungsbahn“) mit sechs Löchern für Dosen anstelle der Plattform. Die Anzahl sechs wird meistens deshalb benutzt, um mit Hilfe eines Würfels zu wählen, in welche Dose die Probe kommt. Normalerweise befindet sich nur in einer Dose der Geruch, nach dem die Hunde suchen sollen. Die anderen Dosen dienen der Kontrolle.

Am Verhalten der Hunde wurde ersichtlich, dass alle acht das Training sehr mochten. Aus dem Auto gelassen, liefen sie heftig wedelnd vor uns durch die Garage zum Übungsraum der HiT.[104] Wenn die Hunde dann in den Übungsraum kamen, wedelten sie stark mit dem Schwanz nach rechts, und wenn sie die richtige Probe anzeigten, wedelten sie nochmals stärker nach rechts. Dieser positive Zustand machte uns deutlich, dass sie die Arbeit liebten.[105]

Bailey trainiert vor der HiT mit der Mastergradstudentin Christin Beate Johnsen und der Doktorandin Hannah B. Cross. (links)
Shib hat den richtigen Geruch an der Bodenbahn markiert, in diesem Fall ist es das Bibergeil eines nordamerikanischen Bibers. (rechts)
Chilli auf der Jagd nach Geruchsmarkierungen eurasischer Biber auf dem Fluss Straumen in Lunde/Telemark (unten)
Alle Fotos: Frank Rosell

Wir trainierten auch draußen, wo es mehr Bewegungen und Geräusche gibt, die die Konzentration beeinträchtigen können. In der Nachbarschaft gibt es Pferde, von denen sich besonders Shib ablenken lässt. Auch der Wind kann eine Herausforderung sein: Bei leichtem Wind kann es vorkommen, dass die Hunde eine Dose überspringen und direkt zur richtigen Probe gehen. Bei kräftigerem Wind jedoch kann das Aufspüren der richtigen Dose eine größere Herausforderung darstellen.

Die Ergebnisse zeigten, dass die Hunde es schafften, das Bibergeil der verschiedenen Arten zu unterscheiden. Wir testeten auch Geruchsmarkierungen bekannter eurasischer Biber aus unserem Studienumfeld. Die Hunde erkannten auch diese Proben, obwohl sie ganz frisch waren. Tapas, Bailey, Day, Shib und Carmelita lernten am schnellsten, die beiden Biberarten zu unterscheiden, die anderen Hunde brauchten mehr Zeit, um darin sicher zu werden. Chillis Leistungen waren sehr unterschiedlich und sie hatte mehrere schlechte Tage. Wenn jemand damit begann, einen Ball zu werfen oder auch nur das Wort „Ball" zu sagen, war sie mehr damit beschäftigt, den Ball zu suchen. Hunde haben verschiedene Persönlichkeiten und reagieren daher auch unterschiedlich, wenn sie den richtigen Geruch erkennen. Chilli „wirft" sich mit der Nase direkt auf die Dose mit den Proben, während Bailey intensiv scharrt, bevor er mit Hinlegen anzeigt. Tapas hat einen entspannteren Stil beim Anzeigen und Shib schubst mit der Nase in Richtung der Probe oder leckt am Loch mit dem richtigen Geruch.

In einem Pilotprojekt, das wir mit vier unserer Hunde mit verbundenen Augen an der Plattform im Frühjahr 2014 durchführten, zeigten Chilli und Shib in 95 % der Tests richtig an. Tapas und Bailey waren im Gegensatz dazu nicht wiederzuerkennen, da Shib läufig war. Sie waren eher damit beschäftigt, an Stellen zu schnuppern, an denen sie sich aufgehalten hatte, statt an den Biberproben. Später haben alle acht Hunde bewiesen, dass sie in circa 95 % der Fälle den richtigen Bibergeruch im Blindtest aufspürten. Bevor wir jedoch unsere eigenen Ergebnisse in einer wissenschaftlichen Zeitschrift publizieren konnten, waren weitere Experimente mit Geruchsproben aus Finnland notwendig, da wir noch mehr Proben der nordamerikanischen Biber brauchten. Aus diesem Grund hatten wir uns mit dem finnischen Forscher Janne Sundell von der Universität Helsinki zusammengeschlossen. Er hatte im Herbst 2014 Geruchsproben beider Biberarten in Finnland gesammelt. Bevor wir sie mit den Hunden testeten, hatten wir die Proben genetisch untersucht, um ganz sicher zu sein, um welche Art es sich dabei handelte.

Haben Verwaltungsbehörden oder Forscher den Verdacht, dass sich nordamerikanische Biber in ihrem Umfeld befinden, können sie Geruchsproben einsammeln und uns zuschicken. Dazu kann der Teil der Markierung, der nach Bibergeil riecht, in einem Glas oder einer Plastiktüte eingeschickt werden. Dann können wir unsere Hunde auf der Plattform oder der Bodenbahn herausfinden lassen, ob es sich um eurasische oder nordamerikanische Biberproben handelt. Eine Probe der nordamerikanischen Biber werden die darauf trainierten Hunde anzeigen, wohingegen sie andere Proben nicht markieren und auch umgekehrt, falls die Probe von eurasischen Bibern stammt. Wir können so ohne Einfangen der Tiere die Biber-Art in den Gegenden bestimmen, wo beide Arten sich begegnen (und das geschieht neben Finnland auch in Deutschland, Belgien, Luxemburg und Russland).

Den richtigen Arbeitshund wählen

Wichtig ist, dass die richtigen und geeigneten Hunde zu Arbeitshunden ausgebildet werden. Hundeexperten haben eine klare Vorstellung davon, was einen guten Arbeitshund ausmacht, auch wenn es bisher darüber nur wenig Literatur gibt. Die englische Tierschutz- und Verhaltensbiologin Nicola J. Rooney an der Universität Bristol befragte im Jahr 2004 244 Hundetrainer in Großbritannien nach ihren Ideen und Gedanken über einen guten Arbeitshund. Basierend auf den Antworten haben sich die folgenden zehn wichtigen Charakteristika herauskristallisiert[106]:

1. Guter Geruchssinn
2. Die Fähigkeit, einen Gegenstand außerhalb der Sichtweite zu finden
3. Gesundheit
4. Die Fähigkeit, nur mit Hilfe des Geruchssinns zu jagen
5. Ausdauer
6. Die Fähigkeit, über Belohnung zu lernen
7. Neigung, sich während der Suche nicht ablenken zu lassen

8. Beweglichkeit
9. Gleichbleibendes Verhalten von einem Tag zum nächsten
10. Die Motivation, nach einem Gegenstand zu suchen

Idealerweise sollten die Hunde, Punkt 7 ausgenommen, hohe Punktzahlen in den jeweiligen Kriterien erhalten. Nach Rooneys Untersuchungen war der Englische Springer Spaniel die in Großbritannien meist genutzte Rasse als Spezialsuchhund, gefolgt von Labrador Retriever und Border Collie. Rüden und Hündinnen haben sehr ähnliche Fähigkeiten, unterschieden sich aber in einem Punkt: Rüden zeigen anderen Hunden gegenüber eine höhere Aggressivität.[107]

Mit Hilfe einfacher Methoden kann man feststellen, ob ein Hund das Zeug zu einem guten Arbeitshund hat, beispielsweise, indem man testet, ob er die Nutzung seines rechten Beines oder linken Auges bevorzugt oder wie er bei einem Sprungtest abschneidet. Die Doktorandin Lisa M.Tomkins, die an der Universität Sidney/Australien arbeitet, hat herausgefunden, dass die besten Blindenhunde vorzugsweise das rechte Bein und das linke Auge nutzen und außerdem eine größere Hinterbein-Sicherheit beim Sprungtest haben. Bei den besten Hunden verlief außerdem der Brusthaarwirbel gegen den Uhrzeigersinn.[108-109]

Die Persönlichkeit des Hundes

Die Persönlichkeit des Hundes ist bedingt durch genetische Faktoren sowie durch Umweltfaktoren.[110-113] Verspieltheit, Neugierde, Furchtlosigkeit, Sozialverhalten und Aggression sind Merkmale der Persönlichkeit von Hunden.[114-115] Andere Charakteristika sind Aufgeschlossenheit, Motivation, Trainingsfokus, Freundlichkeit und Nervosität.[116-117] Die Verhaltensbiologin Erika Mirko und ihre Kollegen an der Eötvös Lóránd Universität Budapest/Ungarn haben 2013 eine Reihe verschiedener Verhaltensweisen gemessen, um die Eignung zum Arbeitshund zu testen.[118] Vieles gilt es dabei zu berücksichtigen, da ein Hund im Laufe seines Lebens von vielen verschiedenen Faktoren beeinflusst wird. Viele Umweltfaktoren, denen zum Beispiel ein Schäferhundwelpe zu früh im Leben ausgesetzt wird, können

Langzeitauswirkungen auf sein Verhalten haben.[119] Der Charakter der Mutter, die Anzahl der Geschwister im Wurf, das Geschlecht der Geschwister und die Jahreszeit bei der Geburt beeinflussen die Fähigkeit zur Stressbewältigung beim erwachsenen Hund. Das Geschlecht des Welpen sowie das Körpergewicht spielen ebenfalls eine Rolle.[120-122]

Es gibt drei wichtige Phasen in einem Hundeleben, die teilweise erklären, warum Hunde unterschiedlich sind. Die erste, die *Stimulierungsphase („Stimulation stage“)*, ist die Zeit im Alter des Welpen vom 3. bis 16. Tag. Die zweite Phase wird *Sozialisationsphase* genannt und dauert von der 2. – 3. Woche bis hin zur 12. – 14. Lebenswoche des Welpen an. Die dritte Phase ist die *Bereicherungsphase („Enrichment stage“)* und dauert mindestens bis zum ersten Lebensjahr des Welpen an. Wird der Welpe in der ersten Periode mildem Stress ausgesetzt, z. B. Anfassen, Spielen und Berührung, bewältigt er Stress auch als erwachsener Hund besser. In der zweiten Phase ist es wichtig, den Hund außerhalb seiner Geburtsstelle Fremde treffen zu lassen. Dadurch vermeidet man, dass der Welpe scheu und generell unruhig in der Gesellschaft Fremder wird. In Phase drei ist es wichtig, ein weites Spektrum spannender, neuer und interessanter Erfahrungen zu sammeln. Der Hund sollte in gleichmäßigen Abständen die Möglichkeit haben, verschiedene Gegenstände zu berühren und untersuchen und Kontakt mit Menschen oder anderen Tieren zu haben. Ein unterforderter Hund wird Angst gegenüber neuen Gegenständen zeigen und sich diesen eher entziehen, anstatt neue Situationen zu erforschen.[123]

Die Gemütsstimmung des Hundes

Sowohl im Zusammentreffen mit Arbeitshunden als auch generell mit Hunden sollte man die Gemütsstimmung des Hundes im Auge behalten. Wenn Hunde sich an öffentlichen Stellen begegnen, riechen sie aneinander. Rüden riechen häufiger an Hündinnen und markieren auch mehr. Unangeleinte Hunde schnuppern häufiger aneinander als angeleinte Hunde, wobei letztere doppelt so oft ein bedrohendes Verhalten zeigen. Das könnte damit zusammenhängen, dass sie frustriert sind, weil sie sich nicht gegenseitig begrüßen können.[124] Die Persönlichkeit des Besitzers, seine Haltung und sein

Geschlecht können sich ebenfalls auf das Verhalten des Hundes auswirken.[125] Der Professor Petr Řezáč an der Mendel-Universität in Brünn, Tschechien und seine Kollegen entdeckten 2011, dass das Geschlecht des Begleiters die größte Auswirkung darauf hat, ob der Hund einen anderen Hund bedroht oder sogar beißt. Wurde der Hund von einem Mann begleitet, stieg die Aggression und die Forscher schlossen daraus, dass die Hunde die Gefühle ihrer Begleiter nachahmen. Verhalten sich die Besitzer beschützend oder selbstsicher, ist es wahrscheinlich, dass Hunde dies wahrnehmen.[126] Rüden in Begleitung von Frauen waren sozial unverträglicher im Umgang mit anderen Menschen. Ein Grund dafür könnte sein, dass Rüden durch eine weibliche Besitzerin eine andere soziale Rolle einnehmen, da Frauen eher als Männer ein entspannteres Zusammensein mit Hunden bevorzugen. Die Hunde mit selbstbewussteren männlichen Besitzern nahmen eher eine untergeordnete Rolle ein. Mit Frauen konnten sie teilweise eine dominierende Rolle einnehmen.[127] Border Collie Welpen mit einem hohen Sozialverhalten (Dauer, bis der Welpe Kontakt aufnimmt, Häufigkeit des Schwanzwedelns, Anspringen und Beschwichtigung) wählen im Zusammentreffen mit einer unbekannten Person häufiger eine aktive Konfliktlösungsstrategie. Die Welpen mit niedrigerem Sozialverhalten reagieren hingegen passiver.[128]

Das Geschlecht des Besitzers kann sich auf das Verhalten des Hundes gegenüber anderen Menschen oder Hunden auswirken. Hier sind Guro Lepperöd (links) und Birgit Espedalen mit den Huskies Utah und Nila und Frid Berge mit den Border Collies Chilli, Tapas und Shib beim Ausflug auf dem Lifjell bei Bö/Telemark, Sommer 2013. Foto: Frank Rosell.

Das Schwanzwedeln

Das Wedeln mit dem Schwanz kann uns viel über die Gemütsstimmung des Hundes verraten. Wedeln ist nicht gleich wedeln. Dass mit dem Schwanz wedelnde Hunde gut gelaunt und freundlich sind, ist wohl die häufigste Fehlinterpretation. Manches Wedeln ist zweifelsohne ein Zeichen dafür, dass der Hund sich freut. Anderes Wedeln kann wiederum bedeuten, dass der Hund ängstlich oder unsicher ist. Es kann sogar eine Warnung sein, dass man beim Näherkommen Gefahr läuft, gebissen zu werden. Die Schwanzposition, das Bewegungsmuster und die Geschwindigkeit spielen hierbei eine große Rolle. Wie hoch der Hund seinen Schwanz trägt, gibt uns Auskunft über seinen emotionalen Zustand. Wenn der Schwanz beim Zusammentreffen mit anderen Hunden ganz aufrecht hoch steht, signalisiert er damit deutlich seine Dominanz („ich bin hier der Chef") oder aber eine Warnung („hau ab, oder trage die Konsequenzen"). Ist der Schwanz unter dem Körper eingezogen, ist der Hund ängstlich („bitte tue mir nicht weh"). Verschiedene Rassen halten ihren Schwanz jedoch von Natur aus unterschiedlich, sodass dies bei der Stimmungsdeutung berücksichtigt werden sollte. Auch gibt die Schwanzbewegung ein Zusatzsignal, denn wenn der Hund mit starkem Hüftschwung von einer zur anderen Seite wedelt, ist dies ein klares Zeichen für Freude z. B. beim Wiedersehen seines Besitzers.

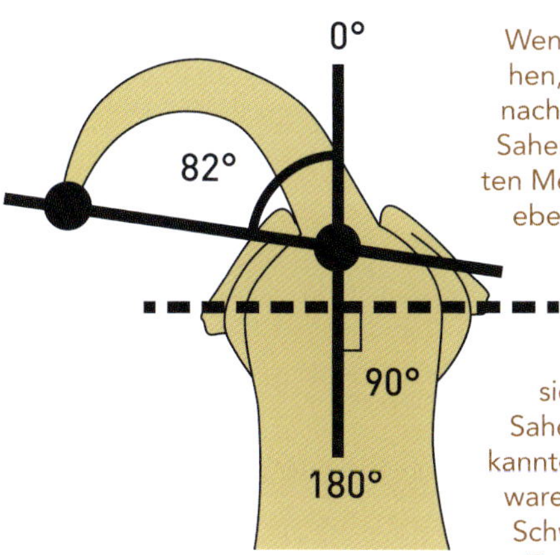

A.

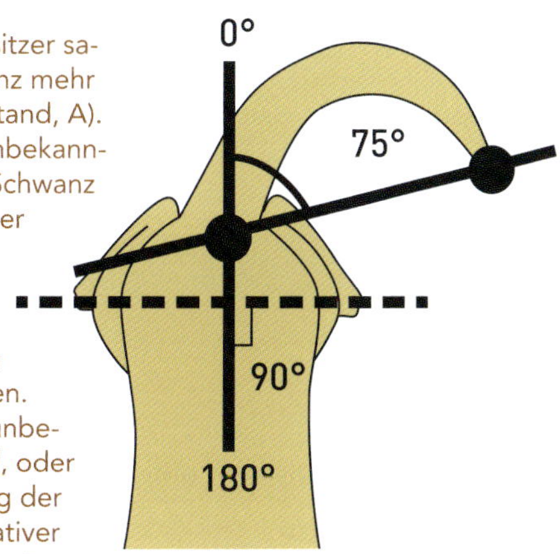

B.

Wenn die Hunde ihre Besitzer sahen, schwang der Schwanz mehr nach rechts (positiver Zustand, A). Sahen die Hunde einen unbekannten Mensch, schwang der Schwanz ebenfalls nach rechts, aber weniger weit aus.

Noch weniger nach rechts, wenn sie eine Katze erblickten. Sahen die Hunde einen unbekannten dominanten Hund, oder waren sie alleine, schwang der Schwanz nach links (negativer Zustand, B) Quelle: Giorgio Vallertigara, Current Biology

Entstehen beim Wedeln schnelle und kurze Bewegungen (ähnlich einer Vibration) und ist der Schwanz gleichzeitig dabei hoch gehalten, kann dies eine Kampfbereitschaft bedeuten (aktive Drohgebärde). Entscheidend ist der Unterscheid zwischen dem Wedeln des Schwanzes zur rechten oder zur linken Seite. Bei positiven Empfindungen etwas oder jemandem gegenüber wedeln Hunde mehr zur rechten Rückenseite (nach links, wenn der Hund einem gegenüber steht, also von vorne gesehen), bei negativen Empfunden hingegen zur linken Rückenseite.[129-130] Hunde, die in einem Video einen Hund sehen, der mit den Schwanz mehr nach links wedelt, haben höhere Herzfrequenzen und werden ängstlicher, als bei einem Hund im Video der nach rechts wedelt.[131]

Die beliebtesten Hunde in Norwegen waren 2012:[132]

- Deutscher Schäferhund
- Norwegischer Elchhund
- Cavalier King Charles Spaniel
- Border Collie
- Golden Retriever
- Englischer Setter
- Staffordshire Bullterrier
- Labrador Retriever
- Langhaar-Chihuahua
- Cockerspaniel

Rechts: Das Wedeln zur rechten Rückenseite deutet auf positive Stimmung wie bei diesem Schäferhund, der auf seinen im Hintergrund sichtbaren Besitzer wartet. Foto: fotolia@Gabriela Wejat-Zaret

Unten: Das Wedeln nach links deutet eher auf Unsicherheit hin wie bei diesem Hund, der auch sonstige Beschwichtigungssignale (Ohren zurücklegen, Züngeln) zeigt. Foto: fotolia@evankirkland

2. Der Geruchssinn

Man sagt, ein Hund, der seinen Geruchssinn verloren hat, sei kein Hund mehr. Die Hundetrainerin Torun Thomassen hatte Gelegenheit, diese Erfahrung aus erster Hand zu machen:[1] Sie hatte einen Schäferhundwelpen, Ometyst's Arthur, der ohne Geruchssinn geboren wurde. Er konnte seine Nase zu nichts gebrauchen. Bei der Geburt war er der größte im Wurf, aber im Gegensatz zu seinen Geschwistern verlor er in den ersten Tagen an Gewicht, weil er die Zitzen der Mutter nicht riechen und somit nicht daran saugen konnte. Nach einigen Tagen wandte er folgende Methode an: er legte sich auf einen anderen Welpen, wartete, bis dieser losließ und biss sich danach fest in die Zitze seiner Mutter. Zu Hause stahl er gerne rohe Zwiebeln oder Apfelsinen, und als einige Zeit später die Welpen bereit für gemeinsame Ausflüge waren, war es immer Arthur, der etwas Giftiges fraß und krank wurde oder nach dem Thomassen suchen musste. Als er das erste Mal draußen war und auf viele andere Menschen traf (=viele Beine), überlegte er, was er tun sollte, als es viele Beine zur Auswahl gab und einige von ihnen auch wieder verschwanden. Er konnte sich ja nicht zu Thomassens Beinen vorschnüffeln. Die Beine, die er wählte, waren nicht die seiner Besitzerin. Beim ersten Mal auf einer Radtour gab es erneut Probleme. Er lief los, während seine Mutter am Rad angebunden war. Sie standen auf der Kuppe eines Hügels, als Menschen den Berg herauf kamen. Torun Thomassen wartete ab und sagte nichts, um zu sehen, was Arthur machen würde. Er sah zum Fahrrad, seiner Mutter und Thomassen und danach zu den beiden Beinpaaren, die sich näherten. Nachdem er einige Male hin und her gesehen hatte, wählte er die fremden Beine aus und ging mit diesen mit. Thomassen rief ihn, und danach machte er diesen Fehler nicht mehr.

Außerdem stand Arthur, anstatt an anderen Hunden zu schnuppern, stockstill, während er beschnüffelt wurde. Wenn die Hunde fertig waren, ging er fort.

Arthur funktionierte nicht im sozialen Umgang mit fremden Hunden. Da er nichts roch, konnte er nicht richtig mit ihnen kommunizieren. Er war viel mit anderen Welpen verschiedener Rassen zusammen und trainierte im Wald Spurensuche und Flächensuche. Und obwohl Arthur eifrig bei der Sache war, stolperte er sogar über Wurststücke, bevor er sie fand. Gleichzeitig war er sehr tüchtig im Gehorsam und liebte das Training. Es gab ja auch keine spannenden Gerüche, die ihn währenddessen ablenkten. Arthur war immer ein vergnügter Kerl – bis zu dem Tag, an dem er von einem anderen Hund angegriffen wurde. Danach wurde er unberechenbar und griff ohne Vorwarnung unter anderem seine Mutter an. Außerdem begann er, anderen Hunden gegenüber ausfällig zu reagieren, die ihn beschnuppern wollten, auch gegenüber erwachsenen Rüden. Im Alter von circa einem Jahr musste Thomassen ihn deshalb leider einschläfern lassen.[2] Er war ein toller Hund, den Thomassen sehr mochte, aber sie konnte sich nicht darauf verlassen, dass er nicht irgendwann jemandem Schaden zufügen würde und sie musste auch Rücksicht auf Arthurs Mutter nehmen.

Die Entwicklung des Geruchssinns

Der Geruchssinn des Menschen ist wesentlich schlechter entwickelt als der des Hundes. Das macht es für uns schwieriger, den fantastischen Geruchssinn der Hunde zu verstehen und ihn wertzuschätzen. Wir können Gerüche ja nicht sehen. Der Geruchssinn der Hunde hat sich über viele Tausend Jahre durch natürliche Selektion entwickelt, sodass der Hund bestmöglich an die Umgebung, in der er lebte, angepasst war. Der Geruchssinn ist wichtig zur Futtersuche, zur Reproduktion, um Angehörige wiederzuerkennen und um gefährliche Situationen zu erkennen. Die Hunde mit dem besten Geruchssinn haben ihre Gene über Generationen weitergegeben. Das Ergebnis ist ein extrem gut entwickelter Geruchssinn, der Gerüche aufspürt und sie voneinander unterscheidet.

Hunde haben einen unglaublich guten Geruchssinn, mit dem sie eine Menge verschiedener Geruchsinformationen verarbeiten können.[3] Die Hundenase ist zum Auffangen von Gerüchen wesentlich besser als unsere entwickelt. Wenn die Nase kalt und aufgrund von Drüsen, die eine ölige Flüssigkeit produzieren,[4] feucht ist, fängt sie Duftstoffe leichter ein.

Ist die Nase trocken, wird der Hund – wie Shib es hier tut – sie mit der Zunge befeuchten. Danach ist er wieder bereit für die Nasenarbeit. Foto: Frank Rosell

Um zu verstehen, wie Hunde verschiedene Arbeitsaufgaben ausführen, muss man ihre Nase verstehen. Hunde haben zwei wichtige Riechorgane: das olfaktorische System und das vomeronasale System.[5]

Die Hundenase und das olfaktorische System

Die Nasenöffnungen von Hunden haben eine komplexe Struktur und viele wichtige Funktionen. Einerseits sind sie ein Organ für den Geruchssinn, andererseits tragen sie dazu bei, die eingeatmete Luft, die in die Lunge soll, zu filtern, zu temperieren und zu befeuchten. Die Nasenlöcher bei Menschen und Hunden dienen sowohl zum Atmen als auch zum Riechen. Die Nasenöffnungen sind bemerkenswert gut organisiert und raffinierter als unsere.[6]

Atmet der Hund durch die Nase, gelangt die Luft durch die Atemwegsbereiche in der langen Schnauze und dann direkt in die Lunge. Wenn er schnuppert, gelangt die Luft hingegen zuerst in einen Seitenweg, den wir Recessus olfactorius („olfaktorische Vertiefung") nennen. Dieser befindet sich im hintersten Teil der Nasenöffnung. Mikrosomatische Säugetiere wie Menschen und Primaten besitzen solche Recessi olfactorii nicht. Hunde haben bewegliche Nasenöffnungen, die sich beim Schnuppern weiten: dies öffnet eine obere Passage, die die Luft direkt zum hinteren Teil des Recessus olfactorus leitet. Die Luft wird langsam durch das Sinnesorgan filtriert, bevor sie in die Lunge gelangt.[7-8] Laut Professor Gary S. Settles an der Pennsylvania State Universität/USA erinnert dieser Vorgang an einen Ölfilter in einem Fahrzeug: Der Ölfilter befindet sich neben dem Motor, genau wie der Recessus olfactorius. Das Öl gelangt direkt zum hintersten Teil des Ölfilters und kehrt dann langsam über den Filter zum Motor zurück.[9]

Beim Einatmen des Hundes verteilt sich die Luft in verschiedene Bahnen. Der schnelle Luftstrom (rot) geht zum Riechepithel (Riechschleimhaut) (grün), während der langsamere Luftstrom (blau) zur Lunge geht. Eine Gewebefalte innerhalb der Nase teilt die beiden Luftströme voneinander.[10] Quelle: Brent Craven

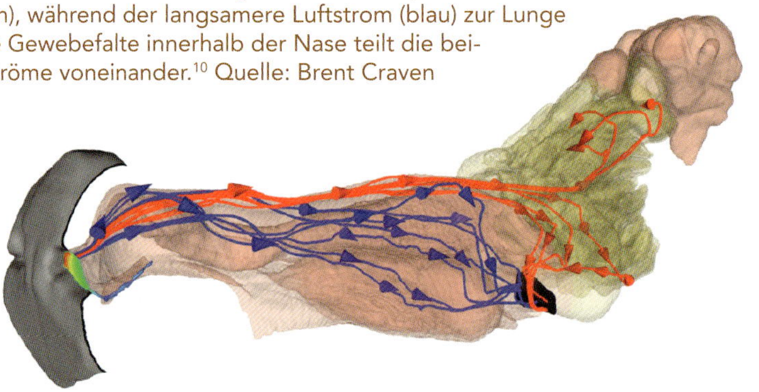

Ganz hinten im Nasenloch befinden sich das Riechepithel (Riechschleimhaut) mit Genen für Geruchsrezeptoren (jedes einzelne ein Protein, welches aus einem spezifischen Gen produziert wurde) und Riechrezeptoren zur Aufnahme der Geruchsstoffe. Die Riechschleimhaut ist über ein Labyrinth knöcherner Strukturen verteilt, genannt Nasenmuscheln, und ist mit Millionen feiner Härchen bedeckt, genannt Flimmerepithel (oder auch Riechhaare). Diese nehmen die Geruchsstoffe auf. Wenn die gasartigen Geruchsstoffe auf die Riechschleimhaut treffen, lösen sie sich in der Schleimschicht auf. Geruchsstoffe müssen in Wasser oder Fett gelöst werden, um durch die Flüssigkeit, in der die Riechhaare liegen, gelangen zu können, und die Riechrezeptorzellen nehmen die Geruchsstoffe in gelöstem Zustand auf.[11] Leicht lösliche Geruchsstoffe wie z. B. Dinitrotoluene (DNT) werden vorne im Recessus olfactorius abgesetzt, während mäßig oder unlösliche Stoffe gleichmäßiger im ganzen Recessus olfactorius verteilt werden. Die Art der Absetzung der Geruchsstoffe spielt daher bei der Wiedererkennung der Stoffe eine Rolle. Die Hundenase scheint daher für das Entdecken von leichtlöslichen Stoffen (wie z. B. Sprengstoffen) nicht optimal ausgerichtet zu sein, da diese im Nasenloch schnell absorbiert werden.[12]

Die Art, wie sich Geruchsstoffe auf dem Weg in die Nase bewegen sowie die Struktur der Nase sorgen für den sehr effektiven Geruchssinn beim Hund. Der Weg, wie sich Geruchsstoffe in der Nasenöffnung bewegen und der Recessus olfactorius ganz hinten im Nasenloch (grün) sind die Basis für diesen guten Geruchssinn. Ein vergrößerter Recessus olfactorius verstärkt vermutlich auch den Geruchsstrom beim Ein – und Ausatmen.[13] Der Recessus olfactorius ist mit Riechepithel (Riechschleimhaut) mit seinen Geruchsrezeptoren ausgekleidet.[14] Quelle: Gary S. Settles.

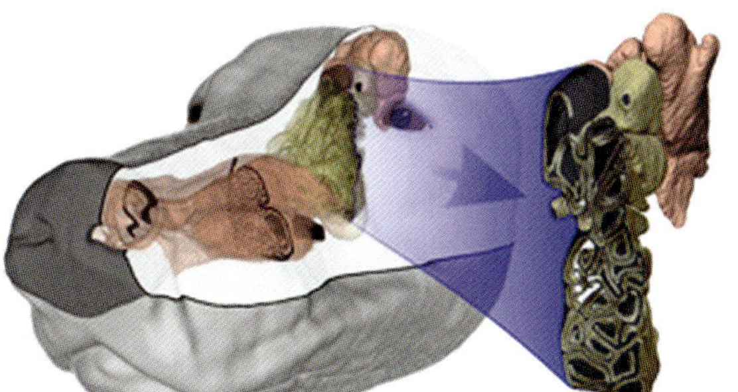

Die Form der Geruchsstoffe bestimmt, ob sie in die Riechrezeptoren der Nase passen, so wie ein Schlüssel, der zum Schlüsselloch passen muss. Die chemische Formel und das Vibrationsmuster der Geruchsstoffe legen fest, wie die Stoffe riechen. Manche Geruchsstoffe können eine sehr ähnliche chemische Formel aufweisen und dennoch sehr unterschiedlich riechen,[15] vergleichbar mit unseren Fingerabdrücken oder unserer DNA-Identität. Nachdem sie die Riechrezeptoren passiert haben, werden sie in elektrische Signale umgewandelt und über den Riechnerv zum Riechzentrum im Gehirn geleitet, wo die Geruchsinformation gedeutet wird.[16] Nicht alle Geruchsstoffe können von der Nase identifiziert werden. Sauerstoff, Stickstoff und Methan sind zum Beispiel geruchslos.[17]

Die Geruchsschleimhaut variiert sowohl zwischen den verschiedenen Rassen als auch innerhalb einer Rasse und mit dem Alter. Schäferhunde haben mit 96 bis 200 cm^2 das größte Geruchsschleimhautareal. Ein Cockerspaniel hat eine Fläche von 67 cm^2 und bei einem Foxterrier- Welpen kann das Geruchsareal nur 11 cm^2 groß sein.[18-19] Je größer das Areal, desto größer die Möglichkeit, auch schwache Gerüche wahrzunehmen.

Ein Hund hat 872 funktionelle olfaktorische Rezeptor-Gene;[20] Menschen im Vergleich dazu nur 388.[21] Wenn wir dies mit anderen Tieren vergleichen, so haben Ratten 1234 und Mäuse 913 funktionelle Riechrezeptorgene.[22] Der Kakapo, ein seltener Vogel in Neuseeland, hat 667 wirksame Riechrezeptorgene.[23] Stephanie Robin, Genetik-Forscherin an der Universität Rennes/Frankreich, und ihre Kollegen haben 2009 Riechrezeptorgene verschiedener Hunderassen untersucht und festgestellt, dass Labrador Retriever und Schäferhunde ein viel höheres Potenzial dazu haben, Spürhunde zu werden als beispielsweise Pekinesen und Greyhounds.[24] Die Anzahl dieser Riechrezeptorgene wirkt sich vermutlich auf die Fähigkeit aus, auch zwischen sehr ähnlichen Gerüchen zu unterscheiden.[25] Die Anzahl der Pseudogene (funktionslose Gene) kann ebenfalls dazu beitragen, wie gut der Geruchssinn einer Hunderasse ist. Je höher die Anzahl der Pseudogene, desto schlechter der Geruchssinn. Ein Boxer hat zum Beispiel 20 % Pseudogene, während ein Pudel 18 % hat. Wir gehen davon aus, dass ein Boxer schlechter riecht als ein Pudel.[26] Menschen haben im Vergleich dazu 67 % olfaktorische Pseudorezeptorgene.[27]

Die Riechschleimhaut in einer Hundenase nimmt einen Bereich ein, der etwa so groß ist wie die Hautoberfläche des Hundes, während sie beim Menschen nur etwa die Größe einer Briefmarke hat. Der Hund mit den meisten Geruchsrezeptorzellen ist der Bloodhound – insgesamt 300 Millionen![28-29] Deutsche Schäferhunde haben 220, der Foxterrier 147 und der Dackel 125 Millionen Geruchsrezeptorzellen.[30] Der Hund kann Gerüche in viel geringeren Konzentrationen (=Menge einer Substanz in einem gegebenen Volumen einer Lösung) wahrnehmen als wir. Manche Bestandteile können sie noch in Konzentrationen riechen, die nur eins zu einer Trillion (1 zu 10^{18}) betragen, was viel niedriger liegt, als die beim Menschen nachgewiesene Menge.[31-32] Um sich eine bessere Vorstellung davon zu machen, was ein zu einer Trillion bedeutet: Das entspricht drei Sekunden in 100.000 Jahren.[33] Wir können das auch noch mit einem anderen Beispiel veranschaulichen. Ein Gramm Buttersäure enthält 7x10 Moleküle. Wenn die Moleküle gleichmäßig über alle Räume eines zehnstöckigen Gebäudes verteilt würden, werden wir Menschen nur in einem der Räume den Geruch wahrnehmen können. Wenn das gleiche Gramm dieser Substanz in den gesamten Luftraum der Stadt Hamburg gefüllt würde, könnte ein am Boden befindlicher Hund sie noch in 92 Metern Höhe riechen.[34]

Foto: Frank Rosell

Der Geruchssinn der Hunde im Vergleich zu dem des Menschen

Hunde haben einen weitaus besseren Geruchssinn als Menschen. Im Allgemeinen ist die Hundenase einhunderttausend bis eine Million Mal empfindlicher als unsere. Die besten Nasen haben Bluthunde, deren Nasen bis zu 100 Millionen Mal empfindlicher sind als unsere.[35] Das Riechhirn des Hundes (Rhinencephalon) ist fast sieben Mal größer als das des Menschen. Weiterhin wurde bewiesen, dass:

- 33 % des Hundegehirns Gerüche verarbeitet, beim Menschenhirn sind es nur 5 %.[36]
- Hunde haben insgesamt 1094 Riechrezeptorgene, Menschen 802.[37]
- Hunde besitzen eine Riechschleimhaut von 67 – 200 cm², Menschen nur nur 3 – 10 cm² [38]
- Hunde können bis zu 125-300 Millionen Riechzellen haben, [39-41] (Menschen besitzen 5 Millionen Riechzellen.[42]
- Hunde besitzen 100-150 Riechhaare pro Riechzelle, Menschen nur 6-8.[43]
- Hunde können noch so niedrige Konzentrationen eines Stoffes riechen wie ein Teil einer Trillionen (= 1 von 1.000.000.000.000.000.000).[44] Für Menschen ist die niedrigste Konzentration eins von einer Milliarde (=1 von 1.000.000.000)[45]

Faktoren, die die Riechergebnisse des Hundes beeinflussen können

Es gibt viele Faktoren, die die Riechleistung der Hunde beeinflussen können. Es könnten unter anderem unwillkürliche Zeichen des Besitzers sein, was der Hund zuvor gefressen hat, wieviel er geschlafen hat, ob er gesund ist, wie er auf uns reagiert und ob er gerne spielt und Belohnungen bekommt. Eine unangenehme oder angespannte Umgebung kann sich ebenfalls auf die Leistung auswirken. Und natürlich hängt es auch vom Hund selber ab. Es gibt große individuelle Unterschiede innerhalb einer Rasse[46] und auch Hunde können genau wie wir mal einen schlechten Tag haben. Junge Hunde scheinen lernfähiger zu sein, bei älteren Hunden hingegen ist die Leistungs- und

Lernfähigkeit geringer.[47-48] Die Doktorandin Lisa Wallis an der Veterinärmedizinischen Fakultät der Universität Wien (und frühere Mastergradstudentin über Biber an der HiT und Manchester Metropolitan Universität/England) leitete 2014 eine Studie, die herausfand, dass Hunde in der Pubertät (ein bis zwei Jahre alt) ein großes Lern-und Trainingspotenzial haben. Sie verglich dies mit Zehnjährigen, die schnell und effektiv lernen, wenn man denn ihre Aufmerksamkeit bekommt, was nicht immer so leicht ist.[49] Es kann beim Geruchssinn auch geschlechtsspezifische Unterschiede geben.[50] Hündinnen haben einen besseren Geruchssinn als Rüden,[51] der sich aber während der Läufigkeit verschlechtert[52] Hündinnen werden neugieriger, je mehr Training sie bekommen.[53]

Der Geruchssinn der Hunde kann durch verschiedene Krankheiten wie Staupe oder Parainfluenza (Zwingerhusten) eingeschränkt werden.[54] Allgemein wird angenommen, dass die Nasenmilbe beim Hund, ein quälender Parasit, den Geruchssinn verschlechtert, da er zu Irritationen in den Nebenhöhlen und Nasenlöchern und damit zu Entzündungen und Ausscheidungen von Flüssigkeit oder Schleim führt.[55-56] Dies ist mit dem Einfluss einer Erkältung auf unser Riechvermögen zu vergleichen. In Norwegen und Schweden sind Nasenmilbeninfektionen verbreitet und zunehmend.[57] Daher behandeln viele Hundeführer ihre Jagdhunde vor Beginn der Jagdsaison gegen Nasenmilben.[58]

Wenn Hunde weniger Protein und mehr Fett fressen, bessert sich ihr Riechvermögen. Hunde, die mit Getreideölen gefüttert werden, nehmen z. B. leichter Ammoniumnitrat und 2,4,6-Trinitrotoluene (TNT) wahr – wahrscheinlich deshalb, weil Fettsäuren die Funktion der Riechrezeptoren steigern. Ein anderer Grund kann sein, dass sie die Körpertemperatur der Hunde senken, was wiederum das Hecheln reduziert und das Schnüffeln verbessert. Nanopartikel von Zink, die in die Luft gesprüht werden, können den Hunden ebenfalls dabei helfen, extrem schwache Geruchsstoffe zu riechen. Mittels Magnetresonanztomografie (MRT) konnte nachgewiesen werden, dass bestimmte Hirnareale ihre Aktivität erhöhen, wenn diese Zinkpartikel vorhanden sind.[59]

Die Geruchszusammensetzung und die Konzentration des Stoffes, nach dem der Hund sucht, beeinflussen ebenfalls die Resultate.[60-63] Hunde können genau wie wir beim Riechen ermüden, wenn sie zu häufig oder zu lange dem gleichen Geruch ausgesetzt sind.[64] Die Wetterverhältnisse wie Feuchtigkeit, Temperatur und Windgeschwindigkeit sowie die Topografie der Umgebung und die Vegetationsdichte wirken sich ebenfalls auf die Riechleistung der Hunde aus (näheres hierzu im Kapitel über Jagdhunde).

Die raffinierten Nasenöffnungen der Hunde

2010 entdeckten Brent A. Craven, Professor für Mechanik an der Pennsylvania State Universität/USA und seine Kollegen, dass der fantastische Geruchssinn der Hunde auch dadurch begründet werden kann, dass sie nicht in die Richtung ausatmen, in der sie etwas zu riechen versuchen. Dadurch kann ein Hund an einem schwachen Geruch riechen, ohne diesen zu stören oder zu zerstören. Mit Hilfe der Schlierenfotografie, einer speziellen Technik, die aufzeichnet, wie Gase mit verschiedenen Temperaturen das Licht brechen, können Bilder erzeugt werden (bis zu 1000 pro Sekunde), die den von der Hundenase produzierten Luftstrom zeigen.[65] Im Gegensatz zum Menschen können Hunde ihre Nasenlöcher unabhängig voneinander bewegen. Atmet ein Hund ein, zieht die Luft aus der Nähe ins Nasenloch und er weiß, in welches Nasenloch der Geruch gelangt. Die Nasenlöcher der Hunde sind mehr als nur eine einfache Öffnung. Sie haben eine flügelähnliche Klappe, die sich vor dem Luftstrom öffnet und dahinter wieder schließt. Diese Klappe bestimmt die Richtung des Luftstroms in der Nase und aus der Nase heraus. Wenn der Hund einatmet, bestehen es Öffnungen oberhalb und seitlich dieser Klappe. Beim Ausatmen schließen sich diese und die Luft fließt aus anderen Öffnungen seitlich unterhalb der Klappe heraus, und zwar so, dass der Hund das Einsammeln neuer Gerüche steigern kann. So fließt die warme, ausgeatmete Luft nach hinten und weg vom Geruch, an dem die Hunde schnuppern, wodurch verhindert wird, dass der Geruch mit der ausgeatmeten Luft vermischt wird. Weil die Luft warm ist, werden die Geruchsstoffe aufgewärmt und gehen leichter in eine Gasform über, was das Geruchssammeln verstärkt. Indem sie die Nase nah am Boden halten und rasch einatmen, können Hunde die schwereren, nicht flüchtigen Geruchsstoffe vom Boden hochblasen, in die Luft wirbeln und einatmen.[66]

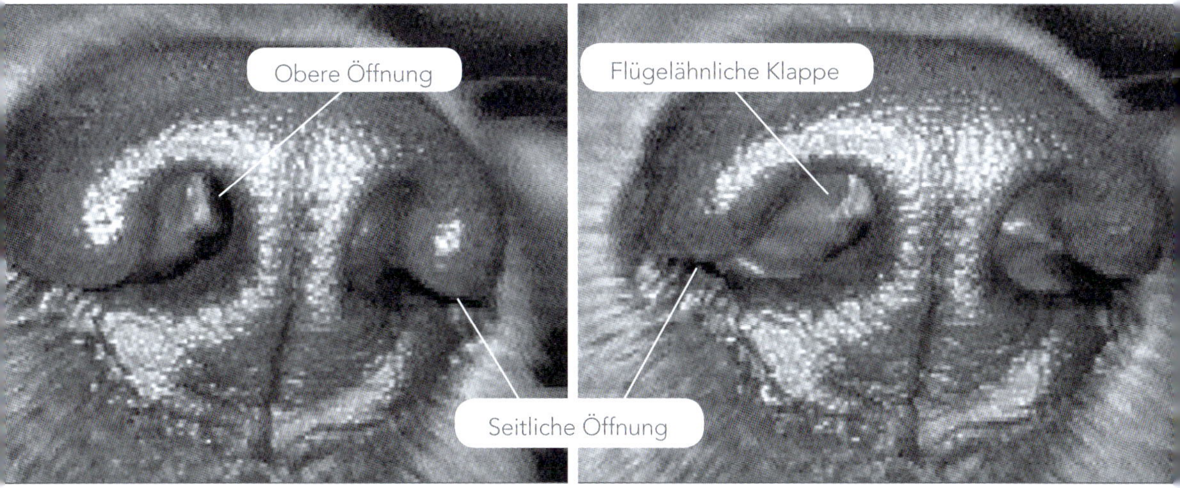

Hunde haben eine flügelähnliche Klappe in jedem Nasenloch, die für den Luftstrom durch die Nase öffnet und schließt und dessen Richtung beim Ein- und Ausatmen lenkt. Wenn der Hund einatmet, gibt es Öffnungen oberhalb und seitlich der Klappe (links). Beim Ausatmen (rechts) fließt die Luft durch Öffnungen an der Seite der Nase aus. Foto: Gary S. Settles

Der norwegische Biologieprofessor Johan B. Steen von der Universität Oslo und seine Kollegen fanden 1996 heraus, dass Hunde beim Jagen bis zu 210 Mal pro Minute einatmen können und das Schnuppern von Geruchsstoffen in der Luft bis zu 40 Sekunden aufrechterhalten können.[68] Wenn ein Hund nach Menschengeruch sucht, schnuppert er sechs Mal pro Sekunde, und je schwieriger die Aufgabe, desto schneller sein Schnuppern.[69] Ein Hund inhaliert circa 60 ml Luft pro Sekunde durch die Nase. Bei einem Schnuppern von sechs Mal pro Sekunde sammelt er 360 ml Luft pro Sekunde ein.[70] Im Dunkeln schnuppern Hunde noch mehr[71] und das Ansteigen der Riechgeschwindigkeit ist hörbar. Versuchen Sie einmal hinzuhören, wenn Sie Ihrem Hund einen Geruch präsentieren, den er nicht gut kennt. Auch wenn es nicht immer als solches erkennbar ist, ist das Schnuppern ein aktiver Vorgang. Ein Hund kann entweder schnuppern oder hecheln. Ein Hund, der nicht fit ist, wird Dinge nicht so gut aufspüren wie ein Hund, der in Form ist.[72-73] Schon das allein ist ein Ansporn für Hundebesitzer, mit seinem Hund draußen zu trainieren. Zunehmendes Hecheln führt zu einer reduzierten Schnupppergeschwindigkeit und damit zu einer eingeschränkten Riechfähigkeit.[74] Bei hohen Temperaturen hechelt der Hund und ermüdet schneller. Hunde haben unterschiedliche Wärmetoleranzen und hecheln deshalb unter den gleichen Umweltbedingungen unterschiedlich stark.[75] Trockenheit kann zu einer Dehydrierung führen und eine trockene Nase reduziert ebenfalls den Geruchssinn des Hundes.[76] Ebenso kann sich die Nähe zu Städten, Abgasen und Benzin von Fahrzeugen auf den Hund auswirken. Laut einiger Hundetrainer kann Benzingeruch den Geruchssinn für mehrere Minuten blockieren.[77] Mit einer Suche solle man deshalb noch 20 – 30 Minuten warten, sofern der Hund im Auto mitgefahren ist, um die Nase zu reinigen.[78] Andere Hundetrainer haben solche Probleme hingegen nicht gehabt.

Wenn Hunde schnüffeln, werden geringe Luftmengen aus der Nase geblasen und gleich darauf wieder eingesogen. Die ausgepresste Luft ist feucht und kann die Duftstoffe außerhalb der Nase einfangen. Dieselbe Luft wird danach wieder eingesaugt.[79] Beim Ausatmen entstehen Turbulenzen, die neue Duftstoffe in die Nase wirbeln, was bewirkt, dass der Hund mehr oder weniger durchgehend schnuppern kann. Wenn wir Menschen durch die Nase ausatmen, schicken wir die Luft auf demselben Weg heraus, wie sie herein gekommen ist.[80] Hunde hingegen könnten ihre Nasenlöcher ausweiten, den Luftstrom verändern und so mehr Information zur Riechschleimhaut schicken. Der Luftstrom durch die Nase ist während des normalen Schnupperns viel höher als im Ruhezustand.[81] Wenn der Hund schneller schnuppert, steigt der Luftstrom im Nasenloch[82] und ist somit eine wichtige Grundlage für die Aufnahme von Gerüchen.

Sowohl beim Menschen als auch beim Hund ist das Hirn zweigeteilt. Es gibt Rechtshänder und Linkshänder. In der Regel ist eines unserer Augen dominant. Die von dem Italiener Marcello Siniscalchi geleitete Forschung an der Universität Aldo Moroviste in Bari bewies 2011, dass Hunde ihre Nasenlöcher abhängig vom Geruch unterschiedlich benutzen. Wenn Hunde unbekannte, ungefährliche Gerüche riechen (Essen, Zitrone, Vaginalsekret von läufigen Hündinnen oder Wattebäusche) benutzten sie zunächst das rechte Nasenloch, bevor sie zum linken Nasenloch übergingen und wieder an dem Duft rochen. Die rechte Hirnhälfte wurde für den unbekannten Geruch genutzt. Wenn der Geruch dann vertraut war, übernahm die linke Hirnhälfte. Wenn sie Schweißgeruch von Tierärzten, die im Zwinger arbeiteten, also Stressgeruch, rochen, benutzen sie ausschließlich das rechte Nasenloch. Die linke und rechte Hirnhälfte empfangen also unterschiedliche Informationen. Die rechte Hirnhälfte ist verbunden mit intensiven Gefühlen wie Aggression, Fluchtverhalten und Furcht,[83] da ein Tierarzt für die meisten Hunde eine angsteinflößende Person ist.

Menschen haben einen besseren Geruchssinn als angenommen

Wenn jemand im gleichen Raum eine Zigarette anzündet, braucht es eine Weile, bis der Zigarettengeruch mit dem Luftstrom in unsere Nase und an die Riechrezeptoren transportiert wird. Möglicherweise hat man gesehen, dass die Person die Zigarette angezündet hat und auch das Geräusch des Feuerzeugs wahrgenommen. Das Licht bewegt sich mit einer Geschwindigkeit von 300 Millionen Meter/Sekunde, Schall bewegt sich mit 343 Meter/Sekunde in Luft und der Luftstrom transportiert den Zigarettengeruch mit einer Geschwindigkeit von ca. einem Meter pro Sekunde in einem Raum.[84] Der eigene Geruchssinn unterscheidet sich von einer anderen zufällig ausgewählten Vergleichsperson um 30%. Jeder einzelne von uns hat eine einzigartige Kombination aus Riechrezeptoren,[85] die dazu führen, dass wir Gerüche unterschiedlich erfassen. Einige von uns haben einen überempfindlichen Geruchssinn, genannt Hyperosmie, während andere einen reduzierten Riechsinn, genannt Hyposmie, haben.[86] Manche Menschen haben gar keinen Geruchssinn (Anosmie), in Amerika leiden beispielsweise zwei Millionen Menschen darunter. Die Forschung zeigt, dass dies zu einer eingeschränkten Lebensqualität und zu einem größeren Risiko für Depressionen führt.[87]

Die meisten von uns haben unterdessen einen sehr guten Geruchssinn, die Herausforderung besteht allerdings darin, unserer Nase zu vertrauen. Menschen sind beispielsweise in der Lage, so niedrige Konzentrationen wie 0,2 Teile/Milliarde (=1.000.000.000.000) wahrzunehmen.[88] Das bedeutet, dass wir drei Tropfen des Duftstoffes Ethylmercaptan (riecht wie gekochter Kohl und wird oft Propan und Butan zugesetzt) in einem olympischen Schwimmbecken wahrnehmen können. Gibt es zwei solcher Schwimmbecken, können wir riechen, in welchem Becken die drei Tropfen vorhanden sind.[89-90] Menschen können tatsächlich über eine Billion (1,72 x 1.000.000.000.000) verschiedener Geruchsstoffe erkennen, also 1000 Milliarden verschiedene Gerüche.[91] Dass Menschen einen schlechten Geruchssinn haben, ist also ein mittlerweile widerlegter Mythos, denn das menschliche Riechsystem unterscheidet sich nicht sehr von dem der Ziegen und Meerschweinchen.[92]

Zum Beispiel ist es uns möglich:

- unterschiedliche Hunde an ihrem Geruch zu erkennen und den Geruch des eigenen Hundes wiederzuerkennen[93]
- Angstgeruch im Schweiß zu bemerken[94]
- unseren eigenen Geruch unter anderen zu erkennen[95]
- dass Mütter den Geruch ihrer Babys erkennen[96] und Babys den Geruch ihrer Mütter[97-98]
- den Geruch unserer Kinder[99], Geschwister[100],Familienmitglieder[101] und naher Freunde[102] zu erkennen
- Partner mit einer vorteilhaften genetischen Zusammensetzung zu wählen, die auf unserem Geruchssinn basiert.[103-104] Frauen, die die Pille nehmen, bevorzugen den Geruch von Männern, die den gleichen Haupthistokompatibilitätskomplex / Hauptgewebeverträglichkeitskomplex (engl. Abkürzung: MHC) haben, während Frauen, die die Pille nicht nehmen, den Geruch von Männern bevorzugen, die nicht die gleichen MHC-Gene haben.[105-106]
- dass Männer riechen, ob Frauen ihre Menstruation haben[107]
- neue Gerüche im Schlaf kennenzulernen[108] und durch Training können wir noch besser werden[109-110], ähnlich wie Parfumkenner oder Sommeliere, die durch jahrelanges Trainings immer besser werden.[111]

Yrja Skjaerum riecht an einer Rose.
Foto: Frank Rosell

Die Hundenase und das vomeronasale System

Hunde haben neben dem olfaktorischen System noch ein anderes Riechorgan, welches vomeronasales oder Jacobsonsches Organ genannt wird.[112-114] Der dänische Chirurg Ludvig L. Jacobson beschrieb dieses Organ 1811 und es wurde nach ihm benannt, obwohl es ursprünglich der niederländische Anatom Frederik Ruysch als Erster entdeckt hat.[115] Dieses Organ besteht aus einem Paar mit Flüssigkeit gefüllten Säcken, die sich im Gaumendach des Hundefangs hinter den oberen Schneidezähnen befinden. Bei Säugetieren sind sie von Knochen oder einer Knorpelkapsel umgeben. Das Organ ist somit vom Luftstrom, der bei normaler Atmung durch die Nasenlöcher fließt, getrennt. Auch die flüssigkeitsgefüllten Säcke besitzen Riechrezeptorzellen. Von den Säcken verlaufen separate Nervenbahnen zum Gehirn. Die Funktion dieses Organs ist nicht ganz klar, spielt aber vermutlich eine wichtige Rolle bei der Erkennung von Pheromonen (Botenstoffe zur Informationsübertragung zwischen Individuen einer Art).[116] Es wird angenommen, dass das vomeronasale System besonders wichtig in Verbindung mit der Fortpflanzung und der Erkennung von Verwandten ist.[117]

Viele Tiere zeigen das so genannte „Flehmen" mit gekräuselten Lippen. Wenn Sie eine Katze im Haus haben, können Sie dieses Flehmen auslösen, indem Sie Ihrer Katze den Urin einer anderen Katze auf einem Wattebausch unter die Nase halten. Das Kräuseln der Lippen in Verbindung mit geöffnetem Maul hilft dabei, die Duftstoffe zum vomeronasalen Organ zu leiten. Bei Hunden wurde beobachtet, dass sie rasche und wiederholte Schleckbewegungen der Zungenspitze zum Gaumendach machen, wo sich die Kanalöffnung zu diesem Organ befindet. Wenn Hunde dies tun, halten sie die Lippen etwas gekräuselt und das Maul leicht geöffnet. Dadurch wird der Transport der schweren, nicht-flüchtigen Duftstoffe zu diesem Organ erleichtert.[118] Hunde schmatzen und klappern mit den Zähnen, wenn sie in Kontakt mit läufigen Hündinnen kommen. Wenn die Hündinnen Duft abgesetzt haben, schlecken sie auch daran, höchstwahrscheinlich um den Duft ins vomeronasale Organ zu transportieren.[119] Es ist der Stoff Methyl-P-Hydroxybenzoat aus dem Vaginalsekret läufiger Hündinnen, der die Rüden dazu veranlasst, sie zu besteigen.[120] Ein verwandter Stoff wird als Konservierungsmittel in Kosmetika, Shampoos und Handcremes benutzt. Wenn man etwas dieser Produkte benutzt, kann es sein, dass man Paarungsversuche interessierter Rüden beobachten kann.[121]

Die Forscherin Daisy Berthoud an der Angelia Ruskia-Universität in England beobachtete 2012 dieses flehmen-ähnliche Verhalten häufiger bei Rüden als bei kastrierten Hunden, wenn sie an Urin von anderen kastrierten und nicht kastrierten Rüden in einer Hundepension rochen. Wenn die Hunde im eigenen Garten waren, waren es ebenfalls meist nicht kastrierte Rüden mit flehmen-ähnlichem Verhalten, wenn sie den Urin von anderen Rüden rochen (kastriert und nicht kastriert). Es ist also wahrscheinlich, dass kastrierte Hunde, die es nicht schaffen, ihr vomeronasales System zu benutzen, auch beim Riechen an einer Duftmarkierung eines anderen Hundes nicht alle Informationen erhalten.[122]

Das Geruchsgedächtnis des Hundes

Forscher haben herausgefunden, dass Erinnerungen und Gerüche eng miteinander zusammenhängen. Vermutlich hat jeder schon mal erlebt, dass ein bestimmter Geruch eine Erinnerung an einen bestimmten Ort, an eine Person oder an ein Erlebnis hervorgerufen hat. Bei den meisten von uns erinnert uns der Geruch an etwas aus der Vergangenheit, das an starke Gefühle geknüpft war.[123] Genauso ist es bei Hunden, die ein hervorragendes Gedächtnis für Gerüche haben. Durch wiederholtes Training mit dem gleichen Geruch wird der Hund diesen wiedererkennen. Hunde können leicht lernen, auf mindestens zehn verschiedene Gerüche zu reagieren[124] und diese lange zu speichern. Ein Hund, der darauf trainiert wurde, Kot vom San Joaquin Kitfuchs zu erkennen, reagierte noch 671 Tage, also fast zwei Jahre später, nach der letzten Exposition auf diesen Geruch. Hunde, die systematisch auf bestimmte Gerüche trainiert werden, entwickeln vermehrt Riechrezeptoren für diese Gerüche und verstärken damit ihre Sensitivität.[125]

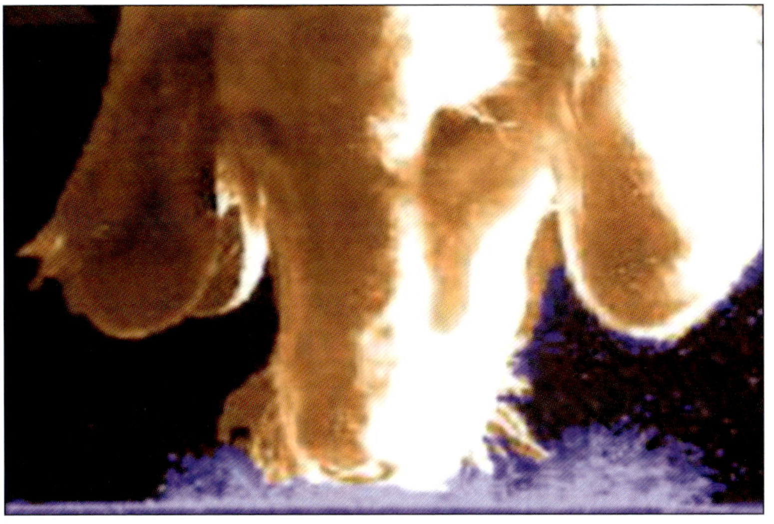

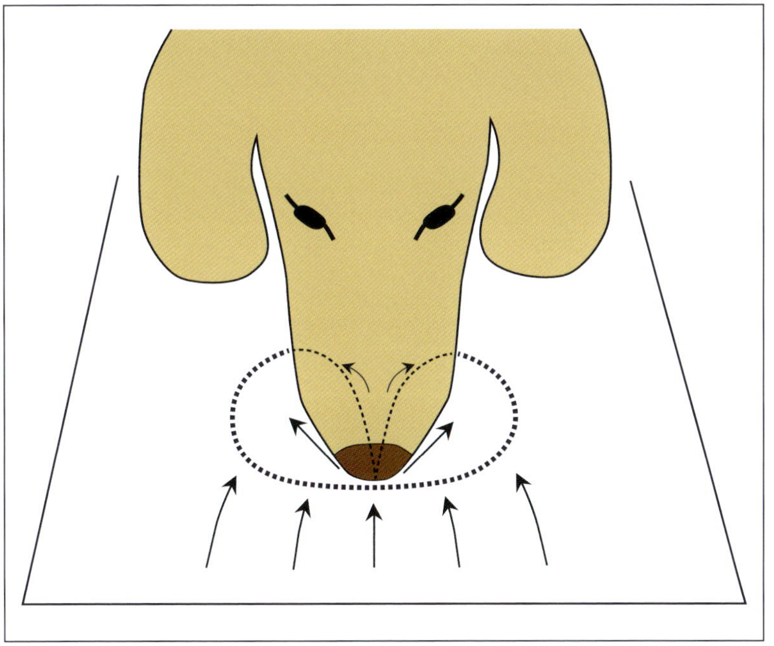

Das rasche Schnuppern führt zu einem Luftstrom über dem Boden und wirbelt die Duftstoffe in die Luft und somit in die Nase. Foto und Illustration: Gary S.Settles

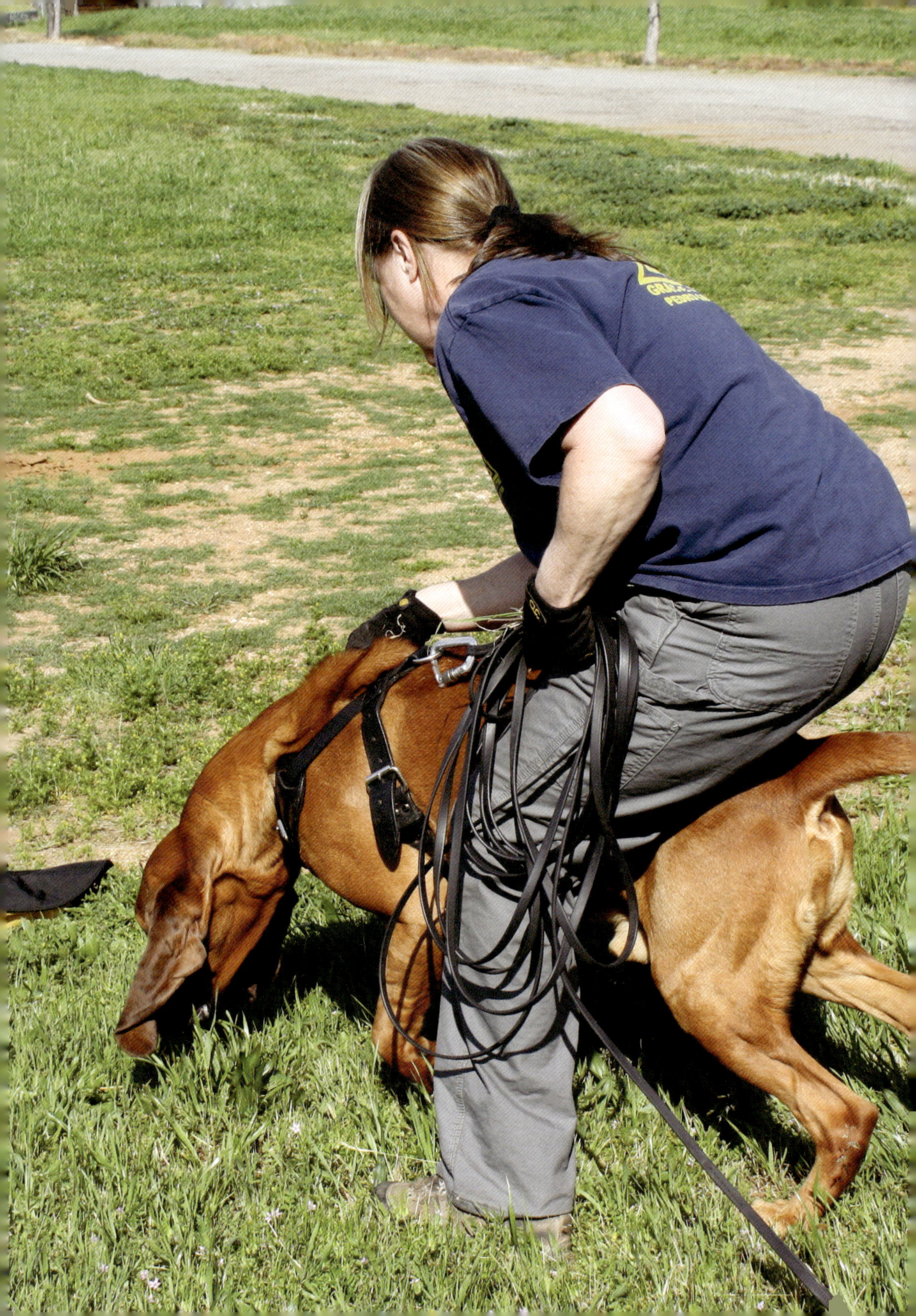

3 Der Menschenkenner

Am 3. Oktober 1992 wurde die Hundetrainerin und Tierverhaltensberaterin Susan Bulanda, die bereits mehrere Hundefachbücher geschrieben hat, in Upper Merion Township, Pennsylvania/USA darum gebeten, bei der Suche nach einem vermissten Mann zu helfen. Die Suche lief bereits seit zwei Tagen. Hunderte Suchmannschaften hatten die Umgebung, in der der Mann seit drei Tagen vermisst wurde, abgesucht. Die Polizei hatte seinen Wagen auf einem Parkplatz bei einem Bahnhof gefunden. Auf dem Parkplatz hatten sie auch ein blutiges Hemd in einer Papiertüte gefunden. Gleich beim Bahnhof lag ein großer Wald. Der Mann hatte seiner Frau zuvor erzählt, dass er mit dem Bogen auf Hirschjagd wollte. Es wurde bestätigt, dass das Hemd dem Mann gehörte. Suchmannschaften mit und ohne Hunde hatten im Wald gesucht, ohne Erfolg. Daraufhin wurde Frau Bulanda angerufen, weil sie den am besten ausgebildeten Hund in der Umgebung hatte. Vor Ort sah sie sich die Hundetrainerin zunächst das Hemd in der Papiertüte an und ihr fiel auf, dass die Blutflecken auf der Vorder- und Rückseite die gleiche Größe und Form hatten, es aber kein Loch im Hemd gab. Frau Bulanda nahm danach Geruchsproben der unberührten Kleider, die dem Vermissten gehörten, im Auto mit einem Wattebausch ab. Ihr Hund Scout, ein Beauceron, war auf das Aufspüren von Menschen und Leichen an Land trainiert und wurde als Katastrophenhund eingesetzt. Er roch am Wattebausch und lief vom Auto weg hin zur Papiertüte. Er roch eine Sekunde am blutigen Hemd und lief gleich darauf in einen Waldpfad auf der gegenüberliegenden Straßenseite. Der Pfad gabelte sich auf und Scout wählte den rechten Weg. Später gabelte sich der Weg erneut und er lief nach links. Scout nahm Susan Bulanda bergauf entlang eines Flusses immer tiefer in den Wald mit hinein. Nach einer Weile blieb er stehen, roch in der Luft, und machte dann eine scharfe Kurve nach links. Schließlich gelangten sie zu einem anderen Parkplatz, auf dem Scout stehenblieb und das Ende der Spur anzeigte. In ihrem Bericht für die Polizei schlussfolgerte Frau Bulanda, dass der vermisste Mann in einem anderen Auto weitergefahren war. Drei Tage später tauchte er mit seiner neuen Freundin in einem anderen Land auf. Er hatte seinen Tod vorgetäuscht, um mit seiner neuen Freundin durchbrennen zu können.[1]

Aufspüren von Menschen

Hunde wurden schon circa 1000 v.Chr. im Fernen Osten zum Aufspüren entflohener Sklaven eingesetzt.[2] Bei seiner Entdeckung Amerikas im Jahre 1492 nutzte der italienische Entdecker Christopher Columbus Hunde, um eingeborene Indianer zu finden und sie zu töten, während die Spanier Hunde in Südamerika einsetzten, um entflohene Plantagenarbeiter aufzuspüren.[3] Seit 2012 werden Hunde dazu eingesetzt, im Virunga Nationalpark im Kongo Wilderer zu finden.[4] Um nachzuvollziehen, wie Hunde es schaffen, eine Menschenspur zu verfolgen oder einen Menschen über die Witterung zu finden (Gerüche oder Stoffe in der Luft), ist es wichtig zu wissen, wie Duftstoffe abgesetzt werden und welche Geruchsquellen Hunde in ihren verschiedenen Arbeitsbereichen benutzen. In der Tat liegt eine Menge Information in den Gerüchen, die wir um uns herum verteilen.

1936 bauten der deutsche Oberst Konrad Most, Leiter der staatlichen Zucht- und Abrichteanstalt für Polizeihunde, und Gustav H. Brückner an der Universität Rostock einen Sessellift und ein „Spurrad" in einem Wald. Die Größe des Spurrads hatte einen Durchmesse von zwei Metern. Die Forscher wollten die verschiedenen Komponenten unterscheiden, von denen sie annahmen, dass Hunde sie wahrnehmen konnten. An dem Rad wurde ein Holzschuh befestigt, mit dem in gleichmäßigen Abständen eine Spur hergestellt wurde. Das Rad hinterließ also eine Spur aus beschädigten Pflanzen und Bodenverletzungen, ohne Menschengeruch abzusondern.

Saß ein Mensch im Sessellift, wurden hingegen keine Spuren hinterlassen und damit auch kein Geruch von verletzter Erde und Vegetation. Die Person im Sessellift gab allerdings Geruch in Form von abgestorbenen Hautzellen ab.[5] Wenn Hunde eine Spur verfolgen sollen, können sie sowohl den Geruch von Hautzellen nutzen als auch den Geruch von Schäden an der Erde und der Vegetation. Wird ein Stück Erde bewegt oder zerstört, verändert sich der Geruch. Wenn man an Gras riecht und dann darauf herumtritt, riecht es danach anders. Und diesen Unterschied riechen Hunde viel besser als wir.[6]

Hunde erkennen verschiedene Menschen am Geruch der abgestorbenen Hautzellen wieder, die als Schuppen in Form von mikroskopischen Partikeln kontinuierlich abgegeben werden. Wir verlieren – unglaublich, aber wahr – ungefähr 40.000 Hautzellenschuppen pro Minute (!),[7] wobei dies vom Aktivitätsgrad und dem emotionalen sowie physischen Zustand des Betreffenden abhängt.[8] Erst ging man davon aus, dass die Hautzellen direkt herunterfallen, später aber stellte sich heraus, dass es einen Luftstrom an der Körperoberfläche gibt. Der Luftstrom sorgt für ein Transportsystem der Hautschuppen und Bakterien. Er beginnt an den Füßen und bewegt sich nach oben zum Körper, um am Scheitel wieder abzunehmen.[9] Der Luftstrom um eine Person ist verantwortlich dafür, wie die Hautschuppen verwirbeln und wie sie herunterfallen. Der Verlauf des Luftstroms an der Körperrückseite wird dadurch beeinflusst, dass wir die Beine auseinanderhalten, während das Schwingen mit den Armen die Struktur des Luftstroms nicht beeinflusst. Beim Gehen haben wir haben zwei voneinander getrennte Luftstromstrukturen, einen hinter dem Rücken und einen hinter den Beinen. Es gibt einen beträchtlichen abwärts gerichteten Zug im Rücken, der den unteren Luftstrom verbreitert.[10] Die Hautzellschuppen können in jedem Fall acht Meter weg transportiert werden.[11] Wie weit weg die Geruchsstoffe von der eigentlichen Spur verteilt werden, ist abhängig vom Partikelgewicht (Molekülgewicht) und dem Wind. Die Aktivität der Mikroorganismen an der Hautoberfläche (Bakterien, Pilze, Parasiten) wirkt bei der Produktion der Geruchsstoffe mit.[12-14] Die Zusammensetzung der Mikroorganismen variiert sehr von Mensch zu Mensch und bewirkt, dass wir unterschiedlich riechen.[15] Ebenso gibt das Respirationssystem Duftstoffe über den Atem ab. Wir alle kennen Mundgeruch, der durch Bakterien im Mund verursacht wird. Auch Gerüche aus der Umgebung können unseren Geruch verändern. Das kann unsere Ernährung sein,[16] so riechen wir beispielsweise schlechter, wenn wir Fleisch essen.[17] Auch Rauchen, die Einnahme von Medikamente oder das Nutzen von Parfum, Deo, Seife oder Shampoo kann unseren Geruch verändern.[18-19] Auch können Menschen, mit denen wir zusammen sind (Partner, Kind), unseren Geruch verändern, da die Bakterien ausgetauscht werden, so wie wir selber auch Bakterien aus Essen, Wasser, Luft und der Umgebung aufnehmen. Sogar unser Hund kann Bakterien beitragen. Erwachsene Hundebesitzer haben viele der Mikroorganismen auf ihrer Haut, wie sie auch Hunde haben.[20] Schwangere Frauen, die einen Hund haben, haben doppelt so oft Darmbakterien in der Scheide, wie andere Frauen.[21] Allerdings haben mit Hunden zusammenlebende schwangere Frauen ein niedrigeres Risiko, ein Kind mit Allergien zu bekommen,[22] sodass es für uns von Vorteil sein kann, verschiedenen Mikroorganismen ausgesetzt zu sein.

Menschen verlieren kontinuierlich Hautschuppen. Quelle: Jäverud, S. Din hund – som valp og unghund. (Wennergren-Cappelen, 2000)

Hautzellschuppen mit ihren Mikroorganismen (Bakterien, Pilze und Parasiten). Eine Hautzellschuppe besteht aus einer oder mehreren toten Zellen, circa vier Bakterien und einigen Körpersekreten. Quelle: Syrotuck, W.G. Scent and the scenting dog (Arner Publishing, Rome, 2000)

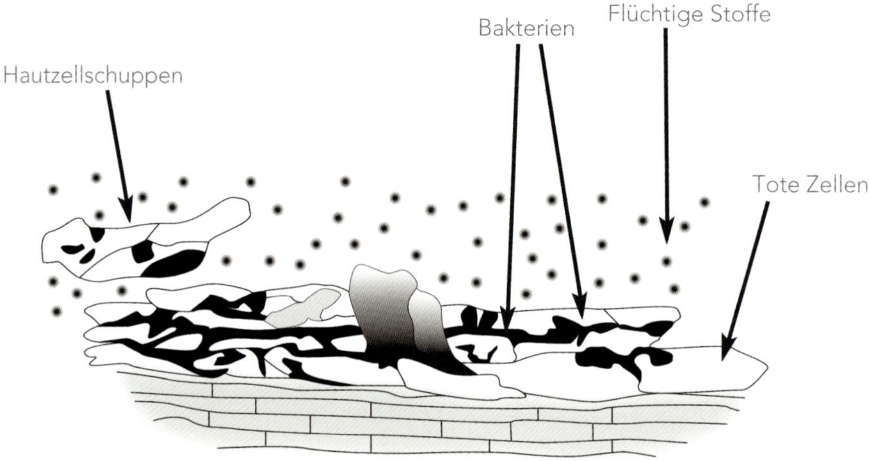

Hautdrüsen produzieren Geruch

Die Haut ist unser größtes Organ und macht 12 – 15 % unseres Körpergewichts aus.[23] Im Wesentlichen sind es drei verschiedene Drüsenarten, die die Gerüche unserer Haut produzieren.[24] Die apokrinen Schweißdrüsen sind die wichtigsten, sie produzieren verschiedene Lipide, Proteine und Steroide. Sie befinden sich hauptsächlich unter den Armen, auf der Brust und in der Umgebung der Geschlechtsorgane. Die ekkrinen Drüsen sind die wahren Schweißdrüsen. Diese gibt es am ganzen Körper, besonders konzentriert in den Handflächen, Fußsohlen und auf der Stirn. Talgdrüsen (sebacaeus- oder holokrine Drüsen), die ölartige Sekrete bilden (z. B. Fettsäuren oder Wachsester) befinden sich ebenfalls am gesamten Körper, besonders aber an behaarten Stellen (z. B. am Kopf oder im Gesicht). Fettige Haare oder Pickel entstehen, wenn diese Drüsen etwas mehr Sekret produziert haben. Diese gesteigerte Produktion kann durch Hormone, Schwangerschaft, Übergangsalter, Klima (warm oder feucht), Verunreinigung und/oder Stress ausgelöst werden.[25-27] Der Kopf hat einen charakteristischen Geruch, dessen Intensität bei jedem verschieden ist.[28]

Menschen besitzen etwa fünf Millionen sekretproduzierende Drüsen, die durch Poren an die Körperoberfläche kommen.[29] Der Schweiß ist von Geburt an geruchslos, da er vorwiegend aus Wasser besteht. Aber die Mikroorganismen produzieren nach und nach Geruch. Übelriechender Schweiß kommt meist aus den Achseln und den Füßen und setzt sich in der Kleidung und den Schuhen fest.[30] Unser Schweißgeruch ist also für Hunde, die nach uns suchen, eine wichtige Quelle.

Der französische Forscher Jean Claude Filiâtre und seine Kollegen an der France-Comté-Universität zeigten 1990, dass ein Hund, der an einer mit Kinderkleidung bekleideten Puppe riecht, mehr im Genitalbereich schnuppert, wenn er das Kind, dem die Kleidung gehört, nicht kannte. Bei einer Puppe jedoch, die die Kleidung eines bekannten Kindes trug, roch er an vielen verschiedenen Stellen. Darauf lässt sich schließen, dass der Hund das Kind zunächst identifiziert, indem er im Genitalbereich riecht und danach versucht, den emotionalen und mentalen Zustand zu erfassen, indem er an Körper und Kopf riecht.[31] In einer anderen Studie derselben Forscher ein Jahr später wurde immer intensiver an einer dem Hund bekannten Person gerochen, als an einer fremden. Wenn der Hund seinen erwachsenen Besitzer traf, roch er an vielen verschiedenen Körperstellen, wenn er eine unbekannte Person traf, roch er wieder zunächst im Genitalbereich, um die Identität zu bestimmen und dann hauptsächlich an Kopf und Händen, um den emotionalen Zustand zu erkennen.[32]

Die verschiedenen Körperregionen riechen unterschiedlich, weil die Anzahl und die Art der Hautdrüsen variieren. Außerdem haben Menschen verschiedene Arten und Mengen von Mikroorganismen und die Sauerstoffzufuhr ist nicht am ganzen Körper gleich.[33] Wenn Hunde an einem T-Shirt riechen, müssen sie nicht unbedingt ein Paar Jeans der gleichen Person wiedererkennen.[34] Die flüchtigen Gerüche von Händen, Speichel, Atem, Blut und Urin derselben Person sind zu verschieden, um sie zum Vergleich z. B. für eine Geruchsaufstellung benutzen zu können (siehe Kapitel Polizeihunde).[35] Die flüchtigen Stoffe der Haut vom oberen Rückenanteil und den Unterarmen sind sehr ähnlich, dennoch gibt es bedeutende Unterschiede. Diese beiden Körperregionen haben Talgdrüsen, aber die Drüsen sind deutlich mehr am oberen Rücken vorhanden als am Unterarm.[36] Wenn eine Person die getragene Unterwäsche einer anderen Person anzieht und sich ins Auto einer dritten Person setzt, kann ein Hund alle drei Personen voneinander unterscheiden, wenn er eine Geruchsprobe des Autositzes bekommt.[37]

Eine Menge flüchtiger Stoffe geben wir über die Füße ab, was es dem Hund ermöglicht, unserer Spur zu folgen.[38-39] Menschen mit starkem Fußgeruch haben viele Fettsäuren und die Substanz Isovaleriansäure wurde nur bei ihnen nachgewiesen.[40] Diese flüchtigen Fettsäuren dringen durch die Schuhsohle und bleiben am Boden. Fußschweiß durchdringt sogar die Sohle von Gummistiefeln und setzt sich in der Spur ab. Die meisten Schweißdrüsen sind am Vorfuß, sodass dort der meiste Geruch entsteht. Zudem wird das ölige Sekret zwischen den Zehen schneller von Bakterien angegriffen. Wie viele Geruchsstoffe nach außen dringen, hängt davon ab, ob man barfuß geht oder Socken trägt und aus welchem Material die Schuhe gemacht sind.[41]

Wenn Hunde einen Gegenstand finden sollen, müssen die Geruchsstoffe von den Hautdrüsen der Person, die den Gegenstand angefasst hat, darauf abgesetzt sein. Die Duftstoffe der Hände kommen von den ekkrinen Drüsen und den Talgdrüsen.[42] Die Forscher Aline Girod und Celine Weyermann an der schweizerischen Universität Lausanne haben herausgefunden, dass die Fingerabdrücke von 25 Menschen 104 verschiedene Fettstoffe beinhalten. Manche Menschen geben viele Stoffe ab, andere hingegen nur wenige.[43] Wenn wir einen Stock nur ein bis zwei Sekunden lang anfassen, kann ein Hund diesen schon identifizieren. Lediglich der Kontakt mit der Fingerspitze reicht hierbei schon aus. Hunde können auch unterscheiden, ob sich der Geruch an der Seite, an der Oberfläche oder an der Unterseite befindet, wenn der Stock am Boden liegt.[44] Hunde können unseren Geruch an einer Glasscherbe erkennen, die einen Monat drinnen beziehungsweise bis zu zwei Wochen draußen gelagert war.[45] Sogar, wenn ein Metallrohr mit Menschengeruch Temperaturen bis zu 800 – 900°C ausgesetzt war, kann der Hund den Geruch daran noch identifizieren. Allerdings schaffte es während eines Experiments kein Hund, den Geruch bei einer Temperatur von 1000° zu identifizieren.[46] Die Forscherin Petra Vyplelova an der Universität Prag fand 2014 heraus, dass unsere Geruchsstoffe auch ohne direkten Kontakt mit einem Gegenstand abgesetzt werden. Wenn wir die Hand in einem Abstand von fünf Zentimetern drei Minuten lang über einem Lappen halten, gelingt es einem Hund, uns nach dem Riechen am Lappen zu identifizieren. Unser Geruch setzt sich also auch ohne unseren direkten Kontakt in der Umgebung ab.[47]

Der polnische Professor und Verhaltensbiologe Tadeusz Jesierski an der Fakultät für Tierverhalten in Jastrzebie und seine Kollegen zeigten, dass es Hunden leichter fällt, Frauen am Geruch ihrer Hände zu identifizieren als Männer. Entweder, weil die Frauen leichter am Geruch für die Hunde zu erkennen sind, oder sie stärker von deren Geruch angezogen werden.[48] In einer chemischen Untersuchung hat man mehr Stoffe an Frauen- als an Männerhänden gefunden (58 versus 46 Stoffe) und einige der Stoffe wurden ausschließlich bei Frauen gefunden.[49] Ein Hund, der darauf trainiert war, Progesteron zu riechen, zog den Geruch schwangerer Frauen den von Männern oder nicht schwangeren Frauen vor.[50]

Übersicht über die wichtigsten menschlichen Geruchsquellen und von wem sie hauptsächlich benutzt werden

Unsere wichtigsten Geruchsquellen[51-53]	*Hauptsächlich benutzt von*
Hautzellschuppen	Hunde, die nach Menschen suchen
Schweiß- und Talgdrüsen	Hunde, die nach Menschen suchen
Atem	Rettungs- und Diagnoseschnüffelhunden
Speichel	Polizeihunden
Blut	Rettungs-, Polizei- und Diagnoseschnüffelhunden

Sperma	Polizeihunden
Urin	Rettungs- und Diagnoseschnüffelhunden
Stuhlgang	Diagnoseschnüffelhunden und Feldassistenzhunden

Menschengeruch überlebt Bombenexplosionen

2010 wollten die Forscherin Allison M. Curran und ihre Kollegen an der Florida International University/USA herausfinden, ob Menschengeruch auch die extremen Bedingungen bei einer Explosion überdauert.[54] Sie sammelten die Gerüche eines Reifens, einer Tür und einer Nylontasche, nachdem eine Autobombe explodiert war. Im Auto hatten sich zwei Personen befunden, der Terrorist und sein Chauffeur. Es war daher möglich, dass der Geruch beider Personen an diesen Gegenständen haftete. Nachdem sie die Bombe aktiviert hatten, gingen sie in einen einigen Kilometer entfernten Ort, trennten sich dort und gingen zu verschiedenen Gebäuden. Sechs andere Personen waren ebenso in der Nähe. Keine der Personen war den Hunden bekannt. Die Hunde sollten vier Stunden nach der Explosion den Terroristen und den Chauffeur aufspüren. Zunächst bekamen sie die Geruchsproben zu riechen. Als die Spur sich aufteilte, mussten sie eine Richtung wählen. Die Windrichtung war an diesem Tag günstig und wurde vom Chauffeur zu den Hunden getragen, was dazu führte, dass alle zwölf Hundeteams der Spur des Chauffeurs folgten. Acht von ihnen gelang es, den Chauffeur am Ende der Spur zu lokalisieren. In einem ähnlichen Versuch mit improvisierten Explosionen schafften es alle Hundeteams außer einem, die Spur zu verfolgen und den Terroristen oder den Chauffeur zu finden. In diesen zwei Versuchen gelang es den Hunden zu 82 %, den Terroristen oder Chauffeur zu finden.

Die Richtung der Menschenspur

Für die meisten Raubtiere ist es überlebenswichtig, Beutetiere in der richtigen Richtung zu verfolgen. Aber wie schaffen es Hunde, die Richtung einer Spur zu bestimmen? Vor achthundert Jahren beschrieb der populäre isländische Schriftsteller Snorri Sturluson, wie zwei Norweger, die von Schweden 1026 gefangen gehalten wurden, ihre Verfolger getäuscht haben, indem sie Rentierhufe verkehrt herum unter ihren Schuhe befestigten. Die schwedischen Spürhunde wären daraufhin der Spur in die falsche Richtung gefolgt und in das Gefangenenlager der Norweger gelangt, wo sie ein großes Loch im Zaun entdeckten. Die spätere Forschung des Biologieprofessors Johan B. Steen an der Universität Oslo und des Forschers Erik Wilson am schwedischen Hundetrainingszentrum in Sollefteå belegt inzwischen, dass Hunde nicht von einer rückwärtsgehenden Spur getäuscht werden. In einem anderen Versuch gelang es den Hunden nicht, die Richtung der Spur zu bestimmen, die auf Gras oder Asphalt gelegt wurde. Das lag daran, dass entweder die Schuhe über den Boden gezogen wurden oder so kleine Schritte gemacht wurden, dass die Ferse die Stelle am Boden traf, auf der die Zehenspitzen vom vorherigen Schritt endeten.[55]

Professor Peter Hepper und die Forscherin Deborah L. Wells an der Queens University in Belfast/Nordirland zeigten 2005, dass Hunde die Richtung einer Spur nicht erkannten, wenn der Geruch der Fußabdrücke entfernt wurde.[56] Es zeigte sich, dass Hunde den individuellen und an der Spur haftenden Geruch benutzen, um die Richtung zu bestimmen. Bei einem normalen Schritt wird die Ferse vor den Zehen aufgesetzt, aber das war es nicht, was die Hunde nutzten. Hunde können „lesen", wann ein Fußabdruck gesetzt wurde und die Zeiten vergleichen, wann die Abdrücke für die verschiedenen Schritte gesetzt wurden. Auf diese Weise können sie die Richtung der Spur bestimmen. Ein Fußabdruck braucht nur ein bis zwei Sekunden, um sich zu verändern (abhängig von der Umgebung), was dazu führt, dass es ausreichend große Geruchsunterschiede zwischen den Schritten gibt und Hunde somit die Richtung der Spur erkennen.[57] Erfahrene Hunde sind sehr sicher darin, die Richtung der Spur zu bestimmen und in Versuchen wurde festgestellt, dass Hunde bereits anhand von zwei bis fünf aufeinanderfolgenden Fußabdrücken die Richtung bestimmen können. Das gelingt ihnen sowohl auf Grasboden als auch auf hartem Boden wie Asphalt.[58-59] Ein Fußabdruck riecht vermutlich stärker, wenn er frischer ist und ein Hund folgt der Spur in die Richtung, in der es stärker riecht. Gingen die Forscher Steen und Wilson mit einem Schritt pro Sekunde und waren die Fußabdrücke voneinander getrennt, gelang es den Hunden, die Richtung zu bestimmen. Der Geruch eines Fußabdrucks ist dann – rein theoretisch – 1/1800 unterschiedlich zum vorherigen Schritt, und diesen Unterschied erfassen Hunde.[60] Eine weitere mögliche Erklärung ist, dass neuere Schritte weniger riechen als ältere. Möglicherweise, weil ältere Spuren länger der Umgebung und den Bakterien ausgesetzt waren und „verrotten". Jüngere Spuren riechen also weniger „verrottet" als ältere. Hunde können die Spurrichtung bestimmen, indem sie der Richtung mit dem geringsten „Verrottungs-Geruch" folgen.[61]

Beim Erkennen einer Spur gibt es zwischen den verschiedenen Hundeindividuen große Unterschiede.[62-63] In einer weiteren Studie, die von Wells und Hepper 2003 durchgeführt wurde, waren es nur relativ wenige Hunde (acht von 22), die dies schafften und es war alter- und geschlechtsabhängig.[64] Rüden fanden die richtige Richtung häufiger als Hündinnen und jüngere Hunde waren besser als ältere. Rüden sind eher in Riechaktivitäten involviert. Denn meistens sind sie es, die den Partner aufspüren[65] und das Territorium markieren.[66] Beim Menschen lässt der Geruchssinn mit dem Alter nach[67] und wird gegenüber schweren Stoffen unempfindlicher.[68] Das trifft offenbar auch auf Hunde zu.[69] Die Riechschleimhaut wird dünner und die Rezeptordichte lässt bei einem Hund ab 14 Jahren nach.[70] Die Leistung der Hunde war auch abhängig von der Richtung der gelegten Spur, zum Beispiel konnten sie besser eine Spur aufspüren, die von links nach rechts gelegt wurde, als von rechts nach links.[71] Dies kann mit den Windverhältnissen zu tun haben oder mit der Vorliebe von Hund oder Halter, die rechte Richtung zu wählen.[72] Hunde benutzen ja die rechte Nasenöffnung zum Aufnehmen unbekannter Gerüche, was vermutlich dazu führt, dass sie eher der Spur nach rechts folgen.

Auch Menschen können eine Spur verfolgen

In einer Studie der Universität Berkeley/Kalifornien haben Jessica Porter, Doktorandin der Biophysik, und ihre Kollegen 2007 eine zehn Meter lange Schokoladenspur ins Gras gelegt. Dann baten sie Studenten darum, die Spur nur mit ihrem Geruchssinn zu verfolgen.[73] Ihnen wurden die Augen verbunden, sie bekamen dicke Handschuhe und Ohrenstöpsel. Die meisten Studenten konnten die Spur verfolgen. Sie folgten der Spur in einem Zickzackmuster, ähnlich wie Hunde. Wenn die Studenten nur ein Nasenloch benutzten, waren sie langsamer und nicht so präzise. Die Studenten, die beide Nasenlöcher benutzten, waren schneller und präziser. Je schneller sie der Spur folgten, desto rascher war das Schnuppern, um die gleiche Information zu erhalten und je mehr Training sie hatten, desto besser wurden sie. Diese Experimente zeigen, dass zwei Nasenlöcher wichtig sind, um einer Spur zu folgen. Stereoriechen ist also wichtig, um eine Geruchsquelle zu finden, genauso wie zwei Ohren wichtig für das Lokalisieren einer Geräuschquelle sind und zwei Augen für das Tiefsehen.[74]

Jane M. Gardiner, Doktorandin in sensorischer Biologie an der Universität in Süd-Florida und Jelle Atema, Professorin für Biologie an der Universität in Boston/USA, unternahmen 2010 einen Geruchsversuch mit Haien. Sie fanden heraus, dass Haie nicht die Geruchskonzentration zwischen den Nasenlöchern für die Orientierung verglichen, wie lange angenommen, sondern registrierten, wann der Geruch zum Nasenloch kam. Haie registrieren die kleinen Zeitverzögerungen, mit denen Geruchsstoffe auf die beiden Nasenlöcher treffen und drehen sich dann zu der Seite, die den Geruch zuerst wahrgenommen hat. Diese Resultate widersprechen den gängigen Annahmen, dass ein Tier einer Spur auf der Basis der verschiedenen Geruchskonzentrationen folgt.[75] Auch Hunde wissen, durch welches Nasenloch der Geruch kommt.[76]

Welche Informationen finden sich in unserem Geruch?

Bereits 1887 dokumentierte der englische Evolutionsbiologe George J. Romanes, dass Hunde Menschen anhand ihres Geruchs unterscheiden können.[77] Der Geruch, den wir produzieren, spiegelt unseren inneren physiologischen und metabolischen Zustand in einem komplexen Zusammenspiel zwischen unseren Genen und der Umwelt wider.[78-79] Es sind nicht nur die Hände, die sich zwischen den verschiedenen Individuen unterscheiden,[80] sondern auch Speichel, Atem, Blut und Urin.[81] Viele Studien haben gezeigt, dass der Haupthistokompatibilitätskomplex (MHC) eine wichtige Rolle beim Wiedererkennen der Individuen und Verwandtschaft spielt.[82] Außerdem spielt er eine wichtige Rolle in der Attraktivität menschlicher Wesen.[83-84] Alle – ausgenommen eineiige Zwillinge – haben verschiedene Gene, Variationen im MHC können den Hunden daher Informationen über die Identität geben.[85] Unser Geruch ist außerdem abhängig von Geschlecht und Rasse[86]. Männer haben mehr und größere apokrine Zellen als Frauen, daher ist der Androsteronspiegel in ihren Achselhöhlen viel höher.[87] Männer und Frauen riechen auch deshalb anders, weil in den Achselhöhlen unterschiedliche Bakterien vorkommen.[88] Es sind insbesondere die Achseln, die unseren eigenen Geruch ausmachen, da sich hier die drei Hautdrüsen-Typen in großer Anzahl befinden und viele dieser Geruchsstoffe finden sich auch in unserem Urin und Speichel wieder.[89] Asiatische Menschen haben weniger Schweißdrüsen und mit geringerer Aktivität, daher riechen sie weniger. Außerdem haben sie eine andere Art Ohrenschmalz.[90] Genetische Unterschiede sind der Grund dafür, dass Kaukasier und Afrikaner stärker als Asiaten unter den Armen riechen. Der Körpergeruch verändert sich mit dem Alter, vor allem zwischen Kindheit und Pubertät sowie von der Lebensmitte (circa 39 Jahre) bis zum Alter.[91-92] Daher kommt es vor, dass Hunde, die auf das Auffinden von Erwachsenen trainiert wurden, nicht bei Kindern oder Teenagern anschlagen. In Norwegen hat Turid Buvik an der Trondheimer Hundeschule 2004 Hunde darauf trainiert, den Geruch von Kindern und Erwachsenen zu voneinander zu unterscheiden.[93] Es ist also wichtig, Hunde auf verschiedene Altersgruppen (Kinder, Zehnjährige/Jugendliche und Erwachsene) zu trainieren.

Der Geruch von Frauen verändert sich in der Menstruation und in der Schwangerschaft. Auch unser emotionaler und gesundheitlicher Zustand beeinflusst unseren Körpergeruch. Krankheiten haben häufig einen charakteristischen Geruch, zum Beispiel Krebsgeruch (siehe Kapitel über Diagnoseschnüffelhunde).[94-95] Außerdem wird der menschliche Geruch durch extreme Freude oder Trauer verstärkt.[96-97] Viele glauben auch, dass Hunde zwischen Freudentränen und Tränen, die bei Angst oder Trauer fließen, einen Unterschied riechen können. Dies wird durch die Forschung von Shani

Gelstein und seinen Kollegen vom Edith Wolfson Medical Center in Israel 2011 untermauert. In dieser wird belegt, dass Männer unbewusst vom Tränengeruch ihrer Frauen beeinflusst werden, die zum Beispiel einen traurigen Film ansehen, da das sexuelle Interesse der Männer, also der Testosteronspiegel, dabei sank.[98] Wenn Menschen auf den Geruch von Tränen reagieren, kann man annehmen, dass Hunde dies auch tun.

Der menschliche Geruch verändert sich bei Stress oder Furcht. Hunde können dies wahrnehmen, da eine gestresste Person Kortisol ausschüttet. Polizeihunde finden gesuchte Personen leichter als Rettungshunde, da Polizeihunde häufiger nach Kriminellen suchen, die stärker riechen. Kriminelle schwitzen oft stark, da sie Angst haben und in der Regel körperlich aktiv sind. Sexualverbrecher sind in der Regel sehr aufgeregt. Dies führt ebenfalls zu einem verstärkten Geruch und solche Personen sind leichter aufzuspüren. Manche Menschen haben auch einfach einen intensiveren Geruch als andere und je intensiver der Geruch, desto leichter sind sie durch Hunde aufzuspüren. Alzheimerpatienten mit einer geringen emotionalen Kapazität riechen wesentlich schwächer als andere Menschen und sind dadurch für Hunde schwerer aufspürbar. Das gleiche gilt für autistische Menschen.[99-100]

Unser Geruch gibt Auskunft über:

- die individuelle Identität[101]
- das Geschlecht[102-103]
- die Rasse[104-105]
- das Alter [106-108]
- die Verwandtschaft[109-110]
- den Fortpflanzungszustand (Schwangerschaft, Eisprung, Menstruation)[111-112]
- Krankheiten[113-115]
- Gefühle wie Freude, Trauer, Stress, Furcht und Angst[116-117]
- Psychiatrische Zustände[118]

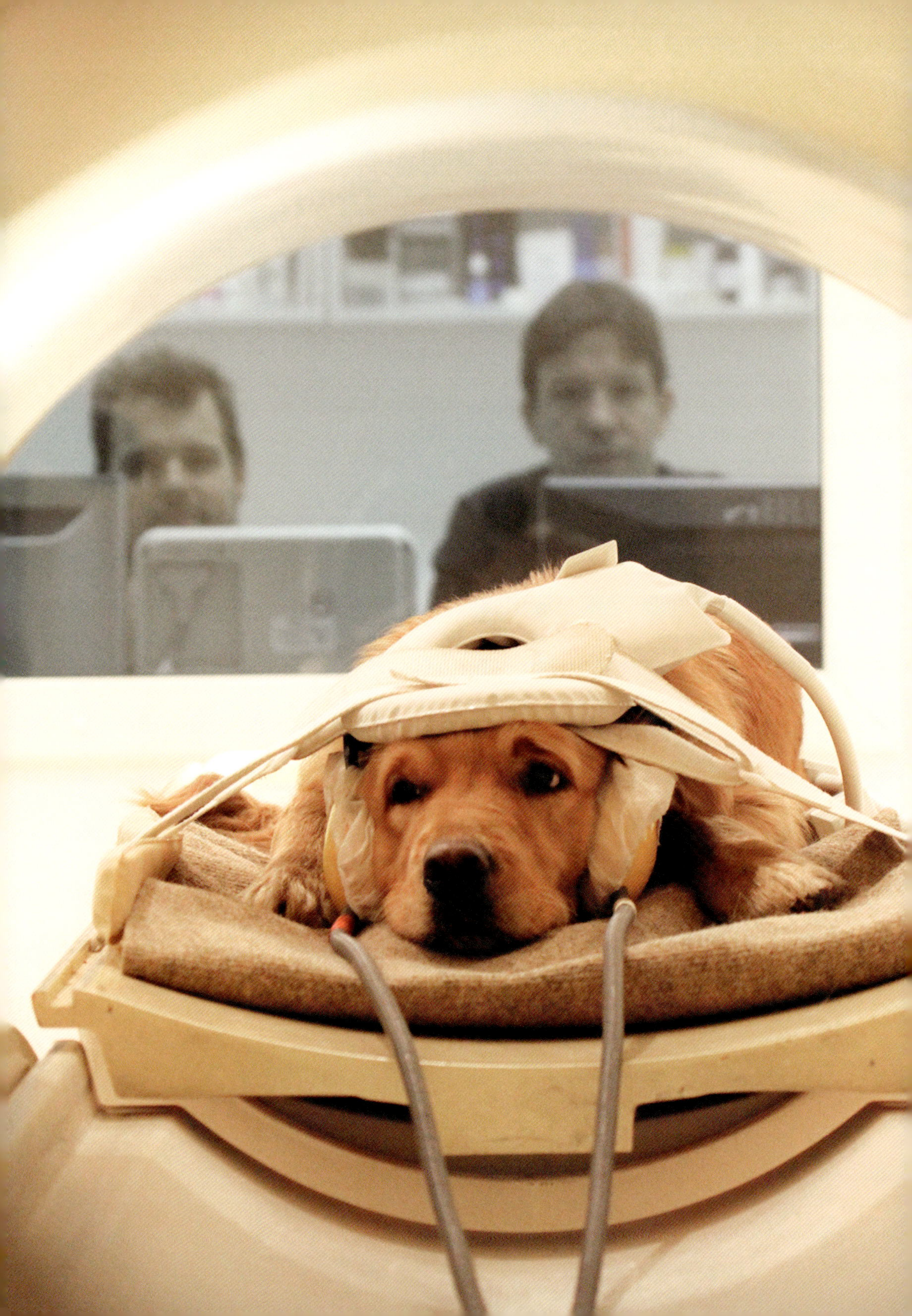

Mit dem fMRT-Apparat kann man durch die Messung der Hirnaktivität herausfinden, wie Hunde reagieren, wenn sie Urin von bekannten und unbekannten Hunden und Menschen riechen. Hier wird ein Versuch zum Gehör des Hundes gemacht. Foto: Eniko Kubinyi

Hirnscanning von Hunden

Mehrere Hundeforscher nutzen mittlerweile die funktionelle Magnetresonanztomografie (fMRT). Dies ist ein bildgebendes Verfahren, das Veränderungen der Aktivität in Hirnarealen bei Menschen und Tieren darstellt. Diese Methode gibt aussagekräftige Informationen über den Zusammenhang zwischen kognitiver Aktivität (Erkennen, Begreifen und Denken) und der Lokalisation der Funktion im Gehirn.[119] Gregory S. Berns, Professor für Neurobiologie an der Emory-Universität in Atlanta/USA, hat 2012 13 Hunde darauf trainiert, ganz still in einem fMRT zu liegen.[120-121] Diesen Hunden wurde Urin von fremden und bekannten Hunden und Menschen zum Riechen gegeben. Beim Riechen ihres eigenen Urins wurde keine Hirnaktivität gemessen, vergleichbar mit unserem eigenen Atem, dessen Geruch wir nicht kennen. Unbekannte Gerüche von Hunden und Menschen riefen eine hohe Hirnaktivität hervor, bekannte Gerüche hingegen nur wenig. Roch der Hund am Urin einer bekannten Person, wurde das für das Speichern von Erinnerungen zuständige Hirnareal aktiviert. Der Versuch zeigte, dass der Hund eine für ihn wichtige Person selbst ohne deren Anwesenheit identifizierten kann. Der Geruch der Person wurde im Gehirn gespeichert.[122] Diese Technik eröffnet eine Menge neuer Möglichkeiten zu weiteren Untersuchung des Hundegehirns.[123-124]

Können Hunde eineiige Zwillinge voneinander unterscheiden?

Viele Forscher haben Geruchsstudien an eineiigen Zwillingen durchgeführt, um herauszufinden, ob Hunde sie voneinander unterscheiden können.[125-128] Eineiige Zwillinge sind genetisch gleich, haben aber unterschiedliche Fingerabdrücke. Aber haben sie auch unterschiedliche Gerüche? Studien hierzu ergaben variierende Ergebnisse, vermutlich, weil die Hunde unterschiedlich trainiert wurden. Der Forscher Ludvik Pinc und seine Kollegen von der Universität Prag führten 2011 einige neue Versuche durch, bei denen die Hunde ein intensives und moderneres Training absolvierten.[129] Zehn Polizeihunde sollten den Geruch von Wattebäuschen vergleichen, die 20 Minuten lang Hautkontakt im Bauchbereich von eineiigen beziehungsweise zweieiigen Zwillingen hatten. Jedes Zwillingspaar lebte in derselben Umgebung und bekam die gleiche Nahrung. In jedem Versuch wurde der Geruch des einen Zwillings als Ausgangspunkt genutzt. Der Hund sollte herausfinden, ob der Geruch in einem der sieben Glastöpfe in der Suchbahn vom anderen Zwilling stammte. Alle Hunde konnten den Geruch der zweieiigen Zwillinge voneinander unterscheiden. Überraschenderweise konnten sie auch den Geruch der eineiigen Zwillinge voneinander unterscheiden, ebenso zwei Geruchsproben derselben Person. Die Ergebnisse belegten, dass die Hunde individuelle Gerüche von eineiigen Zwillingen unterscheiden können, selbst wenn diese in derselben Umgebung lebten und die gleiche Nahrung aufnahmen und sogar, wenn ihnen die Proben nicht gleichzeitig präsentiert wurden.[130] Das Trainingsniveau war also für die Resultate entscheidend.

Tutta spürt nervöse Kunden beim Alkoholkauf auf

Das „Vinmonopolet“, die norwegische staatliche Monopolorganisation für den Verkauf alkoholischer Getränke, startete 2013 eine landesweite Kampagne gegen die Nutzung gefälschter Ausweise beim Kauf von Alkohol. In Norwegen gibt es eine Altersgrenze von 18 Jahren für den Kauf von Wein und eine von 20 Jahren für den Kauf von Schnaps. Unter 25jährige müssen sich beim Kauf von Alkohol ausweisen und die Konsequenz, wenn man bei der Nutzung eines gefälschten Ausweises erwischt wird, ist beachtlich: von einer Geldstrafe über einen Eintrag im Führungszeugnis bis hin zu einer Haftstrafe. Das Vinmonopolet weist jährlich ungefähr 10.000 Personen an der Kasse zurück, weil sie nicht alt genug sind oder sich nicht ausweisen können. In einer vom Vinmonopolet durchgeführten Untersuchung gab einer von zehn Jugendlichen unter 23 Jahren an, gefälschte oder geliehene Ausweise für den Kauf von Alkohol genutzt zu haben. Das Vinmonopolet entschied daraufhin, dieses ernste Problem mit einer unkonventionellen, aber humorvollen Art anzugehen.

Die Hundetrainerin Torun Thomassen aus Nannestad trainierte im Sommer ihren Hund Tutta darauf, die Angst bei Personen zu riechen, die einen falschen Ausweis nutzen. Natürlich gibt es auch andere Gründe für Angst, aber wann immer Tutta markiert, erhielt der entsprechende Kunde eine kleine Informationsbroschüre über die Konsequenzen zur Nutzung eines falschen Ausweises. Das Vinmonopolet gab den Jugendlichen also eine freundliche Erinnerung und nahm gleichzeitig das Problem in Angriff. Thomassen nutzte Proben mit hohen und niedrigen Stresswerten einer Person und trainierte Tutta darauf, die niedrigen Stresswerte zu ignorieren. Für Tuttas Training stellten Jugendliche eines Sportclubs sowie junge Menschen beim ersten Wehrdienst der militärischen Hundeschule ihre Geruchsproben zur Verfügung. Wenn jemand etwas Illegales plant, zum Beispiel das Nutzen eines gefälschten oder geliehenen Ausweises, setzt das Hirn eine Antwort in Gang, um die Stresssituation zu meistern. Kortisol wird aus den Nebennieren ins Blut ausgeschüttet und danach über die Haut ausgeschieden, speziell in den Regionen, wo man für gewöhnlich schwitzt. Tutta wurde auf diesen Stoff trainiert, sowohl auf der Plattform als auch auf der Geruchsbahn und danach an Menschen im Alter von 16 – 20 Jahren. Tutta ist zu ausgewählten Vinmonopolläden im ganzen Land gereist, unter anderem in Bergen, Kristiansand, Oslo, Stavanger, Trondheim und Tromsö. Im Vinmonopolet in Porsgrunn befestigte Thomassen einen Wattebausch mit höherem Kortisolspiegel in der Kniekehle eines Freiwilligen. An einer anderen Person befestigte sie einen Wattebausch mit normalen Werten. Tutta ging direkt auf die Person mit den höheren Werten zu und nahm die Vorstehhaltung ein. Damit bekam sie ihr wohlverdientes Spielzeug, einen Kong.[131-132]

Tutta unterstützt das Vinmonopolet dabei, nervöse Kunden mit falschem Ausweis aufzuspüren. Im Vinmonopolet in Porsgrunn zeigte Torun Thomassen, wie Tutta arbeitet. Tutta ging direkt auf eine Person zu, die mit einem Wattebausch mit höheren Kortisolspiegel ausgestattet war und nahm die Vorstehhaltung ein. Foto: Frank Rosell

4 Der Haustiersuchhund

Mein Kollege Öyvind Steifetten war in Eile, als er eines Morgens mit Studenten der HiT zum Geländekurs sollte. Und plötzlich war sein Hund Lobos, ein Border Collie-Setter-Mischling, verschwunden. Steifetten rief ihn immer wieder, aber ohne Erfolg. Er war einfach verschwunden. Nach einem langen Tag, an dem Steifetten sich konstant unruhig gefühlt hatte, hoffte er, dass Lobos an der Haustür stehen und mit dem Schwanz wedeln würde. Dies war jedoch nicht der Fall. Nach Stunden erfolglosen Suchens in der Nachbarschaft klingelte das Telefon. Eine Dame berichtete, dass ein Hund namens Lobos (der Name des Hundes und die Telefonnummer des Besitzers am Halsband sind sinnvoll) bereits den ganzen Tag auf ihrer Terrasse sei. Ihre Hündin sei läufig. Die Dame wohnte ungefähr zwei Kilometer weit entfernt. Konnte Lobos den Geruch der läufigen Hündin zu Hause gerochen haben? Vieles deutet darauf hin. Rüden können wohl den Geruch läufiger Hündinnen über eine Entfernung von vier Kilometern wahrnehmen.[1]

Das Band zwischen Hund und Besitzer

Da Sie dieses Buch lesen, ist es sehr wahrscheinlich, dass Sie ein „Hundemensch" sind. Man sagt, dass „Hundemenschen" eine andere Persönlichkeit als „Katzenmenschen" haben.[2] Hundemenschen sind bekannt dafür, aufgeschlossener, positiver und pflichtbewusster als „Katzenmenschen" zu sein. Einen Hund als Haustier zu haben, hat psychologische und physiologische Vorteile für die Gesundheit, und Hundemenschen wissen diese positive Wirkung auf Gesundheit und Wohlbefinden zu schätzen.[3-4] Viele Hundebesitzer gehen bei jedem Wetter spazieren und bewegen sich viel. Hunde machen uns glücklich, sie halten uns fit und geben uns das Gefühl, geliebt zu werden. Beim Streicheln eines Hundes wird bei Mensch und Tier das Hormon Oxytocin ausgeschüttet, eine Substanz, die beruhigend wirkt und die Herzfrequenz, den Blutdruck und den Stresspegel sinken lässt. Dies senkt das Herzinfarktrisiko, und sollte dennoch einer eintreten, ist die Überlebenswahrscheinlichkeit bei einem engen Umgang mit Hunden drei bis vier Mal so hoch.[5] (Lesen Sie hierzu auch das Kapitel über Diagnoseschnüffelhunde). Es ist einfach herrlich, nach einem langen Arbeitstag von einem wedelnden, sich freuenden Hund begrüßt zu werden.

Die Dauer des Alleinseins beeinflusst übrigens die Begrüßung des Hundes beim Wiedersehen. Waren wir zwei bis vier Stunden lang weg, wird der Hund stärker wedeln, die Lefzen lecken und mit dem Körper wackeln, als wenn es nur dreißig Minuten waren. Seine Herzfrequenz wird steigen, je länger er allein war.[6] Hunde, deren Besitzer einen engen Kontakt zu ihnen haben, suchen häufig viel Kontakt beim Wiedersehen. Das kann daran liegen, dass der Hund früher dafür belohnt wurde, wenn er Körperkontakt zum Besitzer aufgenommen hat oder daran, dass Hunde, die sehr an ihren Besitzer gebunden sind, es nicht gewohnt sind, allein zu sein. Sie zeigen dann ein stärker kontaktsuchendes

Der Autor, Tapio und Shib mit ihren sieben Welpen. Foto: Frid Elisabeth Berge

Verhalten, ähnlich wie auch unsichere Kinder es tun. Selbst wenn eine Person eine starke emotionale Bindung zu ihrem Hund hat, ist es leider nicht immer so, dass die Hunde genauso für ihre Besitzer empfinden.[7]

Die Suche nach Haustieren

Hunde können auch Haustiere aufspüren.[8] Sie tun dies auf die gleiche Art, wie sie nach Menschen suchen. Viele Hunde laufen weg und es kann sehr schwierig sein, sie wiederzufinden. Die meisten Besitzer würden alles tun, um ihren verschwundenen vierbeinigen Freund zu finden. Wenn wir einen ID-Hund mit im Team hätten, wäre die Arbeit viel einfacher. Ein ID-Hund erhält vor der Spurensuche Gegenstände zum Riechen, mit denen der verschwundene Hund Kontakt hatte (ID-Suche).

Nicht immer wissen wir, wo wir mit der Suche beginnen sollen. Lebt der Hund noch, ist er verletzt oder vielleicht sogar tot? Die Kriminalbeamtin Kat Albrecht aus Seattle/USA suchte weltweit als Erste professionell nach vermissten Haustieren.[9-10] An einem Wintertag im Jahre 1997 verschwand ihr Bluthund AJ. Er hatte ein Loch unter dem Zaun des Zwingers gegraben und war fortgelaufen. Vielleicht hatte er einen unwiderstehlichen Geruch in der Nase, dem er einfach folgen musste? Albrecht vermisste nicht nur ihr Haustier, sondern auch ihren Arbeitspartner in ihrem Polizeiteam. Sie hatte Angst und befürchtete, dass sie AJ nie wieder sehen würde. Sie kontaktierte eine Kollegin, die mit Thalie, einem Golden Retriever Rettungshund, arbeitete. Thalie roch an AJs Schlafplatz und wurde danach auf die Fährte gesetzt. Innerhalb von 15 Minuten hatte Thalie AJ in der Nachbarschaft aufgespürt. Da wurde Kat klar, dass Hunde nicht nur „riech an diesem Kissenbezug und such die Person" verstehen, sondern auch „riech an diesem Schlafplatz und finde den Hund, der hier schläft" (siehe auch Kapitel Rettungshunde).

Hunde, die gern mit anderen Hunden spielen, können als Haustierfinder geeignet sein. Albrecht und ihr Hund AJ haben auch nach Katzen, Pferden, Schlangen, Schildkröten, Iltissen und Iguanen gesucht, sogar nach einem aus dem Terrarium entflohenen Gekko. Oft fanden sie die Tiere lebend, andere waren tot und manche fanden sie gar nicht. Albrecht hat bislang über 1.800

Haustierhaltern geholfen. Sie betreibt heute „Pet Hunters International". Sie hat über 200 „Haustierdetektive" in den USA, Kanada, Mexiko, Japan, Italien, Australien und Irland ausgebildet, die wiederum tausendfach Haustierbesitzern geholfen haben, ihr verschwundenes Haustier wiederzufinden.[11]

In Norwegen gibt es keine offiziell anerkannten Hunde, die darauf trainiert sind, verschwundene Haustiere zu finden, obwohl ständig in den Medien von entlaufenen Hunden berichtet wird (zum Beispiel in der Facebook-Gruppe „vermisste Hunde in Östlandet").

Das Team Aramis, das aus Stein K. Karstensen und dem Hund Aramis aus Gaupen in Ringsaker besteht, reist im Land umher, um verschwundene Hunde zu suchen. Aramis, der ein GPS trägt, holt Hunde ab und bringt sie zu Karstensen oder hält sie am Nacken fest, bis Karstensen kommt. Seit Frühjahr 2012 haben sie 23 Hunde gefunden und sie sicher zu den Besitzern nach Hause zurückgebracht. Einer dieser Hunde wurde anderthalb Monate, nachdem er zu Hause weggelaufen war, gefunden. Das Team Aramis ist ein

Haustiersuchhund Susie hat eine verschwundene Katze gefunden. Beide Fotos: Kat Albrecht

Teil der freiwilligen Gruppe „Ein Herz für vermisste Hunde“.[12] Im Sommer 2014 begann Karstensen mit der Vorbereitung eines Trainingskurses zur Ausbildung von Spürhunden.[13]

Die Geruchsquellen für Hunde und ihre Markieraktivität

Um zu verstehen, wie Hunde es schaffen, andere Hunde zu finden, ist es wichtig, etwas über die Geruchsquellen und das Markierverhalten zu wissen.[14] Geruchssignale werden vom ganzen Hundekörper gebildet, sowohl innen als auch außen. Hunde besitzen deutlich mehr Geruchsquellen, als den meisten bekannt ist. Abgestorbene Hautzellschuppen mit dem Geruch der Haut, oder auch von Bakterien verändert, fallen konstant vom Hund ab. Andere Geruchsstoffe können vom Atem, dem Haar, den Geschlechtsteilen (Urin, Vaginalsekret oder Sekret aus der Vorhaut), dem Enddarm, Kot, Drüsen oder Körperflüssigkeiten wie Blut stammen.[15-16]

Hunde können Geruchsmarkierungen aktiv und passiv abgeben. Passiv wird der Geruch der Pfoten beim Gehen abgegeben. Aktive Markierung findet beim Urinieren beispielsweise an einen Laternenpfahl, Baum oder Gebäude statt sowie beim Lösen oder wenn sich Hunde auf dem Rücken wälzen. Das Sekret aus dem Analbeutel kann auch auf die Erde oder den Kot ausgeschieden („abgespritzt“) werden. Hunde geben Körpergeruch auch an die Vegetation oder an andere Oberflächen ab. Ein Pfotenabdruck bewirkt, dass Flüssigkeiten aus den Pflanzen freigesetzt werden und Bakterien bauen die toten Pflanzenzellen auf oder in der Erde ab.[17]

Das Wälzen im Kot anderer Tiere und Menschen, in Kadavern oder anderen übelriechenden Dingen

Es gibt viele Vermutungen darüber, warum Hunde Kopf und Hals in stark riechende Sachen pressen und danach speziell Wange, Hals und Nacken ins Substrat reiben, während sie sich auf dem Rücken wälzen und von einer Seite auf die andere drehen. Tun sie dies, um 1) ihren eigenen Geruch vor möglichen Beutetieren zu verstecken; 2) Rudelmitgliedern von einer guten Futterquelle zu berichten; 3) ihren eigenen Geruch abzusetzen; 4) sich zu „parfümieren" und den Geruch zu genießen; 5) in der Rangordnung aufzusteigen; 6) den eigenen Geruch zu verändern; 7) Rudelmitglieder abzulenken, sodass das Wiedersehen freundlicher wird und sie alles andere vergessen? Versuchen sie Nahrung zu verteidigen, die zum Beispiel ein halb oder gänzlich verrottetes Tier sein kann, oder einen Kuhfladen, indem sie ihn markieren?[18] Sollten sie nicht besser mit Urin oder Kot markieren und sich daneben wälzen?[19] Und warum fressen sie den Kot nicht einfach kurzerhand? Leider wurden hierzu bis 2014 keine Untersuchungen gemacht. Die erste Erklärung ist vermutlich die wahrscheinlichste.[20-21]

Der Geruch der Hautdrüsen

Hunde haben Talgdrüsen (sogenannte sebaceus- oder holokrine Drüsen), die am Haarbalg münden. Diese befinden sich am Nacken, Rücken und Schwanz. Ebenso gibt es sie am Übergang von Haut zu Schleimhaut an den Lefzen (Mundwinkeln), rund um die Ohren, an den Schamlippen und Augenlidern (Tränendrüsen).[22] Diese Drüsen produzieren ein ölartiges Sekret (Sebum). Hunde haben auch apokrine Schweißdrüsen, die in Verbindung mit dem Haarbalg stehen und ein wässriges Sekret ausscheiden.[23] Diese befinden sich im Gesicht, an den Lefzen und hinter sowie zwischen den Zehen und werden erst mit der Geschlechtsreife aktiv.[24-25] Hunde können das Fell bei Kälte oder wenn sie Angst haben an Schultern und Nacken aufstellen. Dies ist ein leicht erkennbares visuelles Signal, welches den Hund größer erscheinen lässt. Ein anderer Hund empfindet diese Geste als Zeichen dafür, dass es eine gute Idee wäre, sich zurückzuziehen. Wenn wir Gänsehaut bekommen, zum Beispiel wenn jemand sehr schön singt oder wir uns über eine Szene im Horrorfilm erschrecken, stellen sich die Haare auf den Armen durch solche intensiven und emotionalen Situationen auf. Dasselbe geschieht mit dem

Hundehaar. Wenn Hunde Angst bekommen, läuft eine unfreiwillige Reaktion ab, die zu einer Ausschüttung von Hormonen wie zum Beispiel Adrenalin führt. Diese Hormone bewirken eine Kontraktion der Hautmuskeln, sodass sich die Haare aufstellen und Sekret aus den Talgdrüsen und apokrinen Schweißdrüsen abgesondert wird.[26] Diese Sekrete sagen daher vermutlich auch etwas über den emotionalen Zustand des Hundes aus.

Die ekkrinen Drüsen sind die echten Schweißdrüsen und stehen nicht in Verbindung zum Haarbalg. Bei Hunden gibt es sie nur an den Pfoten. Zum Ausgleich gibt es mehr ekkrine als apokrine Schweißdrüsen.[27-28] Das Sekret wird in erster Linie durch körperliche Aktivität und Wärmestress gebildet, kann aber auch unfreiwillig vom Nervensystem abgegeben werden. [29]

Ab und zu kann man Hunde dabei beobachten, wie sie steifbeinig nach einer Urin- oder Kotmarkierung mit etwas Abstand im Boden kratzen. Vermutlich setzen die Hunde dabei eine neue Markierung mit dem Geruch der apokrinen Schweißdrüsen zwischen den Zehen und dem der echten Schweißdrüsen an den Pfoten ab. Zusätzlich zum Geruch der Drüsen an den Pfoten gibt das Kratzen ein visuelles Signal, was die Aufmerksamkeit anderer Tiere auf die Urin- oder Kotmarkierung lenkt.[30] Für Tiere ist es wichtig, zwischen verwandten und nicht verwandten Tieren zu unterscheiden, um Inzucht zu vermeiden. Viele Tiere benutzen hierfür Duftstoffe. Können sich Hunde am Geruch wiedererkennen? Welpen, die vier bis fünfeinhalb Wochen alt sind, erkennen den Geruch der Geschwister und Mutter und die Mutter erkennt den Geruch der Welpen. Die Mütter erkennen ihre erwachsenen Welpen sogar zwei Jahre nach der Geburt am Geruch wieder, auch wenn sie ab einem Alter von acht bis zwölf Wochen nicht mehr zusammen gelebt haben. Die Geschwister konnten sich nur wiedererkennen, wenn sie zusammen gelebt hatten.[31]

Geruchsmarkierung mit Urin

Uriniert ein Hund an einem Laternenpfahl, hinterlässt er wahrscheinlich nicht nur Informationen über Geschlecht und Art, sondern auch darüber, wer er ist. Hunde markieren oft, da Urinstoffe flüchtig sind und nach einer

Weile verdampfen, sodass die Markierung schwächer wird. Bei Säugetieren sind es gewöhnlich die Männchen, die am meisten markieren, und so verhält es sich auch bei Hunden.[32-33] Die Rüden heben das Bein beim Markieren – etwas, das sie auch mit leerer Blase noch weiter machen können.[34] Ein Hund mit einem Gewicht von 20 kg produziert täglich circa 0,5 – 0,8l Urin (25 – 40ml/kg).[35] Die Markierungsaktivität wird vom Hormon Testosteron gesteuert, dessen Produktion in der Pubertät beginnt und sich mit dem Alter steigert.[36-37] Bei Hündinnen ist die Markierungsaktivität daher nicht so gewöhnlich.[38] Kastrierte Hunde haben einen anderen Uringeruch und Hunde sind am Uringeruch eines kastrierten Individuums weniger interessiert.[39]

Hunde sind deshalb besonders an Laternenpfählen interessiert, weil andere Hunde dort markiert haben. Nachdem sie daran gerochen haben, werden Rüden und auch Hündinnen für gewöhnlich mit dem eigenen Geruch „übermarkieren". Die Hunde konkurrieren darum, obenauf zu sein. Dies ist vermutlich das bekannteste und gebräuchlichste Beispiel zum Thema „Geruchsübermarkierung", was auch bei anderen Säugetierarten sehr verbreitet ist. Markierungen von anderen Tieren lösen dieses Verhalten besonders dann aus, wenn sie sich im eigenen Territorium befinden. Gleichwohl gibt es große Unterschiede im Markierungsverhalten von Hund zu Hund. So ist es auch mit meinen Hunden. Shib ist ohne Zweifel eine dominante Hündin. Sie markiert immer und überall. Chilli ist bei weitem nicht so aktiv. Der Rüde Tapas markiert mittlerweile am meisten. Wenn wir mit Tapas auf Skitour sind, ist es nicht immer so einfach, ihn dazu zu bewegen, so zu ziehen, wie wir es möchten. Er interessiert sich am meisten für alle Markierungen entlang der Loipe und hält an, um diese zu übermarkieren. Markiert Shib, kommt Tapas und übermarkiert. Versucht er damit, seine liebe Shib zu bewachen? Rüden sind weniger am Urin läufiger Hündinnen interessiert, wenn dort auch Urin eines anderen Rüden ist. Durch das Übermarkieren bemerken andere Rüden wohl weniger, dass eine Hündin läufig ist, beziehungsweise dies gibt deutlich Auskunft darüber, dass jene Hündin schon gepaart oder „besetzt" ist. Die Markierungen überlappen sich meist nur teilweise. Daher können sie auch Hündinnen und rivalisierende Rüden über die Anwesenheit eines ranghohen Rüden in der Nähe der erwachsenen Hündinnen informieren.[40-41] Diese Übermarkierungen sind wichtig, um neue Verhältnisse ohne Austragung eines Kampfes zu etablieren, um die Gruppenzusammengehörigkeit zu stärken und um stabile Rangordnungen in der Gruppe aufzubauen und zu erhalten.[42]

Es ist interessant, die Markierungsaktivität im Winter zu beobachten, wenn die Markierungen als gelbe Flecken im Schnee besser sichtbar sind. Wird über die gesamte Markierung übermarkiert, nur teilweise, oder daneben? Auch in der Biberforschung haben wir bemerkt, dass die Markierungen als gelbe oder rotbraune Flecken sichtbar sind. Da wir herausfinden wollten, ob die Biber die Geruchsmarkierungen mit Stoffen aus Bibergeil oder den Analdrüsen setzen, haben wir Proben aus dem Schnee gesammelt. Mit Hilfe chemischer Analysen war es einfach, herauszufinden, ob sie das eine oder andere oder beides benutzt hatten. In der Biberforschung sammeln wir auch Geruchsstoffe von Tieren, die wir lebend gefangen haben. Wir legen zwei künstliche Geruchsmarkierungen nebeneinander aus, die die Biber vergleichen können. Wir registrieren, welchen Haufen sie zuerst untersuchen, wie lange sie an den verschiedenen Haufen schnuppern, wie lange sie brauchen, um die Haufen zu zerstören und ob sie ihren eigenen Geruch hinterlassen. Diese Experimente können wir mit vielen verschiedenen Kombinationen von Proben machen.[43] Solche Geruchsmarkierungen können wir in verschiedenen Biberterritorien auslegen. Der Geruch kann dabei aus der Umgebung des Bibers oder aus einer anderen Umgebung stammen.

Man kann solche einfachen Geruchsexperimente auch durchführen, um herauszufinden, wie der eigene Hund auf verschiedene Geruchsmarkierungen reagiert. Wenn Ihr Hund im Schnee markiert hat, sieht man die Stelle deutlich. Diese Markierung kann man mit einem Einmalhandschuh oder in einer sauberen Plastikflasche einsammeln. Danach kann man auch Markierungen anderer Hunde einsammeln. Hat man zudem auch Markierungen von läufigen und nicht läufigen Hündinnen, kann man testen, wie der eigene Hund auf diese Markierungen reagiert. Sollte man viele Markierungen gesammelt haben, bevor man das Experiment startet, ist es sinnvoll, diese in einer Gefriertruhe zu lagern und aufzutauen, bevor es losgeht.

Diese Markierungen sollen nun an einer anderen Stelle im Abstand von circa 15 cm ausgelegt werden. Am wahrscheinlichsten ist, dass ein Rüde am Urin anderer Rüden mehr als am eigenen interessiert ist. Außerdem wird er stärker am Urin von Hündinnen als von Rüden interessiert sein, am allermeisten aber am Geruch läufiger Hündinnen. Nachdem er daran gerochen hat, wird er mit hoher Wahrscheinlichkeit übermarkieren. Im Schnee kann man leicht erkennen, ob er neben oder direkt über den anderen Spuren markiert.[44]

Die Geruchsstoffe der Hunde können von einer läufigen Hündin stammen. Im klassischen Werk „Die schrecklichen und entsetzlichen Abenteuer und Heldentaten des hochberühmten Pantagruel, König der Dipsoden, Sohn des großen Riesen Gargantua" von 1532 erzählt der Renaissanceverfasser Francois Rabelais eine Geschichte darüber, wie Panurge Vergeltung in chemischer Form verübt, nachdem er von der Dame, in die er verliebt war, abgewiesen wurde. Panurge findet eine läufige Hündin, tötet sie und entnimmt ihr die Gebärmutter. Diese zerhackt er in kleine Stücke, die er unbemerkt auf das Kleid der Dame schmiert. Große und kleine Hunde, dicke und dünne, alle gerieten in Brunft und beschnupperten und bepinkelten sie überall. Wohin sie auch ging folgten ihr die Hunde und neue kamen hinzu. Sie folgten der Schleifspur ihres Kleides bis zu ihrem Haus.[45] Illustration: Gustav Doré 1854

Der Welpe zieht von zu Hause aus

Für einen Welpen bedeutet ein neues und unbekanntes Zuhause erstmal Stress.[46] Bei seiner Mutter und den Geschwistern war er sicher und es ging ihm gut, aber zu einem bestimmten Zeitpunkt muss er seine sichere Umgebung verlassen. Als unsere Welpen uns verlassen haben, haben wir die Decke zerschnitten, auf der sie lagen. Alle Welpen haben ein Stück mitbekommen und damit auch den Geruch der Mutter und der Geschwister mitgenommen. Normalerweise kommen Welpen im Alter zwischen sechs und neun Wochen in ihre neue Umgebung. Und das ist unglücklicherweise das Alter, in dem sie am lautesten dagegen protestieren, isoliert zu werden.[47] Eine andere Herausforderung für den neuen Besitzer ist, den Hund zur Stubenreinheit zu erziehen. Zu diesem Zweck ist ein synthetischer Duftstoff, der Hunde beruhigen soll, entwickelt worden. Dieser Duftstoff kann aus einem Behälter in einer Steckdose freigesetzt werden, als Spray oder über ein Halsband. Der Geruchstoff ist vergleichbar mit dem Geruch, den die Mütter beim Säugen ihrer Welpen produzieren.[48] Dieser Stoff kann unter anderem eine beruhigende Wirkung auf Welpen und erwachsene Hunde während eines Feuerwerks haben,[49] wenn sie alleine sind,[50-51] wenn sie verreisen,[52] wenn sie trainieren,[53] und wenn sie in einem Tierheim gehalten werden.[54] Vor allem das Bellen wurde weniger, aber es wurde auch eine geringere Urin- und Kotabsetzung in der Wohnung beobachtet.[55] Hunde, die alleine zu Hause sind, sind in der Regel durch den Geruch von Lavendel und Kamille entspannter, bei Rosmarin und Pfefferminz hingegen angespannter.[56] Wichtig ist, sich darüber im Klaren zu sein, dass verschiedene Hunde unterschiedliche Duftvorlieben haben.[57]

Der Geruch der Analbeutel

Hunde haben Analbeutel, die sich am Anus befinden. Der eine befindet sich zwischen vier und fünf Uhr, der andere zwischen sieben und acht Uhr.[58] Die Analbeutel sind umgeformte Hautstrukturen und sind ein Reservoir für ein Sekret aus veränderten Schweißdrüsen (apokrine Drüsen).[59] In der Regel sind sie etwa erdnussgroß. Die Farbe des Sekrets variiert von Hund zu Hund und kann gelblich, gräulich oder bräunlich aussehen.[60] Auch die Konsistenz ist unterschiedlich. Es kann wässrig (da zu 88 % aus Wasser bestehend)[61] oder ölig sein und scharf riechen. Farbe und Konsistenz können sich auch zwischen dem rechtem und dem linkem Analbeutel unterscheiden.[62]

Die Analbeutel bei Wölfen sind im Vergleich dazu umgeben von Muskulatur, sodass sie selbst bestimmen können, wann sie das Sekret absetzen wollen. Das Sekret wird also nicht passiv mit dem Stuhlgang abgesetzt.[63] Cheryl S. Asa, Forscherin für Reproduktionsphysiologie an der Universität in Minnesota/USA, leitete 1985 eine Studie, bei denen an betäubten Wölfen das Sekret angefärbt wurde. Das Sekret wurde nur an einem kleinen Anteil der Exkremente gefunden. Zudem fanden sie heraus, dass die Geschwindigkeit beim Abführen keinen Einfluss darauf hatte, ob Sekret abgesetzt wurde. Die erwachsenen Männchen, speziell die geschlechtsreifen, setzten das Sekret häufiger ab als Weibchen oder Jungtiere. Entsprechende Studien wurden an Hunden noch nicht durchgeführt, aber mit hoher Wahrscheinlichkeit verhält es sich bei ihnen gleich.

Bereits 1969 wollte der Tierarzt Conrad A. Donovan aus Latrobe in Pennsylvania/USA wissen, wie Hunde auf das Sekret aus den Analbeuteln läufiger Hündinnen reagieren. Er sammelte das Sekret von Hündinnen ein und präsentierte es Hunden beiderlei Geschlechts. Erwachsene Rüden zeigten das größte Interesse. Als er das Sekret auf das Hinterteil anderer Hunde verteilte, versuchten die erwachsenen Rüden, sich zu paaren, während die jüngeren Rüden nur hinterherliefen und schnupperten. Das Sekret von nicht läufigen Hündinnen führte zu Schnuppern, aber keinem größeren oder länger anhaltendem Interesse. Die gleiche Reaktion wurde bei Ausscheidungen von Hunden mit Krankheiten im Bereich der Analbeutel beobachtet. Er machte weitere Versuche mit Hunden, die erschreckt worden waren. Wenn deren Sekret auf das Hinterteil anderer Hunde verteilt wurde, zeigten jüngere

Welpen Interesse, während ältere Hunde sie mieden. Hunde versprühen das Analsekret bei Stress, zum Beispiel beim Tierarzt. Dies ist mit einem Alarmsignal zu vergleichen, wie wir es von Stinktieren kennen, die das Sekret zur Selbstverteidigung versprühen.[64] Die Analbeutel der Hunde wurden chemisch untersucht und die Ergebnisse deuten darauf hin, dass das Sekret Informationen über Individuum, Geschlecht und Rasse beinhaltet.[65]

Viele Hunde bekommen Probleme mit den Analbeuteln. Rassen wie Chihuahua, Dackel, Zwergpudel und Cavalier King Charles Spaniel können damit größere Probleme haben als andere Rassen. Dicke Hunde können mehr Probleme haben als dünne, aber auch dünne können unter Schwierigkeiten mit den Analbeuteln leiden. Bei kleinen Rassen kann es zu Problemen mit dem Entleeren der Analbeutel kommen. Die Hunde beginnen in diesem Fall auf dem Hintern zu rutschen, um den Druck zu lindern. Viele fangen auch an, den eigenen Schwanz zu jagen und am Hintern zu schlecken oder zu beißen.[66] Beim Lösen müssen sie sich sehr anstrengen. Wenn das Sekret lange in den Analbeuteln bleibt, wird die Konsistenz wie Erdnussbutter und die Säcke vergrößern sich. Die Farbe wird dann eher braun oder gelbgrün. Die Beutel sind dann schwierig zu entleeren und bakterielle Infektionen können entstehen. Entwickelt sich ein eitriges Geschwür daraus, kann dies für den Hund sehr schmerzhaft sein. Die Analbeutel schwellen immer weiter an, röten sich und können schließlich aufbrechen. Der Hund benötigt in diesem Fall Antibiotikum und vielleicht sogar eine Operation, einer Situation, der man vorbeugen sollte. Hunde, deren Analbeutel Probleme machen, müssen regelmäßig entleert werden.[67] Im schlimmsten Fall ist der Tierarzt dazu gezwungen, die Analbeutel operativ zu entfernen. Es ist aber auch nicht immer damit getan, die Analbeutel zu entleeren, denn manche Hunde beginnen schon drei Wochen später von neuem, auf dem Hinterteil zu rutschen.[68] Man kann das Analsekret auch selbst entleeren, aber ratsamer ist es, dafür einen Tierarzt aufzusuchen. Wenn man es selbst versuchen möchte, sollte man einen Latexhandschuh anziehen, bevor man den Zeigefinger in die Enddarmöffnung (After) einführt und circa 1 – 2 cm nach oben bewegt. Dann greift man mit dem Daumen um den Analbeutel an der Außenseite der Haut. Und presst nach oben und innen und gegen die Enddarmöffnung. Kommt nichts heraus, kann es daran liegen, dass es schon zu weit fortgeschritten ist oder man die Technik nicht beherrscht. In diesem Fall sollte rasch ein Tierarzt aufgesucht werden.

Der Geruch der Schwanzdrüse

Hunde haben auch eine Schwanzdrüse oder Violsche Drüse, die sich ungefähr an einem Drittel der Schwanzlänge von der Schwanzwurzel befindet.[69-70] Die Drüse bedeckt einen circa 2,5 – 5 cm großen Bereich.[71] Man weiß wenig über diese Drüse, aber vermutlich wird sie bei der Geruchsmarkierung gebraucht.[72] Als ich im Herbst 2013 mit Shib bei der Tierärztin Elin Torö an der Telemark Tierklinik in Gvarv war, kam gut sichtbar ein klares Sekret aus ihrer Schwanzdrüse.

Geruchsmarkierungen aus dem Kot

Hunde können ihren Kot zum Markieren ihres Territoriums nutzen, vor allem dort, wo sie Eindringlinge erwarten. Sie platzieren den Kot gern an auffallenden, etwas höher gelegenen Stellen. Die Markierung an erhöhten Plätzen führt dazu, dass sie leichter bemerkt werden, indem die Verdunstungsfläche in Nasenhöhe gesteigert und sie vor raschem Auswaschen durch Regen oder Tau geschützt wird. Oft beobachtet man Rüden bei einen „Handstand“, sie stehen also auf den Vorderpfoten mit dem Hinterteil hoch in der Luft, um ihren Kot höher abzusetzen.[73] Wahrscheinlich, um anderen Hunde ihre Größe und die damit verbundene Konkurrenzfähigkeit zu demonstrieren.

Wie finden Hunde über große Distanzen den Weg nach Hause?

Vieles deutet darauf hin, dass Hunde eine unglaubliche Fähigkeit haben, den Nachhauseweg zu finden. Eine Familie in den USA nahm ihren jungen Hund im Zug mit, nachdem sie von Canon in Colorado nach Denver umgezogen waren. Die Zugfahrt erstreckte sich über eine Strecke von 257 km über mehrere hohe Berge und Flüsse. Der Hund fühlte sich offenbar im neuen Heim nicht wohl und wollte nach Hause. Eine Woche später war er zurück. Der Nachbar hörte das laute Freudengebell und adoptierte ihn.[74] Wie hatte der Hund den Weg zurück gefunden? Die Ergebnisse des tschechischen Forschers Vlastimil Hart und seiner Kollegen an der Universität Prag von 2013 deuten darauf hin, dass Hunde einen „siebten Sinn“ haben; möglicherweise können sie das Magnetfeld der Erde lesen.[75]

Information über den Speichel

Wenn Hunde sich begegnen, riechen und lecken sie sich gegenseitig an den Mundwinkeln. Sind es Duftstoffe aus Drüsen oder Speichel, von denen sie Informationen erhalten, oder möglicherweise von beiden? Rüden schnuppern und schlecken mehr an Hündinnen als an Rüden.[77] Hunde lecken sich auch gegenseitig das Fell und übertragen dadurch Speichel. Eine Mutter macht dies mit ihren Welpen, um sie zu reinigen und um das Urinieren und den Kotabsatz anzuregen.[78] Die Welpen übertragen ihren Speichel wiederum an die Zitzen der Mutter und hinterlassen so vermutlich auch ihre Markierungen. Speichel enthält eine hohe Konzentration an Hormonen wie Progesteron,[79] Testosteron und Kortison,[80-81] sodass anhand dieser die unterschiedlichen Geschlechter erschnuppert werden können.

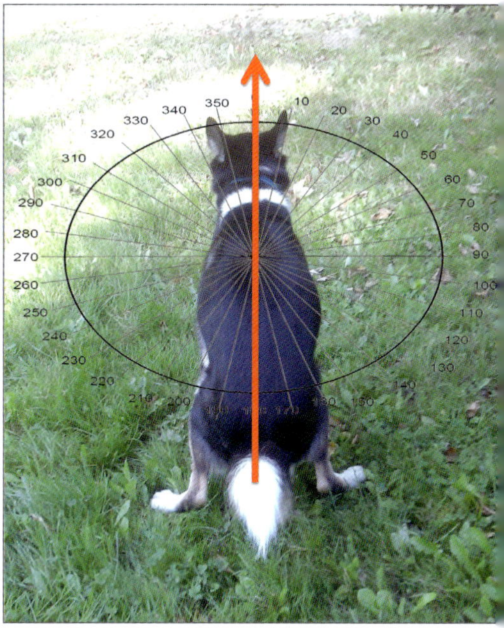

Hunde bevorzugen beim Lösen oder Markieren mit Urin eine Ausrichtung in Nord-Süd-Achse, wenn das Magnetfeld der Erde ruhig ist (wie es in ca. 20 % des Tages ist). Das deutet darauf hin, dass Hunde sensibel für das Magnetfeld der Erde sind, wie viele andere Tiere auch.[76] Foto: Jenny Ricken/Pascal Malkemper

Informationen beim Beriechen der Ohren

Hunde riechen sich manchmal zur Begrüßung gegenseitig an den Ohren. In den Ohren befindet sich Ohrenschmalz – ein gelbliches Drüsensekret – was von veränderten Schweißdrüsen gebildet wird. Die Ohren sind ein ausgezeichnetes Umfeld für Bakterien und andere Mikroorganismen, die verschiedene Gerüche bilden können. Der Tierarzt und Verhaltensbiologe Ian F. Dunbar an der Universität Kalifornien/USA fand 1977 heraus, dass Rüden wenig Interesse am Ohrenschmalz anderer Rüden zeigten. Stammte er hingegen von Hündinnen, waren sie 20 Mal mehr interessiert.[82] Durch Schnuppern an den Ohren erhalten Hunde auf jeden Fall Informationen zum Geschlecht des anderen.

5 Der Rettungshund

Am 6. März 2011 stürzte eine Lawine direkt auf die Loipe in Oksladalen (Okslatal) auf Lifjell in der Gemeinde Bö in Telemark. Der Polarhund Fenris hatte diese ausgelöst. Der Besitzer, Per Tore Iversen, der auch seine Hündin Isa dabei hatte, stürzte den Berg hinunter. Er hatte seine Tourenski an und war teilweise im Schnee versunken. Der Abstieg hörte am Ende der dreihundert Meter langen Lawine auf, die hier sieben bis acht Meter hoch war. Iversen hatte Glück. Er konnte atmen, war aber so begraben, dass nur der Kopf aus dem Schnee sah.

Die Skier lagen über Kreuz auf seinem Bauch und hatten trotz ihrer Stahlkanten keine Verletzungen verursacht. Glücklicherweise konnte Iversen auch seinen linken Arm bewegen. Er konnte sich den Handschuh abstreifen und etwas Schnee entfernen. So bekam er seine Hand frei und konnte nach einem Spaten aus seinem Rucksack greifen. Der Schnee war steinhart und er musste sich mit dem Spaten freispachteln. Isa war der Lawine entkommen und daher nicht verschüttet. Nachdem die Lawine zum Stillstand kam, legte sie sich gleich hinter Iversen ab. Fenris aber war verschwunden und Isa war nicht daran interessiert, ihn in der Lawine zu suchen. Iversen rief und suchte ihn, so gut er konnte, fand ihn aber nicht und musste schließlich aufgeben. Die Norwegischen Rettungshunde und die lokale Rote-Kreuz-Gruppe beteiligten sich auch an der Suche nach Fenris, aber ohne Erfolg.

Iversen wollte sich nicht damit abfinden, dass sein bester Freund nicht gefunden wurde und ging am folgenden Tag wieder mit Isa zur Lawine. Diesmal war auch sein Kumpel Gunnar Fagerli mit seinen zwei Malamutes, der Hündin Atka und dem Rüden Nanuq, dabei. Nanuq und Fenris kannten sich gut, da sie häufig miteinander spielten. Sobald sie an der Lawine angekommen waren, begann Nanuq intensiv zu graben. Gunnar und Iversen verstanden sofort und gruben ebenfalls im Schnee. Nanuq hatte nur zwei Meter von der Stelle entfernt zu graben begonnen, an der Iversen am Tag zuvor festsaß. Dort, unter einen Meter tiefen Schnee, kam eine nasse Schnauze zum Vorschein. Fenris lag zusammengerollt dort und war am Leben. Der einzige Schaden, den er davon getragen hatte, war ein entzündeter Schwanz, der aber nach einer Behandlung mit ein wenig Kortison wieder gut abheilte.

Nach 28 Stunden unter den Schneemassen hatte sich Fenris keine weiteren Verletzungen zugezogen. Nachdem man ihn aus dem Schnee befreit hatte, sprang er Iversen gleich auf den Schoß und musste danach sehr lange urinieren. Er hatte dies, seit er verschüttet war, nicht mehr gemacht. Für Hund ist eine saubere Höhle wichtig, was vielleicht der Grund dafür war, dass er sich so lange nicht gelöst hatte.[1] Fenris wurde ein Stück auf dem Scooter des Roten Kreuzes mitgenommen, sprang aber nach einer kurzen Zeit wieder ab. Er wollte lieber mit seinen zwei-und vierbeinigen Freunden zusammen herunterlaufen. Fenris war später wieder an der Lawine und schien nicht weiter von der Zeit unter der Lawine geprägt worden zu sein. Aber warum war er nicht von der Rettungsmannschaft mit ihren Hunden gefunden worden? Möglicherweise fanden sie den Hund nicht, da die Suchhunde auf Menschengeruch trainiert waren. Der Hundekamerad Nanuq dagegen war völlig mit dem Geruch seines Kumpels beschäftigt. Er war bereit für eine weitere unbeschwerte Rauferei. Eine andere mögliche Erklärung ist, dass der Geruch durch veränderte Schneeverhältnisse am nächsten Tag besser an die Oberfläche gelangte.[2]

Such und Hilf – Rettungshunde

Die Kommandoworte „Such und Hilf" werden oft für Rettungshunde gebraucht (auf Englisch „Search and rescue", Abkürzung SAR, also Such und Rette. Dort ist auch die Bezeichnung für Rettungshunde „SAR Dogs"). Hunde wurden seit dem 18. Jahrhundert zu Rettungszwecken eingesetzt, möglicherweise auch schon hundert Jahre früher.[3-4] Rettungshunde, die nach Geruch in der Luft wittern, werden eingesetzt, um vermisste Menschen in der Wildnis, unter Lawinen, unter Erdrutschen, in eingefallenen oder intakten

Beschreibung: Rechte Seite: Fenris wird aus der Lawine ausgegraben (links oben). Nach 28 Stunden unter Schnee begraben war er etwas verwirrt, aber gesund und munter. Nanuq schaut in das Loch, in dem Fenris begraben war (rechts oben) Beide Fotos: Gunnar Fagerli
Die Lawine von oben gesehen (links unten). Per Tore Iversen lag dort begraben, wo der Spaten sticht, während Fenris zwei Meter links davon lag. Fenris mußte nach seiner Rettung sehr viel urinieren (rechts unten) Fotos: Per Tore Iversen/Gunnar Fagerli

Gebäuden, in Flüssen, Gewässern und vielen anderen Umgebungen zu finden. Sie werden auch zur Suche nach toten Menschen eingesetzt (siehe Kapitel über Polizeihunde). Rettungshunde werden oft nach der Umgebung, in der sie eingesetzt werden, klassifiziert. Beispiele dafür können sein: Städte nach einer Katastrophe, Wildnis, Lawinen, Erdrutsch oder ähnliches.[5-6] Andere Autoren teilen die Suche in sieben Haupttypen ein: 1) Suche im Wald und in weitläufigen Gebieten; 2) Suche nach Indizien oder Suche in kleinen Gebieten; 3) Suche nach Resten/Leichen von Menschen; 4) Gewässersuche nach Ertrunkenen (siehe Kapitel über Polizeihunde); 5) Lawinensuche; 6) Suche nach Überlebenden nach einer Katastrophe und 7) Suche nach Toten nach einer Katastrophe.[7-8]

Die meisten Rettungshunde sind mittelgroße Rassen wie Golden und Labrador Retriever, Belgische Schäferhunde (Malinois, Tervueren), Deutsche Schäferhunde oder Border Collies. Die größeren Rassen werden gewöhnlich bei Lawinensuchen eingesetzt, die kleineren bei Suchen in Trümmern. Es ist wichtig, dass sie motiviert sind, ruhig und nicht aggressiv, sozial im Umgang mit anderen Hunden und Menschen sind und keine körperlichen Beschwerden haben. Diese Hunde gehören in der Regel Freiwilligen, die sie erziehen und mit ihnen trainieren und für diese Arbeit keinen Lohn bekommen.[9] Rettungshunde arbeiten sowohl an der Leine als auch unangeleint. Spürhunde arbeiten mit der Nase am Boden und bekommen in der Regel vor der Suche einen Gegenstand der vermissten Person zum Schnuppern (ID-Suche).[10] Die norwegischen Rettungshunde werden meist zur Flächensuche eingesetzt, aber die geruchsspezifische ID-Suche (oder „Mantrailing“) nimmt zu.[11] Alternativ können die Hunde an einer Stelle riechen, an der sich die vermisste Person längere Zeit aufgehalten hat. Ein Geruchsgegenstand kann auch ein Autositz, ein Fenster- oder ein Türgriff sein. Haarbürsten, Zahnbürsten, Brillen und vor allem benutzte Tampons sind ebenfalls gute Geruchsgegenstände. Und je besser der Geruchsgegenstand, desto höher die Wahrscheinlichkeit, dass der Hund die Person wiederfindet.[12] Ein Rettungshund, der Flächensuche betreibt, läuft unangeleint und kann sich daher in großen Bereichen bewegen. Diese Hunde sind flexibler und unterscheiden sich von den ID-Hunden, da sie vor Beginn der Suche an keinem Gegenstand riechen.

Wie lange ein Geruch erhalten bleibt, variiert und ist von verschiedenen Faktoren und Umwelteinflüssen wie Temperatur, Regen, Windstärke und

-richtung abhängig (siehe Kapitel über Jagdhunde). Eine vermisste Person ist am leichtesten in den ersten zwei Stunden zu finden, danach wird es schwieriger. Nach zwölf Stunden liegt die Wahrscheinlichkeit nach Aussage des Polizisten und Verfassers Jeff Schettler bei weniger als 15%; bei einer Spur, die älter als 24 Stunden ist, sogar unter 10%. Nur wenige Hunde schaffen es, eine Spur zu verfolgen, die älter als 12 Stunden ist und am erfolgreichsten verläuft die Suche bei einer ein bis vier Stunden alten Spur.[13-14] Inzwischen wurde sogar von Hunden berichtet, die es schafften, eine Spur zu verfolgen, die 105 Stunden, also viereinhalb Tage alt war.[15] Die längste uns bekannte Spur, die verfolgt wurde, erstreckte sich über 216 Kilometer.[16] Die Wahrscheinlichkeit, eine gesuchte Person zu finden, ist natürlich auch davon abhängig, wo sich diese befindet (Umgebung), vom Typ der Person und ihrem Aktivitätsniveau (siehe Kapitel Menschenkenner). Auch das Training des Hundes ist entscheidend; es müssen alte und auch neue Spuren geübt werden. In Norwegen wird überwiegend nach Männern und Teenagern gesucht sowie nach älteren Menschen über 75 Jahren.[17] Die meisten gesuchten Menschen haben gesundheitliche (psychische) Probleme. Bei der Hälfte aller Suchen in Norwegen im Jahr 2006 handelte es sich um die Vermisstensuche nach suizidgefährdeten oder psychisch kranken Menschen sowie nach Demenz-und Alzheimerpatienten.

Bluthunde: Die Ferraris unter den Spürnasen

Bluthunde werden oft mit der Suche nach Menschen in Verbindung gebracht. Leider gibt es bisher nur wenig Forschung über die Fähigkeit, Gerüche von verschiedenen Menschen aufzuspüren und voneinander zu unterscheiden,[18] die der traditionelle Bluthund besitzt und für die er volkstümlich als der beste Hund angesehen wurde. Nicht selten wird er als „Ferrari unter den Nasen" bezeichnet.[19] Bluthunde wurden gezüchtet, um mit ihrem Geruchssinn Menschen aufzuspüren.[20] Ursprünglich züchteten belgische Mönche den „Chien de St. Hubert", den Sankt-Hubert-Bluthund, im siebten Jahrhundert.[21] In den 1830 – 1840er Jahren wurden Bluthunde vom Militär dazu eingesetzt, Indianer und geflohene Sklaven in den Südstaaten der USA, Florida und Louisiana aufzuspüren.[22]

Obwohl das Wissen über den herausragenden Geruchssinn der Bluthunde lange Zeit mündlich weiter gegeben wurde, wurde die Fähigkeit der Rasse zur Personensuche erst 2003 wissenschaftlich untersucht.[23] Acht Bluthunde, darunter drei unerfahrene mit weniger als 18 Monaten Training und fünf erfahrene mit mindestens 18 Monaten Training wurden auf fünf verschiedene Spuren mit einer Länge von 0,8 – 2,4 Kilometer angesetzt. Die Spur war 48 Stunden zuvor gelegt worden und endete in einem Y-Muster, bei dem die Hunde sich zwischen der rechten und linken Spur entscheiden mussten. Die eine Spur war von einer Person, von der sie vor Beginn der Suche eine Geruchsprobe zu schnuppern bekommen hatten. Die Spuren verliefen durch einen Park, über ein Universitätsgelände und schlussendlich durch eine Stadt. Überall gab es dichten Menschenverkehr. Die Ergebnisse belegten, dass 78 % der acht Teams die Suche vollendeten und die richtige Person identifizierten. Die unerfahrenen Hunde schnitten bei der Suche schlechter ab (53 %) als die erfahrenen (96 %), die schon früher für solche Suchen eingesetzt worden waren. Das Training und die damit verbundene Erfahrung sind also ausschlaggebend für den Sucherfolg.

In einer anderen Studie in den USA testete das FBI die Fähigkeit der Bluthunde, einen bestimmten Menschengeruch in einer bevölkerten Wohngegend herauszufiltern. Sie wählten hierfür eine Person, die sieben Jahre in einem Haus in Stafford in Virginia gelebt hatte, bevor sie nach Albuquerque in New Mexico zog. Sechs Monate nach dem Umzug der Person nach New Mexico platzierten die Forscher vom FBI einen Bluthund an eine Straßenkreuzung in Stafford, mehrere Häuser von dem früheren Wohnhaus der Person entfernt. Der Hund bekam einen Brief zum Schnuppern, den die besagte Person aus New Mexico geschickt hatte und lief dann direkt zu dem früheren Wohnhaus. In diesem Fall hatte die Geruchsspur der Person im Haus die Witterungseinflüsse über sechs Monate überdauert.[24]

Es ist übrigens ein Mythos, zu glauben, dass ein Bluthund den Geruch einer Person verliert, sobald diese ins Wasser geht. In alten Schwarz-Weiß-Filmen wurde unzählige Male gezeigt, wie Flüchtlingen als einziger Fluchtweg ein Fluss blieb.[25] Viele Kriminelle versuchen ebenso die Flucht über Wasserwege, aber das gelingt ihnen nicht. Manche Bluthunde arbeiten in der Umgebung von Wasser tatsächlich effektiver als anderswo. Körperflüssigkeiten sind beinahe wie ein Ölfilm auf der Wasseroberfläche und fließen mit dem

Wind und Strom. Der Geruch kann auch an der Vegetation anhaften, an Steinen und an der Erde entlang des Ufers und kann sich somit über mehrere Kilometer flussabwärts verströmen.[26-27]

Norwegische Rettungshunde

Auf der Webseite der Norwegischen Rettungshunde (NRH) ist zu lesen: „Norwegische Rettungshunde" ist eine landesweite, freiwillige, humanitäre Rettungsorganisation. Die Organisation bildet Hunde und Hundeführer für den Rettungsdienst aus und organisiert den Bereitschaftsdienst für die Such-Teams durch Kontakt mit der Hauptrettungszentrale und den lokalen Polizeidienststellen. Die landesweite Organisation ist eingeteilt in Bezirksorganisationen, die ihre Tätigkeit innerhalb geografisch abgegrenzter Gebiete hat. Die Dienstpläne der Norwegischen Rettungshunde werden an die Hauptrettungszentrale und an die lokalen Rettungsdienste/Polizeidienststellen verteilt. Bei Bedarf werden Teams auch grenzübergreifend angefordert.[28]

Dieser Verein wurde bei einem Treffen im Kaminzimmer der Finsehütte am 26.Februar 1956 gegründet. Kaare Ferdinand Skalstad war die treibende Kraft. Er nannte den Verein zunächst „Norwegische Lawinenhunde", später „Verein Norwegischer Lawinenhunde", und es war weltweit die dritte Organisation zur Ausbildung von Lawinenhunden. Der Verein hatte seit 1957 seine eigene Zeitung namens „Der Lawinenhund". Erst 1992 bekam der Verein seinen heutigen Namen und der Namen der Zeitung wurde in „Der Rettungshund" umbenannt. Norwegens erster zertifizierter Lawinenhund hieß Heidi. Skalstad schrieb ein Buch über sie[29] und es wurde auch ein Film mit dem Titel „Toya und Heidi"[30] über sie gedreht.

NRH hatte am 30. April 2014 1.667 Mitglieder, 194 anerkannte Nachsuchteams, 92 anerkannte Lawinenteams und 24 anerkannte Trümmerteams, verteilt über die 17 Bezirke der Organisation.[31-32] Sie nutzen Hunde für das Aufspüren vermisster Personen im Wald, in den Bergen, unter Schnee oder in eingestürzten Gebäuden. Seit 1999 hat NRH dazu beigetragen über 200 Menschenleben zu retten. 2012 hatten die Rettungshunde 426 Aufträge, für die 2.578 Teams benötigt wurden. Im Verlauf dieser Einsätze fanden sie 39

Menschen, 31 davon lebend und acht tot.[33] 60 Hundeteams wurden nach der Bombenexplosion im Regierungsgebäude und beim Massaker auf Utöya am 22. Juli 2011 eingesetzt (47 dieser Teams befanden sich auf Utöya). Die Mannschaft vom NRH hatte diese Arbeit übernommen.[34] Laut einem Artikel im VG („Verdens Gang") im Oktober 2011 hatte ein Sicherheitsbeauftragter vom Sicherheitsdienst vorgeschlagen, dass Bombenhunde in dem Bereich, wo die Bombe explodierte, eingesetzt werden sollten, aber die Sicherheitsabteilung hatte dies abgelehnt.[35]

NRH beteiligt sich auch international. Durch internationale Abkommen hat sich Norwegen dazu verpflichtet, einsatzbereite Teams für die Suche nach Überlebenden nach einer Katastrophe zur Verfügung zu stellen. „Norwegian Search and Rescue Team (NORSAR)" ist bei große Katastrophen in städtischen Umgebungen im Einsatz. Sie halfen unter anderem bei den Rettungsarbeiten nach dem Erdbeben in der Türkei 1999 sowie im Iran 2003.[36] Acht anerkannte Ruinensuchteams beteiligten sich beim Einsatz in der Türkei, welches der erste Auslandseinsatz für die NRH war. Vier Jahre später, am Freitag den 26. Dezember, wurde die Stadt Bam im Iran von einem schweren Erdbeben erschüttert und neun Such-Teams wurden dorthin geschickt.[37]

Norwegen hat außerdem die „Norwegische Rettungshund Organisation (NRO)", die im Februar 1999 gegründet wurde. Der Hauptsitz ist in Årnes in Akershus. Auch diese Organisation bildet Hunde und Hundeführer für den Rettungsdienst aus.[38] Durch immer häufigere Naturkatastrophen wird die wichtige Arbeit der NRHs und NROs zukünftig noch herausfordernder und bedeutungsvoller.

Bei der Flächensuchübung soll der Hund einen Menschen suchen und finden, der sich in der Umgebung versteckt.[39] Sie kann als eine von vielen Übungen im Gebrauchshundesport einfließen und ist eine wichtige Übung für Patrouille-Hunde, die beim Militär und der Polizei eingesetzt werden. Dabei muss der Hund seinen Geruchssinn sowohl an der Spur (am Boden) als auch in der Luft witternd einsetzen, um die Zielperson zu finden. Bei der Flächensuche werden zwei Arten von Anzeige oder „Verweis" gebraucht. Die eine ist das Bellen beim Auffinden der Zielperson, das andere der Bringselverweis. Hierbei informiert der Hund den Hundeführer darüber, dass er eine Person gefunden hat. Hier nimmt der Hund das Bringsel bei der gefundenen

Person in den Fang und läuft damit zurück zum Hundeführer. Danach erhält er den Befehl, vorzulaufen und die Person anzuzeigen. Die Flächensuche ist eine wichtige Aufgabe für einen Spürhund und es bedarf ein intensives Training in allen möglichen Umgebungen, bevor ein Team als Nachsuche-Team zertifiziert werden darf (diese Anerkennung nennt sich Such- und Rettungsdienst und ist eine von drei Anerkennungen für einen Rettungshund in Norwegen). Das Aufspüren ist eine andere Aufgabe und die Hunde müssen vor einer Zertifizierung viele Prüfungen ablegen. Meist ist hierfür ein Training von mindestens zwei Jahren nötig.[40]

Einsatzstatistik 1990–2012

Anzahl der Einsätze, durchgeführt von „Norwegische Rettungshunde" in den Jahren 1990–2012 (m. frdl. Gen. von Norwegische Rettungshunde)

Jahr	Lawine	Nachsuche	Ruine	Bereitschaft	Alle Einsätze	Anzahl der Teams	Lebend gefunden	Tot gefunden	Alle Funde
1990	5	47	0	7	59	147	k.A.	k.A.	5
1991	3	47	0	1	51	146	k.A.	k.A.	11
1992	2	57	0	1	60	128	k.A.	k.A.	8
1993	6	55	0	0	61	164	k.A.	k.A.	10
1994	5	54	0	5	64	138	k.A.	k.A.	8
1995	5	43	0	5	53	127	k.A.	k.A.	5
1996	2	53	0	3	58	202	k.A.	k.A.	8
1997	12	66	2	0	80	224	k.A.	k.A.	6
1998	7	102	0	0	109	428	k.A.	k.A.	9
1999	13	125	1	0	139	412	6	28	33
2000	17	137	4	2	160	546	22	4	26
2001	15	140	0	0	155	592	17	6	23
2002	14	141	0	0	155	509	5	5	10
2003	4	156	1	0	161	480	7	17	24
2004	13	202	0		215		9		21

2005	16	184	0		200		12		21
2006	11	185	1		197		9		13
2007	12	201	4		217		7		19
2008	15	230	0		245		30		32
2009	25	261	0		286	1441	13		18
2010	34	237	1		308	1631	27	9	36
2011	32	374	0		406	2440	53	15	38
2012	31	393	2		426	2578	39	8	31

k.A.= keine Angabe

Die Spalte „Tot gefunden" beinhaltet geschätzt 25 Anzeigen beim Einsatz in der Türkei im August 1999 und 12 Anzeigen im Iran 2003.

Katastrophenhunde

Katastrophenhunde suchen nach unter Häusern verschütteten Menschen.[41] In Norwegen werden solche Hunde Trümmersuchhunde genannt. Sie werden auch bei der Personensuche nach Katastrophen wie Erdrutsch, Steinschlag, Überschwemmungen, Erdbeben,[42] Tornados, Orkanen, Tsunamis, Gruben- und Eisenbahnunglücken oder militärischen Angriffen eingesetzt.[43-44] Während andere Hunde zur Suche in größeren Gebieten wie Wäldern, Gewässern oder Bergen eingesetzt werden, sind Katastrophenhunde auf die oben genannten Bereiche spezialisiert. Die Trümmersuche begann in England im Zweiten Weltkrieg, als die „Civil Defence" Hunde nach deutschen Bombenangriffen einsetzte.

Katastrophenhunde wurden nach der tragischen Bombardierung des Alfred P. Murrah Federal Building in Oklahoma an einem Frühlingstag 1995 sowie nach dem

Norwegische Rettungshunde absolvieren ein ständiges Training, um Menschen zu retten. Bei manchen Einsätzen werden Sea King Rettungshubschrauber eingesetzt und die Hunde müssen an das Fliegen darin gewöhnt sein. Beide Fotos: Ole Reitan

Terroranschlag auf das World Trade Center und das Pentagon am 11. September 2011 eingesetzt.[45-47]). Nach dem Terroranschlag waren 250–300 Hunde im Einsatz.[48] Die Reste der Gebäude transportierte man auf ein weitläufiges Gelände, wo die Hunde tonnenweises Material durchsuchten, um Leichenteile wie Gewebe, Knochen oder Körperflüssigkeiten zu finden. Ein Hund markierte zum Beispiel ein kleines Stück mit dem Aussehen eines Holzsplitters, welches später als Teil einer menschlichen Rippe identifiziert wurde.[49] Hunde wurden auch 1988 im Ort Lockerbie in Südwest-Schottland benutzt, als ein Flugzeug nach einer Bombenexplosion abgestürzt war. 243 Passagiere, 16 Besatzungsmitglieder und 11 Menschen am Boden kamen dabei ums Leben.[50] Nach dem Erdbeben von 1976 im italienischen Friaul fanden zwölf Hunde 42 Überlebende sowie 510 Tote.[51] Auch nach dem Tsunami in Yamada in Japan im März 2011 wurden Hunde aus allen Teilen der Welt eingeflogen.

Katastrophenhunde können sowohl nach Lebenden als auch nach Toten suchen. Uneinigkeit herrscht darüber, ob Hunde für beides trainiert werden sollen, da dies dazu führen könnte, dass sie Tote anzeigen statt nach Lebenden zu suchen. In einer Studie aus dem Jahr 2006 schlussfolgerten die Professorinnen Lisa Lit und Cynthia A. Crawford an der California State University in San Bernadino/USA, dass Hunde, welche auf das Aufspüren von Lebenden und Toten trainiert waren, dann nicht eingesetzt werden sollten, wenn Leichengeruch in der Luft liegt, man aber nach Lebenden sucht.[52]

Denn in diesem Fall kann die lebende Person übersehen werden; eine Verschlimmerung von eventuellen Verletzungen mit Todesfolge wäre die Konsequenz. Katastrophenhunde sollten auch darauf trainiert werden, dass sie beim Auffinden von Essen, lebenden oder toten Tieren sowie von Kleidung nicht anzeigen.[53] Ein Erwachsener, der bei guter Gesundheit, unverletzt ist und mit Zugang zu frischer Luft, hat große Überlebenschancen, wenn er innerhalb von 72 Stunden gefunden wird. In 80 % der Fälle werden alle lebend gefundenen innerhalb von 48 Stunden gefunden. Nach 72 Stunden sinkt die Überlebenschance drastisch und ohne Wasser überleben nur wenige länger als 120 Stunden, also fünf Tage.[54]

Ein gut trainierter Trümmersuchhund durchsucht rasch die oberste Schicht eingestürzter Häuser und hat dabei gute Chancen, Überlebende zu finden. Er wittert nach menschlichem Atem, Blut, Haut- und Uringeruch. CO^2,

Nachdem der Orkan Katrina in den USA gewütet hatte, wurden viele Hunde bei der Suche nach Menschen eingesetzt. Hier suchen Terry Crooks und sein Hund nach Überlebenden. Foto: Marcia Koenig

Ammoniak und Aceton sind zuverlässige Anzeichen für einen aktiven Stoffwechsel und diese Verbindungen verteilen sich schnell in eingestürzten Gebäuden.[55]

Im Normalfall erhält ein Katastrophenhund keinen Gegenstand mit dem Menschengeruch zum Schnuppern, weil ein solcher meist nicht vorhanden ist. Diese Hunde nutzen die Luft in der Umgebung des Suchortes, um nach Menschen zu wittern. Sie arbeiten unangeleint, da sie so effektiver in den Gebäuderesten suchen können. Die Katastrophenarbeit kann für Hund und Hundeführer sehr gefährlich sein. Sobald ein Hund Menschengeruch in einer Ruine wahrgenommen hat, begibt er sich an die Stelle mit dem intensivsten Geruch. Der Suchhund kann Menschengeruch erkennen, der sich viele Meter innerhalb der Ruine befindet. Kommt er nicht näher an ihn heran, wird er bellen, um anzuzeigen, dass er einen Lebenden im Schutt gefunden hat. Die Stelle wird daraufhin markiert und der Hund wird durch ein Ballspiel oder ähnliches belohnt. Wird vermutet, dass mehrere Menschen verschüttet wurden, wird der gleiche Hund erneut eingesetzt oder mehrere Teams wechseln sich ab. Wenn es keine Überlebenden gibt, muss sich ein Freiwilliger im Gebäude verstecken und sich vom Hund finden lassen. Für Hunde ist es ein Spiel, Überlebende zu finden und das Interesse für dieses Spiel muss aufgemuntert, aufrechterhalten und verstärkt werden. Der Hundeführer muss sich dem Hund gegenüber positiv und begeistert verhalten, selbst oder gerade dann, wenn das Ergebnis der Suche negativ war.[56] [57]

Für die Vermisstensuche in Trümmern kann der Hund wie hier mit einem Beschleunigungsmesser und einer Videokamera ausgerüstet werden.
Foto: Alexander Ferworn.

Ein eifriger Schäferhund in Toronto/Kanada wird im Gebrauch der Roboterschlange trainiert. Fotos: Jimmy Tran

Katastrophenhunde werden bei ihrer Arbeit mehr und mehr mit moderner Ausrüstung ausgestattet.[58] Dabei gibt es alles, von Hundebrillen mit Kameras bis hin zu verschiedenen Geschirren mit Taschen unter dem Bauch für medizinische Ausrüstung, Radio, Essen und Wasser.[59-60] In den USA werden seit 2008 Beschleunigungsmesser angebracht (wie sie auch in Smartphones integriert sind)[61-63], die drahtlos Signale auf einen Monitor übertragen, auf dem der Hundeführer unter anderem die Körperposition des Hundes sieht.[64-65] Die Hunde können zum Beispiel darauf trainiert werden, sich beim Fund einer toten Person zu setzen und stehen zu bleiben und zu bellen, wenn sie eine lebende Person gefunden haben. So weiß der Hundeführer sofort, was der Hund gefunden hat, auch wenn er ihn weder sehen noch hören kann. Forscher können anhand eines speziellen Sensors die Physiologie des Hundes untersuchen.[66-68] Der Sensor misst die Sauerstoffsättigung im Gehirn, indem er das Hirngewebe im Schädel beleuchtet und die Reflexion misst.[69] Ebenfalls kann mit Hilfe des Beschleunigungsmessers gemessen werden, wieviel Energie der Hund bei verschiedenen Aktivitäten benötigt.[70] 2010 wurde ein weiteres nützliches Werkzeug für den Katastrophenhund entwickelt. Alexander Ferworn, Professor in Computerwissenschaften an der Ryerson Universität in Toronto/Kanada, entwickelte eine Roboterschlange, die der Hund in einer Bauchtasche transportiert. Die Roboterschlange wird freigesetzt, wenn der Hund eine Person bei der Trümmersuche findet und er zu bellen beginnt. Die Rettungsmannschaft kann dann den Verschütteten sehen und mit ihm sprechen.[71-73]

Können Hunde vor Erdbeben warnen?

Viele wilde und domestizierte Vögel und Säugetiere sind empfindlich gegenüber Anzeichen für Erdbeben.[74-75] Berichten zufolge können Hunde bis zu 24 Stunden vor einem Erdbeben anschlagen. Können diese Anzeichen Gerüche sein? Und können wir Hunde darauf trainieren, uns vor einem drohenden Erdbeben zu warnen? Flüchtige Schwefelverbindungen sind die wahrscheinlichsten Gerüche für kommende Erdbeben, da diese Schwefeldioxid freisetzen.[76]

Lawinenhunde

Die Mönche der St. Bernhards-Herberge setzen Bernhardiner ein, um nach Vermissten in den Alpenpässen zwischen Italien und der Schweiz zu suchen. Der St. Bernhards-Pass liegt in 2.469 m Höhe und ist genauso hoch wie Norwegens höchster Berg, der Galdhöppigen. Am St. Bernhards-Pass wurden im Laufe von zweihundert Jahren über zweitausend Menschen gerettet, von kleinen Kindern bis hin zu Napoleons Soldaten.[77] Die ersten Lawinenhunde wurden an diesem Pass bereits im 17. Jahrhundert eingesetzt.[78] Zweihundert Jahre später, zwischen 1800 – 1812, arbeitete der bekannte Bernhardiner Barry in der Umgebung. Er rettete 41 Menschen, die von Lawinen erfasst worden waren oder sich in diesen Wintern zwischen der Schweiz und Italien verlaufen hatten.[79-80] Zwischen 1816 und 1818 gab es starke Schneestürme, in denen viele Hunde umkamen. Viele starben auch bei der Suche nach Menschen in Lawinen. Die letzte Suche, die von einem Bernhardiner in dieser Gegend durchgeführt wurde, war 1897, bei der ein zwölfjähriger Junge mit starken Erfrierungen gefunden wurde.[81-82]

In den Medien wird häufig davon berichtet, dass Hunde Menschen unter Schnee gefunden haben. Von 1972-2010 sind durchschnittlich fünf Menschen pro Jahr in Norwegen bei Lawinenunglücken ums Leben gekommen.[83] Heute werden häufig Rassen wie der Australian Shepherd, Border Collie, Schäferhund, Rottweiler, Riesenschnauzer, Toller, Golden Retriever und Labrador Retriever bei der Lawinensuche eingesetzt.[84] Ein Lawinenhund findet Menschen auch dann, wenn sie mehrere Meter tief im Schnee begraben liegen.[85] In Norwegen sollten anerkannte Lawinenhunde Menschen in drei Metern Tiefe anzeigen. In Österreich fand ein Hund sogar einen Verschütteten in 7,3 Meter tiefem Schnee.[86] Und Hunde sind effektiv: 20 Rettungspatrouillen benötigen 20 Stunden, um ein Gebiet von ca. 2.500 m^2 (entspricht circa 1 Morgen bzw. ¼ Hektar) zu untersuchen, während ein Hund ein Areal der gleichen Größe in zwei Stunden absuchen kann.[87] Unter Schnee begrabene Menschen sollten natürlich schnellstmöglich gefunden werden, denn die Überlebenschance liegt in den ersten 15 Minuten bei über 90 %, sinkt aber bereits nach 35 Minuten auf 30 %. Danach ist ein Überleben ohne Luftzufuhr unmöglich.[88] Gibt es eine Luftkammer zum Atmen, ist ein Überleben bis zu 20 Stunden möglich.[89] Eine Person zu finden, kann eine Herausforderung sein. Leichter ist jemand zu finden, wenn sich die Lawine über einen kleineren Bereich erstreckt und nicht so hoch ist oder wenn der Schnee locker ist.[90] Eine Schneelawine kann eine Geschwindigkeit von bis zu 193 km/h (56,5m/s) erreichen und mehrere Tonnen Schnee mit sich bringen.[91] Die Beschaffenheit des Schnees und die Dichte sind ausschlaggebend dafür, wie schnell Gerüche durch den Schnee zur Oberfläche durchdringen[92] und wie sich der Geruch durch den Schnee bewegt. Die Gerüche von unter Schnee begrabenen Menschen dringen durch die Stellen im Schnee mit der geringsten Dichte. Ein Eisbehang um einen Menschen im Schnee führt dazu, dass die Gerüche nicht gerade nach oben entweichen können, sondern andere Wege nehmen. Je tiefer ein Mensch daher verschüttet ist und je dichter der Schnee ist, desto länger brauchen Gerüche, um an die Oberfläche zu gelangen.[93] In Pulverschnee kann die Verteilungsgeschwindigkeit für Gerüche variieren von einer Minute/Meter oder weniger bis hin zu 15 Minuten/ Meter.[94] Schnee kann auch so kompakt sein, dass der Geruch erst austritt, nachdem der Schnee durchlöchert wurde. Hunde können verlässlich bei Temperaturen von bis zu -30° suchen. Je stärker der Wind, desto höher die Wahrscheinlichkeit, dass der Hund auf der windabgewandten Seite der verschütteten Person markiert. Da sich Luft konstant durch den Schnee bewegt, beeinflusst der Wind auch den Geruch unter der Schneeoberfläche.[95] In manchen Fällen gelangen die Duftstoffe an einer Stelle der Oberfläche, die sich bis zu 15 – 20 Meter weit weg von der verschütteten Person befindet.[96]

Die Bernhardiner der 1950er Jahre, hier zu sehen, nachdem sie einen Jungen aus einer Lawine in den Schweizer Alpen gerettet haben. Bernhardiner waren im 19. Jahrhundert muskulöse und rauhaarige Hunde. Die heutigen Bernhardiner sind gemischt mit Neufundländern und englischem Mastiff. Dadurch sind sie groß und schwer geworden. Foto: George Pickow/ Hulton Archive/GettyImages

6 Der Jagdhund

In seinen fast vierzig Jahren Erfahrung mit Vorstehhunden (Pointer, Setter) für die Schneehuhnjagd und Forschung hat mein Kollege an der HiT, der mittlerweile pensionierte Professor Howard Parker, mehrere Beispiele für die unglaubliche Fähigkeit der Hundenase erlebt, Wild unter schwierigen Witterungsbedingungen aufzuspüren. Im November 1988 war Parker mit seinem Épagneul Breton Balder auf der Schneehuhnjagd in einem engen Tal im Bezirk Vestland. Der Himmel war bei minus 3-4°C klar, es war windstill und es lagen etwa 25 cm Neuschnee. Auf dem Weg ins Tal stand Balder vor und zwei Schneehühner flogen auf. Das eine fiel mit dem ersten Schuss, während das andere weiter ins Tal flog. Parker vermutete, dass er auch mit dem anderen Schuss getroffen hatte und unternahm eine gründliche, aber erfolglose Nachsuche. Parker setzte die Jagd fort, aber bei Sonnenuntergang waren er und Balder müde. Er entlud seine Waffe, rief seinen Hund und machte sich über einen Forstweg, der zum Talschluss führte, auf den Heimweg. Nach einer halben Stunde Marsch und nahe der Stelle, an der er früher am Tag nach dem angeschossenen Schneehuhn gesucht hatte, warf sich Balder plötzlich in Vorstehhatung, die Nase zur Bergseite gerichtet. Es war ganz windstill, aber die Vorstehhaltung wirkte so überzeugend, dass Parker die Waffe erneut lud. Er gab den Befehl zur Suche und Balder begann sich vorsichtig bergauf zu bewegen. Nach wiederholten Suchbefehlen über circa dreißig Meter ohne Erfolg verlor Parker das Vertrauen in die Vorstehhaltung, aber Balder war nach wie vor überzeugt und lief weiter bergauf. Nach weiteren zehn Metern weigerte er sich, weiterzulaufen und hielt die Nase direkt am Boden. Es herrschte schlechte Sicht, aber Parker bemerkte eine kleine Senke in der Oberfläche des Schnees, direkt vor dem Hund. Ein Schneehuhn im Versteck, dachte er und stapfte laut mit geladener Flinte auf, um es aufzuschrecken. Aber nichts geschah und er grub vorsichtig an der Stelle. Zu seinem großen Erstaunen lag dort unter 10 cm Schnee ein totes und halb gefrorenes Schneehuhn. Ein kleiner Blutfleck auf der Brust zeigte, dass es das Schneehuhn war, nachdem Parker früher am Tag gesucht hatte. Es war offensichtlich nur mit einem Schrotkorn getroffen worden und konnte noch weiterfliegen.

Balder hatte den Geruch eines toten Vogels aus ungefähr 35 Metern Abstand gewittert, der fünf bis sechs Stunden unter einer zehn Zentimeter dicken Schneeschicht lag. Wie das? Wenn die Sonne scheint, nimmt die Erde (einschließlich der Vegetation) Sonnenenergie auf. Die Bodentemperatur steigt etwas an, ebenso die Luftschicht unmittelbar am Boden. Warme Luft ist leichter als kalte und steigt nach oben. Durch den Sonnenuntergang wird die Energiezufuhr zum Boden gestoppt. Die Abgabe von Wärme aus dem Boden (aufgrund der langwelligen Strahlung) setzt sich fort und die Oberfläche des Bodens sowie die darüber liegende Luftschicht kühlen ab. Da es am Ausgangspunkt relativ windstill war, floss eine dünne, abgekühlte (und daher schwerere) Luftschicht langsam bergab. Es war diese dünne Luftschicht, die den Geruch des toten, vergrabenen Schneehuhns mit sich trug und von Balders unglaublich sensibler Nase wahrgenommen wurde. Der Einzige, der darüber sicher enttäuscht war, war der Fuchs, dem zum Abendessen ein Schneehuhn entgangen war.[1]

Verschiedene Jagd-Arten

Hunde werden schon seit vielen Tausend Jahren zwecks Nahrungsbeschaffung zur Jagd eingesetzt. Dass Hunde bei der Jagd nützlich sind und diese effizienter machen, war vermutlich auch eine Motivation für die Domestizierung, also die Zähmung und Zucht der Hunde, die schließlich zu den Haustieren führte, die sich unserem Leben anpassen.[2] Jäger begegneten verschiedenen Beutetieren.[3] Es gibt eine Höhlenmalerei in der Cueva de la Vieja in Spanien von ungefähr 10.000 v. Chr., die angeblich einen Hund bei der Hirschjagd zeigt.[4] Der Irische Wolfshund war im Mittelalter dafür berühmt, Wölfe und große irische Hirsche zu jagen, wird aber heute in Europa nicht mehr dafür eingesetzt. In Kirgistan wird er dagegen noch immer zur Wolfsjagd verwendet.[5] Salukis, die königlichen Hunde Ägyptens, wurden zusammen mit Falken zur Gazellenjagd eingesetzt.[6] Die Fuchsjagd mit Hunden begann in Großbritannien im 17. Jahrhundert[7] und wird auch in Australien, Kanada, Frankreich, Irland, Italien, Russland und den USA praktiziert. Die Jäger folgen den Hunden zu Fuß oder zu Pferd. Dieser Sport ist besonders in Großbritannien kontrovers und wurde 2004 in England und Wales verboten.[8]

In Norwegen werden heutzutage 60 Hunderassen für die Jagd eingesetzt und ein Jagdhund wird auf viele verschiedene Arten an der Jagd beteiligt. Er kann das Wild aufspüren oder hetzen, dies jeweils mit oder ohne Bellen bzw. Lautgeben, angeleint oder frei, das Wild durch Hinlegen oder Vorstehen anzeigen (Setter und Pointer/Vorstehhunde), das Wild finden und aufstöbern (Treibhunde), über oder unter der Erde arbeiten (Erdhunde) oder erlegte Tiere finden und bringen (Apportierhunde).[9] Wir alle kennen die Jagd auf Hirscharten wie Elch[10], Rehwild [11-12], Hirsch[13-14] und Rentiere.[15] Die Lizenzjagd (Anmerkung d. Übers.: In Deutschland und in den Kantonen der nördlichen Schweiz besteht das Revierjagdsystem) auf unsere großen Raubtiere nimmt zu: Im Herbst 2013 haben Jäger beispielsweise 18 Braunbären erlegt.[16]

Der Vorteil eines Hundes bei der Jagd ist besonders bei einer niedrigen Beutedichte gegeben.[17] Der Wissenschaftler Christopher Godwin und seine Kollegen an der Trent-University in Peterborough/Kanada fanden 2013 heraus, dass Jäger, die zwei oder mehrere Hunde dabeihatten, den Jagderfolg auf Weißwedelhirsch um 26 % pro Jagdtag steigern konnten. Sie erlegten im Vergleich zu Jägern ohne Hundebegleitung auch mehr Böcke und Kitze. Wenn in der Nachbarschaft (< 2km) auch Hunde dabei waren, war der Erfolg nicht gleichermaßen gegeben.[18]

Viele jagen mit Hunden auf Kleinwild wie z. B. Moorschneehühner[19-20], Feldhasen [21-22] Nager und verschiedene kleine Raubtiere wie Rotfüchse und Marder.[23-24] Der Hasenspürhund spürt zunächst die Sasse des Hasen auf und hetzt ihn danach (im Englischen „Beagling“).[25] Bei der Erdjagd auf Kaninchen, Füchse, Dachse, Marderhunde und Biber werden Hunde weniger eingesetzt.[26]

In Lettland jagt man Biber mit westsibirischen Laikas. Biber leben in Familien mit einem erwachsenen Paar und für gewöhnlich den Jungen der beiden letzten Jahre. Sie bauen Hütten und graben Löcher und leben somit verhältnismäßig gut geschützt vor Raubtieren. Der Eingang zu ihrem Bau befindet sich normalerweise durch Dämme geschützt unter Wasser und ihre Feinde kommen sehr schwer an sie heran.[27] In Lettland werden Biber auch mit Fallen gefangen und mit Gewehren gejagt. Die eindeutig beste Methode ist jedoch die Biberjagd mit Hunden. Durch die Nutzung von drei bis vier Fallen können die Jäger im Durchschnitt einen Biber pro Tag fangen, mit

Links: In Lettland werden Biber mit westsibirischen Laikas gejagt. Das Einreißen der Dämme ist eine sehr effektive Methode, durch die die ganze Biberfamilie an einem Tag ausgehoben wird. Alle Fotos: Maris Gackis.

dem Gewehr erlegen sie ungefähr alle drei Tage einen Biber. Mit Hunden fangen sie bis zu vier bis fünf Tiere pro Tag, normalerweise werden dabei alle Tiere einer Familie ausgehoben.

Maris Gackis und seine zwei westsibirischen Laikas mit dem Biberfang des Tages. Foto: Maris Gackis

Als erstes reißen die Jäger die Dämme ein (in Norwegen ist dies nur mit einer Genehmigung der Kommunalverwaltung erlaubt). Das gesamte Wasser läuft aus dem Biberdamm ab und der Unterwassereingang zum Bau wird sichtbar. Danach werden die Hunde hinein geschickt, die die Biber mit Hilfe ihres Geruchssinns schnell aufspüren. Die Hunde jagen die Biber hinaus, wo die Jäger mit dem Gewehr bereitstehen. Die Biber haben keine Chance, zu entkommen.[28-29]

Übersicht über einige gewöhnliche und weniger gewöhnliche Jagdformen, das Verhalten der Hunde während der Jagd (Jagdhundgruppen) und die gebräuchlichsten Rassen bei dieser Jagdform

Jagdform nach Wildart	Jagdhundgruppen	Rassen
Federwild[30-31]	Vorstehhunde	Pointer, English Setter, Irish Setter, Gordon Setter, Kurzhaar-, Drahthaar-, Langhaarvorstehunde, Münsterländer und Épagneul Breton
Federwild[32]	Stöberhunde	Springer-und Cockerspaniel, Retriever
Federwild[33]	lautgebende Hunde	Finnenspitz
Vogelhunde[34-35]	Apportierhunde	Labrador, Golden, Flatcoated, Curley-coated, Nova Scotia Duck Tolling und Chesapeak Bay Retriever
Rehwild[36-37]	Spürhunde	Dackel, Drever-, Beagle-, Bassetrassen (Griffon und Artésien)
	Stöberhunde	Wachtelhund und Deutscher Jagdterrier

Elch[38]	Spürhunde	Norwegischer Elchhund (grau und schwarz), Schwedischer Elchhund (Jämthund), Karelischer Bärenhund, Westsibirische und Ostsibirische Laikas, Hälleforshund, Finnenspitz und Norbottenspitz
Rotwild[39] Rotwild[40] Rotwild[41]	Suchhunde An der Leine geführte Spürhunde Stöberhunde	Dackel, Drever und Basset Grauer und Schwarzer Elchhund, Schwedischer Jämthund Vorsteher, Terrier, Setter
Hasen[42-43]	Spürhunde/ Laufhunde	Dunker, Hygenhund, Hamiltonstövare, Haldenstövare, Schweizer Laufhund, Luzerner Laufhund, Finnischer Laufhund, Beagle, Drever, Dackel und Basset
Fuchs[44] Fuchs[45-46]	Spürhunde/ Laufhunde Erdhunde	Schillerstövare, Hamiltonstövare und Hygenhund Dackel und Terrierrassen
Dachs[47]	Erdhunde	Dackel (Dachshund) und Terrierrassen

Die berittene Jagd hinter Füchsen mit Laufhunden hat insbesondere in England eine lange Tradition, ist aber auch dort seit 2005 verboten. Foto: fotolia@majtas

Wie findet der Hund das Wild?

Hunde spüren das Wild prinzipiell auf die gleiche Art wie Menschen auf. Abgestorbene Hautzellschuppen mit dem Geruch der Haut oder durch Bakterien verändert fallen auch konstant von gejagten Vögeln und Säugetieren ab.[48-49] Der Geruch kann auch vom Atem, Haaren, Federn, Geschlechtsorganen, Enddarm, Drüsen und Körperflüssigkeiten kommen.[50-52]. Abhängig vom Partikelgewicht (Molekülgewicht) und Wind verteilen sich die Duftstoffe von wenigen bis zu über zwanzig Meter oder mehr von der eigentlichen Spur.[53] Der Fußabdruck von Wild (Trittsiegel) entsteht durch das Berühren und das Verändern des Bodens oder durch das Absetzen des Geruchs mit dem Körper an der Vegetation oder anderen Oberflächen rund um die Spur. Ein Fußabdruck führt auch dazu, dass Flüssigkeiten aus den Pflanzen freigesetzt werden und dass Bakterien die toten Pflanzenzellen auf oder innerhalb der Erde abbauen.[54]

Hunde laufen häufig in Zickzack-Bewegungen zur Geruchsquelle. Wenn sich der Hund der Geruchsquelle nähert, wird der Geruch frischer und konzentrierter.[55] Das Wild kann die Geruchsabgabe reduzieren, sodass die Suche für den Hund schwieriger wird. Über manche Geruchsstoffe, wie jene, die von anaeroben Bakterien produziert werden, hat das Wild nur wenig Kontrolle, aber es kann die Geschlechtshormone kontrollieren, wenn es sich bedroht fühlt. Die Geruchsabgabe kann also reduziert, aber nicht ganz abgestellt werden.[56] Es ist für ein Rehkitz oder Hirschkalb also unmöglich, gar keine Geruchsstoffe zu produzieren, denn Stoffwechselgerüche müssen abgegeben werden, aber das Wild reduziert die Gerüche auf ein Minimum. Berichten zufolge soll es schon Hunde gegeben haben, die fast auf einem Kitz standen, ohne dieses zu bemerken. Ein Hirsch kann die Atem- und Herzfrequenz um die Hälfte reduzieren, wenn er von einem Raubtier aufgeschreckt wurde,[57] während brütende Schneehühner eine noch größere Herausforderung für Hunde darstellen: sie können die Atem- und Herzfrequenz noch viel stärker reduzieren, und das bis zu zwanzig Minuten lang.[58]

Menschen nehmen Gerüche für gewöhnlich in einer Höhe von anderthalb bis zwei Meter über dem Boden war, da sich bei den meisten Menschen die Nase in dieser Höhe befindet. Am leichtesten riechen wir Geruchsstoffe mit einem geringen Molekülgewicht (<300 Dalton) und mit einer hohen

Flüchtigkeit. Hundenasen sind tiefer angeordnet. Hunde spüren Wild auf, indem sie mit der Nase am Boden schnüffeln oder Geruchsstoffe in der Luft wittern. Manche Hunde kombinieren beides. Hunde nehmen deshalb Geruchsstoffe mit einem wesentlich höheren Molekülgewicht und einer geringeren Flüchtigkeit als Menschen wahr, weil sich ihre Nase näher am Boden befindet. Das Wahrnehmen schwererer Stoffe ist ein Vorteil beim Aufspüren von Wild, da diese Geruchsstoffe eher als leichtere, flüchtigere Duftstoffe auf einer Spur zu finden sind.[59] Wittern Hunde in der Luft, nehmen sie die leichteren, flüchtigeren Stoffe wahr.

Verschiedene Faktoren, die Einfluss auf eine Jagd haben

Viele Faktoren beeinflussen, wie viele Duftstoffe auf der Erde und in der Umgebung abgesetzt werden und somit auch den Jagderfolg der Hunde. Die olfaktorische Vielfalt des Hundes und die Möglichkeit, bestimmtes Wild aufzuspüren, werden beeinflusst durch:[60-61]

- die gejagte Wildart
- das Alter und die Größe des Wilds
- das Alter der Spur
- die Geschwindigkeit, mit der sich das Wild fortbewegt oder ob es still liegt
- eine Verletzung oder Stress des Wilds
- eine Krankheit des Wilds
- das Geschlecht
- die Ernährung
- die Vegetation und Umgebung, in der es sich bewegt
- die Bodenoberfläche

Wie lange eine Spur erhalten bleibt, variiert zwischen den verschiedenen Arten und wird davon beeinflusst, wie das Wild sich bewegt (Vögel fliegen von Ort zu Ort, während Säugetiere gehen oder laufen). Auch unterschiedliche Drüsen spielen eine Rolle.[62] Der Geruch der Hufdrüsen beim Rehwild bewirkt, dass eine solche Spur leichter als beispielsweise die eine Hasen zu verfolgen ist.[63] Erwachsene Tiere riechen häufig stärker als jüngere Tiere, da die Drüsen oft erst im Erwachsenenalter voll entwickelt sind.[64-65] Liegt das Wild still, gibt es weniger Geruchsstoffe ab als bei Bewegung, denn bei dieser steigt die Körpertemperatur an und Duftstoffe werden vermehrt gebildet.

Apportierhunde wie die Retrieverrassen (to retrieve = apportieren) wurden speziell dazu gezüchtet, geschossenes Wild zu finden und zum Jäger zu bringen.
Foto: fotolia@geraldmarella

Kranke Hirschkälber, die unter Durchfall oder Fieber leiden und Schleim oder Blut ausscheiden, produzieren einen stärkeren Geruch als gesunde Tiere.[66] Die verschiedenen Geschlechter riechen unterschiedlich und häufig haben die Männchen mehr und größere Duftdrüsen als die Weibchen.[67] Das Aufspüren von Kleinwild kann aufgrund der kleinen Körperoberfläche und damit geringeren Duftausscheidung schwierig sein.[68] Die Körper der Männchen sind für gewöhnlich größer als die der Weibchen und geben daher mehr Geruch ab.[69] Der freigesetzte Geruch wird auch von der aufgenommenen Nahrung beeinflusst.[70]

Bewegt sich Wild über Asphalt, gibt es nur wenig Geruchsstoffe ab. Bei einer üppigen Vegetation oder anderen Objekten sind viele Duftstoffe vorhanden. Foto: Michael Margot

Die Umgebung, in der sich das gejagte Wild bewegt, ist entscheidend für den Jagderfolg. Ein frisch gepflügter Acker ist ein schwieriger Untergrund zum Wittern, da die Gerüche der Erde den Geruch des Wildes überdecken können. Asphalt, Sandstrände und Schotterwege bewahren die Duftstoffe nur schlecht, ebenso eine glatte oder harte Oberfläche mit wenig Bindungsstellen für Geruchsstoffe, die daher schneller verschwinden. Auf Steinen und Beton gibt es wenige Bakterien und warmer Sand tötet die Bakterien auf den Hautzellschuppen und diese trocknen aus. Trockener Sand und Schotter haben wenig bis keine Bakterienbesiedlung und Vegetation. Wenn ein Fuchs Lehm an den Pfoten hat, wird weniger Geruch an der Spur sein, da die Pfoten keinen direkten Kontakt mit dem Boden haben. Hunde können daher die Spur eines Fuchses verlieren, wenn er über einen frisch gepflügten Acker läuft. Eine üppige Vegetation weist mehr Bakterien und Geruchsstoffe auf, die für Schatten und Feuchtigkeit und damit für höhere Bakterienkonzentrationen sorgen. Um die Bakterienaktivität aufrechtzuerhalten, ist etwas Feuchtigkeit nötig. Eine sehr warme und trockene Atmosphäre trocknet die Nährstoffe für Bakterien aus (Hautzellschuppen und Pflanzenzellen). Frühmorgens bildet sich Tau auf den Blättern, der die Zellen rehydriert, sodass die übergebliebenen Bakterien wieder eine Nahrungsquelle haben. Für Hunde ist es viel einfacher, Wild zu riechen, welches durch Büsche oder hohes Gras gelaufen ist statt über eine abgeweidete Wiese. Ein Nadelwald ist eine schwierige Umgebung bei der Spurensuche, da es hier wenig Unterholz gibt. Außerdem haben die Baumnadeln am Boden einen aromatischen Duft, der den Wildgeruch überdecken kann. Das gleiche gilt für Pflanzen mit intensiven Gerüchen. Auch die Jäger selbst können den Geruch der Vegetation verstärken, wenn sie sich durch das Terrain bewegen. Wenn zwei Hunde zusammen jagen, kann dies übrigens zu einer Konkurrenz führen, die die Hunde an der Geruchsquelle vorbeilaufen lässt.[71-72]

Hilft es, bei der Jagd geruchsabsorbierende Kleidung zu tragen?

Geruchsabsorbierende Kleidung ist dazu gedacht, dass das Wild unseren Geruch nicht wahrnimmt, aber wirkt sie auch so, wie die Hersteller behaupten? Der Jagdverwalter John A. Shivik am National Wildlife Research Center in Forth Collins /USA untersuchte 2002, ob seine sieben Hunde Menschen mit geruchsabsorbierender Kleidung aufspüren konnten. In 42 Versuchen war unter den 21 Personen mit geruchsabsorbierender Kleidung nur eine Person dabei, die von den Hunden nicht gefunden wurde, die 21 Personen mit normaler Kleidung wurden alle gefunden. Die Zeit, die die Hunde zum Aufspüren der Personen benötigen, war in beiden Gruppen sehr ähnlich (durchschnittlich 3,4, bzw. 2,7 Minuten).[73]

Der Einfluss des Wetters auf die Jagd

Das Wild kann sich die Wetterverhältnisse zu Nutze machen, um die Suche für den Hund zu erschweren.[74-75] Der Jagderfolg wird von Wind, Temperatur und Tageszeit (Sonnenlicht) sowie von Feuchtigkeit und Regen oder Turbulenzen und Schnee beeinflusst. Generell führen höhere Temperaturen zu einer stärkeren Verdunstung mit mehr Bakterienaktivität und damit zu mehr Geruch. Zu hohe Temperaturen hingegen töten die Bakterien und beenden die Geruchsbildung.[76] Außerdem wird warme Luft leichter und die Geruchsstoffe können in den Himmel steigen, statt sich in der Höhe der Hundenase zu verteilen.

Über Land verhält sich Geruch wie Rauch: Nach einer Weile verteilt er sich kegelförmig von der Quelle. Die Windrichtung bestimmt die Hauptrichtung der Kegelachse. Ob sich die Kegelachse entlang des Bodens bewegt oder aufsteigt, hängt mit der Temperaturverteilung vom Boden aufwärts zusammen. Ist es am Boden am wärmsten, kann sich die Kegelachse aufrichten und der Geruch bewegt sich Richtung Himmel. Ist es hingegen am Boden am kältesten, bleibt der Geruch unten. Wie schnell der Geruch sich von der

Für Jäger auf Vogeljagd, wie hier auf Haukelifjell im Sommer 2011, haben die Wetterverhältnisse einen großen Einfluss auf das Ergebnis.
Foto:fotolia@eAlisa

Kegelachse verteilt („ausdünnt"), hängt von der Windgeschwindigkeit und Turbulenzen (Wirbelbildung) ab. Dies ist wiederum von den Temperaturverhältnissen, der Windgeschwindigkeit und den Bodenunebenheiten abhängig. Viel Wind bedeutet ein schnelles Ausdünnen der Geruchsstoffe. Ist es aber windstill, haben lokale Temperaturunterschiede eine große Wirkung auf die Verteilung der Geruchsstoffe. Unter diesen Verhältnissen tragen die Temperaturunterschiede auch dazu bei, lokale Winde zu erzeugen, die dem Terrain folgen, was sich die Jäger zunutze machen können.

Geruchsverteilung aufgrund von Wind

Dass der Wind entscheidend für den Jagderfolg ist, ist allen Jägern, die ihre Hunde auf die Jagd mitnehmen, bekannt. Sie wissen, dass die Windrichtung vom Wild zum Jäger gehen muss, wenn sie in Schussweite kommen wollen. Der Hund kann das Wild dann besser wittern, weil die Geruchsstoffe direkt in seine Richtung geweht werden und das Wild wiederum den Jäger und seinen Hund nicht riecht. Der Körperluftstrom kann Geruchsstoffe zwar auch gegen den Wind transportieren, aber diese bewegen sich nicht allzu weit und erreichen das Wild nicht, wenn es sich einige Meter entfernt befindet. Sind die Wetterverhältnisse günstig, kann der Hund einen Hirsch auf mehrere hundert Meter Abstand wittern.[77] Bei niedrigen Windgeschwindigkeiten (und deshalb wenig Turbulenzen) verteilen sich die Geruchsstoffe nicht weit weg von der Spur (oder der Kegelachse). Spürhunde haben Schwierigkeiten, Vögel aufzuspüren, wenn die Windgeschwindigkeit über 10 km/h (2,8 m/s) liegt. Optimal sind Geschwindigkeiten zwischen 3 km/h (0,8 m/s) (leichter Wind) und 10 km/h (2,8m/s) (sanfte Brise).[78] Zur Bestimmung der Windrichtung befeuchten Jäger ihren Finger und halten ihn in die Luft. Wichtig zu bedenken ist, dass die Windverhältnisse am Boden ganz anders sein können. Eine bessere Methode ist, den Rauch eines Lagerfeuers zu beobachten[79] oder eine leichtes Tuch/ Band zu nutzen.[80] Der Wind oben an einem Bergabhang kann „tote Zonen“ erzeugen, welche das Wild zum Schutz aufsucht.[81] Wie sich der Wind um Abhänge und Berggipfel herum bewegt, beobachtet man am besten im Winter, wenn leichter Schnee umherweht und sich zum Boden senkt, zum Beispiel unter Bildung einer Schneewehe.[82] Die Stabilität der Atmosphäre hängt von Temperaturschwankungen in unterschiedlichen Höhen ab und ändert sich daher normalerweise im Lauf des Tages. Nachts ist die Atmosphäre stabiler und der Wind ruhiger als tagsüber. Geruchsmäßig wäre es für Hunde besser, nachts zu jagen, da die Geruchskonzentration am Boden dann höher ist.[83]

Temperatur und Tageszeit

Die beste Jagdzeit ist generell bei Sonnenaufgang, in der Nacht oder bei Sonnenuntergang, wenn es windstill und der Boden von Tau oder leichtem

Regen feucht ist. Die schlechteste Tageszeit für das Aufspüren von Wild ist für den Hund mitten an einem sonnigen Tag oder bei starkem Regen.[84] Ist es sonnig und warm, werden die Geruchsstoffe schneller abgebaut oder sie verdampfen schneller, sodass die Spur nicht lange anhält. Solche Wetterverhältnisse töten auch die Bakterien auf den Hautschuppen oder den Federn von Wild.[85] Kalte Luft ist schwerer als warme und die Lufttemperaturen ändern sich viel schneller und spürbarer als die Bodentemperaturen. Durch den Sonnenuntergang endet die Sonneneinstrahlung und die Erde strahlt Wärme ab, was dazu führt, dass der Boden und die Luftschicht direkt darüber rasch abkühlen. Die kalte Luft mit den Geruchsstoffen vom Wild oder seiner Spur sickert daher bergab oder zu tiefer gelegenen Stellen (wie Wasser). Daher ist es für den Hund am besten, sich am Abend und bis zum Sonnenaufgang dem Gebiet von unten zu nähern.[86] Wenn der Boden sich morgens durch die Sonne wieder erwärmt, wird auch die Luftschicht am Boden wärmer und steigt auf zu höher gelegenen Gebieten.[87] Dann kommt der Hund besser von oben ins Gebiet, um die Geruchsstoffe vom Wild oder seiner Spur leichter wahrnehmen zu können.[88] Lokale Veränderungen in der Landschaft verursachen häufig Temperaturunterschiede, die wiederum lokale Winde wie die „Berg- und Talbrisen“ oder „Land- und Seebrisen“ verursachen.[89] Wenn das Sonnenlicht den Boden nicht gleichmäßig trifft, wird die Oberfläche, die das meiste Sonnenlicht aufnimmt, beispielsweise Südhänge, im Lauf des Tages wärmer als andere Oberflächen (zum Beispiel Nordhänge). Daher steigt die Luft über den Südhängen auf und wird von kälterer Luft über Nordhängen ersetzt. Vögel, die sich an Südhängen befinden, sind daher schwerer zu finden als Vögel an Nordhängen. Durch die wärmeren Südhänge gibt es dort mehr Aufwind.[90] An sonnenreichen Tagen ist es im Wald kälter als außerhalb, unter anderem, weil die Baumkronen das Sonnenlicht daran hindern, auf den Boden zu treffen und diesen zu erwärmen. Temperaturunterschiede können lokale Winde hervorrufen, die sich entlang des Bodens im Wald und zu angrenzenden Gebieten und Lichtungen bewegen. Nachts ist es umgekehrt, dann ist der Waldboden wärmer als der Boden über offenen Flächen. Tagsüber und früh am Abend ist es für das Wild daher besser, sich an einem Südhang oder auf trockenem Grund aufzuhalten, damit der Wildgeruch mit dem Aufwind nach oben treibt und sich somit oberhalb des Geruchsfelds der Hunde befindet. Abends sollte das Wild sich an Stellen mit nächtlichem Aufwind aufhalten, zum Beispiel an nassem oder stark bewachsenem Gelände. Diese Gebiete bleiben länger warm als andere und dies resultiert in nächtlichen Aufwind.[91] Lokale Winde entstehen nicht nur an Hängen, sondern auch zwischen Flächen mit einer unterschiedlichen Beschaffenheit. Nachts ist Wasser wärmer als Erde, daher entsteht ein Luftstrom von der Erde zum Wasser, wenn die großen Winde abflauen. Wild wird sich daher oft nah an oder über Ufern verstecken. Sein Geruch wird sich dann über das Wasser verteilen und entsprechend in der Atmosphäre auflösen.[92]

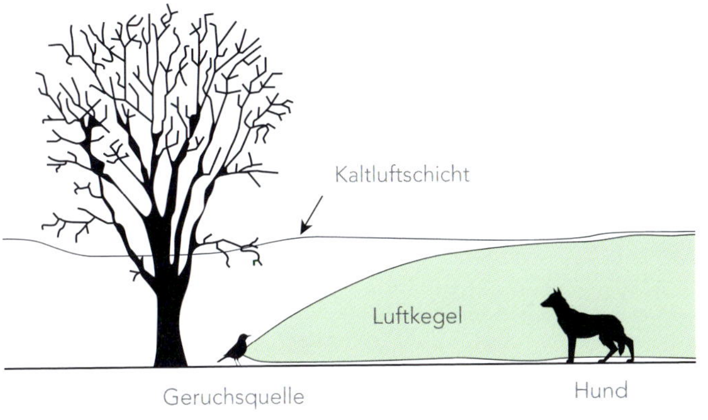

A.

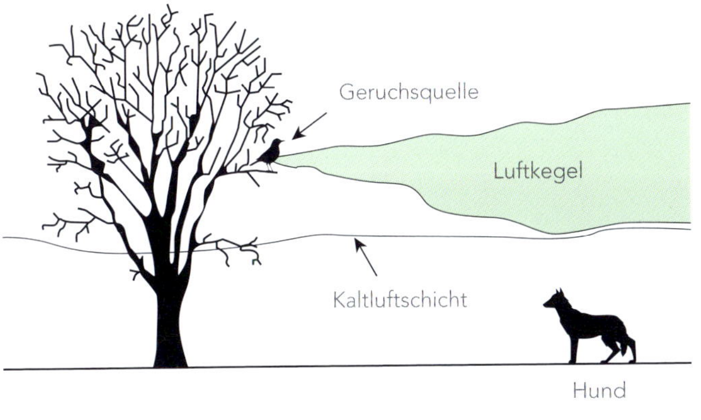

B.

Wenn es eine kalte Luftschicht wenige Meter über der Erde gibt (was meist nachts der Fall ist), wird sich die Luft nicht nach oben verteilen. In flachen Umgebungen bleibt die Luft am Boden liegen, während sie in hügeligem Gelände langsam abwärts sickert. Dies macht es für einen Hund leichter, den Geruch eines Vogels in weiter Entfernung wahrzunehmen (Bild A)
Wenn der Luftkegel des Vogels oberhalb der kalten Luftschicht liegt, wird der Geruch nicht zum Boden gelangen. Ein Vogel, der in einem Baum oder auf einem Hügel sitzt, wird daher von einem Hund nicht entdeckt (Bild B).[93]
Illustrationsidee: Rosanna Vail, CRC Press, Taylor & Francis Group

Feuchtigkeit und Regen

Bei starkem Regen ist das Aufspüren von Wild für einen Hund sehr schwierig.[94] Auch wenn der Boden und die Vegetation trocken oder feucht sind, wird sich dies auf den Sucherfolg auswirken. Bei Feuchtigkeit kann der Hund leichter arbeiten.[95] Leichter Regen vereinfacht die Spurensuche für den Hund. Auch bei Nebel oder Wasserdampf in der Luft haben die Hunde bessere Arbeitsbedingungen. Die Luftfeuchtigkeit trägt dazu bei, die Bakterienaktivität aufrechtzuerhalten, während starker oder langanhaltender Regen den Geruch am Boden wegschwemmt.[96] Je höher die Luftfeuchtigkeit, desto mehr Duftstoffe verdampfen von der Oberfläche und steigen in die Luft, da sie mit den Wassermolekülen um die Bindungsstellen konkurrieren. Deshalb duftet es nach einem Regen so stark nach Wald und Moor. Wild kann die Abgabe von Geruchsstoffen aus den Körperdrüsen bis zu einem gewissem Punkt kontrollieren, aber in feuchter Luft verteilen sich die flüchtigen Stoffe von Sekreten und Haaren leichter. Denken Sie nur daran, wie stark ein nasser Hund im Vergleich zu einem trockenen Hund riecht. Die Wassermoleküle nehmen Bindungsstellen für Geruchsstoffe auf und bewirken, dass der Hund stärker riecht, weil die Geruchsstoffe in der Luft sind.[97]

Turbulenzen

Turbulenzen, oder Luftwirbel, entstehen auf zwei Arten. Mechanische Turbulenzen werden vom Wind gebildet und von Unebenheiten im Gelände zum Beispiel Wälder oder große Steine verursacht, während thermische Turbulenzen (Konvektion) von aufsteigender Warmluft gebildet werden.[98] Für einen Hund ist es schwieriger, in Geländen mit starken Turbulenzen das Wild zu finden, weil sich der Luftkegel rasch verbreitert und daher die Konzentration der Geruchsstoffe abnimmt.[99] Im Wald bilden die Bäume mechanische Turbulenzen. Diese nehmen daher zu, wenn man auf einen Waldrand trifft. Hunde haben folglich größere Schwierigkeiten, eine Spur am Waldrand zu verfolgen, als wenn sie in einem Wald spüren.

Und es ist kein Zufall, dass Rehwild sich oft am Waldrand versteckt. Aufwind entsteht über Gelände, das sich schneller erwärmt als die Umgebung. An sonnigen Tagen sind die abgeholzten Flächen wärmer als der naheliegende Wald, da die Sonnenstrahlen den Boden erwärmen, was den Hunden das Jagen erschwert. Kahlschläge bieten daher an sonnigen Tagen gute Verstecke für das Wild.[100] Der Aufwind am Übergang von niedriger zu hoher Vegetation bewirkt, dass der Luftkegel vom Wild über die Riechzone des Hundes ansteigt und er deshalb das Wild nicht bemerkt.[101] Die Umgebung von großen, steinigen Oberflächen ist ebenfalls für Hunde sehr schwierig, da diese sowohl mechanische als auch thermische Turbulenzen bilden können. Zusätzlich werden die Steine bei Sonneneinstrahlung oft wärmer als ihre Umgebung, weil fast die gesamte Energie, die sie aufnehmen, zu Wärme wird, während die umgebenden Flächen meist Feuchtigkeit beinhalten, sodass ein Teil der Energie für die Verdunstung verbraucht wird.[102]

Ein nasser Hund riecht viel stärker als ein trockener. Foto: René Pop

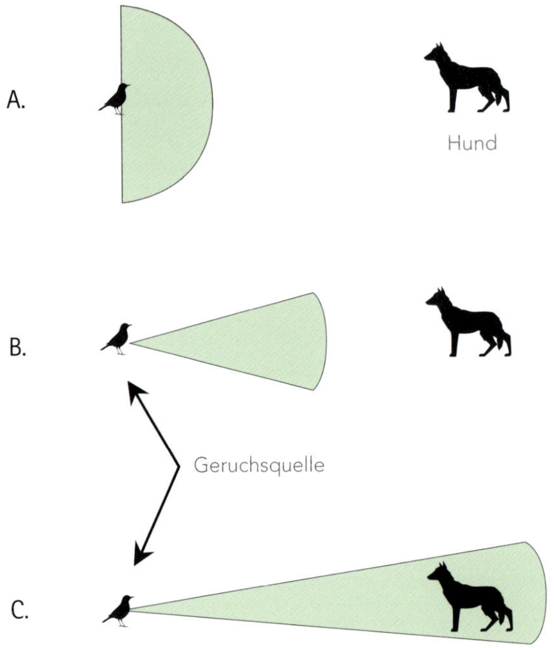

Diese Geruchskegel haben das gleiche Volumen, aber in (A) gibt es starke Turbulenzen an den Seiten. Daher verteilt sich der Luftkegel rasch und die Geruchsstoffkonzentration wird auf einer kleinen Fläche um den Vogel verteilt. Der Hund muss daher nah am Vogel sein, um ihn zu bemerken. In (B) und (C) gibt es weniger Turbulenzen nach seitwärts. Das führt zu längeren und geraderen Luftkegeln. In (B) gibt es mehr Turbulenzen zur Seite als in (C). Ein Hund, der sich dem Vogel gegen den Wind nähert, wird ihn leichter wittern, wenn der Luftkegel länger ist. Je mehr Wind, desto schmaler der Luftkegel.[103] Illustrationsidee: Rosanna Vail, CRC Press, Taylor & Francis Group

Schnee

Wenn es schneit, bevor der Frost eingesetzt hat, isoliert der Schnee den Boden und hält ihn warm, sodass Hunde leichter die Spur verfolgen können. Schneit es auf gefrorenen Boden, entkommen nur wenige Duftstoffe der Schneedecke, weil die Bodentemperatur niedrig bleibt und die Hunde die Spur schlechter verfolgen können.[104] Kalter Schnee reduziert die Bakterienaktivität.[105] Die Schneedecke verbirgt auch Geruchsstoffe anderer Lebewesen, zum Beispiel die kleiner Nager, sodass es für den Hund leichter wird, die Spur des Tieres zu verfolgen, nach dem er sucht.[106] Lockerer, trockener Schnee hat viele Öffnungen, durch die die Geruchsstoffe entweichen.[107] Generell führt eine Schneedecke dazu, dass weniger Sonnenwärme vom Boden absorbiert wird, da der größte Teil der Sonnenstrahlen reflektiert wird. Sowohl der Boden als auch die Luftschicht darüber bleiben ziemlich kühl und die Geruchsstoffe können in dieser Luftschicht enthalten bleiben.[108]

Der Nachsuchehund

Nachsuchhunde spüren überfahrene oder angeschossene Tiere auf. Sie führen den Jäger zum Tier, der dieses dann auf eine humane Art tötet.[109-110] Am 1. Januar 1994 wurde in Norwegen ein Gesetz erlassen, wonach Jäger, die Elche, Hirsch oder Rehwild jagen, während der Jagd einen anerkannten Nachsuchehund stellen müssen. Anerkannte Hunde müssen eine sogenannte Frischspurprüfung und einen Blutsspur-Test bestanden haben. In Norwegen wurden in der Jagdsaison 2012 – 2013 5.600 Hirschtiere (Elch, Reh, Ren, Hirsch) von Motorfahrzeugen getötet und 800 von Zügen.[111] Fährt man Wild an, ist man verpflichtet, dies dem Jagdaufseher zu melden. Dieser stellt einen Nachsuchehund, der der Spur folgt, sodass festgestellt werden kann, ob das Tier verendet oder ernsthaft verletzt ist. Auch Hirsche werden leider jedes Jahr während der Jagd angeschossen. In diesem Fall wird die Jagd komplett gestoppt, bis das verletzte Tier gefunden ist oder das Hundeteam die Suche abbricht. In der Jagdgemeinschaft ist jeder dazu verpflichtet, für die Nachsuche erreichbar zu sein. Der Hundeführer ist stets der oberste Leiter während der Suche und trifft die nötigen Absprachen. In der norwegischen Vorschrift zu Jagd, Erlegen und Fang steht unter § 23: Während der Jagd auf Elch, Hirsch und Rehwild müssen die Jagdgesellschaft und allein jagende Personen Zugang zu einem anerkannten Nachsuchehund haben. In der Jagdvorschrift steht unter § 27 zur Nachsuchepflicht und Verfolgungsrecht: Wer während der Jagd oder dem Versuch es zu erlegen Großwild anschießt, ist dazu verpflichtet, alles zu tun, um das Tier möglichst schnell zu töten. Die Betreffenden sind verpflichtet, sich zu vergewissern, ob das Tier getroffen wurde oder nicht.[112]

Nachsuche nach Hirschen

2011 leitete der Forscher Sigbjörn Stokke vom Norwegischen Institut für Naturforschung ein Projekt, in dem untersucht wurde, ob Nachsuchehunde es schaffen, ein einzelnes Tier zu verfolgen. Hierfür wurden 18 Elche und Hirsche mit GPS-Sendern ausgestattet.[113] Vor dem Test wurden die Elche oder Hirsche von einer Person aufgeschreckt und ihre letzte Position sowie ihre Fluchtrichtung dokumentiert. Die Nachsucheteams spürten die Tiere zwei bis 22 Stunden später auf und führten die Suche für eine Stunde weiter, bevor die Nachsuche abgeschlossen wurde. Die Route der Nachsuchteams wurde ebenfalls mit GPS-Sendern dokumentiert. Die Forscher evaluierten die Spür-Fähigkeit des Teams, indem sie ihre Routen mit denen der Elche und Hirsche verglichen. Es stellte sich heraus, dass die Nachsucheteams es nur in geringem Maß schafften, das Tier zu verfolgen, auf das sie angesetzt worden waren und nur einem der 38 Teams wurde eine akzeptable Nachsuche bescheinigt. Die Nachsuchehunde verfolgten oft die Spur von Hirschen, aber wählten eher die frischeste Spur statt der „kalten". So, wie die Studie ausgerichtet war, war es leider nicht möglich, zu beurteilen, ob die Hunde verletzte Tiere eher verfolgen als gesunde. Möglicherweise wird der Spür-Eifer der Hunde bei verletzten Tieren erhöht, sodass sie das verletzte Tier verfolgen und andere Spuren dabei übersehen. Die Nachsuche wird oft mit einem angeschossenen Tier verbunden, daher werden die Hunde auf Blutspuren trainiert. Inzwischen gibt es auch Fälle, in denen die Hunde nicht blutende Tiere verfolgen sollen.

Bei einer Jagd getroffene Hirsche sondern häufig, aber nicht immer, Körperflüssigkeiten wie Blut, Pansen- oder Darmsaft aus. Auch ein angefahrenes und dadurch stark verletztes Tier muss nicht unbedingt offene Wunden haben. In beiden Fällen sind daher Hunde nötig, die ein Tier auch ohne Blutspur verfolgen können.[114] In Norwegen sollten Spürhunde zum Beispiel mehr auf die ID-Suche trainiert werden.

Der Nachsuchehund, hier ein Hannoverscher Schweißhund, spürt angeschossenes oder verletztes Wild auf, damit der Jäger das Tier auf eine humane Art töten kann. Foto: fotolia@PHB.cz

Nachsuche nach Braunbären

In Norwegen gab es 2012 137 Braunbären,[115] in Schweden gab es 2008 sogar 3.300 Bären.[116] Der Bestand steigt, was sicher zu mehr Fällen verwundeter Tiere führen wird. Der skandinavische Braunbär ist nicht besonders gefährlich und flieht in der Regel, wenn er gestört wird. In einem Versuch mit GPS-markierten Bären, der von der schwedischen Mastergradstudentin Gro Kvelprud Moen und ihren Kollegen vom Skandinavischen Bärenprojekt durchgeführt wurde, näherten sie sich 169 Mal Bären und haben nie eine aggressive Reaktion erlebt.[117] Wird ein Bär hingegen angeschossen, kann er gefährlich werden[118] und eine Geschwindigkeit von 40-60km/h (10-15m/s) erreichen. Es wird geschätzt, dass beinahe ein Drittel aller Bären, auf die während der schwedischen Bärenjagd geschossen wird, verletzt sein können.[119]

Die Mastergradstudentin Silje Vang und ihre Kollegen vom Skandinavischen Bärenprojekt analysierten die Spuren von GPS-markierten Bären 2007 und 2008 in den Bezirken Dalarnas und Gävleborg in Schweden. Sie untersuchten 29 Führer und 43 Hunde und führten 131 Nachsuchen durch. 2007 verfolgten norwegische und schwedische Nachsucheteams die Bären im Durchschnitt über 214 Meter, bevor sie sie verloren und der Anteil erfolgreicher Nachsuchen lag bei 49 %. Aufgrund der schlechten Ergebnisse wurde das Training intensiviert. Dies führte 2008 zu besseren Resultaten, sodass die Spürweite der norwegischen Teams um 34 % und die der schwedischen Teams um 29 % gesteigert wurde. Die besten Nachsuchen lieferten die Teams mit speziell trainierten Hunden, die Erfahrung in der ID-Suche nach Menschen hatten. Das kann darauf hindeuten, dass Training nötig ist, um ein bestimmtes Bärenindividuum aufzuspüren. Die Jagd auf Bären als Trainingsmethode brachte keine besseren Ergebnisse, eher im Gegenteil.[120-121] Hunde schafften es nur in geringem Maße, denselben Bären eine längere Zeit zu verfolgen. Sie verloren die Bärenspur und wechselten dann zu Spuren anderer Wildarten in 82 % der Nachsuchen. Es gab auch einen Unterschied zwischen den Hunderassen. Labrador und die russische Spürhunderasse Gontschaja Russkaja waren beim Aufspüren am präzisesten. Junge Hunde waren besser als ältere.[122-123] In Schweden wurde ein Trainingsprogramm mit einem Vier-Stufen-Zertifizierungssystem entwickelt und seit 2011 nutzen norwegische Teams diese Methode.[124]

Professor Björn Forkman an der Universität Kopenhagen/Dänemark und seine Kollegen in Norwegen und Schweden haben auch eine Bärenspür-Studie mit 22 erfahrenen Jagdhunden durchgeführt. Sie fanden heraus, dass sieben der Teams nicht einmal nach dem Bär zu suchen begonnen, oder nur wenig Interesse an der Spur zeigten. Nur zwei Hunde fanden den Bären.[125] Die Nachsucheteams in Norwegen und Schweden waren daher 2012 nicht in der Lage, Bären zufriedenstellend zu suchen.[126-128]

7 Der Polizeihund

Der leitende Polizeihauptmann Jon Einar Karlsen war verantwortlich für die Ausbildung der Suchhunde und ihrer Besitzer an der Polizeischule, die sich auf dem Säter Hof in Kongsvinger befindet.[1] Karlsen hatte seit Ende der 1990er Jahre bereits viele Hundeeinsätze im Polizeidienst. Bei einem davon fahndete die Polizei nach einer Gruppe Menschen nach einer Vermisstenmeldung. Sie folgten einem Auto, das in Ytre Enebakk hielt. Eine Person stieg aus und ging zu einem kleinen Wald. Nach einer Weile kehrte sie mit einer Plastiktüte in der Hand zurück, stieg ins Auto und fuhr weg. Einige der Polizisten gingen in den Wald, um zu sehen, was die Person dort gemacht hatte. Nach einiger Suche fanden sie eine verbrannte Leiche, gut versteckt und von Ästen bedeckt. Die anderen Polizisten verfolgten das Auto mit den Verdächtigen bis zu einer Tankstelle in Lörenskog. Hier wurde die Plastiktüte in eine Mülltonne geworfen. Die Polizisten sicherten sie. Darin waren eine Socke und ein Goldring. Die Fahndung ging weiter und nach einer Weile wurde die Person mit der Plastiktüte in einer Wohnung in Holmlia aufgegriffen. Karlsens Aufgabe war, nach dem Leichengeruch von der Socke und dem Ring vom Tatort zu suchen sowie nach Socken und anderen Ringen, bei denen der Polizei bekannt war, dass sie keinen Leichengeruch besaßen (Kontrollversuch). Karlsens Polizeihund, ein Schäferhund, zeigte sowohl die Socke als auch den Ring an, die in der Plastiktüte gefunden worden waren. Auch ein anderer Hund zeigte bei diesen Gegenständen an. Bei den Kontrollgegenständen zeigten die Hunde nicht an. Die weitere Nachforschung führte sie zu einer Adresse, bei der höchstwahrscheinlich ein Mord stattgefunden hatte. Karlsens Hund suchte überall in dieser Wohnung. In einer Kammer, die ans Wohnzimmer grenzte, fanden sie ein Bett mit Stahlfedern. Der Hund reagierte auf die Stahlfedern, zeigte aber nicht an. Der Hund suchte weiter, entlang der Wände in der Wohnzimmerecke und zeigte an der Wand etwa einen Meter oberhalb des Bodens an. Merkwürdig. Im Verhör der verdächtigen Person mit der Plastiktüte stellte sich heraus, dass er seinem Komplizen eine Überdosis gegeben hatte, als dieser auf dem Bett lag. Frühere Bilder der Wohnung zeigten, dass das Bett vorher in der Ecke im Wohnzimmer gestanden hatte. Das Opfer lag an der Wand und hatte einen Goldring am Finger.[2]

Haupttypen von Polizeihunden

Bereits im Altertum haben die Griechen Hunde zur Bekämpfung von Kriminalität genutzt.[3] Im Jahre 1899 wurde erstmals ein Polizeihund in Europa von der belgischen Polizei[4] eingesetzt, aber erst in den 1950er Jahren wurden Hunde systematisch für die Polizeiarbeit eingesetzt, überwiegend Schäferhunde.[5-6]

Seit 2014 lassen sich Polizeihunde in sechs Haupttypen für verschiedene Arbeitsbereiche kategorisieren (die Einteilung ist länderspezifisch):[7-8]

- *Patrouillehunde* suchen nach Menschen oder Gegenständen. Das können vermisste Personen oder gesuchte Kriminelle wie Einbrecher, Diebe, Vergewaltiger und Mörder sein. Sie suchen auch nach Dingen wie Schusswaffen, Munition und Patronenhülsen oder nach biologischem Material wie Gewebe, Haare, Zähne, Sperma, Blut und Spritzen mit eingetrocknetem Blut.
- *Leichenspürhunde* suchen nach getöteten oder verunglückten Menschen an Land und im Wasser. In Norwegen sind es entweder die Patrouillehunde, die die Leichensuche als zusätzliche Ausbildung haben oder Kriminalsuchhunde, die speziell für die Suche nach Blut, Sperma oder Leichen ausgebildet werden.[9]
- *Drogenspürhunde* suchen nach Narkotika wie Kokain, Heroin, Amphetaminen und Marihuana (siehe auch Kapitel Zollhunde). Die Drogen können in Gepäck, Fahrzeugen, Wäldern oder Städten (Depots) oder an Personen versteckt sein. Die Polizei sucht mit Drogenhunden auch in Gefängniszellen und in Besuchsräumen von Gefängnissen, auf Schulhöfen, bei Festivals, Konzerten, Tanzfesten und öffentlichen Transportmitteln sowie in Einkaufszentren, Kaufhäusern und Wohnhäusern. In Norwegen werden solche Suchen normalerweise von Hunden des Justizvollzugsdiensts durchgeführt, aber auch diese werden von der Polizei ausgebildet.[10] In den USA will die Polizei nun auch nach Drogenplantagen/Gärten suchen.
- *Sprengstoffspürhunde* suchen nach explosiven Stoffen und Bomben in Gebäuden, Sportstadien, Schulen, Gepäck, Fahrzeugen, Schiffen und Flugzeugen. Diese Hunde patrouillieren auch durch Einkaufszentren, Bushaltestellen, Bahnhöfe und Flughäfen (siehe auch Kapitel Militärhunde).

Während der olympischen Spiele in Vancouver/Kanada 2010 wurden Hunde für die Suche nach explosiven Stoffen eingesetzt.[11] Auch im privaten Wirtschaftsleben werden Sprengstoffspürhunde dazu eingesetzt, eigene Büros und Angestellte zu schützen. In Norwegen werden solche Patrouillen normalerweise nicht von Polizeihunden gemacht, es sei denn, es handelt sich im eine Vorsichtsmaßnahme oder Bombendrohungen.[12] Ein Sprengstoffspürhund kann sogar den Bombenleger aufspüren, selbst, nachdem die Bombe detoniert ist.[13] Diese Hunde suchen auch nach chemischen Waffen.[14]

- *Rettungshunde* suchen nach Lebenden und Toten (siehe auch Kapitel Rettungshunde). In Norwegen ist dies eine Zusatzausbildung für Patrouillehunde.[15]
- *Brandspürhunde* werden beim Verdacht auf Brandstiftung eingesetzt. Sie suchen nach kleinen Spuren von brennbaren Flüssigkeiten, die als Brandbeschleuniger eingesetzt werden.
- In einigen Ländern gibt es auch Polizeihunde, die nach Alkohol, Tabak und Zigaretten, Geldscheinen, Pässen, Mobiltelefonen, SIM-Karten und Landwirtschafts- sowie Tierprodukten suchen. Dieses Thema wird im Kapitel Zollhunde ausführlich behandelt, da in Norwegen in der Regel Zollhunde für solche Suchen eingesetzt werden.

Polizeihunde wie Trixxi haben viele verschiedene Aufgaben: Sie können nach Menschen suchen (lebenden und toten), Gegenständen, Drogen, explosiven Stoffen, Bomben und bei Verdacht auf Brandstiftung nach brennbaren Flüssigkeiten. Trixxi ist einer der besten Polizeihunde in Norwegen. Foto: Frank Rosell

Polizeihundedienst in Norwegen

In Norwegen wurde der erste Polizeihund, Mira, am 17. Mai 1913 anerkannt.[16] Ferdinand Ström aus Oslo war bei der Einführung der Polizeihunde eine wichtige Persönlichkeit. Er hielt eine Reihe von Hundetrainingskursen und war sowohl bei der Stiftung des Norwegischen Polizeihundevereins 1916 (der heute Norwegische Polizeihundestaffel heißt) als auch beim Osloer Polizei-Diensthundeclub 1926 beteiligt. Im Zweiten Weltkrieg, 1943, wurde eine norwegische Polizeistelle in Schweden eingerichtet, die „Reichspolizei" hieß und ab dem Sommer 1944 hatte der Hundedienst hier seinen Platz. Kristian F. Kaltenborn war für die Ausbildung der Polizeihunde verantwortlich. Das weitere Training der Hunde fand auf dem kleinen Hof Stora Fors bei Johannesberg statt. Nach dem Krieg wurde der Hundedienst wieder zurück nach Norwegen zur Pferderennbahn auf Slemdal in Oslo verlegt und das weitere Training auf dem Kennel Trasopp in der Nähe von Huseby Lager in Oslo durchgeführt.[17]

1969 teilte das Justizministerium in Oslo zwei Planstellen für Drogenspürhunde ein: Erling Grändsen mit Zakk und Sverre Lövaas mit Teddy. Im Oktober desselben Jahres bekam die erste weibliche Polizeihundeführerin, Anny Kristiansen, mit dem Schäferhund Malk die Anerkennung für den Polizeischulkurs in Torp im Distrikt Vestfold.[18]

Im Januar 1975 begann die norwegische Autobahnpolizei in einem Versuchsprojekt mit dem Einsatz von Hunden. Trotz vieler geglückter Einsätze mit Hunden wurde das Versuchsprojekt 1983 aufgrund mangelnder Hunde-Fahrzeuge und Veränderungen bezüglich der priorisierten Zielgebiete nicht weitergeführt. 2004 begann die Autobahnpolizei erneut mit dem Einsatz von Hunden, diesmal als Drogenhunde. Seitdem wurde das Aufspüren von Drogen draußen auf der Straße effizienter.[19]

Das Justizministerium beschloss 1981 die Anschaffung von Sprengstoffspürhunden bei der Polizei und drei Hundeführer absolvierten eine Ausbildung am Metropolitan Police Dog Training Establishment in London. Alle drei kamen mit anerkannten Sprengstoffspürhunden zurück nach Norwegen und nahmen an Räumungssuchen im Rahmen großer Veranstaltungen, Staatsbesuchen oder realen Bombendrohungen teil. Später benötigte die Polizei weitere Sprengstoffspürhunde und Trainingskurse wurden in der Starum Zivilschutz-Hauptzentrale in Toten abgehalten. Zehn Sprengstoffspürhunde erledigten eine wichtige Arbeit bei der Olympiade in Lillehammer 1994. Die meisten von ihnen wurden nach der Olympiade zu Drogenspürhunden umgeschult.[20]

1996 begann die Polizei mit der Suche nach Leichen, insbesondere der Wassersuche nach toten Personen. Ein Boot wurde nach Halden gebracht, wo Jan Hanssen und der Schäferhund Perito stationiert waren. Später wurde das Boot nach Oslo verlegt. 1999 setzte die Polizei umfassend Hunde zur Suche sowie zur Lokalisierung vorheriger Aufenthaltsorte von verstorbenen Personen ein. Die Teams Jon Einar Karlsen mit Schäferhund Aiko und Remi Åsheim mit dem Malinois Chiko erhielten diese Aufgabe. Sie nahmen an vielen Einsätzen (über die auch in den Medien berichtet wurde) im In- und Ausland teil und in einzelnen Fällen dienten die Anzeigen der Leichenhunde als Beweis vor dem Gericht in Norwegen,[21] sodass die Arbeit der Leichenhunde bei vielen Urteilen eine entscheidende Rolle spielte. Im Fall der vermissten Therese Johannessen markierten die Hunde an einer Stelle und bei genauerer Suche fand die Polizei einen Knochen in der Größe eines Streichholzes, bei dem sie vermuteten, dass es aus Thereses Körper stammt. Dies wurde später jedoch widerlegt. Im Fall Hosein in Skien 2001 zeigten zwei Leichenspürhunde im Waschraum eines Kiosks und im Auto des Besitzers an. Der Betreffende gestand den Mord nie, aber das Gericht erkannte die Anzeigen der Leichenspürhunde als stichhaltige Beweise an und der Verdächtigte wurde wegen Mordes verurteilt.[22]

2002 startete die Polizeihochschule ein zweijähriges Probeprojekt mit sogenannten Brandmittelspürhunden in Zusammenarbeit mit der Kripo und im Auftrag des Polizeidirektoriums. Die Hundeführer Harald Gröndahl mit Lura und Per Arne Karlsen mit Nova wurden dafür rekrutiert. Nora und Lura waren beide Schäferhündinnen. Das Projekt verlief positiv und danach setzte die Kripo die Hunde ein.[23-24] Die Hunde wurden von ihren Hundeführern trainiert und ausgebildet, von der Nationalen Polizeischule zertifiziert und waren an landesweiten Tatorten im Einsatz.

2002 wurden auch sechs Rettungshunde an der Polizeihochschule ausgebildet und zertifiziert. Am zweiten Weihnachtstag 2004 zerstörte ein Tsunami

Der leitende Polizeihauptmann und Brandmittelspürhundeführer Harald Gröndahl ist verantwortlich für den Hundedienst innerhalb der Kriminalpolizei. Auf dem Bild vom Dezember 2005 durchsucht er mit der Schäferhundin Lura Trümmer nach einem Brand in Florö, bei dem eine Mutter und ihr Sohn umkamen. Seit 2014 arbeitet Gröndahl täglich mit dem sechsjährigen Schäferhund Kaos, der ein Experte im Aufspüren brennbarer Flüssigkeiten an Brandstellen ist. Kaos ist einer von zwei Brandmittelspürhunden in Norwegen und der einzige Kriminalsuchhund und Brandmittelspürhund in einem.[26] Foto: Hallgeir Vågenes / VG / NTB / Scanpix

Teile von Thailand und drei Suchteams wurden dorthin geschickt. Sie blieben acht Tage dort und diese Erfahrung hinterließ sehr bleibende Eindrücke bei den Beteiligten.[25]

2004 wurden die genannten Leichenspürhunde pensioniert und erst drei Jahre später, auf Initiative von Per Arne Sødal, verantwortlich für den Hundedienst an der Polizeihochschule, wurde die Ausbildung neuer Leichenhunde entschieden. Unter anderem wurde wieder Jon Einar Karlsen rekrutiert und im Frühjahr 2008 begann die Ausbildung, deren Inhalt das Suchen vergrabener Leichen war. Im darauffolgenden Jahr suchten sie nach Blut und Sperma. Die enge Zusammenarbeit zwischen der Kriminalpolizei, dem Rechtsmedizinischen Institut und der Polizeihochschule verlief sehr erfolgreich und die Hunde sicherten wiederholt wichtige Beweise.[27]

Seit 2014 werden das Training und die Ausbildung in dem Polizeidistrikt, in dem der Hundeführer angestellt ist, sowie im Bildungszentrum der Polizeischule ausgeführt. Sødal ist für das Programm verantwortlich. Die Norwegische Polizeihund-Vereinigung pachtete das Gelände ab dem 28. Mai 1989, bis die Polizeischule dieses am 01. Januar 1995 übernahm. Die Ausbildung an der Polizeihochschule besteht aus vier Etappen. Zunächst gibt es einen zweiwöchigen Einführungskurs, gefolgt von zwei weiteren Etappen von je zwei Wochen Dauer. Zwischen den Ausbildungsperioden trainieren die Teams zu Hause unter der Anleitung eines örtlichen Ausbilders.[28] Im Herbst 2013 waren in 25 von 27 Polizeidistrikten des Landes Hundedienste etabliert, bei denen in zwei Kategorien unterteilt wurde: Patrouille-Hunde/Wachhunde und Drogenspürhunde. In Norwegen waren seit Oktober 2013 236 Polizeihunde im Einsatz:[29]

- 114 Patrouillehunde
- 85 Drogenspürhunde
- 7 Hunde für explosive Stoffe und Bomben
- 4 Kriminalsuchhunde (suchen nach Leichen, Sperma und Blut)
- 3 Kombinationshunde (Patrouille / Drogen)
- 2 Brandmittelspürhunde

sowie 21 weiter ausgebildete Hunde. Das sind Patrouille- oder Spürhunde (hauptsächlich Drogenspürhunde), die als Zusatzqualifikation die Suche nach Leichen oder Waffen, die Suche bei Lawinenabgängen und als Rettungshunde haben. Der Drogenspürhund Coppel vom Follo Polizeidistrikt ist zum Beispiel auch ein ausgebildeter Waffenspürhund und spürte 2011 über 40 Waffen auf. Er riecht Munitionsreste von abgefeuerten Waffen und findet diese manchmal selbst dann, wenn die Waffe über Jahre nicht mehr benutzt wurde.[30]

Immer wieder können wir in den Medien über Polizeihunde lesen und die Norwegische Polizeihundestaffel veröffentlicht ein eigenes Magazin mit dem

Titel Politihunden („Der Polizeihund")[31] Seit Herbst 2011 gab es viel Aufsehen aufgrund der präventiven Polizeiarbeit mit Drogenspürhunden an Schulen. Inzwischen wurde die rechtliche Grundlage für diese Arbeit infrage gestellt,[32] aber das Parlament hat die Erlaubnis erteilt, dass eine solche Suche unter Einhaltung spezieller Richtlinien durchgeführt werden darf. Die Schüler (bei unter 16-jährigen die Erziehungsberechtigten) müssen eine schriftliche Einwilligung geben, bevor die Hunde nach Drogen suchen dürfen. Norwegische Schüler dürfen also ohne Erlaubnis nicht von Drogenspürhunden im Klassenraum beschnüffelt werden.[33] Einige Schulen haben den Schüler- und Elternbeirat hinzugezogen und eine Regel aufgestellt, dass Schüler und Eltern unterschreiben müssen, dass sich die Schüler von Drogen fernhalten und es akzeptieren, von Polizeihunden kontrolliert zu werden.[34] Halten sich die Schüler in einem Gemeinschaftsbereich wie einem Schulhof auf, kann die Polizei jederzeit ohne Einwilligung nach Drogen suchen. Wenn die Polizei eine Person mit Drogen außerhalb eines Autos, das sich in einem Gemeinschaftsbereich befindet, fasst und der Person dieses Auto gehört, darf die Polizei auch das Fahrzeug durchsuchen. Auch Musikfestivalbesucher müssen damit rechnen, auf Drogenspürhunde der Polizei zu treffen.[35] Drogenspürhunde in Oslo und anderen Städten finden auch Drogendepots in den Zentren. Im August 2013 fanden Drogenspürhunde insgesamt 110 Depots mit Marihuana/Hasch in Oslo.[36]

Kai Iversen und Rasko

Der leitende Polizeihauptmann Kai Iversen ist Hundeführer bei der Polizei in Oslo. Er führt Rasko (neun Jahre alt), der einer der besten Tatort-Spürhunde in Norwegen ist. Iversen war ein fachkundiger Berater der Polizeidiensthundestelle in Oslo, Ausbilder an der Nationalen Polizeischule und auch ein Richter bei Wettkämpfen. Rasko wurde 2009 als Tatort-Spürhund zertifiziert und war seitdem im Rahmen zahlreicher Mord- und Vergewaltigungsdelikte im gesamten östlichen Norwegen im Einsatz. Das Team suchte nach dem Flugzeugunglück im März 2012 am Kebnekaise nach Überlebenden, auf Utöya, im Regierungsviertel und in Thailand nach dem Tsunami. Rasko wurde 2012 sowohl vom Polizeipräsident in Oslo als auch vom Norwegischen Polizeihundeverband zum „Hund des Jahres" gekürt und Iversen wurde von der kriminaltechnischen Abteilung zur „Leidenschaftlichen Seele des Jahres" gekürt. Die Begründung für die Auszeichnungen des Teams war der Einsatz bei der Suche nach biologischem Material bei Vergewaltigungs- und Morddelikten.

Iversen ist immer zur Stelle, wenn die Polizei einen Suchhund braucht. Rasko ist darauf trainiert, mikroskopisch kleine Spuren von Körperflüssigkeiten wie Blut oder Sperma zu finden sowie Leichen aufzuspüren. Seit Herbst 2013 gibt es nur vier anerkannte Leichenspürhunde in Norwegen.

Das Team war 2012 bei der Aufklärung von 23 Vergewaltigungsdelikten im Einsatz. In einem dieser Fälle behauptete die Frau, dass die Vergewaltigung in einem Auto stattfand, während der Mann darauf bestand, dass die Frau nicht im Auto gewesen sei. Die Kriminaltechniker fanden keine Spuren im Auto. Rasko hingegen markierte einen Flecken Blut am Autositz, obwohl dieser nur stecknadelkopfgroß war. Es stellte sich heraus, dass das Blut von einer Wunde im Gesicht der Frau stammte. Rasko findet Blutspuren in einem Auto auch dann noch, wenn es gereinigt wurde. Im Falle einer Vergewaltigung findet er häufig Spermaspuren des Vergewaltigers.

Die Suche nach der 16jährigen Sigrid Giskegjerde Schjetne im Wald hinter einem Geschäft auf Sofiemyr in Oppegaard am 3. September 2012 war ein Fall, der auf enormes Medieninteresse stoß. Es waren Iversen und Rasko, die Sigrid fanden, verpackt in mehrere Lagen Plastik und Kleidung. Trixxi zeigte später eine Spanplatte an, die sich zwischen viel Gerümpel in einem Schuppen in Bryn befand. Es stellte sich heraus, dass das Blut darauf von Sigrid stammte. Das Brett war vermutlich aus einem Bett aus dem Wohnwagen des Verdächtigen. Iversen hat weiterhin Tests mit Hunden durchgeführt, bei denen sie sechs Monate altes Blut fanden. Außerdem haben die Hunde Blut gefunden, welches man mit verschiedenen Waschmitteln zu entfernen versucht hatte.[37-38] Iversen hat im Sommer 2014 einen neuen Welpen erhalten, eine Schäferhündin. Der Welpe hat seit seiner Geburt eine Baumwolldecke mit Blut und Sperma in der Welpenkiste, um ihn so von klein auf an diese Gerüche zu gewöhnen.[39]

Der leitende Polizeihauptmann Kai Iversen und Trixxi von der Osloer Polizei führen pro Jahr 80-100 Einsätze durch. Hier sind sie auf der Suche nach Blut. Foto: Frank Rosell

Der Einsatz der Bluthunde in der Polizeiarbeit

Der 1899 geborene Bluthund Nick Carter wurde von vielen als der tüchtigste Bluthund der Welt bezeichnet. In Zusammenarbeit mit seinem Besitzer, Vonely Mullikin aus Kentucky/USA, spürte er mehr als 2.500 Funde und Verdächtige auf und trug zur Aufklärung von 600 Fällen bei. Bei einem der Aufträge 1909 verfolgten Mullikin und Nick Carter eine 105 Stunden alte Spur eines Brandstifters. Die Spur begann auf einem Hof, auf dem ein Hühnerstall abgebrannt war. Sie folgten der Spur zu einer Mühle und kamen zu einem Haus. Ein Mann öffnete die Tür und Mullikin sagte: "Sie haben nicht mit einem Hund gerechnet, als sie den Hühnerstall in Brand gesetzt haben?" Der Mann verneinte und hatte damit gestanden. Durch das Stellen einer solch einfachen Frage, die sein Gegenüber überraschte und verwirrte, schaffte Mullikin es häufig, viele Verbrecher augenblicklich zu einem Geständnis zu bringen.[40]

1888 gab es eine Mordserie in London. Man war auf der Suche nach Jack the Ripper, wofür die Polizei zwei Bluthunde einsetzte. Die Bluthunde Barnaby und Burgho waren vom Hundetrainer Edwin Brough darauf trainiert, Menschen aufzuspüren. Aber die Hunde wurden nie dazu eingesetzt, Jack the Ripper zu aufzuspüren. Leitende Hundetrainer und Tierärzte waren der Ansicht, dass die Hunde es aufgrund der vielen verwirrenden Gerüche nicht schafften, im Slum zu suchen, in denen die Morde begangen wurden. Man kann sich durchaus fragen, ob Bluthunde, die nach dem heutigen Wissen trainiert würden, es geschafft hätten, Jack the Ripper aufzuspüren.

Die Auswahl der Polizeihunde

Nicht alle Hunde sind zur Ausbildung zum Polizeihund geeignet und müssen unter anderem ein gründliches Auswahlverfahren durch erfahrene Hundetrainer und Testleiter durchlaufen. Im südafrikanischen Zuchtzentrum für Polizeihunde wurden 1999 70 % der Hunde als ungeeignet eingestuft.[41] Der Kostenaufwand für die Ausbildung eines Polizeihundes ist immens und die Polizei möchte natürlich keine Zeit und kein Geld für ungeeignete Hunde aufwenden. Daher ist es wichtig, so früh wie möglich herauszufinden, wie ein

Welpe einmal als erwachsener Hund sein wird. Dazu gibt es neben den Verhaltenstests viele verschiedene Welpentests. [42-46] Eine verlässliche Prognose für einen potenziellen Polizeihund ist der „Ballapport“ im Alter von acht Wochen sowie ihre Aggressivität im Alter von sechs und neun Monaten.[47] Man kann auch einen Volhard's Eignungstest für Welpen durchführen, um festzustellen, ob der Welpe das Zeug zu einem guten Arbeitshund hat.[48]

Geruchsaufstellungen zur Entlarvung verdächtiger Verbrecher

Polizeihunde werden darauf trainiert, Menschen wiederzuerkennen, indem sie den Geruch an einem Tatort mit dem Geruch des Verdächtigen in einer Geruchsaufstellung vergleichen.[49-51] Der Erste, der dies in Verbindung mit Polizeiarbeit demonstriert hat, war Inspektor Bussenius aus Braunschweig im Jahr 1903.[52] Die Geruchsaufstellung funktioniert auf ganz ähnliche Art wie der Vergleich eines Fingerabdrucks im Polizeiarchiv mit dem am Tatort. Der Verdächtige wird gebeten, ein rostfreies Stahlrohr festzuhalten, sodass sein Geruch übertragen wird. Der Hund identifiziert nicht den Täter, sondern vergleicht den Geruch eines Gegenstandes, der am Tatort gefunden wurde, mit dem Geruch, der vom Verdächtigen auf das Stahlrohr übertragen wurde. Ein solcher Gegenstand kann bis zu drei Jahren gelagert werden und kann eine Pistole oder ein Messer oder etwas anderes sein, das am Tatort gefunden wurde.[53] Es kann sich auch um Autos, Pakete, Gepäck oder Geldumschläge handeln.[54] In Russland und Polen kann auch Blut in Geruchsaufstellungen benutzt werden.[55] In der Geruchsaufstellung wird das Stahlrohr nach dem Zufallsprinzip zwischen anderen Stahlrohren platziert, denen Geruch von nicht verdächtigten Personen anhaftet. Die Aufgabe des Hundes besteht darin, den Geruch des Verdächtigen wiederzuerkennen und dem Hundeführer das Stahlrohr zu überbringen.[56-57] International werden von der Polizei meist sechs solcher Stahlrohre benutzt, von denen eins den richtigen Geruch hat, oder im Falle einer Kontrollstudie keines. Normalerweise wird der Test vier Mal wiederholt und die Stahlrohre werden jedes Mal nach dem Zufallsprinzip neu sortiert. Die Geruchsidentifizierung wird in Ländern wie Tschechien, Polen,[58-59] Russland, Ungarn,[60] Dänemark und Niederlande[61-63] angewandt. Die Ergebnisse verschiedener Studien zeigen, dass die Hunde nicht zu 100% genau in der Identifizierung sind und der Erfolg variierte von 25-93%. Unter anderem beeinflusst die Zeit, die vergangen ist, seit der Gegenstand gefunden wurde, die Resultate.[64] Die Wissenschaftlerin Dr. Adee Schoon von der Universität Leiden in den Niederlanden fand 2005 heraus, dass die Hunde alles richtig machten, wenn das Material frisch war, danach sank die Erfolgsrate stetig von Woche zwei bis sechs Monate später (variierte von 25-61%).[65] Hunde erkennen Personen, die sie von früher kennen, leichter wieder. Trotz bedeutender individueller Unterschiede ist bewiesen, dass Hunde relativ leicht die Geruchsaufstellung lernen. Auch wenn die Glaubwürdigkeit dieser Identifizierungsmethode diskutiert werden kann,[66] wird sie als Beweis in Rechtsstreitigkeiten in Belgien, Polen, Deutschland, Ungarn und Niederlanden genutzt.[67-71]

Wettkampfhunde

Es gibt viele verschiedene Wettkampfarten, bei denen die Hunde ihre Nase benutzen. In der Weltmeisterschaft für Schutzhunde wird bei einem der Wettbewerbe gefordert, dass der Hund persönliche Gegenstände wie Brieftaschen, Handschuhe, Stifte, Schals oder Taschentücher sucht und dann der Spur der Person folgt, der diese Gegenstände gehören. Bei den Übungen für die norwegische Meisterschaft (NM) für Patrouillehunde in Kongsberg im August 2013 war auch die Geländesuche. Die Hunde sollten nach vier Gegenständen suchen: einer Brille, einem Stück Decke, einer Patronenhülse und einem Schlüsselbund. Die Polizei veranstaltet diese Meisterschaft jedes Jahr für ihre Drogenspürhunde. Bei diesen Wettkämpfen suchen die Hunde nach Drogen in Autos, Wohnungen, Lagern, Gepäckräumen und in Wäldern.[72]

Leichensuche an Land

Leichenspürhunde wurden erstmals 1974 in New York von der Polizei eingesetzt.[73] In Europa wurden die ersten Hunde in Österreich 1975 und in Deutschland 1978/79 trainiert. Erst 1993 kamen sie nach Finnland und 1994 nach Schweden. Das Aufspüren einer Leiche kann eine Herausforderung darstellen. Es kann sich um einen Unfall, einen Mord oder einen Selbstmord handeln. Die Leiche kann vergraben oder über der Erde verborgen sein. Liegt sie über der Erde, setzt die Verwesung viel schneller ein als unter der Erde.[74] Sie kann sich im Wasser oder an Land befinden, im Wald oder in einer Stadt. Leichenspürhunde können auch in Gebäuden suchen, an Unglücksstellen (wie zum Beispiel nach dem Space Columbia Unglück im Süden der USA 2003), oder an archäologischen Ausgrabungsstätten.[75] 2011 wurden Leichenhunde nach einem Großbrand in Texas eingesetzt, als 1600 Häuser abgebrannt waren.[76] Die vielleicht wichtigste Aufgabe der Leichenspürhunde ist es, dafür zu sorgen, dass die Hinterbliebenen erfahren, was mit ihren Angehörigen und Freunden geschehen ist.

Leichenspürhunde werden darauf trainiert, kürzlich verstorbene Personen zu finden, bereits verweste Menschen oder ihr Skelett, Zähne und Blut (mehr darüber siehe unten).[77-78] Nach Eintreten des Todes setzen viele Verwesungsprozesse ein, die dazu beitragen, dass flüchtige Stoffe von den Leichen abgesondert werden. Die Verwesung einer Leiche kann in fünf Stadien eingeteilt werden:[79]

- Frisch
- Aufgedunsen
- Beginnende Verwesung
- Fortgeschrittene Verwesung
- Trocken / Reste

Die Leichenspürhunde reagieren auch, wenn die Leiche oder ihre Sekrete in Kontakt mit der Erde oder einer anderen Unterlage oder Gegenständen waren. Wie lange der Geruch am Material bewahrt wird, hängt von einer Reihe Faktoren ab. Wir wissen zumindest von einem Fall, bei dem der Geruch mindestens ein Jahr in einem Gebäude blieb.[80] Je dichter das Material, desto besser hält der Geruch der Leiche, wenn die Kontaktzeit lange genug war. An Gegenständen mit einer geringeren Materialdichte wie z. B. einer Matratze, kann es nach Erfahrung der Polizei schwieriger sein, Anzeigen zu erhalten, auch wenn die Leiche lange auf der Matratze lag, als bei Gegenständen mit höherer Materialdichte wie zum Beispiel Metall.[81] Wenn der Kontakt zwischen zum Beispiel einer Hand und einem Gegenstand nur kurz war, sammeln sich an weichen Materialien mehr Stoffe an als an härteren. Ein Wattebausch, der viele Fasern enthält, wird Gerüche besser speichern als zum Beispiel Polyester. Wie lange der Geruch bleibt, kommt auf den Fasertyp und den Luftstrom an.[82-83] Wenn Plastik lange in Kontakt mit einer Geruchsquelle ist (Wochen oder Monate), wird es den Geruch absorbieren und lange bewahren.[84] Es ist aber trotzdem nicht klar, was Hunde von einer Leiche riechen.[85] Leichenspürhunde reagieren nicht immer auf nur einen Stoff, sondern auf mehrere verschiedene Geruchsstoffe, die bei den fünf verschiedenen Stadien der Verwesung entstehen. Die Hunde sollten daher darauf trainiert werden, das ganze Geruchsspektrum wiederzuerkennen und darauf zu reagieren.

Häufig vergehen Monate oder Jahre, bevor Hunde für die Suche eingesetzt werden. Sie können menschliche Reste finden, die über 170 Jahre vergraben waren.[86] Die abgesonderten Geruchsstoffe (die flüchtigen) einer Leiche unterscheiden sich von denen lebender Menschen.[87] Vier Minuten, nachdem das Herz aufgehört hat, zu schlagen, beginnt der Verwesungsprozess und Leichengeruch entwickelt sich bereits 20 Minuten nach Eintreten des Todes. Milt Statheropoulos, Professor für analytische Chemie an der Nationalen Technischen Universität Athen/Griechenland, führte 2005 eine Studie durch, bei der über achtzig flüchtige Stoffe an zwei Leichen identifiziert wurden. Die gewöhnlichsten Stoffe sind Dimethyldisulfid, Toluen, Hexane, 1,2,3-Trimetylbenzol, Azeton und 3-Pentanon.[88] Der Forscher Arpad A. Vass an der Universität Tennessee/USA fand fünf Jahre später 478 Stoffe von einer Leiche.[89]

Die Dokumentation des Hundetrainings sowie der Einsatz mehrerer Hunde (mindestens drei) sind wichtig, um Fehler, die die Hunde machen können, zu kompensieren.[90] Denn es muss sichergestellt sein, dass die Hunde nur Leichengeruch von Menschen anzeigen und nicht etwa andere Gerüche wie Blut, verwestes Fleisch oder Tierkadaver. Entscheidend hierfür ist das Training mit echten Materialien wie zum Beispiel Kleidung oder gesammelte Gerüche von toten Menschen. Es ist sogar bewiesen worden, dass Hunde zwischen dem Geruch von Menschenleichen und Schweinekadavern unterscheiden können[91] und dass es große Unterschiede zwischen den abgesonderten Geruchsstoffen gibt.[92] Hunde können auch zwischen Knochenresten von Menschen und Tieren unterscheiden.[93] Mary E. Cablk vom Desert Research Institute in Reno/Nevada/USA und ihre Kollegen verglichen 2012 die flüchtigen Stoffe von Gewebeproben (Knochen, Muskeln, Fett und Haut) von Kühen, Schweinen und Hühnern mit denen menschlicher Gewebeproben. Auch wenn es identische Geruchsstoffe gab, unterschieden sich die Tierproben von den Menschenproben. Wenn die chemischen Zusammensetzungen, die identifiziert wurden, die gleichen sind, die die Hunde entdeckt haben, haben die Menschen- und Hühnerproben wahrscheinlich einen ähnlichen Geruch. Die Proben von Schweinen und Kühen haben hingegen eher einen anderen Geruch. Die Schweineproben stimmten nur bei sieben von dreißig identifizierten Stoffen mit denen der Menschenproben überein und neun der Stoffe fanden sich nur bei Schweinen. Bislang gibt es keine wissenschaftliche Studie, die bestätigt, dass Hunde zwischen dem Geruch von Menschenleichen und anderen Tierkadavern als den von Schweinen unterscheiden können.[94] Berichtet wird, dass Hunde, die ausschließlich auf Geruch von Menschenleichen trainiert wurden, auch an Kuhkadavern angezeigt haben.[95] Hunde, die auf Schweinegeruch trainiert wurden, können Menschenleichen finden und Hunde, die auf Menschenleichen trainiert wurden, können lernen, nicht auf Schweine oder andere Tiere zu reagieren.[96] Andere Hunde reagieren auf Schweinegeruch, auch wenn sie eigentlich auf Menschengeruch trainiert wurden.[97] Das Training ist dabei also ganz entscheidend.

Hunde reagieren auf Leichenstoffe wie Kadaverin und Putrescin,[98] die beide nach verwestem Fleisch riechen.[99] Diese Stoffe werden häufig in falschen Leichengeruchsprodukten benutzt, die käuflich sind und von denen es heißt, dass sie wie der Geruch von Leichen seien. Das Problem ist, dass diese beiden Stoffe sich in allen abbaubaren organischen Materialien finden,[100] auch im Speichel von Menschen.[101] Die chemische Zusammensetzung zweier solcher Produkte wurde 2012 untersucht und es zeigte sich, dass sieben der Bestandteile nicht als Verwesungsstoffe angegeben wurden und diese daher nicht im Training für Leichenspürhunde eingesetzt werden sollten.[102] Eine neue Sammelmethode, bei der eine Vakuumpumpe eingesetzt wird, scheint eine bessere Alternative zu sein (eine Geruchsüberführungseinheit, genannt „Scent Transfer Unit-100“ (STU-100)). Der Leichengeruch kann mit Hilfe dieser Einheit direkt von einer Leiche eingesammelt und auf Wattebäusche übertragen werden, die wiederum beim Hundetraining genutzt werden können.[103] Baumwollmischungen, die Polyester und Rayon enthalten, setzen mehr polare Stoffe frei als reine Baumwolle. Die chemische Zusammensetzung des Materials ist entscheidend dafür, wie viele Geruchsstoffe aufgenommen und freigesetzt werden. Das Sammelmaterial, das zum Einfangen der Geruchstoffe benutzt wird, kann daher die Antwort der Hunde beeinflussen und damit die Wahrscheinlichkeit, einen Verdächtigen zu identifizieren.[104]

2008 stellten Forscher eine nahezu realistische Nachbildung eines Tatorts dar.[105] Sie übertrugen den Geruch zweier toter Männer im Alter von 60 und 63 Jahren (innerhalb von drei Stunden nach dem Todeszeitpunkt), die in eine Baumwolldecke gewickelt waren, auf Stoffstücke mit einer Größe von 20 x 20 cm. Das Gleiche taten sie mit Geruch von Lebenden. Bei einer der Proben verbrachten sie zwei Minuten damit, den Geruch zu übertragen, bei der anderen zehn Minuten. Einige Stücke bekamen keine Geruchsübertragung. Sie platzierten die sechs Stoffstücke in Gläser, die drei Hunde zu riechen bekamen. Bei 354 Versuchen reagierte kein Hund auf die Stoffstücke von den Lebenden. Sie reagierten zu 98 % richtig auf die Stücke mit dem Geruch der Toten, mit der Geruchsübertragung von zehn Minuten, und in 86 % der Fälle richtig bei den Stücken mit der Geruchsübertragung über zwei Minuten.

Die Suche nach Menschen unter Wasser

Es war ein kalter Januartag 1990 in Dyers Quarry, French Creek State Park in Pennsylvania, als die Hundetrainerin und Tierverhaltensberaterin Susan Bulanda und ihr Mann Larry gerufen wurden, um an der Suche nach zwei Tauchlehrern teilzunehmen, die nach einem Eistauchgang vermisst wurden. Das Loch, durch das die Taucher unter das Eis gelangt waren, war gut sichtbar. Das Eis war dick genug, um beinahe überall darauf zu gehen, nur an einer Stelle, an dem ein Wasserfall die Oberfläche durchbrach, war es nicht ganz gefroren. Aus Sicherheitsgründen arbeitete das Ehepaar nacheinander auf dem Eis. Außerdem hatten sie sich mit einem langen Seil an einen Taucher gesichert. Die Hunde waren jeweils an ihren Führer angebunden. Scout, ein Beauceron, und Ness, ein Border Collie, waren die ersten ihrer Rasse, die in den USA für Rettungszwecke eingesetzt wurden. Durch die Temperaturen bildete sich ein dünner Nebel über dem Wasser, was dazu führte, dass Hirsche und anderes Wild häufig von den steilen umgebenden Felsen ins Wasser abrutschten. Aufgrund der Verwesung des Tierkadavers und der Vegetation war die Temperatur am Grund des Sees am wärmsten, was den Geruch daran hindern kann, zur Oberfläche aufzusteigen. Normalerweise steigt der Geruch nach oben und durchdringt das poröse Eis. Nachdem Susan und Larry Bulanda große und kleine Löcher ins Eis gestochen hatten und der Geruch aufsteigen konnte, dauerte es nicht lange, bis die Hunde die Umgebung markierten, in der die beiden Taucher verunglückt waren. Die Leichen wurden in ungefähr 12 Metern Tiefe gefunden. Die Hunde konnten nicht exakt die Stelle finden, zeigten aber in der Nähe der Stelle an, an der die Taucher schließlich gefunden wurden. Die Taucher hatten sich an einem Seil gesichert, was sich gelöst haben muss, da sich an der Schulter eines der beiden Taucher das Seilende befand. Der Taucher hatte vermutlich das Seil an sich gezogen, davon ausgehend, dass es sicher fixiert war, und verlor somit die Möglichkeit, den Weg zum Loch im Eis zurück zu finden. Schließlich hatten sie keinen Sauerstoff mehr und ertranken.[106]

Hunde können auch Menschen riechen, die sich unter Wasser befinden.[107] 1968 führte die amerikanische Marine ein Wasserspürprogramm ein, um sich vor Angriffen durch Taucher und Schwimmer zu schützen. Die Idee war, dass die Hunde später Ertrinkende finden sollten.[108]

Bei der Suche nach Ertrunkenen ist die Sicht meist sehr schlecht, was es für die Taucher erschwert, die Ertrunkenen zu finden. Die Hunde können eingesetzt werden, um herauszuschwimmen und anzuzeigen, wo die Person sich befindet. Die Hunde schwimmen im Kreis und bellen, wenn die Person gefunden wurde. Bei der Suche nach Ertrunkenen muss die Polizei oft große Umgebungen absuchen und die Hunde sitzen dann gewöhnlich vorne in einem Boot. Wenn sie die ertrunkene Person entdecken, beginnen sie zu bellen.[109] Hunde riechen nicht unter Wasser, so wie es die amerikanische Wasserspitzmaus kann.[110]

Von Leichen, die sich unter Wasser befinden, steigen Gasblasen zur Oberfläche auf. Diese können von verschiedenen Sekreten oder festen Stoffen wie Haut, Gewebe, Knochen, Stuhlgang oder Erbrochenem stammen. Wenn die Geruchsstoffe an die Luft gelangen, nehmen die Hunde den Leichengeruch wahr.[111] Im Wasser verteilen sich Geruchsstoffe vier Mal langsamer als in der

Luft. Die Lipide (Fettstoffe und Wachs (Ester) und Steroide) der Hautdrüsen sind nicht sehr wasserlöslich und bilden kleine Blasen mit Duftstoffen an der Wasseroberfläche.[112]

Wasser kann in verschiedenen Tiefen unterschiedliche Temperaturen haben, sodass die Geruchsstoffe nicht direkt nach oben steigen. Sie können weiter transportiert werden und weit weg von der eigentlichen Geruchsquelle auftauchen. Die Lokalisierung der Geruchsstoffe stimmt daher nicht immer mit der des Körpers überein. Auch beeinflussen die Wasserströmung sowie der Wind an der Wasseroberfläche die Verbreitung der Geruchsstoffe. Hunde können den menschlichen Geruch durch poröses Eis wahrnehmen. Manchmal ist es notwendig, Löcher ins Eis zu bohren, damit die Geruchsstoffe austreten können.[113]

In Norwegen ertrinken jährlich 100 – 200 Menschen. Wenn jemand große Mengen Wasser geschluckt hat („nasses Ertrinken"), sinkt der Körper dort, wo sich die Person zuletzt befand, und der Betreffende wird oft auf dem Grund gefunden. Springt beispielsweise jemand von einer Brücke, wird diese Person meist in der Nähe der Stelle gefunden, wo sie ins Wasser eintauchte, sofern die Suche innerhalb weniger Stunden beginnt. Dies ist auch so, wenn die Person ankämpft und die Strömung stark ist. Bei einem „trockenen Ertrinken" schließt der Kehldeckel automatisch und verhindert so ein Eindringen des Wassers in die Lunge. Menschen, die auf diese Weise ertrinken, werden in der Regel an der Wasseroberfläche gefunden, da die verbleibende Luft in den Lungen für Auftrieb sorgt. Nach einer Weile öffnet sich der Kehldeckel und die Person sinkt.[114] Menschen, die durch trockenes Ertrinken umkommen, können daher weit von der Stelle des Ertrinkens wegtreiben.

Die Leiche bleibt am Boden, bis sich genug Gas in den Körperhöhlen gebildet hat, sodass sie an die Oberfläche steigt.[115] Im Sommer kann dies innerhalb von zwei bis drei Tagen geschehen, im Winter hingegen je nach Wassertemperatur innerhalb von Wochen oder Monaten.[116] Hunde haben Ertrunkene nach Monaten und selbst nach Jahren gefunden[117] und sie haben Ertrunkene in einer Tiefe von dreißig Metern lokalisiert.[118] Mit Hilfe von Hunden können Menschen viel früher als sonst lokalisiert werden und es ist sogar möglich Leben zu retten, wenn man schnell genug an Ort und Stelle ist, wo die Person als vermisst gemeldet wurde.

Bei der Suche nach ertrunkenen Personen muss man oft große Gebiete absuchen und der Hund sitzt dann in der Regel vorne in einem Boot. Foto: Susan Bulanda

Die Suche nach Blut, Sperma und Zähnen

Es gibt verschiedene Körperflüssigkeiten, die an einem Tatort oder an einem Opfer gefunden werden können. Es kann Erbrochenes, Galle, Talg, Blut, Sperma, Speichel, Vaginalsekret und/oder Urin vorhanden sein. In Norwegen werden speziell Speichel, Blut, Sperma, Haare, Zähne, Hautabschürfungen und Nägel benutzt, um Täter mithilfe von DNA-Analysen zu identifizieren.[119] Zusätzlich zu den flüchtigen Geruchsstoffen von Händen und Speichel können Geruchsstoffe von Haaren und Fingernägeln genutzt werden, um verschiedene Personen voneinander zu unterscheiden.[120] Der Fund von Körperflüssigkeiten kann auch Auskunft über das Geschehen am Tatort geben. Sperma deutet auf eine Vergewaltigung hin, Blut auf einen Kampf oder einen Mord. Speichel kann am Opfer, an Zigaretten, Gläsern oder Flaschen gefunden werden. Körperflüssigkeiten wie Blut, Urin und Speichel geben Auskunft darüber, ob der Täter unter Alkohol- oder Drogeneinfluss stand. Blut und Sperma in trockenem oder frischem Zustand sind wichtige Beweise, die sich meist am oder in der Nähe des Tatorts finden. Die Suche nach diesen Beweismitteln ist noch relativ neu. Mit dem Blut der Opfer und dem Blut und/ oder Sperma des Täters werden DNA-Analysen durchgeführt, die der Polizei als wichtige Beweise in Kriminalfällen dienen. Der Veterinär Simon G. Newbery in England führte 2008 einen Versuch durch, bei dem ein Springer Spaniel und ein Border Collie Blut suchen sollten, das an verschiedenen Gegenständen oder am Boden haftete. Die Ergebnisse zeigten, dass ein erfahrener Hund Blut fand, das einen Tag bis zu einem Monat alt war. Die Hunde machten ihre Führer unter verschiedenen Wetterverhältnissen bereits auf sehr kleine Mengen Blut, zum Beispiel im Gras oder auf einem Autositz, aufmerksam (0,01ml).[121] Studien belegen, dass Hunde zum Aufspüren wichtiger biologischer Beweise eingesetzt werden können. In Norwegen gab es ebenfalls Versuche mit Blut und Sperma.[122-124]

Zähne sind ebenfalls wichtige Beweismittel in Kriminalfällen, da Opfer anhand ihrer Zähne identifiziert werden können. Die Forscherin Mary E. Cablk am Desert Research Institute in Reno in Nevada/USA führte 2008 ein Geländeexperiment durch, bei dem Hunde nach Zähnen suchten, mit denen sie zuvor keinen Kontakt gehabt hatten.[125]

Innerhalb der Teams gab es große Unterschiede, die von 20% bis 79% variierten, was sich vermutlich durch die Art und Intensität des Trainings der Hunde erklärt.

Nachdem Trixxi nach Blut gesucht hat, führt die Kriminalpolizei chemische Analysen durch. Alle Fotos: Frank Rosell

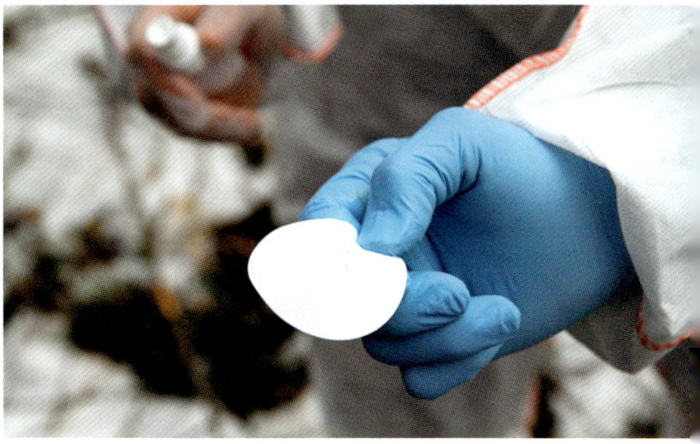

Die Suche nach Blut und Sperma – Training der norwegischen Polizeihunde

Der leitende Polizeihauptmann Jon Einar Karlsen hielt von Ende Februar bis Anfang März 2012 einen Spezialkurs an der Polizeihochschule in Kongsvinger ab. Hundeteams aus Norwegen, Schweden und Dänemark sollten lernen, wie man nach Blut und Sperma sucht, was für die Anerkennung als Kriminalsuchhund erforderlich ist. Karlsen platzierte sechs Dosen auf der Geruchsbahn, fünf ohne Geruch und eine mit Blut oder Sperma. Die norwegischen Hunde, die von Kai Iversen (Trixxi) und Harald Gröndahl (Brandfjellets Kaos von Kripo, genannt Kaos) lernten schnell, die richtige Dose zu finden. Nach dem Training drinnen ging es nach draußen. Es wurde ein Blutstropfen ausgelegt, den Trixxi finden sollte. Es dauerte nicht lange, bis sie anzeigte. Sie legte sich an dem Baum nieder, wo das Blut angebracht worden war und zeigte an, indem sie die Nase genau an das Blut legte und zu beiden Seiten ihre Pfoten legte, so dass das Material nicht zerstört wurde. Die Polizeihauptmeister Per Angel und Sveinung Bakken von der Kriminalpolizei konnten danach ihre chemischen Analysen durchführen. Sie stellten fest, dass es sich um Blut und nicht um Sperma handelte und sicherten danach Proben des Blutes für die DNA-Analyse.

Brandmittelspürhunde

Bereits 1946 wurden Bluthunde für die Suche nach Waldbrandstiftern eingesetzt. Dadurch konnte die Anzahl an Waldbränden in mehreren Bundesstaaten der USA gesenkt werden.[126] Allein in New Jersey gibt es jährlich 1.600 Waldbrände und 99 % davon werden durch Brandstiftung oder unvorsichtigen Gebrauch von Streichhölzern durch Kinder verursacht. In den USA wurden Bluthunde seit 2004 in verschiedenen Ausbildungsprogrammen über Waldbrände eingesetzt, speziell für die Ausbildung von Jugendlichen und auch Erwachsenen. Das hat die Anzahl der Waldbrände beträchtlich reduziert.[127]

1984 beziehungsweise 1986 startete die Erstprüfung der Brandmittelspürhunde Nellie und Mattie in den USA.[128-129] Mattie wurde der erste Brandmittelspürhund und am 1. Mai 1987 war sie bei 41 Brandstellen im Einsatz. In manchen Fällen führten ihre Funde zur Verhaftung und Verurteilung.[130]

1995 gab es ungefähr zweihundert aktive Brandmittelspürhunde in den USA.[131] Star, ein schwarzer Labrador Retriever, wurde der erste Brandmittelspürhund in Europa. Stars Besitzer und Führer, Brandinspektor Clive Gregory, begann die Suche nach Brandstiftern im September 1996 in West Midlands Fire Service in England. Aufgrund ihres kurzen Fells, ihrer guten Ausdauer, ihrem ruhigen Temperament sowie des guten Geruchssinns werden Labrador Retriever oft als Brandmittelspürhunde ausgewählt.[132]

Der Border Collie Piper sucht zusammen mit seiner Führerin Joan Hitcher nach wichtigen Beweisen in einem abgebrannten Mietshaus in Washington/USA. Foto: Marcia Koenig

Suche nach brennbaren Flüssigkeiten an Brandstätten

Brandmittelspürhunde sind speziell dazu ausgebildet, Beweismittel im Rahmen verdächtiger Brände aufzuspüren und die Aufgabe der Polizei und Feuerwehr besteht darin, die jeweilige Brandursache aufzudecken: war es ein Unglück oder wurde der Brand gelegt? Feuer ist, nach Naturkatastrophen, die Ursache für die größten Verluste an Menschenleben und Besitztümern. In den USA ist Brandstiftung zwecks Zerstörung von Eigentum oder das Töten von Menschen das häufigste und am schwierigsten aufzuklärende Verbrechen. Das liegt daran, dass die meisten Beweise am Tatort in der Regel vom Feuer vernichtet werden. Man sagt, dass der beste Freund des Menschen der schlimmste Alptraum eines Brandstifters sein kann.[133]

Die Arbeitsaufgabe der Hunde ist es, an den Brandstätten nach kleinen Spuren von brennbaren Flüssigkeiten zu suchen, die als Brandbeschleuniger eingesetzt wurden.[134] Diese Spuren sind oft so minimal, dass sogar Instrumente sie nicht entdecken, aber Hunde finden selbst „die Nadel im Heuhaufen". Hunde können darauf trainiert werden, Geruchsstoffe von vielen verschiedenen brennbaren Flüssigkeiten zu finden (unter anderem Benzin, Gas, Paraffin, weißer Spiritus, Grillanzünder, Feuerzeugflüssigkeit, Bremsflüssigkeit, Lösungsmittel, Farbverdünner, Alkohol und Aceton). Hunde können diese noch bis zu 18 Tage nach Brandbeginn riechen.[135] Sie zeigen diese Flüssigkeiten passiv an, damit die Beweismittel nicht zerstört werden und eine Entnahme von Proben durch Kriminaltechniker möglich ist. Eine solche Anzeige kann einen Hinweis darauf geben, wo der Brand begann und ob dort, wo der Hund anzeigt, brennbare Flüssigkeiten zugeführt wurden. Beim Verdacht auf einen absichtlich gelegten Brand werden die Brandreste von der Brandstätte zur Analyse eingeschickt.[136-137]

In Finnland wurde seit dem Einsatz von Brandmittelspürhunden das Einschicken von Material zur Analyse um 80 % reduziert. Die finnische Polizei hat die Erfahrung gemacht, dass Hundenasen effektiver als Laboruntersuchungen sind. Der Bedarf für Brandmittelspürhunde steigt und ist für die Aufklärung von Kriminalfällen entscheidend. Auch private Versicherungsgesellschaften profitieren davon: sie leihen Brandmittelspürhunde aus, um zu überprüfen, ob der Brand gelegt wurde. Somit können sie sich viel Geld für Erstattungen sparen.[138] Die Anzeigen der Brandmittelspürhunde werden nicht als Beweis bei Kriminalfällen genutzt, im Gegensatz zu den Ergebnissen der Probenanalysen.[139] Brandmittelspürhunde werden auch zur Suche in Fahrzeugen eingesetzt, da dort brennbare Flüssigkeiten von den Kriminellen aufbewahrt sein könnten, bevor sie den Brand gelegt haben. Oft möchten sich Brandstifter das gelegte Feuer selbst anschauen und können sich daher noch in unmittelbarer Nähe des Brandes, inmitten einer sich sammelten Menschenmenge, befinden. Geht man mit dem Hund durch die Menge, kann der Brandstifter oft gefasst werden, da die Hunde anhand der Kleidung riechen, ob ein Verdächtiger in Kontakt mit brennbarer Flüssigkeit war.[140-141] Inzwischen ist es in Norwegen nicht mehr erlaubt, wahllos in einer Menschenmenge zu suchen. Nimmt hingegen ein Brandmittelspürhund auf eigene Initiative die Witterung einer brennbaren Flüssigkeit in der Luft auf, muss dies vom Hundeführer verfolgt werden und ist erlaubt.[142]

Leider ist über die Arbeit mit Brandmittelspürhunden wissenschaftlich bisher sehr wenig publiziert worden.[143] In einer Studie, die 2007 vom Brandschutzinspektor Mark Nowlan am Fredericton Fire Department in New Brunswick in Canada durchgeführt wurde, reagierten die Hunde in 16 von 18 Fällen richtig, in denen brennbare Flüssigkeiten zur Legung von Feuer gebraucht wurden.[144] In der Untersuchung des Chemikers David J. Tranthim-Fryer am Chemistry Center in Perth/Australien und dem Polizeiberater John D. DeHaan am California Department of Justice in Sacramento/USA, zeigte sich 1997, dass Hunde Schwierigkeiten damit haben können, zwischen Brandmitteln und verbrannten Decken oder Plastikunterlagen zu unterscheiden.[145] Sie sollten deshalb darauf trainiert werden, diesen Unterschied zu erkennen.[146-48]

Feuermelder

„Mitten in der Nacht entsteht plötzlich ein schwacher, aber gefährlicher Geruch. Die alten Leitungen haben Feuer gefangen und die Flammen greifen auf das Holz über. Nun entwickelt sich ein graubrauner Rauch, der langsam in die obere Etage steigt, in der die Familie schläft. Es dauert nicht lange, bis der Fluchtweg über die Treppe blockiert ist. Von der Küche aus hört man das Bellen des Hundes, der dort seinen Schlafplatz hat. Das Bellen wird intensiver und der Hund läuft hinauf ins Schlafzimmer und weckt die Bewohner. Sie verstehen, was passiert und retten sich in letzter Sekunde mit dem neugeborenen Baby."

So beginnt der schwedische Verfasser und Hundepsychologe Anders Hallgrens sein Buch *Lebensretter auf vier Beinen.*[149] Die Medien berichten häufig darüber, dass Hunde „das Feuer gemeldet haben" und die „Bewohner das Haus verlassen konnten, nachdem der Hund zu heulen begann". Manche Hunde reagieren zum Glück auf Rauchgeruch, speziell wenn er dick und übelriechend ist. Leider sterben aber die meisten Hunde zusammen mit den Familien im Feuer. Im Anders Hallgrens Buch kann man mehr darüber lesen, wie man seinen Hund darauf trainieren kann, Feuer zu melden.

Bei Meldungen über verdächtigen Rauch rücken die Polizei und die Feuerwehr aus. Tarro, Schwedens erster Brandmittelspürhund, begann seine Arbeit Ende 2000. Er war auch auf den Geruch von Gas trainiert worden.[150] Rauchgeruch kann unter anderem von Schwelbränden kommen, vom Anbrennen beim Kochen und Feuer in elektrischen Apparaten oder elektrischen Anlagen. Zwischen Feuerrauch und dem Rauchgeruch, der beim Anbrennen entsteht, gibt es große Unterschiede.[151] Der typische Rauchgeruch entsteht durch den Stoff Guajakol.[152] Besonders in großen Wohngebäuden ist es eine Herausforderung, herauszufinden, wo der Geruch herkommt und Feuerwehrmannschaften ohne Hund müssen oft wieder unverrichteter Dinge abziehen. Hunde hingegen finden die Quelle oft schnell und können so einen Großbrand verhindern.[153]

Foto: fotolia@xy

CUSTOMS
DOPING CONTROL

8 Der Zollhund

Wenn die Zollbeamten zu Beginn des neuen Jahrtausends an Bord der entlang der Küste von Kapstadt/Südafrika liegenden Schleppnetzfischerboote gingen, hatten sie stets die Border Collie Hündin Tammy, auch „Polizeiagent A 1142“ genannt, dabei. Im Jahr 2000 war Tammy der einzige Hund weltweit, der den Geruch der seltenen Muschelart Abalone erkannte. Überfischung hatte dazu geführt, dass diese Muscheln auf die Liste der bedrohten Arten gesetzt und der Export in andere Länder verboten wurde. Chinesen und andere Asiaten sehen diese Muscheln als Aphrodisiakum und Delikatessen an. Kein Gesetz verbietet den Export anderer Meeresfrüchte aus Südafrika und die Schmuggler versteckten daher die Muscheln unter anderen Meeresfrüchten, deren Export erlaubt war. Sobald Tammy an Bord kam, begann sie an Deck zu schnüffeln. Bei einem Fall legte sie sich nach kurzer Zeit an einer Luke mit Fisch nieder. Versteckt zwischen Fischen fanden die Zöllner die vom Aussterben bedrohte Muschelart. Tammy war so tüchtig, dass die Schmuggler den Besitzer anriefen und damit drohten, sie zu töten. Der Besitzer beschaffte daher einen „Leibwächter“ für Tammy, den Schäferhund Marc, der ebenfalls für die Polizei arbeitete. Die Hunde bildeten ein gutes Team. Tammy fand die verbotenen Muscheln und Marc verfolgte die Schmuggler, die zu fliehen versuchten – und rang sie zu Boden![1]

Zollhunde international

Auf dem Weg durch den Zoll an Grenzübergängen, im Zug oder auf dem Flugplatz sind sicher vielen von Ihnen schon Hunde begegnet. Sie werden auch auf Schiffen, in Häfen, Poststellen, Transportdepots und bei Einwanderungskontrollen eingesetzt.[2] In einer Zeit zunehmender Angst vor Terroranschlägen werden Hunde gebraucht, um Gepäck nach Sprengstoff und Bomben zu durchsuchen. Außerdem werden sie eingesetzt, um Pakete zu untersuchen, die mit der Post verschickt werden.[3] Meist werden Malinois, Schäferhunde, Labrador Retriever, Cocker Spaniel oder Yorkshire Terrier dazu ausgebildet.[4] Selbst unschuldige Menschen werden oft schon nervös, wenn sie nur einen Hund sehen. Zollhunde sind jedoch gut ausgebildet und reagieren nicht, nur weil jemand nervös ist. Die Hunde verrichten als „Zöllner“ eine wichtige und abwechslungsreiche Arbeit.

Reisende mit verbotenen Produkten im Gepäck müssen aufgehalten werden. Hunde sind bestens dafür ausgestattet, um dieses Ziel zu erreichen und deshalb an vielen internationalen Flughäfen weltweit „angestellt“.[5] Die Zollbeamten stehen mit den Hunden an der Leine und lassen diese sowohl an den Reisenden als auch an ihrem Gepäck riechen. So ist es zum Beispiel verboten, verschiedene Lebensmittel und Gemüse in die USA und nach Australien einzuführen, weshalb man Hunde darauf trainiert hat, diese Produkte zu entdecken.[6] 1984 hat man in den USA die „Beagle- Brigade“ eingeführt: Diese Hunde suchen im Gepäck der Reisenden nach Früchten, Pflanzen und Fleisch, die schädliche Pflanzen- und Tierarten beinhalten und verschiedene Krankheiten haben können. Beagle sind besonders gut darin, verschiedene Gerüche zu unterscheiden und sie wiederzuerkennen.[7] An Flughäfen arbeiten sie auch an den Transportbändern, die das Gepäck von und zum Flugzeug befördern. Hier riechen sie an jedem Päckchen und treten darauf, um mehr Geruch freizusetzen, bevor das nächste Gepäckstück aufs Rollbrett kommt. So setzen sie ihre Arbeit fort, bis das gesamte Gepäck kontrolliert ist. Die Hunde finden Haiflossen, Bärengallen und Gallenblasen, lebende Leguane, Schlangen, Robbenpenisse, Papageien, Katzenaffen und andere exotische Arten.[8-9]

Wilderer sind leider ständig auf der Jagd nach dem Horn von Nashörnern und Elefantenstoßzähnen,[10] die unter anderem sehr beliebt in China, Vietnam und Thailand sind. Dort glaubt man, diese Produkte hätten einen gesundheitsfördernden Effekt, was aber nicht der Fall ist.[11] Die Hörner und Stoßzähne werden in der chinesischen Medizin unter anderem dazu eingesetzt, Krebs zu heilen und angeblich auch zur Teufelsaustreibung. Die Schmuggler erzielen Preise von bis zu 65.000 US-Dollar für ein Kilo Nashorn-Horn, womit die Hörner wertvoller sind als Gold.[12] In Gabun sind seit 2004 über 11.000 Elefanten von Wilderern erlegt worden und der Bestand ist um 30 % gesunken.[13-14]

Wilderer und Schmuggler können beträchtliche Summen mit den Hörnern von indischen Nashörnern oder den Stoßzähnen asiatischer Elefanten verdienen. Foto: Traffic India, Kamlesh Pandrey

Traffic India

Am 29. Juli 2010 bekam die Forstverwaltung in den drei Teilstaaten Madhya Pradesh, Maharashtra und Jharkhand in Indien fünf neue Mitarbeiter: Hunde, die innerhalb von drei Monaten zum Aufspüren unerlaubter Wildprodukte ausgebildet worden waren. Sie entdecken sowohl Knochen als auch Fell von Tigern und Leoparden als auch Bärengallen. Diese Produkte werden in der traditionellen chinesischen Medizin eingesetzt. Traffic India und WWF India finanzierten die Ausbildung der Hunde. Ebenfalls etablierten sie Hundeprogramme, um Schmuggel von Wildprodukten in vielen anderen Ländern aufzudecken, unter anderem in Russland.

Einige Monate nach dem Training war der Schäferhund Raja dabei, als ein illegal getöteter Leopard gefunden wurde, den Wilderer zu verstecken versucht hatten. Der Hund spielte auch eine Rolle dabei, die Verantwortlichen aufzuspüren. Ein anderer Hund, Jackie, spürte Wilderer auf, bevor sie Schaden anrichten konnten. Der Hund Tracey war an der Entdeckung von zwei Elefantenstoßzähnen im Dalma Wildlife Sanctuary in Jharkhand beteiligt. Als die Forstverwalter den toten Elefanten fanden und sahen, dass die Stoßzähne fehlten, begannen sie mit der Suche. Die Stoßzähne fanden sie nicht, daher wurde Tracey vom Betla Tiger Reserve dazu gerufen und nach einer gründlichen Suche fand sie die versteckten Stoßzähne. Zusammen wogen sie 32 kg. Bislang war das Projekt ein Erfolg und Traffic India und WWF-India hoffen, dass auch andere Teilstaaten in Indien Hunde bei ihrer Arbeit einsetzen werden.[15-17]

Die Suche nach Drogen

In den 1970er Jahren begann der Zoll in den USA, Hunde im Kampf gegen Drogen einzusetzen.[18] Einer der Gründe, warum man Hunde darauf zu trainieren begann, waren Soldaten, die versuchten, Marihuana während des Krieges in Südostasien 1971 einzuschmuggeln.[19] Die Hunde rochen das Marihuana selbst dann noch, wenn es in Glasbehältern oder versiegelten Plastiktüten aufbewahrt und mit Parfüm übergossen oder Gewürzen versetzt wurde. Auch wenn das Marihuana mit anderen Stoffen vermischt wurde, konnten die Hunde es aufspüren. Dieser Erfolg führte dazu, dass das Programm erweitert wurde und die Hunde später auch auf das Aufspüren härterer Drogen wie Kokain und Heroin trainiert wurden.[20] Zwölf Drogenhunde, die in der Grenzstadt El Paso in Texas/USA im Einsatz waren, fanden innerhalb von neun Monaten Drogen im Wert von 100 Millionen US-Dollar.[21] Die Schmuggler versuchten alles, um den Geruch der unerlaubten Rauschgifte zu verstecken, daher müssen die Hunde ein intensives Training absolvieren. Manche Hunde waren so gut, dass die Schmuggler hohe Summen für das Töten der Tiere boten.[22] In den USA sind mindestens ein Drittel der in Umlauf befindlichen Geldscheine mit Kokain verunreinigt.[23-25]

An Grenzübergängen werden die Fahrzeuge gründlich untersucht. Wenn Drogen darin versteckt sind, kann der Geruch durch den Wind aus Öffnungen auf der anderen Seite austreten, sodass Hunde den Geruch schon früh und aus großem Abstand wahrnehmen.[26] Sie schnüffeln das Fahrzeug sowohl von außen als auch von innen gründlich ab. Die Hunde finden Drogen sogar dann, wenn sie im Tank des Fahrzeugs versteckt oder in Metallbehältern eingeschweißt sind. Ein Hund braucht fünf bis zehn Minuten, um ein Auto nach Drogen abzusuchen. Eine manuelle Kontrolle durch einen Zöllner dauert mindestens zwanzig Minuten[27] und bis zu drei Stunden.[28] Es ist nicht immer einfach für Drogenhunde, die Quelle zu finden. Einmal drehte ein Hund in einem Container mit orientalischen Möbeln völlig durch. Darin befand sich ein sehr starker Geruch, aber der Hund schaffte es nicht, herauszufinden, wo er her kam. Es stellte sich heraus, dass alle Möbel mit Hanf/Harz lackiert waren, sodass der ganze Container die Geruchsquelle war.[29] Tadeusz Jezierski, Professor für Verhaltensbiologie am Department of Animal Behavior in Jastrzebiec/Polen und seine Kollegen bewiesen 2014, dass Hunde Drogen in 83 % der Fälle fanden, wenn sie in einem bekannten oder unbekannten Raum versteckt waren, weniger erfolgreich waren sie draußen (64 %) oder in Autos (58 %). Marihuana ist für Hunde am einfachsten zu finden. Am schwierigsten hingegen Heroin, danach Kokain, Amphetamine und Hasch. Das Hasch wurde leicht identifiziert, auch noch nach 48 Stunden, nachdem es aus einem Raum entfernt worden war. Heroin konnten die Hunde nach 48 Stunden nicht so gut riechen. Schäferhunde brachten hier die besten Ergebnisse, gefolgt vom Englischen Cocker Spaniel und Labrador Retriever, während Terrier am schlechtesten abschnitten.[30]

Die Suche nach Mobiltelefonen

In Gefängnisse werden viele Dinge hineingeschmuggelt. Es dreht sich dabei nicht nur um Drogen, sondern auch um Mobiltelefone. Mafiabosse zum Beispiel können durch ein Handy im Gefängnis von dort aus ihre kriminellen Geschäfte weiter abwickeln. Die Telefone werden überall in den Zellen versteckt, aber Hunde spüren sich vor zu den Gasen, die aus den Batterien austreten.[31]

Die Suche nach DVDs und CDs

Pepper, Lucky und Flo waren die ersten Hunde in den USA, die in den 70er Jahren dazu ausgebildet wurden, Raubkopien von DVDs zu finden. Sie entdeckten den chemischen Stoff (Polykarbonat), der in den Laserplatten benutzt wird.[32] Sie haben Millionen von unerlaubt gebrannten DVDs, CDs und Videospielen aufgespürt. Motion Pictures Association of America verlor jährlich Milliarden US-Dollar aufgrund der Raubkopien. Lucky und Flo arbeiteten 2007 in Malaysias Hauptstadt Kuala Lumpur. Hier fanden sie einen versteckten Raum in einer Videothek, in dem 150.000 illegale DVDs lagerten. Einen Monat zuvor hatten sie eine Millionen illegale DVDs und CDs gefunden in einem Wert von annähernd drei Millionen US-Dollar. Nach diesem Fund setzten die Filmpiraten ein Kopfgeld von 30.000 US-Dollar auf die Hunde aus.[33]

Die Hundedienste im norwegischen Zollwesen

Mit dem Hund Bobby und dem Hundeführer Kjell Petersen begann 1972 der Einsatz von Hunden beim Zoll in Norwegen. Bobby, ein Labrador Retriever, kam vom Norwegischen Blindenhundverband in Vestby und war ein sehr eifriger Drogen-Aufspürer. Der Hundedienst hatte einen zaghaften Start. Zu Beginn gab es Bedenken, inwieweit Hunde eine sinnvolle Hilfe bei der Drogenkontrolle seien. Nach und nach wurden auch die größten Skeptiker davon überzeugt, dass Hunde eine wertvolle Unterstützung für das Zollwesen beim Kampf gegen Drogen sind,[34] sodass es später viele Drogenhunde gab.

Zu Beginn bekam die Zoll- und Steuerbehörde viele gute Ratschläge und Impulse vom schwedischen Zollwesen. Die staatliche Hundeschule in Sollefteå wurde damit beauftragt, Hunde an die schwedische Polizei und den Zoll zu liefern. Außerdem betrieb sie Forschung und Veterinärdienste. Zazza war der erste Drogenhund, den der Zoll züchtete und in Schweden ausbilden ließ. Die Zusammenarbeit mit der schwedischen Hundeschule dauerte zehn Jahre. 1983 wurde eine Absichtserklärung mit Major Randolf Gimre und der Militärhundeschule über die Zusammenarbeit und Lieferung von Hunden beschlossen. 1984 war der erste Hund bereit. Es war Kim, der von Pål Jansen geführt wurde. Das Team war ein Erfolg und Kim war am Flughafen Fornebu im Dienst, bis er 13 Jahre alt war.[35] Die Zusammenarbeit mit der Militärhundeschule wurde bis zu Beginn der 1990er Jahre weitergeführt, dann entschied das Zollwesen, die gesamte Arbeit rund um Anschaffung, Tests und Ausbildung der Hunde und der Hundeführer selbst zu übernehmen.[36]

Rolf von Krogh, der zuvor an der Militärhundeschule gewesen war, begann 1991 seine Arbeit in der Kontrollabteilung des Zoll- und Abgabedirektorats. Die Anstellung von Krogh war der Anfang eines professionellen Hundedienstes im Zollwesen. Krogh arrangierte Zertifizierungsprüfungen, Rezertifizierungen und Unterrichtsveranstaltungen auf zentraler und regionaler Ebene. Er setzte neue Methoden ein, zum Beispiel die Personensuche: eine sehr effektive Methode, um Drogen zu finden, die in einem Menschen versteckt sind.[37] Um einen stetigen Zugang zu möglichst guten Hunden zu gewähren, wurde über die damalige Landespolizeikammer in Östland, die Hunde für den Einsatz bei den Olympischen Spielen in Lillehammer 1994 organisierte, der Kontakt mit dem Metropolitan Police Dog Training Establishment in London/England hergestellt. Sie bedienten sich in allen Hauptanliegen der Rasse Springer Spaniel als Suchhund, eine Rasse, die auch unter den norwegischen Bedingungen sehr gut funktioniert, wie sich später herausstellte. Der Hundedienst des Zollwesens arbeitet weiterhin eng mit dem Metropolitan Police Dog Training Establishment bei der Anschaffung neuer Diensthunde zusammen.[38-39]

Im November 2013 hatten die Zollbeamten 36 zertifizierte Diensthunde. In Nordnorwegen (einschließlich Trondheim) sind es fünf Hunde, sechs im Westland, 19 in Östland und sechs im Südland. Im Herbst 2013 nutzte der Zoll ausschließlich die Rassen Jagdlabrador und Spaniel und seit 1984 hat man nur in Ausnahmen andere Rassen wie Schäferhund und Tervueren eingesetzt, da diese Rassen die Menschen stärker als Labradore und Spaniel verängstigen.[40] Das Zollwesen führte 2011 35.500 Beschlagnahmungen bei Grenzkontrollen durch – ein neuer Rekord.[41] Die Rolle der Hunde als Zöllner ist daher wichtiger als je zuvor. In Norwegen suchen die Zollhunde meist nach Drogen, Tabak, Zigaretten und Geldscheinen.

Die Zollhunde Rossie und Dusty auf der Suche nach Drogen und anderen synthetischen Stoffen

Norwegische Drogenhunde tragen ständig zu Funden an den Grenzübergängen bei. Diese können in Fahrzeugen, im Zug, in den Taschen der Reisenden oder im Gepäck sein. Sie stehen außerdem der Polizei bei Hausbesuchen bei.[42] Die Funde von Heroin und Kokain sind heute rückläufig, während die Verbreitung von Amphetaminen, Hasch, Marihuana und narkotisierenden Tabletten zunimmt. Die Anzahl von Beschlagnahmungen neuer synthetischer Stoffe, sogenannter Legal Highs, steigen ebenso stark an, was den Grenzkontrolleuren Sorgen bereitet.[43] Der Markt für Methamphetamin ist in Norwegen gewachsen, das gleiche gilt für Dopingmittel (zum Beispiel anabol-androgene Steroide).[44] Im Vergleich zu anderen Stoffen sind synthetische Cannabinoide billiger, leichter im Internet erhältlich, lassen sich nicht

TOLL

TOLL
CUSTOMS

TOLL
CUSTOMS

TOYOTA
TOLL
CUSTOMS

Auf den sechs oberen Bildern: Die Zollhunde suchen vorzugsweise nach Drogen, Alkohol, Tabak und Banknoten. Sie suchen in Fahrzeugen, an Menschen und draußen im Gelände. Fotos: Zollwesen / Rolf von Krogh

in Urin- oder Drogentests nachweisen und verursachen keinen Kater. Nur ein geringer Anteil dieser neuen synthetischen Stoffe ist auf der Drogenliste zu finden.[45] Die einzige Möglichkeit, die Einführung ins Land zu verhindern, ist, den Import und Gebrauch nicht-anerkannter Arzneimittel anzumelden.[46] Allein 2012 entdeckten die Zöllner 73 neue Stoffe auf dem europäischen Markt.[47] 2013 startete man ein Versuchsprojekt in Oslo, Hunde auf das Auffinden von solchen synthetischen Stoffen zu trainieren.[48]

Der Hauptzollbeamte und Hundeführer Thor Svendsen mit den Hunden Rossie und Dusty war im Oktober 2012 auf der Suche nach Drogen am Grenzübergang Svinesund. Rossie ist ein Englischer Springer Spaniel und Dusty ein Cocker Spaniel. Beide kamen vom Metropolitan Police Dog Training Establishment aus London/Großbritannien nach Norwegen. Rossie im September 2011 und verbrachte das erste Jahr mit einem Hundetrainer. Svendsen hatte Rossie erst einen Monat, als sie den ersten Drogenfund machte: 619 Gramm Drogen in zwei Taschen in einem schwedischen Auto, das auf dem Weg nach Norwegen über die Svinesundbrücke war. Rossie war zu dieser Zeit noch in der Ausbildung und noch nicht anerkannt. Alle Hunde müssen jedes Jahr Tests bestehen, um für den weiteren Dienst anerkannt zu werden. Dusty war ein wesentlich erfahrenerer Hund und hatte schon mehr als 500 Drogenfunde gemacht. Mit zwölfeinhalb Jahre kam er nach Norwegen und war für sein Alter unglaublich fit und verspielt. Dusty untersucht alle Arten von Fahrzeugen, die die Grenze in Svinesund passieren, also Autos, Busse und Lastwagen. Er bemerkt auch Drogen an den Fahrern, die mit ihren Verzollungspapieren in das Zollgebäude kommen. In den Fahrzeugen dieser Personen werden in der Regel auch Drogen gefunden. Viele Schmuggler versuchen Dusty zu täuschen, indem sie die Drogen in Gehacktes einpacken, sie mit Kräutern versehen oder Kaffee darüber gießen, aber Dusty spürt sie dennoch auf.

Hier untersucht Rossie ein Auto nach Drogen in Svinesund, während Dusty das Gepäck untersucht, bevor es am Flughafen Rygge ins Flugzeug verladen wird. Beide Fotos: Frank Rosell

Einige Tage später war Svendsen am Flughafen Rygge in Moss im Einsatz. Hier suchten Rossie und Dusty an den Reisenden und in ihrem Gepäck, während sie durch die zollfreie Zone gingen. Außerdem suchten sie auf dem Gepäckband, in der Gepäckhalle, auf den Toiletten und im Gepäck, nachdem es im Keller des Flughafens eingecheckt war. Die Hunde stellen sich auf das Gepäck, sodass die Luft herausgepresst wird und die Hunde leichter die austretenden Stoffe riechen. Svendsen sucht mit den Hunden auch in Zügen, die die Grenze nach Schweden bei Kornsjö passieren.

Das Zollwesen hat auch mehrere Vielseitigkeitshunde, die darauf trainiert wurden, verschiedene Dinge zu finden. Storm, ein Springer Spaniel, war der erste Vielseitigkeitshund im aktiven Zolldienst. Er konnte sowohl Drogen als auch Tabak und Zigaretten aufspüren. Das gleiche gilt für den Jagdlabrador Benjy, der in Stavanger arbeitete, während Sniff, ebenfalls ein Jagdlabrador, an den Flughäfen Torp und Kjevik zum Aufspüren von Drogen und Geld eingesetzt wurde. Als der Rapper Snoop Dogg im Sommer 2012 auf dem Quart-Festival auftreten sollte, wurde er von Sniff am Flughafen Kjevik wirksam aufgehalten, da er Marihuana und Banknoten bei sich trug.[49]

Der Banknoten-Hund Harvey auf der Suche nach Geldscheinen

Seit dem Jahrtausendwechsel hat das Zollwesen Hunde eingesetzt, um Drucktertinte aufzuspüren, die auf Geldscheinen benutzt wird,[50] aber sie erkennen auch Baumwollfasern oder das Papier für die Scheine. In Süd- und Ostnorwegen hatte das Zollwesen im November 2013 vier Valutahunde im Einsatz. Zwei von ihnen wechseln sich an den Flughäfen Kjevik und Torp ab sowie am Fährterminal in Larvik und Kristiansand, einer arbeitet am Flughafen Gardemoen und einer anderer am Flughafen Rygge in Moss sowie am Grenzübergang in Svinesund. Alle sind Jagdlabradore. Ist das Geld deklariert, kann man so viel dabei haben, wie man möchte. Wenn man nicht deklariert, darf man nur bis zu 25.000 Norwegische Kronen bei der Ausreise dabei haben. Hat man mehr dabei, ist die Wahrscheinlichkeit groß, dass einer der Zollhunde das Gepäck oder den Reisenden bei der Ausreise markiert. Die Anzahl der Geldbeschlagnahmungen stieg von 2009 auf 2010 um

43 %, weil die Zöllner Unterstützung von Ben, Dan und Harvey bekamen, Norwegens erste Valutahunde. Die Valutahunde hatten seit ihrem Einsatz 2009 bis 1. November 2013 mehr als 50 Millionen Kronen aufgespürt.[51]

Der Hauptzollbeamte und Hundeführer Roger Bråten arbeitet in Moss am Flughafen Rygge und am Grenzübergang Svinesund. Bei Bedarf arbeitet er auch an anderen Stellen in Ostnorwegen, das heißt von Östby im Norden bis Svinesund im Süden. Sein Hund Harvey, der fünfeinhalb Jahre alte Jagdlabrador, spürt Geldscheine aller Währungen und Valuta verschiedener Art auf. Es spielt dabei keine Rolle, ob es sich um norwegische Kronen, englische Pfund, amerikanische Dollar oder Euro handelt oder ob es sich um einen Hunderterschein oder Tausendkronenschein handelt. Harvey untersucht in erster Linie Menschen bei der Abreise aus dem Land. Er riecht an den Personen und ihrem Gepäck und ist auf Baumwollfasern, Druckerschwärze, Bleichmittel und Geldpapier trainiert. Amerikanische Dollar sind sicher am einfachsten zu entdecken, weil die Amerikaner eine flüchtigere Druckerschwärze benutzen, die mehr Geruch abgibt. Wenn die Leute einige Scheine in der Hosentasche haben, reagiert Harvey nicht. Trägt man allerdings große Mengen Bargeld am Körper oder im Gepäck, zeigt er an.

POLIZEI
POLIZEI
POLIZEI

9 Der Militärhund

Cairo ist ein speziell ausgebildeter Militärhund, der für das Pentagon in Abbottabad in Pakistan arbeitet. Er kann an einem Kleidungsstück schnuppern und dann die Person finden, der es gehört, auch wenn der Geruch schon mehrere Tage alt ist. Er kann auch Soldaten zu einem geschlossenen Raum führen, in dem sich Personen verstecken, nach denen gesucht wird. Weiterhin kann er Sprengstoff, Tretminen und andere Fallen mit explosiven Stoffen aufspüren. In der Nacht vom 2. Mai 2011 soll er zusammen mit Mitgliedern eines Teams von Navy SEAL von einem Helikopter herabgelassen worden sein. Cairo war auf der Jagd nach Geronimo, der Codename für Osama Bin Laden. Eine Infrarotkamera war auf seinem Rücken befestigt, die seine Aktivitäten aufnahm. Außerdem hatte er dünne Ohrenstöpsel, die drahtlos mit einem Sender verbunden waren. Der Kommandeur konnte damit über mehrere hundert Meter Abstand zu Cairo flüstern und sah gleichzeitig, was geschah, während sich Cairo vorwärtsbewegte. Geronimo wurde bei einem Schusswechsel in derselben Nacht getötet und Cairo war bei einem geglückten Auftrag dabei. Auch bei der Jagd nach dem früheren irakischen Staatschef Saddam Hussein und seinen Söhnen spielten Hunde eine bedeutende Rolle.[1]

Der Einsatz von Hunden in diversen Kriegen

Hunde wurden in der gesamten Geschichte in verschiedenen Kriegen eingesetzt.[2] Die Römer so wie auch Napoleon benutzten Hunde in ihrer Kriegsführung.[3] Im Ersten Weltkrieg setzten die Belgier, Franzosen und Deutschen Hunde ein, um verletzte Soldaten zu finden.[4] Besonders Airedaleterrier wurden häufig im Ersten Weltkrieg eingesetzt, um den Soldaten hinter den feindlichen Linien Nachrichten und medizinische Ausrüstung zu überbringen. Wurde ein Soldat bewusstlos gefunden, lief der Hund zu seinem Führer und führte ihn dann zum Soldaten.[5] Sanitätshunde suchten nach toten und verletzten Soldaten und meldeten diese, wenn Sanitäter sie aufgrund von Nebel, Feuer, Dunkelheit oder anderen schwierigen Bedingungen nicht finden konnten.[6] Die Briten nutzten Hunde im Zweiten Weltkrieg, um Vermisste in bombardierten Gebäuden zu finden.[7] Verschiedene Menschenrassen riechen unterschiedlich und Hunde wurden unter anderem darauf trainiert, Japaner im Zweiten Weltkrieg aufzuspüren.[8] Spähhunden wurde beigebracht, Alarm zu schlagen, wenn sie feindliche Individuen oder Truppen in der Nähe witterten. Auch im Algerienkrieg von 1954 bis 1962 benutzte man Spürhunde, um feindliche Truppen aufzuspüren, die entkommen waren.[9] Im Vietnamkrieg (1966 – 1973) wurden mehr als 4.000 amerikanische Militärhunde eingesetzt, die schätzungsweise 10.000 Menschenleben retteten.[10] Sie wurden vor allem nachts eingesetzt. Die Amerikaner nutzten südvietnamesische Soldaten, um eine Spur zu legen, sodass die Hunde auf den typischen Geruch der Feinde trainiert werden konnten, und ebenfalls nutzten sie Hunde dazu, um die nordvietnamesischen Tunnel und Lager zu finden. Um die amerikanischen Hunde zu täuschen, wuschen sich die Vietnamesen mit amerikanischer Militärseife und deckten die Tunnelventile mit T-Shirts amerikanischer Soldaten ab.[11] Sie rieben sich auch mit Pflanzensaft ein, um das Risiko zu verringern, von den Hunden entdeckt zu werden.[12] Die Hunde wurden in Vietnam auch dazu eingesetzt, ertrunkene Piloten zu finden sowie Vietnamesen, die Schilfrohre zum Atmen benutzten und sich schwimmend über den Wasserweg bei den Amerikanern einschlichen. Hunde sollen auch die Schwimmer auf eineinhalb Kilometer Abstand und bis zu neun Metern Tiefe riechen können. Die Vietnamesen taten alles, um die Hunde zu töten und wurden reichlich belohnt, wenn sie es schafften, das Hundeohr mit der eintätowierten ID-Nummer abzuliefern.[13]

Rapporthunde mit wichtigen Nachrichten oder Munition konnten fünf bis zehn Kilometer lange Etappen zurücklegen. Am Ende der Strecke musste sich eine für den Hund bekannte Person befinden. Der Hund musste außerdem mit der Wegstrecke vertraut sein oder man nutzte eine Spurflüssigkeit mit einem charakteristischen Geruch, dem zu folgen der Hund trainiert worden war. Der Feind versuchte, den Hund zu verwirren, indem er falsche Spuren auslegte. Daher musste diese spezielle Flüssigkeit streng geheim gehalten werden.[14]

Hunde sind später im Kriegsdienst in Ländern wie Irak, Afghanistan und Pakistan eingesetzt worden. Viele Menschen sind von diesen hart arbeitenden Hunden gerettet worden. An ihre Führer gebunden können sie mit dem

Fallschirm abgesetzt werden, ausgestattet mit Sauerstoffmaske, Kamera und anderen modernen Hilfsmitteln. Allein das Pentagon hatte 2011 dreitausend Arbeitshunde für den Dienst in den militärischen Einheiten weltweit zur Verfügung.[15]

Pudel, Bernhardiner und Pointer waren die zuerst als Militärhunde eingesetzten Rassen. Schäferhunde sind am häufigsten eingesetzt worden, seit 2000 Belgische Schäferhunde (Malinois). Seit 2011 werden auch der Hollandse Herder, Dobermann, Rottweiler, Labrador und Springer Spaniel als Militärhunde eingesetzt.[16]

Der Hundedienst des norwegischen Militärs

Der Hundedienst des norwegischen Militärs (Norske Forsvarets Hundetjeneste=NFH) hatte seine Anfänge in den Jahren 1943-1945 in Schweden. Es gab vor dem Zweiten Weltkrieg schon einige Versuche, einen Hundedienst einzuführen, die jedoch nicht erfolgreich waren. Die Norwegische Nationalpolizei wurde in Schweden etabliert, um nach dem Krieg nach Norwegen zu kommen. Im Herbst 1945 erhielt Norwegen 26 ausgebildete Hunde und 506 Welpen von den Schweden. NFH ließ sich zunächst in Ski nieder, zog einige Male um und war auch in der Zeit von 1948 – 1951 stillgelegt. Der Hundedienst wurde 1953 Teil der Marine. 1955 zog die Einheit auf die Rauinsel im Oslofjord und 1959/60 weiter nach Dröbak, wo sie 43 Jahre blieb. Im Jahr 2001 wurde die Einheit Teil des Heeres. 2003 geschah der bis dato letzte Umzug und der Hundedienst liegt heute auf Hauerseter, ungefähr 60 Kilometer nördlich von Oslo.[17]

Der NFH teilt seine Hunde in zwei Haupttypen ein: Patrouillehunde und Spezialsuchhunde. Die Gruppe Patrouillehunde umfasst Hunde, die darauf trainiert sind, Personen zu lokalisieren und Menschen in Lawinen zu finden. Spezialsuchhunde sind darauf trainiert, Drogen, Sprengstoff, unkonventionelle Spreng- oder Brandvorrichtungen (USBV) und Waffen aufzuspüren. Die Militärpolizei begann 1988 mit dem Einsatz von Patrouillehunden, teilweise aufgrund eines tragischen Lawinenunglücks 1986, bei dem 16 Soldaten getötet wurden (Vassdal-Unglück). Seitdem wurden Hunde darauf trainiert,

Der Hundeführer schickt Dino auf die Fernsuche nach selbstgebauten Sprengkörpern an Fahrzeugen in Kabul/Afghanistan 2007. Foto: Asbjørn Grande

Lawinenopfer zu finden und ebenso zur Rettungssuche zusammen mit der Polizei. Patrouillenhunde werden auch an der 196 km langen Grenze zwischen Norwegen und Russland eingesetzt und Hunde haben in vielen Fällen zu Beweismitteln bei Ermittlungen bei illegalen Grenzübertritten beigetragen,[18] indem sie verschiedene Gegenstände aufgespürt und nachgewiesen haben, die später mit bestimmten Personen in Verbindung gebracht werden konnten.[19] Die Militärpolizei setzt Hunde auch für die Suche nach Sprengstoff ein. Die Luftwaffe setzt bis auf Dogenhunde die gleichen Typen Hunde ein. Die Marine bildet Hunde seit 1998 aus. Sie setzt sowohl Patrouillehunde ein als auch Spezialspürhunde zur Suche nach illegalen Drogen.[20] Wenn Rekruten sich zum Wehrdienst melden, können sie auf einen der Drogenhunde der Norwegischen Streitkraft stoßen.[21]

Die erste internationale Operation des NFH fand in den 1950er Jahren im Gazastreifen statt. Im Frühjahr 1978 reisten Teams in den Libanon, wo sie darauf trainiert wurden, Minen sowie später auch anderen Sprengstoff sowie Drogen zu finden. Drogenspürhunde wurden in erster Linie dazu eingesetzt, um in Urlaub gehende Soldaten zu untersuchen und den Schmuggel von Drogen aus dem Libanon zu vermeiden. Sprengstoffhunde wurden dazu eingesetzt, Kontrollposten zu checken und Bomben zu finden sowie Material, aus dem Bomben hergestellt werden können. Die Teams vom NFH hatten auch Einsätze in Saudi-Arabien, Somalia, auf dem Balkan, in Kirgisien und Afghanistan. In Kabul/Afghanistan hatte die Luftwaffe seit 2001 das Kommando über den Flugplatz. Hier suchten sie sechs Monate beinahe rund um die Uhr nach Sprengstoffen und vereitelten viele Versuche der Feinde, Bomben auszulegen.[22]

Die Schäferhündin Lisa war der erste operative norwegische Suchhund im Dienst in Bosnien von 1996-1999 und für das Aufspüren von Bomben, Minen und ähnlichem anerkannt. Ein weiterer wichtiger Hund war der Labrador Odin.[23] Er erledigte elf Aufträge in Bosnien, Kosovo und Afghanistan. Er war Experte im Finden von Sprengstoff und fand bei einem seiner Aufträge 350 kg explosive Stoffe in Afghanistan.[24] Leutnant Asbjörn Grande nahm an vielen internationalen Operationen teil. Grande lernte die Hundeausbildung in Dröbak und war Spezialist für die Ausbildung und den Einsatz von Hunden bei der Suche nach explosiven Stoffen. 1979 arbeitete Grande im Libanon als Patrouillehundeführer und als er 28 Jahre später seine Arbeit beendete, hatte er Einsätze mit Hunden in Bosnien, im Kosovo und in Afghanistan.[25]

Grande war der Leiter der Diensthundestelle, erst in Bosnien und später im Kosovo.[26] Hier suchten sie nach Minen, die im früheren Jugoslawien und anderen Ländern produziert worden waren. Seine Hunde suchten auch nach vergrabenen Handgranaten, Minenwerfern und Artilleriegranaten. Solche Sprengladungen wurden häufig benutzt, um improvisierte Minenfelder zu bauen.

Asbjörn Grande und der Bombenhund Betty, ein Schäferhund, während einer Minensuche im Kosovo 2002. Der Suchkopf am Ende einer Teleskopstange mit Klauen wird benutzt, um die Platzierung der Mine zu markieren. Foto: Asbjørn Grande

Eine Art, eine Falle zu legen ist, den Stift aus einer Handgranate herauszuziehen und sie danach zwischen zwei Leichen oder unter einer Leiche zu platzieren. Bei dem Versuch, die Leiche zu entfernen, explodiert die Handgranate. Solche Fallen wurden in den Massengräbern nach den Massakern von Srebenica 1996 gefunden. Grande sucht mit Leichenspürhunden auch nach Massengräbern. Die Leichen waren in unterschiedlichen Verwesungsstadien, manche weit fortgeschritten, andere noch nicht. Wie schnell dieser Prozess vonstatten geht, ist abhängig vom Erdboden und davon, ob die Leiche noch warm ist, wenn sie begraben wird.[27] Rollo war einer der besten Leichenspürhunde von Grande und war unter anderem beim Finden eines Massengrabes außerhalb Kosovo Polje.[28] Sie fanden und öffneten insgesamt fünf Massengräber mit 262 Leichen. In Bosnien war es Lisa, die nach Massengräbern suchte und fand zusammen mit Grande sechs davon.[29] Verschiedene Hunde, mit denen er zusammen gearbeitet hat, haben sowohl ihn als auch andere viele Male gerettet, wenn sie ein Haus untersuchten oder andere gefährliche Aufträge durchführten. USBVs zum Beispiel waren sehr häufig in Häusern. Rollo und Grande räumten minenfreie Wege frei, die aus den Häusern herausführten, um die Rettung von Verletzten zu ermöglichen. Die Hunde wurden auch eingesetzt, um USBVs und Straßen oder anderen Orten zu finden.[30]

Die Suche nach Minen und Minenfeldern in den bosnischen Dörfern

Leutnant Asbjørn Grande hat an vielen gefährlichen internationalen Operationen teilgenommen. Im Frühjahr 1998 sollte er weit draußen auf dem bosnischen Land nach Minen und USBVs suchen. Die militärischen Minensuchhunde suchten unbekannte Minenfelder nachts durch, daher trugen ihre Führer Nachtsichtgeräte mit Infrarotlicht. Die zivil-humanitäre Minenräumung wird unter kontrollierteren Methoden tagsüber und unter den richtigen Wetterbedingungen durchgeführt. Die Suche wurde erst gestartet, nachdem ein Minenräumpanzer über das Gelände gefahren war. Militärische Minensuchen waren recht gefährliche Aufträge. Dort, wo Grande suchen sollte, hatten sehr harte Kämpfe stattgefunden, sodass die Minendichte hoch war und viele Häuser mit USBVs verriegelt waren. Grande besaß serbische Minenkartenskizzen über die Minenfelder, Minengruppen (mehr als neun

Minen) und Häuser, in denen sich USBVs befanden. Er hatte auch im Herbst zuvor bei einem Einsatz in Bosnien viele Minen entfernt, aber nun befand er sich in einem Gelände mit vielen Brennnesseln und es war schwierig, sich einen Überblick zu verschaffen. Viele der Personenminen waren, wie er aus den serbischen Minenkartenskizzen herauslesen konnte, taktisch ausgelegt. Ein Teil der Minen bestand laut der Skizzen aus kleinen Personenminen mit gummierter Oberfläche und beinhalteten den Sprengstoff Tetryl. Er wusste auch, dass die kroatische Bevölkerung nicht wollte, dass Minen und USBVs vom serbischen Teil des Gebiets entfernt werden, denn dies würde es den Serben ermöglichen, zurückzukehren. Grande hatte daher den starken Verdacht, dass jemand in der kroatischen Gemeinde neue Spreng-Fallen errichtet haben könnte. Er arbeitete mit dem Minensuchhund Lisa und einem Minenräumer. Sie bemerkten einen 40 cm breiten Pfad und begannen, entlang eines Hauses zu suchen. Rund um das Haus waren Platten aus Beton mit einem Meter Breite gegossen worden. An einer der Hausecken sollte laut der Kartenskizze eine Mine liegen. Grande bemerkte dort auch einen Haufen altes Gras. Als sie an der gegenüberliegenden Ecke mit der Suche begannen, hatte er den Eindruck, dass Lisa wenig Vorwärtsdrang hatte, da der Hund häufig anhielt. Ein eventuelles Geruchsbild sollte hier für sie einfach sein, daher wunderte er sich ein wenig darüber. Sie näherten sich der Hausecke und als dieses keine zwei Meter mehr entfernt war, sah Grande, dass Lisa die Nase hob. Er korrigierte dies mit dem Befehl „Lisa, such!". Grande verstand, dass etwas geschah. Lisa steckte die Nase in den Grashaufen und hielt an. Sie hielt die Nase ruhig in das Gras und irgendwann war ihre ganze Schnauze darin. Dann zog sie den Kopf zurück und markierte, in dem sie sich hinsetzte, und den Kopf auf das Loch, das ihre Schnauze hinterlassen hat, richtete. Grande ließ sie einen Meter wegrücken, so dass sie nun zwischen seinen Beinen saß und beugte sich herab, um nachzusehen. Ihm blieb beinahe das Herz stehen. Er befahl dem Mann hinter sich, sich nicht zu bewegen. Sie standen auf einem Stolperdraht, der an einer Stockmine in diesem Grashaufen befestigt war. Hier sollten sich weder Stolperdraht noch Stockmine befinden. Jemand hatte die eigentliche Mine entfernt, stattdessen eine Stockmine angebracht und den Stolperdraht unter dem Moos verlegt. Eine teuflische Falle. Wäre Lisa einen Schritt weitergegangen oder hätte sie die Pfote auf den Draht gelegt, wäre ihrer aller Leben jäh beendet worden. Grande stand einige Sekunden still und dachte nach, dann nestelte er seine Kneifzange aus der Westentasche. Er beugte sich hinunter und trennte den Draht ganz nah an der Mine ab. Lisa saß ganz still, genau wie sie es in solchen Situationen machen soll. Es war der Stolperdraht, der Lisa auf dem Weg vorher verwirrt hatte. Grande hob Lisa hoch und drehte sie herum und sie gingen in umgekehrter Reihenfolge zurück. Als sie in Sicherheit waren, atmeten sie aus. Grande war nassgeschwitzt. Das Glück war auch dieses Mal auf ihrer Seite gewesen. Das hatten sie Lisa zu verdanken. Sie hatte genau das getan, was man ihr beigebracht hatte.

Dina und ihr Hundeführer in Bombenschutzkleidung suchen hier nach Bomben in Kabul/Afghanistan 2007. Foto: Asbjørn Grande

Der NFH hat heute insgesamt rund zweihundert Hunde, meist Schäferhunde oder Belgische Schäferhunde, der Rest besteht aus verschiedenen Rassen wie Englischer Springer Spaniel, Labrador, Dobermann und einige Mischlingshunde. Von 2010 bis 2013 räumte der NFH nicht detonierte Streubomben auf einem ehemaligen Schießplatz auf Hjerkinn.[31] Eine Streubombe besteht aus einer Vielzahl kleiner Sprengladungen, die über ein großes Gelände verstreut werden können. Acht Hundeteams arbeiteten daran, das Gelände so zu räumen, dass es wieder für Publikum geöffnet werden konnte. Der NFH räumte 2013 auch die Transformatorstation Statnetts auf Stølaheia vor Kristiansand von Dynamit und hat bislang gut fünf Kilo verlassenes Dynamit gefunden.[32]

Sprengstoff- und Bombenspürhunde

Explosive Stoffe sind eine Mischung aus verschiedenen Chemikalien, die explodieren. Manche Stoffe sind weiter verbreitet als andere.[33] Es gibt viele verschiedene Typen explosiver Stoffe und jede Gruppe hat eine einzigartige chemische Zusammensetzung.[34] Hunde nutzen nur den Geruchssinn und nicht ihre Augen, um nach diesen Stoffen zu suchen.[35] Sie können darauf trainiert werden, explosive Stoffe wie Dynamit, Semtex (Plastiksprengstoff), Formex, Hexogen (RDX), C4, Nitroglycerin, Ammoniumnitrat, Plastiksprengstoffe, rauchlose Treibgase und Lunten zu erkennen.[36-37]. Einer der gewöhnlichsten hochexplosiven Stoffe der letzten hundert Jahre ist 2,4,6-Trinitroluene (TNT). TNT stellt nicht nur eine Gefährdung der Sicherheit, sondern auch eine Bedrohung für die Umwelt dar.[38] Tadeusz Jezierski, Professor für Verhaltensbiologie und seine Kollegen am Departement of Animal Behavior in Jastrzebiec in Polen, zeigten 2012, dass TNT am schwierigsten für Hunde zu entdecken war, gefolgt von Sprengstoff, Schwarzpulver, Semtex und Dynamit.[39]

„Der heilige Gral" ist die Festlegung eines bestimmten Geruchs, den die Hunde zum Entdecken dieser Sprengstoffe nutzen. Am praktischsten ist es, die Hunde auf die flüchtigen Geruchsstoffe in den Explosivstoffen zu trainieren. Das Problem dabei ist, dass verschiedene Explosivstoffe aus verschiedenen Stoffen hergestellt werden. Die diversen Produzenten benutzen verschiedene Stoffe, daher ist es wichtig, mit einer großen Auswahl an Material zu trainieren.[40] Dinitrotoluene (DNT) wird auch als Nebenprodukt gebildet und ist eine Schlüsselsubstanz für TNT, während 2-Ethyl-1-Hexanol ein Schlüsselstoff für RDX ist. Die Hunde sollten daher auch auf diese mehr hervortretenden Schlüsselsubstanzen trainiert werden.[41] Geringe Konzentrationen von Explosivstoffen können anders riechen als hohe Konzentrationen.[42] In anderen Situationen hatte die Materialmenge, zum Beispiel 1 ml oder 10 ml des Stoffes Nitromethan, keine Bedeutung für die Resultate der Hunde (in beiden Fällen 54%).[43] Es kann auch schwierig sein, Hunde auf das Reagieren einzelner Stoffe zu trainieren, wenn diese Bestandteil einer fremden Mischung sind.[44] Wenn man dem Hund beibringen möchte, C4 zu finden, ist es empfehlenswert, ihn auf den aktuellen Explosivstoff zu trainieren und nicht auf Nachahmungen oder einzelne Stoffe, so wie man dies früher gemacht hat. Einige der flüchtigen Stoffe in Explosivstoffen finden sich auch in gewöhnlichen Produkten wie zum Beispiel PVC-Fliesen, PVC-Rohren, Isolierband und Kreditkarten.[45]

Bombensuchhunde werden sowohl beim Militär als auch bei der Polizei eingesetzt. Normalerweise sind es Schäferhunde, Belgische Schäferhunde (Malinois), Labrador Retriever, Springer Spaniel oder Magyar Vizsla.[46-47] Diese Hunde verhalten sich normalerweise sowohl in großen Menschenansammlungen als auch unter fremden Menschen ruhig. Einer der weltweit ersten Bombensuchhunde war der Schäferhund Brandy. Kurz nach dem Abflug eines Flugzeugs von New York nach Los Angeles am 9. März 1972 kam die Meldung, dass eine Bombe an Bord platziert worden sei. Das Flugzeug kehrte um und zufällig war Brandy an diesem Tag am Flughafen. Unmittelbar nachdem die Passagiere das Flugzeug verlassen hatten, wurde Brandy an Bord gebracht. Der Hund untersuchte das Flugzeug und als sie zum Cockpit kam, zeigte sie einen Koffer an. Darin befand sich eine Bombe und glücklicherweise gelang es, diese zwölf Minuten vor der Explosion zu entschärfen. Ab diesem Tag spielten Hunde eine große Rolle als Bombenaufspürer auf den Hauptflughäfen in den USA. Es war Präsident Richard Nixon, der dieses Programm einführte, sodass sich die Passagiere an den Flughäfen sicherer fühlen konnten.[48] Hunde entdecken auch Bomben und andere Explosivstoffe, wenn Menschen solche Stoffe an sich tragen, während sie zum Beispiel durch einen Flughafen oder einen Bahnhof gehen.[49] Diese Hunde können sogar 15 Minuten, nachdem eine Person, die eine Bombe bei sich trägt, den Platz verlassen hat, dies noch riechen. Amtrak (USAs größte Eisenbahngesellschaft) begann 2008, diese Hunde in ihren Zügen und Bahnhöfen einzusetzen und auf dem internationalen Flughafen in Los Angeles sind sie seit 2011 im Einsatz.

Explosivstoff- und Bombenspürhunde Sadie und Buster

Nur wenige Meter von einem Parkplatz lag eine Bombe unter einem Haufen Sandsäcken begraben. Ein deutscher Soldat war gerade erst von einer Autobombe getötet worden und die Stimmung war angespannt, denn das Deponieren einer zusätzlichen Bombe ist eine beliebte Taktik bei Terroristen, um möglichst viel Schaden anzurichten. Wenn auch diese Bombe explodieren würde, würden an diesem Novemberabend 2005 weitere zweihundert UN-Soldaten und Rettungsmannschaften in Kabul/Afghanistan sterben oder schwer verletzt werden. Die NATO-Soldaten waren an diesem Tag glücklicherweise nicht alleine. Bei der Gruppe waren Korporal Karden Yardley aus Schottland und Sadie, ein schwarzer Labrador Retriever. Die Geruchsstoffe der Bombe erreichten Sadies Nase und sie wedelte energisch mit dem Schwanz. Sie setzte sich hin und starrte direkt auf eine Mauer. Korporal Yardley erkannte ihr Signal und verstand, dass sich hinter der Mauer eine Bombe befand. Yardley gab sofort dem Bombenteam Bescheid, dem das Entschärfen der Bombe gelang. Sadies feine Nase rettete das Leben der Soldaten.[50]

Der Springer Spaniel Buster ist ein weiterer bekannter Militärhund. Sein Führer, Sergeant Danny Morgan vom Royal Army Veterinary Corps, berichtet: Die Soldaten fanden nichts, also ließ ich Buster frei und schickte ihn hinein. In der Regel gehen Hunde immer zuerst hinein, da es Minen geben kann und ich machte mir Sorgen um ihn, als er seine Suche begann. Innerhalb weniger Minuten zeigte er an und ich wusste, dass er etwas entdeckt hatte. Die Iraker, mit denen wir gesprochen hatten, bestritten, im Besitz von Waffen zu sein, aber Buster fand sie, obwohl sie in einem Loch in der Wand versteckt waren. Sie hatten das Loch mit einer Platte aus Zinn bedeckt und einen Garderobenschrank davor gestellt. Busters Fund bestand aus AK-47 automischen Gewehren, einer Pistole, Granaten, Munition und diversen anderen Teilen, aus denen man eine Bombe bauen konnte. Buster fand auch einen Koffer mit Geld, Heroin und Kokain. Buster liebt seine Arbeit; für ihn ist es ein Spiel und er ist sich nicht darüber bewusst, dass er sich in gefährliche Situationen begibt. Ich sorge mich sehr um ihn, nicht nur weil er einen gefährlichen Job macht, sondern auch, weil er mein bester Freund ist.[51] Die Dickin-Medaille wird an Hunde vergeben, die sich im Krieg ausgezeichnet haben. Sowohl Buster als auch Sadie haben sie für ihren heldenhaften Einsatz bei diesen Aufträgen bekommen.[52-53]

Suche nach Minen und Blindgängern

Die wertvollste Arbeit, die Hunde leisten, ist vermutlich das Absuchen von Geländen nach Landminen und Blindgängern nach einem Krieg.[54-55] Die ersten Minensuchhunde wurden im Verlauf des Zweiten Weltkriegs eingesetzt. Auch im Koreakrieg und im Vietnamkrieg kamen sie zum Einsatz. Das schwedische Militär begann schon in den 1950er Jahren, Minensuchhunde einzusetzen.[56] Sie werden daher schon seit 70 Jahren eingesetzt, aber in der humanitären Minenräumung werden sie seit 1989 eingesetzt. Als die Russen sich aus Afghanistan zurückzogen, sollten die Minensuchhunde eine wirklich wichtige Rolle spielen.[57] Seit 2013 gibt es sie in fast allen Ländern, die Probleme mit Minen haben. Normalerweise sind es Schäferhunde, Belgische Hütehunde (Malinois) oder Labrador Retriever die eingesetzt werden.[58] The Geneva International Centre for Humanitarian Demining (GICHD) ist eine internationale Organisation mit Sitz in der Schweiz, die Minen und andere gefährliche explosive Stoffe entschärft.[59] Sie begann ihre Tätigkeit 1998 und hat 50 Mitglieder aus verschiedenen Ländern. Ihre Arbeit wird von vielen Regierungen und Organisationen unterstützt und sie ist jährlich in circa 60 Ländern im Einsatz.[60] Eine andere wichtige Organisation ist die Norwegische Volkshilfe (Norsk Folkehjelp). Dort gibt es ein eigenes Trainingscenter für Minensuchhunde (Global Training Center), das außerhalb von Sarajevo in Bosnien-Herzegowina liegt. Dieses Trainingscenter ist eines der besten weltweit. Terje Groth Berntsen ist der Leiter, dort werden Hunde gezüchtet und die Hunde mit ihren Führern ausgebildet. Die Hunde werden in eigenen Minenräumungsprogrammen gebraucht sowie auch von anderen Entminungs-Führern. Früher wurden verschiedene Rassen dazu ausprobiert, seit 2014 werden aber ausschließlich Belgische Hütehunde (Malinois) eingesetzt. Diese Rasse schafft 30 % mehr Räumung eines Minenfeldes bei heißen Wetterverhältnissen als Deutsche Schäferhunde. Belgische Hütehunde sind leichter und kleiner als Schäferhunde und haben eine andere Fellstruktur, dazu kommt eine starke Suchbereitschaft. Die Ausbildung der Hunde dauert anderthalb Jahre und sie können bis zu zehn Jahre in ihrer Arbeit eingesetzt werden. Ein Minensuchhund muss hohe Anforderungen erfüllen: der Wille zur Suche muss sehr ausgeprägt sein, da er sich täglich vier bis fünf Stunden bei 30 – 40°C im Gelände aufhalten muss. Mit anderen Worten: Ein solcher Hund ist ein sehr gut trainierter Sportler.

Das Minenhundecenter hat seit 2004 Hunde zu unterschiedlichen Minenfeldern geschickt. Die Minensuchhunde der Norwegischen Volkshilfe haben bis jetzt ein Gebiet von beinahe 79 Millionen m² in verschiedenen Ländern auf der ganzen Welt abgesucht. In diesen Geländen ist danach keine Mine mehr gefunden worden. Seit 2006 haben die Hunde 2.896 Minen, 8.850 explosive Kriegshinterlassenschaften (z. B. Blindgänger und ungebrauchte Munition) und 278.433 verschiedene Bruchstücke von diversen explosiven Stoffen gefunden. Bis heute kam es dabei zu keinen Unfällen. Kein Hund wurde von Minen oder anderen explosiven Stoffen verletzt oder getötet.[61] Wenn es viel Stein oder Metall im Boden gibt, benötigt ein Minenräumer mit seinen Instrumenten viel mehr Zeit als ein Hund. Hunde finden Minen im Schnitt zwanzig Mal schneller als ein Minenräumer. Im Laufe eines Arbeitstages können 800-1700 m² bestellter Felder von Minen gesäubert werden,[62] während ein Minenräumer lediglich 10 m² schafft. Die Norwegische Volkshilfe hatte 2006 65 aktive Minensuchhunde in fünf Ländern und sie haben seitdem viele weitere ausgebildet, ungefähr 75 pro Jahr. Die Hunde werden in Länder wie Kambodscha, Äthiopien, Jordanien, Kongo und Tansania geschickt. In Kambodscha haben die Hunde Minen in sechs Metern Tiefe gefunden, selbst wenn diese schon seit 40 Jahren dort lagen.[63] Die Hunde spüren den Geruch von TNT auf, das sich in den traditionellen Landminen aus Metall befindet, und auch in den neueren, die mit Plastik umhüllt sind. TNT findet sich in ca. 80 % aller Minen.[64] TNT-Verbindungen, die aus den Minen austreten, steigen langsam an die Oberfläche und binden dort Staubpartikel an sich.[65-66] Die Stoffe aus den Minen gelangen langsamer an die Oberfläche, wenn sie in festem Lehm liegen, als in losem Sand. Die Hunde nehmen auch geringe Mengen an Geruchsstoffen wahr.[67] Für eine bessere Aufnahme der Geruchsstoffe spüren die Hunde dicht am Boden.[68]

Auch wenn Frieden geschlossen wurde, liegen die Minen noch im Boden versteckt. Spielende Kinder können darauf treten und getötet oder schwer verletzt werden. Jedes Jahr geschehen über 15.000 Unfälle mit Minen in über 82 Ländern. Nicht nur Menschen werden von Minen in den Tod gerissen. Zwischen 1994 und 2005 wurden auch schätzungsweise 300.000 wilde und domestizierte Tiere durch Minen getötet.[69] Noch heute gibt es über einhundert Millionen Minen weltweit. Eine Mine kann verhindern, dass ganze Dorfbevölkerungen in ihre Heimat zurückkehren oder den Boden bestellen können.[70] Man schätzt, dass es fünf US-Dollar kostet, eine Mine im Boden zu platzieren, aber eintausend Dollar, sie wieder zu entfernen. 2002 waren über 700 Minensuchhunde in 23 Ländern im Einsatz.[71]

Die meisten Hunde werden im Gelände eingesetzt, wo sie direkt nach Minen suchen. Bei dieser Arbeit ist es wichtig, dass die Hunde zu 100 % richtig anzeigen, wenn Minen vorhanden sind, aber ihnen können Fehler unterlaufen (5 %), wenn keine Minen gefunden werden (also angezeigt wurde, ohne dass eine Mine vorhanden ist). Die Hunde werden zunächst in einem Übungsgelände trainiert, wo Minen ohne Auslösemechanismus ausgelegt wurden.[72] Nach 15 Wochen Training schaffen es die Hunde, ca. 95 % richtig anzuzeigen. Bei der Suche im Gelände werden mehrere Hunde gebraucht, um Fehler auszugleichen.[73] Wenn ein Hund sich irrt, können schlimmstenfalls der

Hund und sein Führer dabei sterben. Die Hunde sind ruhig, wenn sie angeben, dass sie eine Mine gefunden haben, um deren Detonation zu vermeiden. Ein Sprung oder eine andere Bewegung kann die Explosion auslösen und das Team verletzen oder töten. Die Hundeführer informieren per Walkie-Talkie das Räumteam und markieren den Fund auf einer Karte. Die Mine wird entschärft, bevor sie entfernt und in einer sicheren Umgebung gesprengt wird.[74]

Nicht immer gehen die Hunde ins Gelände, um zu arbeiten. Sie können auch an Filtern riechen, die von einem Minenfeld eingesammelt wurden. Dies wird Remote Explosive Scent Tracing (REST, Analyse der verflüchtigten Bestandteile von Explosivstoffen) genannt.[75-77] Diese Technik wurde erstmals von Mechem in Mosambik und in Angola zu Beginn der 1990er Jahre eingesetzt.[78] Dies ist in vielen Ländern mit Minen eine effektive Methode für eine rasche Räumung der Straßen.[79] In der Praxis benötigt das Minenräumteam eine Vakuumpumpe,[80] um die Luft über einem Weg in einen Filter zu saugen.[81] Ein Wegabschnitt ist typischerweise 100-200 Meter lang und ca. fünf Meter breit und verschiedene Abschnitte des Weges werden nach und nach kartiert, so dass viele Filter eingesammelt werden. Die Filter werden ins Labor gebracht, wo sie den trainierten Hunden in einem Karussell oder einer Geruchsbahn präsentiert werden. Die Hunde finden so die nach Minen riechenden Proben heraus.[82]

Minensuchhunde bei der Arbeit für die Norwegische Volkshilfe. Foto: Norwegische Volkshilfe Trainingscenter in Bosnien-Herzegowina

10 Der Diagnoseschnüffelhund

Rebecca Farrar aus England ist sieben Jahre alt und hat Diabetes mellitus Typ 1. Sie muss täglich sieben Mal ihren Blutzucker bestimmen und Glukose zu sich nehmen, wenn der Blutzuckerspiegel zu niedrig ist bzw. Insulin, wenn er zu hoch ist. Tut sie dies nicht, wird sie einen Zusammenbruch erleiden. Glücklicherweise bekam sie 2010 einen Hund, der anzeigt, wenn der Blutzucker sinkt oder steigt. Shirley, ein Labrador Golden Retriever, geht mit Rebecca zur Schule und sitzt neben ihrem Pult in der Klasse zusammen mit 28 anderen Kindern. Der Hund hat bereits Lehrer gewarnt, wenn Rebecca einen raschen Blutzuckerabfall hatte, ohne dass sie Symptome gezeigt hatte. Shirley meldet auch, wenn der Blutzucker nicht im gewünschten Bereich ist, indem sie Rebeccas Hand leckt. Sie sorgt sogar dafür, dass Rebecca eine Dose mit Zubehör für den Blutzuckertest bekommt. Nachts schlafen die beiden nebeneinander. Shirley hat Rebeccas Leben schon mehrfach gerettet. Blutzuckerentgleisungen können dazu führen, dass Rebecca ins diabetische Koma fällt und sie ohne rasche Behandlung sterben kann.[1] Ein anderer Hund namens Mr. Darcy hat seine eigene Facebookseite (Mr. Darcy) und es ist möglich, seinen Arbeitstag bei seiner Besitzerin Abi Atkinson zu verfolgen. Auch er reagiert auf Blutzuckerschwankungen und passt jeden Tag auf sie auf.

Gesundheitliche Auswirkungen der Hundehaltung und der Geruch verschiedener Krankheiten

Hunde werden oft als des Menschen beste Freunde bezeichnet, und dies aus gutem Grund. Sie können Stress, Angst und Depressionen reduzieren und für Gesellschaft, Unterhaltung und körperliche Aktivität sorgen. Es gibt viele Beweise dafür, dass Hunde einen positiven Effekt auf die Gesundheit des Menschen haben.[2-4] Die Hundehaltung reduziert sowohl das Risiko für viele harmlosere Leiden wie Kopfschmerzen, Erkältung, Fieber und Schwindel als auch für ernstere Herz-Kreislaufkrankheiten wie Herzinfarkt und

Der Diabeteshund Shirley ist mit Rebecca in der Schule. Shirley war der erste Assistenzhund, der in Großbritannien mit in die Schule gehen durfte. Foto: Medical Detection Dogs, UK

Schlaganfall. Menschen mit Hunden lächeln mehr, werden häufiger gegrüßt und kommen häufiger mit anderen Menschen ins Gespräch.[5] Einen Hund zu besitzen ist für Ledige noch vorteilhafter als für Verheiratete und für Frauen mehr als für Männer. Verheiratete Paare stellen fest, dass die Ehe zu mehr Verantwortung führt. Wenn man zwischen Ehe, Verantwortung für Kinder, Arbeit, Haushalt, Familie, Freunde und Freizeitbeschäftigungen jonglieren muss, kann ein Hund noch eine zusätzliche Verantwortung bedeuten, die zu übernehmen auf Kosten der anderen gehen kann. Frauen bedeutet der Kontakt mit einem Hund mehr als Männern, da Hunde auf ihre Gesundheit einen noch größeren positiven Effekt haben.[6]

In den letzten Jahren sind wir stärker auf die Fähigkeit der Hunde aufmerksam geworden, als „Frühwarnsystem“ für bestimmte Arten von Krankheiten zu fungieren.[7-8] Wir wissen, dass medizinisches Personal verschiedene

Gerüche unterschiedlichen Krankheiten zuordnen kann[9] und wir erhalten Hinweise auf eine Veränderung, wenn Urin oder Stuhlgang nicht normal riechen.[10] Viele Krankheiten geben spezielle Gerüche ab und können darüber bis zu einem gewissen Grad identifiziert werden.[11] In alten Zeiten diagnostizierten die Ärzte Krankheiten, indem sie die Körperflüssigkeiten, Urin und Stuhlgang der Patienten untersuchten.[12] Sie wussten, dass Typhus wie frisch gebackenes braunes Brot roch, Masern wie frisch gerupfte Federn und Gelbfieber wie eine Metzgerei.[13] Einzelne Hautkrankheiten haben ebenfalls besondere Geruchsmerkmale.[14] Bei Skorbut gibt es einen Verwesungsgeruch und bei Mononukleose (Pfeiffersches Drüsenfieber) einen säuerlichen Geruch.[15] Bei Nierenschwäche gibt es einen unangenehmen Ammoniakgeruch im Urin[16] und sogar Schizophrenie hat einen charakteristischen Geruch (vom Stoff Trans-3-Methyl-2-Hexensäure, der sich im Schweiß findet).[17] Für Menschen kann es schwierig sein, die verschiedenen Gerüche der Krankheiten zu erkennen, da durch individuelle Unterschiede verschiedene Gerüche bei den gleichen Krankheiten entstehen können.[18] Daher ist es nicht erstaunlich, dass Hunde darauf trainiert wurden, verschiedene Krankheiten zu erkennen.

Ein Hund zur Gesellschaft hat auch für die Gesundheit viele Vorteile. Foto: Medical Detection Dogs, UK

Hunde können Diabetes mellitus erkennen

Nach Angaben des internationalen Diabetesverbandes hatten 2011 366 Millionen Menschen Diabetes und die Anzahl wird bis 2030 vermutlich auf 552 Millionen ansteigen.[19] Typ 1 Diabetes ist eine chronische Erkrankung, die durch einen Mangel am Hormon Insulin verursacht wird und die häufigste Stoffwechselkrankheit. Personen mit Typ 1 Diabetes müssen Insulin in Form von Injektionen erhalten. Hoher Blutzucker kann zu einer Übersäuerung (Ketoazidose) mit Typ 1- Diabetes führen.[20] Im Urin werden Ketonsäuren zu Azeton umgewandelt, der abgeatmet wird, so dass der Atem nach Azeton riecht.[21-22])

Typ 2- Diabetes wird durch Insulinmangel und/oder herabgesetzte Insulinwirkung (Insulinresistenz) verursacht und ist eine chronische Krankheit. Nach und nach wirken sich die Stoffwechselveränderungen auf alle Körperfunktionen aus, was zu Niedergeschlagenheit und Schlappheit führt.[23] Hypoglykämie ist die medizinische Bezeichnung für einen Zustand mit einem niedrigeren Blutzucker als normal, Hyperglykämie bezeichnet einen erhöhten Blutzuckerspiegel. Niedriger Blutzucker ist am häufigsten bei Menschen mit Typ 1 Diabetes, die Insulin nehmen, aber es kommt auch bei Menschen mit Typ 2 Diabetes und Insulintherapie vor.[24] Bei niedrigem Blutzucker funktioniert das Gehirn schlechter, die Denkfähigkeit und die Reaktionsgeschwindigkeit lassen nach. Das größte Risiko für Unterzuckerung besteht vor den Mahlzeiten und nachts.[25] Ein großes Problem ist, dass die betroffenen Personen oft selbst nicht merken, dass der Blutzucker sinkt. Wie Hunde eine Hypoglykämie bemerken, ist unklar. Die wahrscheinlichste Ursache ist der Geruch,[26-27] auch wenn die drei Hunde in einem Versuch des Forschers Ky Dehlinger und seiner Kollegen am Medical Center in Portland, Oregon/ USA 2013 es nicht schafften, den Geruch der Haut an den Armen von Menschen mit Typ 1- Diabetes wiederzuerkennen.[28] Eine andere Überlegung ist, dass es einen Zusammenhang zum vomeronasalen Organ gibt (siehe Kapitel Geruchssinn).[29] Vermehrtes Schwitzen wurde wiederholte Male bei Menschen mit Hypoglykämie festgestellt.[30] Daher ist es wahrscheinlich, dass Hunde die chemische Veränderung im Schweiß ihres Besitzers bemerken.

Viele Hundebesitzer mit Diabetes haben berichtet, dass ihre Hunde sie durch Anstoßen, Bellen oder Kratzen an der Türe wecken, wenn der

Blutzuckerspiegel sinkt.[31] Sehr wahrscheinlich gaben diese Menschen keine anderen Signale als Geruchsveränderungen von sich. Die Hunde beruhigten sich erst, wenn die Besitzer etwas gegessen hatten und der Blutzuckerspiegel wieder normal war. Ein älterer Landwirt mit Typ 1-Diabetes hatte seinen Hund bei einer Autofahrt in Frankreich 2006 dabei. Als er unterzuckert war, wachte der Hund auf, starrte seinen Besitzer intensiv an und bellte solange, bis er das Auto anhielt.[32]

2008 untersuchten Deborah Wells und ihre Kollegen an der Queens University Belfast/Nordirland, wie untrainierte Hunde auf Hypoglykämien von Patienten mit Typ 1-Diabetes reagierten.[33] Sie fanden heraus, dass viele Hunde (65 %) Hypoglykämien bemerkten, bevor ihre Besitzer die Symptome bemerkten. Die Hunde reagierten mit Bellen, Lecken, Nasereiben, Anspringen oder intensivem Starren ins Gesicht. Manche Hunde reagierten mit Angst. Sie liefen weg, hyperventilierten oder begannen zu zittern. Die Hunde weckten ihre Besitzer in der Nacht. In den meisten Fällen schliefen die Hunde in einem anderen Raum und wenn die Tür zum Schlafzimmer verschlossen war, kratzte der Hund an der Tür, um den Besitzer zu wecken. 2013 trainierte die englische Tierschützerin und Verhaltensbiologin Nicola J. Rooney an der Universität Bristol/England und ihre Kollegen Hunde darauf, auf Menschen mit Hypo- oder Hyperglykämie zu reagieren. Die Besitzer wussten ihre Hunde sehr zu schätzen, da sie ihre Lebensqualität wesentlich verbesserten.[34]

Der „Chirurg" Kiko

Es kursieren viele unglaubliche Hundegeschichten. Weit oben auf der Liste rangiert die vom Jack Russell-Terrier Kiko, der „Chirurg" wurde, indem er den halben großen Zeh seines Besitzers Jerry Douthett aus Rockford, Michigan/USA amputierte. Er fraß ihn einfach auf. Sowohl Kiko als auch andere Hunde hatten über lange Zeit großes Interesse an diesem Großzeh bekundet. Sie rochen ständig daran. Eines Abends, als der Besitzer etwas zu viel Alkohol getrunken hatte und auf seinem Bett einschlief, nutzte Kiko die Chance. Der Besitzer wachte mit einem blutigen Stumpf auf. Im Krankenhaus fanden die Ärzte heraus, dass er Typ 2-Diabetes und eine schwere Infektion im großen Zeh hatte. Die Ärzte mussten die Amputation vollenden.[35]

Diabeteshunde in Norwegen

Leider gibt es in Norwegen kein organisiertes Training für Diabeteshunde. Ohne Zweifel würde es die Situation von vielen Norwegern erleichtern, wenn sie einen solchen Hund an ihrer Seite hätten. In Norwegen gibt es circa 25.000 Personen mit Typ 1-Diabetes und ungefähr 350.000 mit Typ 2-Diabetes.[36] Es gibt wenige Diabeteshunde und einer von ihnen, Nemi, arbeitet für den siebenjährigen Nicklas André. Nemi, eine Mischung aus Schäferhund, Rottweiler und Labrador Retriever, reagiert auf Nicklas fallenden Blutzuckerspiegel und warnt auch die Mutter, Anneli G. Johansen.[37] Wenn der Blutzuckerspiegel unter 4,2 mmol/l (=75 mg/dl) sinkt, bekommt Nicklas André oft die Symptome einer Hypoglykämie, er wird schwach und seine Aussprache schleppend und undeutlich. In den letzten Monaten, bevor die Diagnose gestellt wurde, war Nemi sehr unruhig. Als die Familie nach Hause kam, nachdem Nicklas André im Krankenhaus behandelt worden war, schnupperte Nemi an ihm und legte sich dann gleich aufs Sofa. Die Hündin war „plötzlich“ ruhig geworden. Sie warnt inzwischen lange, bevor die anderen Familienmitglieder etwas bemerken und sogar dann, wenn Nicklas André in der oberen Etage schläft. Nemi hatte dafür kein Training, sie reagiert instinktiv. Johansen begann später, Nemi mit Speichelproben auf einem Wattebausch zu trainieren, damit sie noch zuverlässiger wurde. Im Internet fand sie eine Hundeschule in Virginia/USA, die ihr helfen konnte, Nemi zu trainieren. Sie rief Scott am Tidewater K-9 an, der Diabeteshunde trainiert.[38] (Es gibt auch einige Bücher und Artikel über das Training und die Auswahl von Diabeteshunden).[39-41] Man begann mit einem effektiveren Training und Nemi reagierte sehr stark, als der Blutzucker bei Nicklas auf ca. 15mmol/l anstieg (ca. 270mg/dl). Dem Hund beizubringen, auch bei niedrigen Blutzuckerwerten zu warnen, war schwieriger, aber Johansen gelang auch dies. In der Tiefkühltruhe hatte sie nämlich Tüten mit Geruchsproben aus früheren Zeiten, als Nicklas häufiger hohe und niedrige Blutzuckerwerte hatte.[42-43]

Hunde können Krebs erkennen

2008 litten weltweit fast 12,7 Millionen Menschen an Krebs, 7,6 Millionen starben daran.[44] Zwei Jahre später, 2010, wurde in Norwegen bei 28.271 Menschen Krebs diagnostiziert. Die häufigsten Krebsarten bei Männern sind Prostata- und Lungenkrebs, bei Frauen Brust- und Darmkrebs.[45] Die Forschung hat gezeigt, dass es sehr wichtig ist, Krebs früh zu erkennen und immer mehr Hunde werden darauf abgerichtet. Es begann 1989, als eine 44jährige Dame am Kings College Krankenhaus in London ihren Arzt aufgesucht hatte, nachdem ihr Mischlingshund (Dobermann/Border Collie) angefangen hatte, einen Leberfleck am linken Bein zu beschnuppern. Der Hund zeigte kein Interesse für andere Leberflecke. Der Hund roch täglich mehrere Minuten an diesem Leberfleck, auch durch die Hose, und dies ging über mehrere Monate so. Er hatte sogar versucht, ihn abzubeißen. Es stellte sich heraus, dass der Hund Krebs im Leberfleck bemerkt hatte.[46] Zwölf Jahre später fand der Labrador Retriever Parker Krebs am Bein eines 66-jährigen aus Nottingham/England[47] und ein Dackelwelpe bemerkte 2005 Brustkrebs bei einer 44-jährigen Dame in Wausau in Wisconsin/USA.[48] In beiden Fällen verloren die Hunde nach Entfernung des Tumors das Interesse an dieser Stelle. Krebsgeschwüre produzieren Gerüche (Alkane und Benzenderivate), die über Lunge, Urin, Stuhlgang, Gewebe, Blut und Schweiß freigesetzt werden.[49] Hunde können diese Verbindungen auch in sehr niedrigen Konzentrationen feststellen. Einige Hunde haben möglicherweise eine angeborene Fähigkeit, den Geruch von Krebs zu entdecken, während die anderen darauf trainiert werden können. Möglicherweise stammen die flüchtigen organischen Stoffe, die von den Tumoren gebildet werden und via Schweiß, Atem und/oder Urin ausgeschieden werden, von Genen des Haupthistokompatibilitätskomplex (MHC).[50]

Seit 2004 wurde in verschiedenen wissenschaftlichen Studien bewiesen, dass Hunde Blasenkrebs,[51] Hautkrebs,[52-4] Lungenkrebs[55-58] Brustkrebs,[59-62] Eierstockkrebs,[63-64] Prostatakrebs[65] und Darmkrebs[66] erkennen können.

Die Forscherin Carolyn Willis und ihre Kollegen am Amersham Hospital in Buckinghamshire/England führten 2004 die erste wissenschaftliche Studie dazu durch, inwieweit Hunde Krebs riechen können.[67] Sie begannen damit, Hunde darauf zu trainieren, Blasenkrebs in Urinproben von Patienten zu entdecken. Die Forscher gingen davon aus, dass Stoffe aus den Krebszellen im Urin wiederzufinden seien und dass diese Stoffe dem Urin einen charakteristischen Geruch verliehen. Der Stoff Formaldehyd wurde im Urin von Patienten mit Blasen- und Prostatakrebs in deutlich höheren Konzentrationen gefunden als bei Menschen ohne Krebs.[68] Es dauerte sieben Monate, bis die Hunde den Geruch von Blasenkrebs wiedererkannten. Den Hunden wurde beigebracht, den Urin von Rauchern zu ignorieren. Sie mussten außerdem lernen, den einzigartigen Geruch von Blasenkrebs von anderen Blasenkrankheiten zu unterscheiden. Im Versuch mussten die Hunde zwischen sieben Urinproben in Laborschalen unterscheiden. Dann mussten sie sich vor die Urinprobe des Patienten mit Blasenkrebs hinlegen. Die Hunde wählten in 41 % der Fälle richtig aus, was weit mehr ist, als nach dem Zufallsprinzip erklärbar gewesen wäre (14 %).[69] Interessant war, dass einer der Hunde in wiederholten Trainingsläufen eine Urinprobe von einem vermeintlich Gesunden anzeigte. Eine gründliche Untersuchung ergab, dass diese Person einen bis dahin unentdeckten lebensbedrohlichen Nierentumor hatte. 2004, also 15 Jahre, nachdem der Hund den Hautkrebs seiner 44 jährigen Besitzerin in London entdeckt hatte und nachdem chemische Stoffe von Leberflecken in Blut und Urin gefunden wurden,[70] spekulierten die amerikanische Hundetrainerin Duane Pickel und ihre Kollegen in Tallahassee/Florida, ob Hunde diese Stoffe entdecken können.[71] Die ersten Versuche mit zwei Hunden (Mittelschnauzer und Golden Retriever) wurden gestartet. Der eine Hund bestätigte den Hautkrebs bei sechs von sieben Patienten. Der andere Hund untersuchte vier der sieben Patienten und reagierte wie der erste Hund. In einem anderen Versuch, der 2006 vom Krebsforscher Michael McCulloch am Pine Street Foundation/USA und seinen Kollegen durchgeführt wurde, bekamen fünf Hunde (Labrador Retriever und Portugiesische Wasserhunde) Reagenzgläser mit versiegelten Atemproben von Menschen mit und ohne Brust- und Lungenkrebs zum Riechen und brachten ziemlich genaue Resultate (99 % für Lungen- und 88 % für Brustkrebs).[72]

Weltweit wird jährlich bei 205.000 Frauen die Diagnose Eierstockkrebs gestellt. Nur 46 % von ihnen leben noch fünf Jahre nach der Diagnose.[73] Der Oberarzt György Horvath unternahm 2008 viele Versuche mit seinem Hund am Sahlgrenska Universitätskrankenhaus in Göteborg/Schweden und stellte fest, dass der Hund 100 % der Gewebsproben mit Eierstockkrebs und 98 % der Gewebeproben ohne Krebs richtig identifizierte.[74] Horvath hat mehrere Hunde und zwei Jahre später schafften auch zwei andere Hunde, diese Stoffe in Blutproben (Plasma) von Patienten mit Eierstockkrebs zu entdecken. Die Hunde erzielten eine Trefferquote von 100 %.[75] Die Hunde von Horvath konnten keine anderen Krebsarten erkennen, was darauf hindeutet, dass alle Krebsarten einen spezifischen Geruch haben. Es gibt übrigens einen Geruch von Darmkrebs, bei dem die Krebsstoffe durch den Körper zirkulieren. Atemproben und Stuhlproben von Patienten mit Darmkrebs und von gesunden Personen wurden von einem Labrador Retriever untersucht. Bei den Geruchsproben lag der Hund in 91 % der Fälle richtig, bei den Stuhlproben in 97 %.[76]

Der Urologe Jean-Nicolas Cornu und seine Kollegen an der Universität von Paris setzen 2011 einen Hund zur Entdeckung von Prostatakrebs ein, nachdem sie Hunde der Rasse Malinois zwei Jahre lang trainiert hatten, anhand von Urinproben zu erkennen, ob Patienten an dieser Art von Krebs litten oder nicht. Die Forscher untersuchten den Urin von 66 Personen – 33 mit Krebs und 33 ohne. Die Hunde schafften es in 30 Fällen (91 %), die Urinproben von den Patienten mit Prostatakrebs zu identifizieren. Die chemische Verbindung, die den charakteristischen Krebsgeruch verursacht, muss noch identifiziert werden.[77] Die meisten Versuche zeigen, dass der Einsatz von Hunden eine lohnende Methode ist, Krebs frühzeitig zu erkennen, aber es gibt noch viele Herausforderungen.[78] Sowohl das Training der Hunde als auch die Lagerung der Proben könnten verbessert werden.[79] Außerdem finden die Forscher Emily Moser am New College in Sarasota in Florida/USA und Michael McCulloch am Pine Street Foundation in Kalifornien/USA, dass die Kontroll – und Krebsproben von Personen mit ähnlichem Alter stammen sollten,[80] aber hierbei sind sich nicht alle Forscher einig, da die Hunde bei korrektem Training nicht vom individuellen persönlichem Geruch beeinflusst werden.[81] Krankenhausgeruch sollte vermieden werden, da die Hunde sich an diesen Geruch gewöhnen können, was zu falschen Ergebnissen führen kann, weshalb Atemproben außerhalb des Krankenhauses gewonnen werden sollten.[82] Viele Menschen fassen zum Beispiel den Geruch von Phenol als typischen „Krankenhausgeruch“ auf, da Phenol als Desinfektionsmittel gebraucht wird.[83] Es ist wichtig, sich darüber im Klaren zu sein, dass die Riech- und Konzentrationsfähigkeit nicht nur zwischen den Hunden variiert, sondern auch bei demselben Hund an verschiedenen Tagen unterschiedlich sein kann.

Verschiedene Rassen haben verschiedene Gene, die ihren Geruchssinn für bestimmte Stoffe beeinflussen.[84] Skeptiker glauben, dass der Gebrauch von Hunden zur Krebserkennung eine im Vergleich zu chemischen Untersuchungen im Labor, wie zum Beispiel die Massenspektroskopie, zu einer komplizierten Prozedur werden kann.[85] Andere hingegen sind der Meinung, dass „elektronische Nasen“ (ein Sensorsystem mit Sensoren und Erkennungssystem für Geruchsmoleküle [86]) effektiver sind. Was Blasenkrebs angeht, sind die elektronischen Nasen am besten. In anderen Zusammenhängen sind die Methoden gleich gut, während beim Eierstockkrebs und Brustkrebs Hundenasen besser als die elektronischen Nasen abschneiden.[87] Ärzte haben darauf hingewiesen, dass in Fällen, in denen zum Beispiel Eierstockkrebs spät erkannt wird und die Prognose schlecht ist, das Tumorwachstum so rasant ist, dass selbst ein Hund mit einem ausgeprägten Geruchssinn nicht hilft.[88] In einer Studie von 2013 zeigten Horvath und seine Kollegen, dass die Hunde früh erkannten, wenn die Patientinnen Eierstockkrebs hatten. Der Krebs sei mit anderen diagnostischen Mitteln erst zwei bis drei Jahre später zu diagnostizieren gewesen. Der Gebrauch von Hunden kann daher zweifelsohne dazu führen, dass die Überlebenswahrscheinlichkeit von Krebspatienten erhöht werden kann.[89] Es gibt Grund zur Annahme, dass der Einsatz von Hunden in armen Ländern mit wenigen Ressourcen für moderne Laboruntersuchungen ein großes Potenzial zur Untersuchung großer Menschenmengen darstellt.[90] Auch gehen Afroamerikaner seltener zu Voruntersuchungen für Brustkrebs als die übrige Bevölkerung, was dazu führt, dass Tumore nicht in einem frühen Stadium erkannt werden.[91] Hunde als „Krebsärzte“ sind eine interessante Methode, außerdem rasch und schmerzfrei.[92] Atem- und Urinproben können überall gewonnen und in ein Labor geschickt werden.[93] Atemproben haben ein großes Potenzial im Hinblick auf Tumore des Verdauungstraktes wie zum Beispiel Magen-, Darm-, Leber-, Gallen-, Bauchspeicheldrüsenkrebs.[94-95]Es gibt keine Strahlenbelastung oder Brustquetschungen (bei der Mammografie) und die Patienten brauchen nicht in eine Spezialklinik mit häufig langen Wartezeiten zu reisen. Es gibt wenig Zweifel, dass die Ergebnisse ermunternd sind und zukünftige Forschung wird hoffentlich zeigen, dass der Geruchssinn der Hunde ein effektives Werkzeug sein kann, Krebs in einem frühen Stadium zu erkennen.

In Norwegen hat Turid Buvik von der Trondheimer Hundeschule in Zusammenarbeit mit den Forschern des St. Olavs Hospitals von 2006 – 2009 Hunde darauf trainiert, Lungenkrebs bei 93 Patienten zu erkennen. Sie testeten sowohl Atem- als auch Urinproben und die Hunde unterschieden zwischen Proben von Krebspatienten und gesunden Personen zu 99 % in diesem Pilotexperiment. Sie konnten nicht so gut zwischen Personen mit gutartigen und bösartigen Tumoren unterscheiden. Bei diesen Tests hatten die Hunde eine Trefferquote von 56 – 76 %. Die Spezifität – wie oft ein Hund bei einer Probe ohne Geruch eines bösartigen Tumors nicht anzeigt – war ebenfalls sehr niedrig (8,3 – 33,3 %). Die Forscher schlossen daraus, dass die Hunde nicht gut genug waren, um in der Klinik für die Untersuchung von Lungenkrebspatienten eingesetzt zu werden.[96]

Das Projekt Krebserkennungshunde

Das Projekt Krebserkennungshunde ist im norwegischen Spikkestad in der Gemeinde Röyken in Buskerud[97] beheimatet. Siri und Jens Stedje, Hogne Hole und Henriette Schermacher Marstein haben seit dem Sommer 2011 Hunde darauf trainiert, den Geruch von Prostatakrebs in Urinproben zu markieren. Jährlich sind 4.700 Männer betroffen und es ist die häufigste Krebsart bei Männern in Norwegen. Das Ziel des Projektes ist es, eine exakte, kostengünstige und schmerzfreie Methode zu entwickeln, die in einem frühen Stadium Prostatakrebs feststellen kann. Wird der Krebs früh erkannt, kann die Überlebenschance bis zu 30–40 % steigen. In Zusammenarbeit mit privaten Interessenvertretern, Ausbildern und Hundeführern von der Polizei und Norwegische Rettungshunde sowie der Prostatakrebs-Vereinigung in Buskerud hoffen sie auf möglichst viele Teilnahmen, um diese Methode zu entwickeln. Ihre Hunde haben auf Prostatatumoren mit nur 1 mm Größe reagiert. Sie trainieren Hunde auch auf andere Krebstypen und es können Menschen teilnehmen, bei denen kürzlich Lungenkrebs, Brustkrebs, Prostatakrebs oder Gebärmutterkrebs festgestellt und noch nicht behandelt wurde. Als das einzige Projekt im Norden „Krebserkennungshunde" seine Dienste der Allgemeinheit an.

Einige Begebenheiten zeigen, wie das Projekt Krebserkennungshunde arbeitet. Ein Mann im Alter von etwa 60 Jahren kam ins Krankenhaus, da er viel Blut im Urin hatte. Er wurde am folgenden Tag mit der Diagnose Nierenbeckenentzündung entlassen. Seine Frau zweifelte an der Diagnose und nahm Kontakt zur Projektleitung auf. Die Hunde markierten Krebs und die mit dem Projekt zusammenarbeitende Urologin Sissel Overn stellte Blasenkrebs fest. Kurze Zeit später wurde der Mann daraufhin behandelt. Er ist den Hunden ewig dankbar, da das Anzeigen der Hunde zu einer frühen

Diagnosestellung und damit zu einer raschen Behandlung führte. Er wird heute als geheilt betrachtet und arbeitet wieder Vollzeit. Ein anderer Mann, der vom Arzt bestätigt bekam, dass er alle Symptome von Prostatakrebs habe, ließ ebenfalls seinen Urin von den Krebserkennungsunden untersuchen. Die Hunde reagierten nicht auf die Probe. Der Mann ließ weitere Untersuchungen beim Arzt durchführen und es folgte auch eine Biopsieentnahme. Danach eine Phase der Ungewissheit. Hatte er Krebs, wie der Arzt annahm, oder hatten die Hunde Recht? Die Antwort war, dass er keinen Krebs hatte und die Hunde Recht hatten.[98]

Hunde können andere Krankheiten und Allergien erkennen

Viele Menschen berichten, dass ihre Hunde auf epileptische Anfälle, auf Schwangerschaft, drohende Bewusstlosigkeit oder einen Migräneanfall reagieren.[99-101] Der Hund von Charlen-Marie Dahl aus Halden begann an ihrem Bauch zu riechen und zu lecken, nachdem sie im Frühjahr 2013 schwanger geworden war, und das lange, bevor die Schwangerschaft für andere sichtbar war. Es wird auch berichtet, dass Hunde vor einem Herzanfall warnen können und wenn jemand ins Koma fällt. Es wird angenommen, dass Geruch dabei eine Rolle spielt,[102] aber es kann auch das Verhalten des Besitzers sein, was die Hunde reagieren lässt.[103] Bislang gibt es keine wissenschaftlichen Studien, die belegen, dass Geruch die Ursache dafür ist, dass der Hund reagiert und den Besitzer warnt.

„Erdnusshunde" reagieren auf verschiedene Produkte, die Erdnüsse und andere Nüsse enthalten, was eine große Hilfe für Personen mit Allergien gegen Nüsse ist.[104] Meghan Weingarth und LilyBelle, ein Goldendoodle (Mischung aus Golden Retriever und Pudel) sind gute Freunde. Sie leben in Suwanee im amerikanischen Staat Georgia. Meghan verträgt keine Nüsse und Mandeln und LilyBelle folgt ihr jeden Tag.[105] Ashleigh Kinsley von der Georgia K9-Akademie trainierte LilyBelle 2013 darauf, Nahrungsmittel mit Nüssen oder Mandeln anzuzeigen.

Die siebenjährige Kaelyn Krawcyk aus Durham in Nord-Carolina/USA hat eine seltene Erkrankung, die zu einer raschen und starken allergischen Reaktion führen kann, welche tödlich sein kann. Ihr Hund JJ reagiert auf diese ernste Allergie und kam daher mit ins Duke Medical Center, als sie operiert werden musste. Es gibt keine medizinische Technik, die Kaelyns Reaktion vorhersagen kann, daher erlaubten die Ärzte, dass JJ mitkommen durfte, da er früher bereits fünf Minuten vor Auftreten von vitalen Zeichen reagiert hatte.[106] Hunde werden auch eingesetzt bei der Diagnose der bakteriellen Infektion mit Clostridium difficile, einem sporenbildenen Bakterium, was zu Durchfall führt. Diese Infektion ist besonders für immungeschwächte Menschen gefährlich.[107]

LilyBelle ist darauf trainiert, Lebensmittel anzuzeigen, die Nüsse oder Mandeln enthalten. Foto: Ashleigh Kinsley; www.ga-k9.com

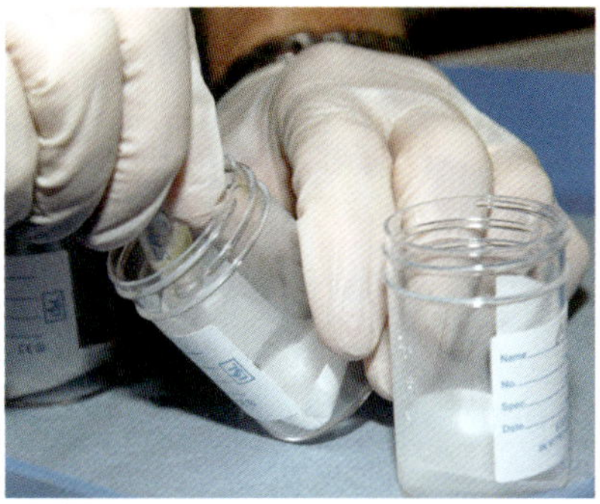

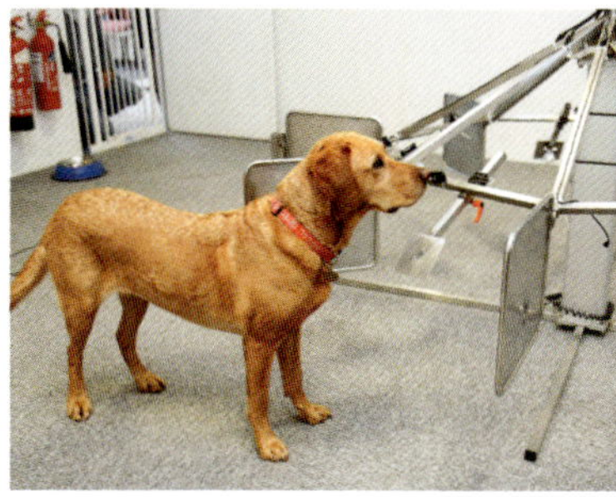

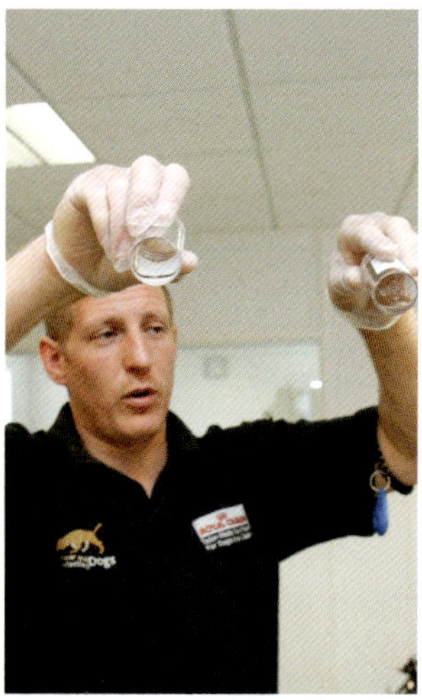

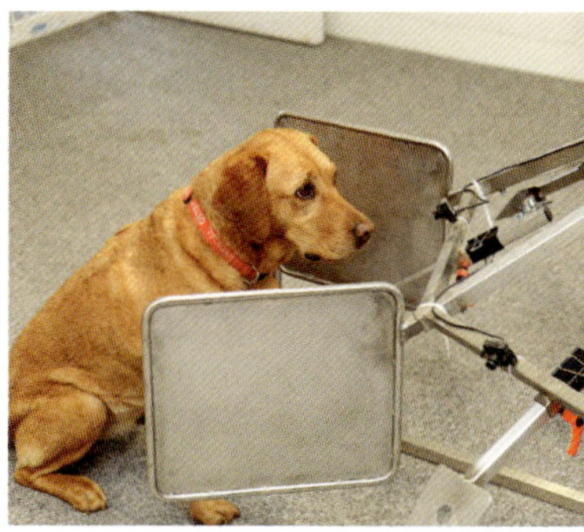

Rob Harris und Claire Guest bereiten einen Krebserkennungsversuch mit dem Diagnosespürhund Daisy im Medical Detection Dogs Center vor. Die Forscher in England benutzen oft ein Karussell bei ihrer Arbeit. Daisy zeigt die Krebsprobe an, indem sie sich danebensetzt. Alle Fotos: Medical Detection Dogs, UK/Frank Rosell

Wir haben gerade erst damit begonnen, die Möglichkeiten zu erahnen, die der Einsatz der fantastischen Hundenasen zu unserem Vorteil beim Erkennen von Krankheiten bietet. Es gibt auch noch weitere Krankheiten, auf deren Erkennung die Hunde trainiert werden können. Tuberkulose ist eine von Bakterien ausgelöste Krankheit und mehrere chemische Verbindungen, die durch die Krankheit entstehen, wurden identifiziert.[108] 2011 fanden einige Forscher heraus, dass Honigbienen[109] und Ratten[110-112] diese Krankheit riechen können. Claire Guest, Forscherin und Leiterin des Medical Detection Dogs in England, hat vorgeschlagen, Hunde darauf zu trainieren, Dachse mit Tiertuberkulose zu finden, sodass infizierte Tiere getötet werden können.[113] Bis 2014 wurden leider auch viele gesunde Dachse wegen der Krankheit geopfert. Andere denkbare Aufgaben könnten sein, Hunde zu trainieren und zu untersuchen, ob sie verschiedene Geschlechtskrankheiten[114], Ebola-Virusinfektionen[115], Vogelgrippe und durch Zecken übertragene Krankheiten erkennen.

Organisationen zur Hundeausbildung

Hunde werden nun routinemäßig von Organisationen trainiert, die sich darauf spezialisiert haben, Krankheiten zu entdecken. Dazu gehören Support Dogs in England, Dogs 4 Diabetes in den USA, The Wildrose Diabetes Alert Dogs Foundation in den USA und Medical Detection Dogs in England.[116] 2009 bemerkte die oben genannte Claire Guest, dass sie Brustkrebs hatte, als sie ihren ersten Krebshund ausbildete. Daisy sprang Claire an und stieß ihre Schnauze gegen Clairs Brust, die ungewöhnlich empfindlich war und in der sich bei genauerer Untersuchung ein Knoten fand.[117] Medical Detection Dogs begann 2010 mit Urinproben mit Prostatakrebs,[118] im Jahr zuvor begannen sie die Arbeit an Patienten mit Narkolepsie (zwanghaftes Schlafbedürfnis), Kataplexie (plötzlich einsetzende, kurzdauernde Muskelschwäche), Asthma, Nussallergie (Walnüsse, Cashewkerne und Erdnüsse) und Addisonkrise (Nebennierenrindenschwäche).[119-120]

11 Der Artenschutzhund

Der amerikanische Nerz wurde in 28 europäischen Ländern ausgewildert.[1] In Norwegen ist der Nerz ein großes Problem. Er kommt dort natürlicherweise nicht vor, sondern hat sich von den Pelzfarmen aus verbreitet[2] und steht auf der schwarzen Liste.[3] In Schweden wurde er erstmals in den 1920er Jahren im Freien beobachtet,[4] in Norwegen in den 1950er Jahren.[5] Der amerikanische Nerz ist ein vielseitiges Raubtier. Er kann großen Einfluss auf bodenbrütende Vögel, Nagetiere und andere Arten nehmen.[6] Er frisst die Eier und die Jungvögel oder tötet erwachsene Hamster. Der Nerz darf das ganze Jahr über gejagt werden, weil er zu einer Art gehört, die in Norwegen nicht heimisch ist. Im Sör-Smola Landschaftsschutzgebiet (180 km^2) in Möre und Romsdal brüteten früher tausende Küstenseeschwalben, aber die vielen Nerze haben dazu geführt, dass in den letzten zehn Jahren nur sehr wenige Vögel ausgebrütet wurden. Das Sör-Smola Landschaftsschutzgebiet besteht aus vielen Inseln, Felsen und über 500 Schären, was die Jagd mit Fallen auf die Nerze sehr umständlich macht. Der staatliche Naturschutzbeauftragte und Jäger Olav Inge Edvarsen mit dem anderthalbjährigen Parson Russell Terrier Luna hat deshalb in der letzten Saison den Nerz in seinen unterirdischen Gangsystemen oder in der Vegetation aufgespürt, um ihn dann mit Gewehr oder Schrotflinte zu töten. Er hatte dabei Hilfe von anderen Hundeteams.

Die Teams arbeiten meist von Februar bis Mitte April, bevor der Nerz sich vermehrt hat. In dieser Zeit stört man außerdem die nistenden Vögel in der Umgebung nicht. Die Küstenseeschwalben legen normalerweise drei Eier, aber da es so viele Nerze gab, sind kaum Junge geschlüpft. Die Jungen wurden mit Bissen im Hals gefunden oder die Nerze hatten die Eier geöffnet. Im Juni/Juli brüten die Küstenseeschwalben und es ist wichtig, die Nerze vorher zu entfernen. In den Jahren 2011 – 2013 haben die Hundeteams 150 Nerze im Sör-Smola Landschaftsschutzgebiet entfernt und der Küstenseeschwalbenbestand und der anderer Bodenbrüter ist wieder gewachsen. Es stellt eine Herausforderung dar, alle Nerze auf den Inseln zu entfernen, also geht der Kampf weiter.[7]

Jon Erling Skåtan mit Luke, einem Finnischen Spitz und im Hintergrund der Jämthund Lucky. Foto: Olav Inge Edvardsen

Hunde helfen Umweltschützern, Biologen und Wildlife-Managern

Die Arbeitsgebiete für Hunde in der Forschung werden ständig ausgeweitet – unter anderem unterstützen sie Umweltschützer, Biologen und Wildlife-Manager bei verschiedenen Aufgaben draußen im Feld.[8] Sie arbeiten in unterschiedlichen Umgebungen wie Gewässern, Wüsten, Steppen, Dschungel und Wäldern.[9] Hunde werden zur Kennzeichnung lebender Tiere bei Forschungsprojekten eingesetzt, für Fang- und Jagdausrottungsprogramme von unerwünschten Arten, die Schaden anrichten[10-12] und um einheimische Arten zu lokalisieren, die selten oder bedroht sind.[13] Sie werden auch eingesetzt, um betäubte Tiere zu finden, Tierkadaver sowie verschiedene Spuren, zum Beispiel Kot.[14] Diese Hunde sind meist keine normalen Haustiere. Sie werden darauf trainiert, nach etwas zu suchen, das normalerweise nicht von Interesse für sie ist und sind am vielseitigsten, wenn sie nicht in erster Linie an Beutetieren interessiert sind. Sie arbeiten entweder frei oder an der Leine, aber sie sind ständig unter Anleitung ihres Hundeführers. Ihre Erziehung und ihr Training, das gesuchte Ziel, ihre Persönlichkeit und das Terrain, in dem sie suchen, sind entscheidend dafür, wie weit sie sich von ihrem Begleiter entfernen.[15]

Für eine richtig funktionierende Verwaltung in Naturparks sind Informationen über einen Bestand wichtig. Es kann eine Herausforderung sein, Daten von seltenen oder bedrohten Arten zu erhalten, die durch die Störungen der Menschen gefährdet sind. In kleinen Beständen sind die traditionellen Methoden zum Einfangen lebender Tiere wenig effektiv und zudem zeitraubend.[16] Es hat sich gezeigt, dass Hunde sehr effektiv sein können, wenn es darum geht, „kryptische Arten“ und Arten mit kleinen Beständen oder ihre Spur zu entdecken, die für uns Menschen schwierig zu finden sind. Hunde werden immer häufiger bei Naturschutzstudien und biologischen Überwachungsprogrammen eingesetzt.[17-19] Hunde sind vier bis zwölf Mal schneller (abhängig von der Vegetationsdichte – je dichter die Vegetation, desto schneller sind die Hunde im Verhältnis zu uns) darin als Menschen, „kryptische Arten“ zu entdecken.[20] Außerdem entdecken die Hunde Geruchsstoffe früh und aus großem Abstand. Das ist oft ein großer Vorteil draußen im Gelände.

Die Suche nach Vögeln und Säugetieren

Der erste dokumentierte Einsatz von Hunden im Artenschutz fand bereits in den 1890er Jahren in Neuseeland statt. Der irische Naturschützer Richard Henry war der erste, der mit Hunden nach den damals letzten Exemplaren der seltenen Vogelart Kakapo suchte. Später wurden auch Kiwis mit Radiosendern lokalisiert[21] oder mit Hilfe von Hunden in ihren Löchern gefunden.[22] Diese Vogelarten können nicht fliegen und mussten daher gefunden werden, damit man sie auf Inseln ohne Raubtiere bringen konnte.[23] Auf der Insel Stewart Island fanden Hunde in den Jahren 1980 – 89 97 % der verbleibenden Kakapos. Der letzte überlebende Kakapo auf der Nordinsel wurde Richard Henry II genannt. Es wird vermutet, dass dieser Kakapo mindestens 80 Jahre alt geworden ist. Er wurde auf Inseln ohne Beutegreifer gebracht, wo andere Kakapos waren und er seine Gene weiter ausbreiten konnte. Die Kakapos wären vermutlich ohne den Einsatz der Hunde heute ausgerottet.[24] Neuseeland hatte vor Eintreffen der europäischen Siedler keine natürlichen Raubtiere als Säugetiere, aber die Menschen brachten verschiedene Arten kleiner Raubtiere wie zum Beispiel das Hermelin mit. Es wurden auch Nagetiere wie Ratten und Mäuse eingeführt. Viele Vogelarten auf Neuseeland können nicht fliegen, daher wurden viele von ihnen durch Raubtiere und Nager dezimiert oder ausgerottet.[25-26] Für die Jagd auf diese unerwünschten Arten werden meist Terrier eingesetzt. Heutzutage trainieren Conservation Dogs New Zealand und Ecoworks New Zealand Hunde darauf, verschiedene gefährdete Vogelarten zu finden. Diese werden eingefangen und markiert, sodass sie überwacht werden können oder sie werden in andere sichere Umgebungen ohne Raubtiere umgesiedelt. Sie werden auch eingesetzt, um Katzen, Marder, Kaninchen und Igel zu finden.[27]

In vielen Ländern, unter anderem Norwegen, haben Forscher Hunde eingesetzt, um zum Beispiel lebende Moorschneehühner im Zusammenhang mit verschiedenen Forschungsprojekten zu fangen. [28-30]

Der Kiwi in Neuseeland ist eine seltene und bedrohte Vogelart. Hunde finden die Vögel oder ihre Nester, sodass sie gekennzeichnet und überwacht oder an andere sichere, raubtierfreie Plätze umgesiedelt werden können. Fotos: Steve Sawyer, Ecoworks New Zealand

Viele Raubtiere benutzen ihren Geruchssinn, um Nester von Vögeln zu finden, die am Boden nisten, aber viele Watvögel und Enten verändern ihre Geruchsstoffe, wenn sie zu brüten beginnen.[31] Normalerweise haben sie flüchtige Stoffe, die weit verteilt werden können, aber wenn sie brüten, werden die Stoffe schwerer, also weniger flüchtig, so dass sie nicht so weit verteilt werden. Das führt dazu, dass Raubtiere (und vermutlich auch Hunde), die Vogelnester viel schwerer finden.[32]

Norwegische Lundehunde verhindern Flugunglücke

Der Norwegische Lundehundclub wurde vom Vogelwart bei Avinor in Tromsö im Juni 2013 kontaktiert und um Hilfe bei der Suche nach Möweneiern auf dem Flughafen Langnes in Tromsö gebeten. Die erwachsenen Vögel können mit Flugzeugen kollidieren, sogenannte „Birdstrikes", was nach Terrorangriffen die größte Gefahr für die Luftsicherheit darstellt. Normalerweise müssen die Möwen erschossen und die Eier von Mannschaften von Avinor eingesammelt werden und 2012 wurden 212 Möwen geschossen (Avinor hat hierfür eine spezielle Genehmigung). Im Sommer testeten sie drei Lundehunde, um herauszufinden, ob sie geeignet wären, Möweneier und Nester zu finden. Die Hundetrainerin Merete Evenseth führte die Hunde. Die Lundehunde wussten genau, was sie zu tun hatten, nachdem man sie von der Leine gelassen hatte. Dies ist vielleicht nicht so überraschend, da sie seit langem zur Jagd auf Papageienvögel (norwegisch: Lundefugl) eingesetzt werden.[33] Die Aufgabe der Hunde bestand darin, erwachsene Vögel und große Jungvögel aus Nestern, die unzugänglich waren, zu apportieren. Seit 2014 ist jegliche Form von Jagd auf Papageienvögel verboten.

Als Merete zum Suchgelände kam, setzten die Hunde die Nasen auf den Boden und spürten die Nester mit den Eiern auf. Sie fanden Nester und Eier von Fischmöwen, Austernfischer, Eiderenten und Seeschwalben. Der Lundehund Emil nahm meist große Eier, während Meretes Hunde, Fröya und Gurine, auf die kleineren Seeschwalbeneier losgingen. Diese waren sicher deshalb nicht von der Mannschaft von Avior gefunden worden, da sie klein sind und im Sand kaum auffallen. Die Hunde trugen eins nach dem anderen zu Merete. Einer der Hunde tat dies von allein, während die beiden anderen, die dies zuvor noch nicht gemacht hatten, die Eier zuerst für sich haben wollten. Also musste Merete zunächst etwas verhandeln. Nicht viele Eier gingen kaputt, da die Hunde sehr vorsichtig waren. Einmal, als zwei Männer von Avinor die Eier sammelten, fanden sie zwölf Eier in zwei Stunden, die Lundehunde fanden 69 in einer Stunde. Im Laufe von fünf Nachmittagen sammelten die Hunde 548 Eier ein. Das bedeutet 548 potenzielle Vögel, die auf der Landebahn hätten landen und Unfälle verursachen können. Vom 16. Mai bis 12. Juni 2014 wurden 386 Eier gefunden und drei neue junge Lundehunde sind dabei. Die Eier werden der Universität Tromsö beim Tromsö Museum gegeben und sollen zu Forschungszwecken benutzt werden.[34-37]

Die Suche nach Schlangen

Der Forscher Lawrence Kaluber benutzte bereits 1956 in Florida/USA einen Hund zum Aufspüren von Klapperschlangen.[38] Der Hund fand innerhalb von zwei Jahren 500 Klapperschlangen. 2010 trainierte Dirk J. Stevenson von The Indigo Snake Initiative in der amerikanischen Stadt Lumber in Georgia Hunde darauf, Exemplare der nördlichen Kiefernnatter und der Indigoschlange in Nordamerika zu finden. Die letztgenannte ist nicht giftig, aber eine der größten Schlangen in den Südstaaten Georgia und Florida. Sie hat ihren Lebensraum aufgrund des Rückgangs der Gopher-Schildkröten verloren – die Schlangen benötigen nämlich die Löcher der Schildkröten als Bau. Die

Fröya, sechs Jahre alt, sucht Möweneier für Merete Evenseth. Der Lundehund hat eine sehr gute Kontrolle mit dem Fang. Früher wurde er eingesetzt, um Vögel aus den Nestern zu holen und ein Schaden der Papageienvögel beim Fang hätte es schwierig gemacht, die Daunen zu bewahren. Fröya ist arbeitsfreudig und mit gutem Blick und Tempo erledigt sie ihre Arbeit. Beide Fotos: Jorunn Amundsen

Hunde können die Löcher aufspüren, in denen die Schlangen leben und wo sie von den Menschen nicht gesehen werden.

Labrador Retriever wurden daher darauf trainiert, lebende Schlangen und Schlangenhaut nach dem Häuten zu finden, sodass Stevenson besser herausfinden konnte, wo sich diese Schlangen aufhielten. Den Hunden wurde auch beigebracht, andere Schlangen zu ignorieren, insbesondere die giftige Ostdiamant-Klapperschlange. In einem Experiment fanden die Teams 100 % der Häute und 81 % der lebenden Schlangen. In 88 % der Versuche, die oberhalb der Erde stattfanden, machten sie alles richtig, ebenso in 75 % der Versuche unter der Erde. Die Forscher kontrollierten die Hunde, indem sie die Höhlen mit einer Kamera untersuchten.[39] Die Hunde waren nicht so gut, wenn die Temperatur über 23°C stieg. Bei höheren Temperaturen hechelten sie mehr, was sich auf den Geruchssinn und damit auch auf die Suche auswirkte.[40-41] In den USA und Australien, wo es viele Giftschlangen gibt, werden Kurse für Hunde angeboten, den Geruch verschiedener Giftschlangen zu erkennen. So können sie als Frühwarnsystem fungieren und ihre Besitzer vor gefährlichen Schlangen schützen.[42] Im Sommer 2014 wurden viele Hunde von Kreuzottern gebissen und an vielen Orten war das Antiserum verbraucht. Hundebesitzer sollten ihren Hunden unbedingt beibringen, den Geruch von Kreuzottern zu erkennen.

Die burmesische Python hat sich zu einem großen Problem für den Nationalpark Everglades in Florida entwickelt. Diese Art gehört dort nicht natürlicherweise hin und der Ursprung des Problems ist vermutlich, dass verantwortungslose Pythonbesitzer 1979 solche Schlangen ausgesetzt haben. 2014 lag der Bestand bei 10.000 Schlangen. Sie fressen Vögel, Hunde und Katzen und können Menschen verletzen.[43] Der Säugetierbestand ist stark zurückgegangen, seit diese Schlangen aufgetaucht sind.[44] Die Forscherin Christina M. Romagosa und ihre Kollegen an der Auburn Universität in den USA setzen seit 2010 Hunde ein, um diese Schlangen in den Everglades aufzuspüren. Die Hunde Jake und Ivy, beides Labrador Retriever, haben bislang den Forschern geholfen, fast 200 burmesische Pythons zu fangen.[45]

Ein Jack Russell-Terrier untersucht die Ladung und das Gepäck eines Flugzeugs auf dem Weg nach Hawaii. Foto: Daniel S. Vice

Die braune Nachtbaumnatter kam durch einen unglücklichen Zufall auf die amerikanische Insel Guam im westlichen Teil des Pazifiks – mit einer Lieferung Kriegsmaterial von Neu-Guinea nach dem Zweiten Weltkrieg.[46] Die Schlange lebte ursprünglich an der Ostküste Australiens, Ostindonesien, auf Neu-Guinea den Salomoninseln. Es wird vermutet, dass der Bestand auf Guam von einem einzigen weiblichen Tier abstammt.[47] Im Lauf der 1970er Jahre war der einheimische Vogelbestand an allen Stellen bis auf den Nordteil der Insel komplett ausgerottet. Die Schlange breitete sich schnell auf der Insel aus, da sie keine natürlichen Feinde hatte. Von den zwölf einheimischen Waldvogelarten überlebten nur drei in freier Wildbahn. Außerdem rottete die braune Nachtbaumnatter mehrere Eidechsenarten aus und hatte Auswirkungen auf den Fledermausbestand der Insel.[48] Die Schlangen fressen auch Hühner, Käfigvögel, neugeborene Schweine, Katzen- und Hundewelpen.[49] Bislang ist kein Mensch getötet worden, aber Kinder erlitten durch die Schlangen lebensbedrohliche Bisse.[50-51] Die Schlangen sind auch Ursache für große Unkosten, da sie Strommasten heraufklettern, in die Transformatoren kriechen und Kurzschlüsse verursachen.[52] Auch die Anzahl der Touristen nimmt ab.[53] Mitte der 80er Jahre gab es ca. 13.000 bis 26.000 Schlangen

pro Quadratkilometer und es war wichtig, die Verbreitung dieser nicht einheimischen Art so schnell wie möglich zu lokalisieren und zu begrenzen.[54]

Jack Russell-Terrier untersuchen seit 1993 Hochrisiko-Frachtgut von Guam, um eine weitere Verbreitung der Schlangen zu verhindern.[55] Diese Hunderasse wurde gewählt, da sie von Natur aus mutig und energisch ist. Da die Jack Russells so klein sind, können sie auch leicht in die Laderäume und an andere beengte Stellen gelangen, um ihre Arbeit zu verrichten. Wenn die Hunde auf die Insel kommen, werden sie circa vier Monate lang trainiert. Wenn sie fertig ausgebildet sind, werden sie eingesetzt, um ausgehende Container, Flugzeuge und Schiffe zu inspizieren.

In einer zweijährigen Studie fand der Biologe Richard M. Engeman vom National Wildlife Research Center in Fort Collins/USA heraus, dass die Hunde 61 % bzw. 64 % der in Containern befindlichen Schlangen im ersten bzw. zweiten Jahr fanden.[56] Wenn die Hunde die Flugzeuge untersuchten, die die Insel verlassen sollten, war ihre Aufgabe, die Schlangen zu finden und sie zu töten. Aus ethischen Gründen wurde diese Handhabung aufgegeben und die Hunde töten die Schlangen nicht mehr.[57] Es ist wichtig, die weitere Verbreitung der Schlangen auf andere Inseln zu verhindern, wo sie noch mehr Vögel und Kleintiere ausrotten können. Bis jetzt hat sich gezeigt, dass die speziell ausgebildeten Jack Russell-Terrier an den Plätzen die besten Bedingungen zum Finden der Schlangen haben, wo die Container beladen werden und bevor die Schlangen ins Flugzeug gelangen. Hawaii ist eine gefährdete Insel, da es viel Flugverkehr von Guam dorthin gibt. Auf Hawaii werden Beagle eingesetzt, um die ankommenden Ladungen und Flugzeuge von Guam zu inspizieren.

Außerdem ist es wichtig, die Schlangen zu finden, die sich draußen in der Natur befinden. Die Biologieprofessorin Julie A. Savidge an der Colorado State University/USA leitete 2011 eine Studie, bei der die Schlangen mit Brei gefüttert wurden, der einen Radiosender enthielt, so dass sie die Schlangen später finden konnten, ohne Kontakt mit menschlichem Geruch zu haben. Eine Person spürte die Schlangen später auf und fand heraus, wo sie sich aufhielten, aber die Hundeteams wussten nicht, wo sie sich befanden. Die Hundeteams hatten die Aufgabe, ein 40x40 Meter großes Waldstück abzusuchen und sollten versuchen, eine Schlange in einem Umkreis von weniger als 5x5

Meter zu finden. Im Lauf von 85 Versuchen hatten die Hundeteams eine durchschnittliche Erfolgsrate von 35 %, sie fanden 30 der 85 Schlangen. Diese Versuche zeigten, dass Hunde relativ effektiv sein können, Schlangen tagsüber zu finden,[58] und das viel erfolgreicher als Menschen, die nur 7 % nachts fanden, obwohl die Schlangen nachtaktiv und dann leichter zu finden sind.[59]

Auf der Suche nach Kemp's Ridley – der seltensten Schildkröte der Welt – und ihren Nestern

In Texas arbeitet die Forscherin Donna Shaver für den National Park Service daran, die seltenste Wasserschildkröte der Welt zu retten.[60] Die Meeresschildkröte Kemp's Ridley war seinerzeit eine gewöhnliche Art im Golf von Mexico, aber Schleppnetze, Garnelentrawler, Ölverschmutzung und Fahrzeuge am Strand führten dazu, dass sich Biologen um ihr Überleben sorgten. 1985 gab es weltweit nur noch 702 Nester, die meisten fanden sich an einem 25 km langen Strand in Mexico. Shaver, ihre Kollegen und Freiwillige haben in den letzten 29 Jahren daran gearbeitet, einen stabilen Bestand der Meeresschildkröte auf der Insel Padre in Texas zu etablieren. Die Nester dieser Meeresschildkröte sind viel schwieriger zu finden als die anderer Meeresschildkröten, da sie bevorzugt ihre Eier bei starkem Sturm legt. Das Unwetter verwischt alle Spuren der Mütter, wenn sie aus dem Meer kommen, um die Eier am Strand zu vergraben. In den 80er Jahren fanden die Biologen ein Nest alle zwei bis drei Jahre, 1995 fanden sie fünf und 50 im Jahr 2005. Im selben Jahr kam der Cairn Terrier Ridley zur Welt.

Die Wissenschaftlerin Donna Shaver und Ridley, ihr siebenjähriger Cairn Terrier, sammeln Eier aus Nestern der Kemp's Ridleys Meeresschildkröte auf der Insel Padre in Texas. Foto: National Park Service

Shaver entschloss sich dazu, ihm beizubringen, die Nester mit den frisch gelegten Eiern zu finden – und 2012 fanden sie 209 Nester. Sobald Ridley die Nester gefunden hat, wurden sie ausgegraben und die Eier ins Labor gebracht, wo sie unter kontrollierten Verhältnissen bebrütet wurden. Die kleinen Meeresschildkrötenjungen wurden später im Golf von Mexico ausgesetzt. Hunderte von Meeresschildkröten haben dank Ridleys guter Nase überlebt. Wenn er nicht alle diese Nester gefunden hätte, hätten Raubtiere, Autos am Strand und andere Aktivitäten von Menschen die Anzahl der Eier und damit die Anzahl der jungen Meeresschildkröten deutlich reduziert.[61]

Die Suche nach toten Tieren

Forscher suchen häufig nach toten Tieren, um die Todesursache herauszufinden. Dies kann vom kompletten Kadaver bis hin zu einem kleinen Teil der Tiere sein. Die Tiere können durch Krankheit, durch Raubtiere oder durch Stromleitungen oder Windturbinen verendet sein. Häufig werden große Umgebungen abgesucht, was sehr zeitraubend sein kann. Es ist eine Herausforderung, die Kadaver zu finden, bevor sie von Aasfressern oder Raubtieren gefressen werden oder verwesen. Am besten beginnt man mit der Suche unmittelbar, nachdem die Tiere verendet sind.[62]

Die Suche nach toten Bärenjungen

Der Doktorand Sam Steyaert und seine Kollegen vom Skandinavischen Bärenprojekt setzten einen Hund ein, um Kadaver von Bärenjungen zu finden. Viele der Bären in den schwedischen Wäldern sind mit einem GPS-Sender gekennzeichnet worden. Das macht es für die Forscher einfacher, die Stellen zu lokalisieren, wo sich die Bären auffällig verhalten haben oder wo sich ein männlicher und ein weiblicher Bär mit Jungen getroffen haben, oder über einen längeren Zeitraum am gleichen Ort geblieben sind. Die Hunde werden gebraucht, um an diesen Orten nach Kadavern von Bärenjungen zu suchen. Erwachsene männliche Bären töten Jungtiere, die nicht ihre eigenen sind, um sich wenige Tage später mit der Mutter der toten

Jungen zu paaren. Auf diese Weise verbreiten sie ihre eigenen Gene weiter. Normalerweise folgen die Jungen der Mutter ein bis zwei Jahre. Die Bärinnen verteidigen ihre Jungen und oft finden die Forscher deutliche Kampfspuren. Abgebrochene Äste oder Kratzspuren an Bäumen, Blut und Fellstücke liegen ringsherum verteilt. Manchmal schafft es die Bärin, mit ihren Jungen zu fliehen. Andere Male werden einige oder alle Bärenjungen aus dem Wurf getötet. Auch die Bärinnen können von den männlichen Bären getötet werden. Innerhalb von drei Jahren fanden die Forscher Kadaver von 13 Bärenjungen, und bei fast der Hälfte der 18 überwachten Bärinnen wurden ihre Jungen getötet oder es wurde versucht, die Jungen zu töten. Die Forscher fanden auch heraus, dass sich Bärinnen mit ihren Jungen während der kritischen Paarungszeit in anderen Gebieten aufhielten als die männlichen Bären und Bärinnen ohne Jungen. Dies sind Gebiete mit einer schlechteren Nahrungsqualität, was das ganze nachteilig macht. [63-64] In Kanada vermeiden Bärinnen mit Jungen auch Markierungsbäume, die die männlichen Bären in der Paarungszeit benutzen, um ihre Dominanz gegenüber anderen

Eine Bärin mit zwei Jungen. Die Jungen können von erwachsenen männlichen Bären getötet werden. Es werden Hunde eingesetzt, um die Kadaver zu finden. Foto: Ilpo Kojola

männlichen Bären zu kommunizieren. Nach der Paarungszeit und bis in den Herbst nutzen sie die Markierungsbäume weiter.[65] Woher die männlichen Bären wissen, dass sie nicht der Vater der Jungen sind, ist unbekannt, aber höchstwahrscheinlich nutzen sie dafür ihren Geruchssinn.

Die Suche nach toten Weidetieren

In Norwegen gibt es große Verluste bei Schafen und Lämmern auf den Weiden und es ist schwierig, diese Kadaver zu finden.[66] Es ist wichtig herauszufinden, ob die Tiere einem Raubtier zum Opfer gefallen sind. In den letzten Jahren sind Hunde im Zusammenhang mit dem Verlust der Weidetiere an Raubtiere eingesetzt worden.[67]

„Norkse Kadaverhunder“ (Norwegische Kadaverhunde) ist eine Organisation, die Hunde und Menschen trainieren soll. Sie sollen ihre Arbeit

Ein Kadaverhund hat einen Schafskadaver gefunden. Foto: Kjell Smedstad

qualifizieren, indem sie Kadaver in der Umgebung von Weiden finden. Seit Oktober 2013 waren auf Landesebene 84 Hundeteams ausgebildet und anerkannt worden.[68] Die Kadaversuche mit Hunden ist viel effektiver als ohne.[69] Pyrenäenberghunde besitzen viele Eigenschaften, die sich sehr gut für diese Zwecke eignen. Auch andere Rassen können eingesetzt werden, vorausgesetzt, die Hunde können in der Nähe von Schafen ohne Leine laufen gelassen werden.[70]

Die Suche nach toten Vögeln

Es ist nicht immer leicht, einen Vogelkadaver in dichter Vegetation zu finden. Der Wildbiologe H. Jeffrey Homan am National Wildlife Research Center in Nord-Dakota /USA und seine Kollegen fanden 2001 45% der Grauspatz-Kadaver, während die Hunde ohne ein spezielles Training 92% fanden.[71] In Norwegen hat man 2001 damit begonnen, mit Hunden nach toten Vögeln und Federn entlang der Stromleitungen zu suchen.[72-74] 2006 begann der Forscher Ole Reitan am Norwegischen Institut für Naturforschung (NINA), den Federsuchhund Luna, einen Riesenschnauzer, zu trainieren und dafür einzusetzen, Federn und andere Reste von Vögeln zu finden, die in die Windräder auf Smöla geflogen waren. Es wurden vor allem Adler gefunden, sowohl Seeadler als auch Königsadler sowie Moorschneehühner und Watvögel. Luna fand auch Reste von Arten wie Raben, Mantelmöwen, Rotdrossel, Krähen, Steinschmätzer, Graugans, Goldregenpfeifer, Bekassine und Birkenzeisig. Der Federsuchhund wird auch dazu eingesetzt, im Hitra Windpark zu suchen. Indem man Hunde zum Aufspüren toter Vögel einsetzt, kann man viel Information über große und kleine Arten erhalten und wie weit von den Windrädern entfernt sich die Reste der Vögel befinden.[75-76]

Der Springer Spaniel Twister findet Fledermauskadaver in und um Windparks.[77] Viele Fledermäuse sterben vermutlich aufgrund des Luftdrucks rund um die Windräder und die Hunde helfen dabei, herauszufinden, wie groß die Auswirkung der Windparks auf die Fledermauspopulation ist. Hunde sind wesentlich besser als Menschen darin, tote Fledermäuse zu finden (Genauigkeit 73% zu 20%)[78]. Foto: Eye Imagery

Die Suche nach Kot

In den 1970er Jahren begann man in Nordamerika damit, Hunde für das Aufspüren von Kot verschiedener Tiere zu nutzen. Diese Funde enthielten viele neue und wichtige Informationen für die Forscher. Kot ist ein Wildprodukt, welches am einfachsten zu finden ist, und davon gibt es viel in der Natur. Außer zur Suche nach Kot von Säugetieren können Hunde auch eingesetzt werden, um die Gewölle von Vögeln zu finden.[79] Hunde sind aufgrund der vielen Möglichkeiten, die einem bei der späteren Labordiagnostik des Kots gegeben sind, ein wichtiges Hilfsmittel geworden. Durch das Analysieren des Kots kann man unglaublich viele Information über die Tiere erhalten:[80]

- Um welche Art es sich handelt
- Die Identität und Größe des Bestandes
- Das Geschlecht und damit die Geschlechtsverteilung im Bestand
- Über die Reproduktion
- Das Alter
- Die Verwandtschaft zwischen den Tieren im Bestand
- Den Gesundheitszustand und eventuelle Krankheiten
- Ob sie gestresst sind
- Die Art der Nahrung
- Die Kondition
- Wie gut ihr Immunsystem funktioniert
- Die Giftstoffe, denen sie ausgesetzt sind

Wenn man auch die Lokalisation des Kots untersucht, erhält man Informationen über die Standortwahl und die Größe des Areals, welches die Tiere beanspruchen.[81]

Arten mit Hilfe von DNA-Analysen zu identifizieren, ist teuer. Der Einsatz von Hunden kann eine günstigere Alternative sein, als verschiedene Analysen im Labor durchzuführen.[82] Wenn die Hunde Kot finden, haben sie schon viel Vorarbeit für die diversen DNA-Techniken geleistet. Es kann die einzige Möglichkeit sein, festzustellen, ob es eine seltene oder bedrohte Art in einem bestimmten Gelände gibt. Indem man die Ausscheidungen sammelt, kann man viele der Informationen erhalten, wie bei einer Blutuntersuchung oder Haarprobe, bei der die Tiere jedoch zunächst gefangen werden müssen, während gleichzeitig der Gefährdungsgrad sowohl für die Tiere als auch für die Forscher erheblich niedriger ist. Beim Lebendfang mit Käfigfallen benutzt man normalerweise Köder, was oft nur bestimmte Tiere eines Bestandes anlockt, wie zum Beispiel die dominanten Männchen. Zudem kann es schwierig sein, ausreichend Proben zu finden, und dies ist bei einem unwegsamen Gelände oder einer dichten Vegetation zeitraubend. Der Einsatz von Hunden ist hier einfacher.[83] Man sollte jedoch bedenken, dass sich die Exkremente seit Tagen, Wochen oder sogar Monaten in der Natur befinden und es nicht unbedingt bedeutet, dass die Tiere sich noch immer am gleichen Ort befinden.[84]

Die Suche nach Walen

Für manche Hunde ist die See der Arbeitsplatz. Oft werden sie vorne im Bug eines kleinen Bootes platziert. Von hier haben sie die Exkremente von atlantischen Nordkapern (Glattwale) aufgespürt.[85] Es ist wichtig, die Exkremente schnell zu finden, da sie innerhalb von 30 Minuten sinken. 2012 setzten die Naturschutzbiologie Kathrine L. Ayes und ihre Kollegen am Center for Conservation Biology an der Universität Washington /USA den schwarzen Labrador Tucker ein, um ihn Exkremente von Orcas aufspüren zu lassen, die wiederum später im Labor Hinweise auf die Menge von Hunger-und Stresshormonen geben.[86] Orcas sind schwierig zu untersuchen, da sie fast 90% der Zeit unter Wasser verbringen. Tucker vereinfacht die Arbeit sehr. Er kann die Exkremente über unglaubliche 1,8 km Abstand aufspüren. Diese haben einen Fischgeruch, der spezifisch für die bedrohten südlichen ansässigen Orcas ist, die sich im Süden von British Columbia in Kanada und Washington aufhalten. Wenn Tucker vorne im Boot steht, spürt er die schwimmenden Exkremente auf. Er springt nicht ins Wasser, wenn er die Exkremente riecht, aber gibt deutliche Zeichen, sodass die Forscher die Exkremente mit einem großen Kescher auffangen können. Diese werden dann auf Eis gelegt und ins Labor für die Hormonanalysen gebracht. Innerhalb von sechs Monaten fand Tucker 150 Exkremente. Danach konnten die Forscher feststellen, dass der Mangel an Lachs große Bedeutung für den Rückgang der Orcapopulation hat. Zunächst war angenommen worden, dass die Walsafari-Boote verantwortlich dafür waren. Der südliche ansässige Orcabestand ist von 1995 bis 2001 um 20% zurückgegangen. Giftstoffe sammeln sich im Körperfett, und wenn der Zugang zu Nahrung schlecht ist, zehren die Orcas von der Speckschicht. Dies führt zu einer Freisetzung von Giftstoffen im Körper. Daher ist ein auszureichender Zugang zu Lachs für die Wale wichtig, um ihre Chancen auf Überleben zu verbessern.[87]

Tucker auf Jagd nach Orca-Exkrementen.[88] Die Forscher sammeln die Exkremente mit Hilfe von Keschern ein. Tucker findet auch Exkremente von Bärenmardern, Wolf, Elch und Rentier. Foto: Jeanne Hyde

Die Suche nach Raubtieren an Land

An Land lebende Raubtiere reagieren empfindlich auf Störungen und die Aufteilung ihres Lebensraums durch menschliche Aktivitäten und sind häufig schwierig zu untersuchen. Sie bewegen sich über große Landgebiete, haben eine natürlich geringe Dichte und verhalten sich sehr scheu. Der Naturschutzbiologie Robert A. Long von der Universität Vermont/USA und seine Kollegen wollten 2007 verschiedene Raubtiere in ihrer Umgebung überwachen. Sie nutzten Hunde, um eventuelle Exkremente von Schwarzbär, Fischmarder und Rotluchs zu finden und konnten damit DNA für Analysen gewinnen. Die Forscher wollten auch den Einsatz von Hunden mit zwei anderen Methoden, die auch oft bei Untersuchungen von Raubtieren benutzt werden, vergleichen, nämlich Wildkameras und Haarschlingen (Einsammeln von Haaren, z. B. mit Draht). Sie fanden in einer Studie heraus, dass die Wahrscheinlichkeit beim Einsatz von Hunden, Schwarzbären zu entdecken bei 87 % lag, 84 % beim Fischmarder und 27 % beim Rotluchs.[89] In einer anderen Studie lagen die Ergebnisse bei 86 %, 95 % und 40 %.[90] Die Effektivität der Hunde führte dazu, dass diese Überwachungsmethode besser und preiswerter war als die Nutzung von Kamerafallen und Haarschlingen.[91] Der Amur-Tiger ist eine weitere Art, die extrem schwer zu beobachten ist. Es hat sich gezeigt, dass genetische Untersuchungen eine nicht sehr effektive Methode darstellen, da die genetische Variation bei den Tigern sehr niedrig ist. Die traditionelle Methode zur Überwachung der Tigerpopulation ist das Aufspüren von Spuren im Schnee in Russland. Dort wurden im Jahr 2007 von den Biologinnen Linda L. Kerley und Galina P. Salkina am Lazovsky Naturreservat Hunde darauf trainiert, Individuen der Amur-Tiger anhand der Exkremente zu identifizieren, die bei der Suche im Schnee gesammelt wurden.[92] Die Exkremente wurden ins Labor gebracht und die Hunde sollten bei einer Zirkelaufstellung den richtigen finden. Die Hunde rochen erst am Kot des Tigers, dann mussten sie ihn bei der Zirkelaufstellung, bei der auch Kot von sechs anderen Tigern aufgestellt war, wiedererkennen. Die Hunde schafften es in 87 von 100 Versuchen, den richtigen Kot zu erkennen, abhängig von der Art des Tests, der gemacht wurde. Die Forscher konnten damit auch die verschiedenen Bewegungsmuster der Tiere untersuchen und die Größe der Umgebungen feststellen, in denen sie sich aufhielten. Zu wissen, wie sich die verschiedenen Tiere in Umgebungen bewegen und wo Menschen eine Bedrohung darstellen, ist bei diesen kritisch bedrohten Arten sehr wichtig.

Solche Kartierungen können daher wichtige Informationen darüber geben, wie der Bestand verwaltet werden soll. Diese Methode kann auch eine gute Alternative zu genetischen Analysen in Exkrement-Untersuchungen darstellen, bei denen DNA-Analysen unpraktisch und ineffizient sind.[93]

Es kann schwierig sein, verschiedene Arten von Exkrementen mit dem bloßen Auge zu unterscheiden, da viele Tierarten sehr ähnliche Exkremente haben. Man glaubt, Bärenkot zu sehen und es stellt sich heraus, dass es vom Dachs ist, während Wolfskot leicht mit Hundekot und Fuchskot mit Marderkot verwechselt werden kann. Es gibt Hunde, die darauf trainiert wurden, zwischen verschiedenen Fuchsarten zu unterscheiden, wie Kitfuchs, Rotfuchs und Graufuchs[94-95] oder zwischen Braunbären und Schwarzbären.[96] Sogar Bärenforschern gelingt dies ohne teure Laboruntersuchungen nicht sicher. Hunde schafften es, alle Exkremente des seltenen Kitfuchses

Hier zeigt Mitra, ein Rhodesian Ridgeback, Bärenhaare im schwedischen Wald. Foto: Silje Vang

aufzuspüren, während gleichzeitig auch Kot von Rotfüchsen vorhanden war, jedoch waren sie weniger gut im Ignorieren der Rotfuchs-Exkremente, wenn keine Exkremente vom Kitfuchs vorhanden war.[97] Es wurden auch genetische Untersuchungen durchgeführt, bei denen festgestellt wurde, dass alle vom Hund aufgespürte 329 Exkremente von der richtigen Fuchsart stammten. Die Hunde fanden auch viermal mehr Exkremente vom Kitfuchs als ein erfahrener Mensch.

2005 lokalisierte der Hund der Wildbiologin Deborah A. Smith am Center for Conservation Biology an der Universität in Washington /USA 825 Kitfuchsexkremente.[98] Alle waren von dieser Art (bestätigt durch genetische Untersuchungen), obwohl in der Umgebung auch Exkremente von anderen Arten wie Kojote, Stinktier und amerikanischer Dachs vorkamen. Wenn die Überwachung während der Reproduktionsphase stattfindet, ist es wichtig zu bedenken, dass die Tiere ihr Markierungsmuster verändern können. Wenn die Welpen des Kitfuchses zur Welt kommen, verändern die Eltern ihr Muster, in welchem sie Fäkalien absetzen. Das macht es einfacher, die Exkremente von männlichen Tieren zu finden und schwieriger, die von weiblichen Tieren zu finden, was dazu führen kann, dass die Anzahl der Tiere im Bestand unterschätzt wird.[99]

Herausforderungen

Es ist wichtig, dass Hunde nur die Exkremente derjenigen Arten finden, die von Interesse sind. Hunde werden lernen, auch Kot von anderen Arten zu suchen, wenn die Hundeführer Interesse für die Exkremente zeigen, die den aktuell gesuchten ähneln. Wenn die Begleiter Interesse für Exkremente von anderen, ähnlichen Arten zeigen, werden sich die Hunde in Erwartung einer Belohnung hinsetzen. Die Begleiter könnten dann annehmen, dass die Exkremente von einer der gesuchten Arten sind, was dazu führen wird, dass sich der Fehler wiederholt. Training mit wenig Kot oder Kot schlechter Qualität kann die Genauigkeit senken. Die Forscherin Carly Vynne am Center for Conservation Biology und ihre Kollegen an der Universität Washington/ USA hatten 2004 nur sechs bis acht Trainingsproben der zu untersuchenden Arten zur Verfügung. Diese wurden zusammen mit Proben anderer Arten gelagert, was erklären kann, dass die Proben von den Arten, die gesucht werden sollten, von anderen Proben verunreinigt wurden. Es ist wichtig zu wissen, dass Hunde öfter Exkremente von Arten, die es häufig gibt, finden und daher häufiger belohnt werden, was ihr Interesse am Geruch der selteneren Arten mindert. Die Hunde müssen daher ständig mit den Exkrementen der seltenen Arten trainieren.[100] Wenn wir möchten, dass manche Arten nicht angezeigt werden, sollten wir dies auch auf der Geruchsplattform trainieren. Dabei können gewünschte und ungewünschte Proben nebeneinander präsentiert werden und nur dann belohnt werden, wenn der Hund die richtige Probe findet.

Die Suche nach Dachsexkrementen

Es gibt keine wissenschaftlichen Studien in Norwegen, bei denen Hunde eingesetzt wurden, um Exkremente von Vögeln oder Säugetieren zu suchen. In Europa gibt es nur eine Studie von 2012, die in Finnland durchgeführt wurde und bei denen Hunde darauf trainiert wurden, Kot von Marderhunden und Dachsen zu finden.[101] Im Gegensatz dazu sind in Nordamerika eine ganze Reihe von erfolgreichen Studien durchgeführt worden. Die HiT arbeitet nun mit der Universität Oxford an einem großen Dachsprojekt in Wytham Woods in Oxford zusammen. Hierbei untersuchen wir, wie Dachse mithilfe von Geruchssignalen kommunizieren. Einer der Partner der HiT, Chris Newman, setzte bei seiner Doktorarbeit Hunde ein, um die „Latrinen" (Plätze, an denen die Tiere sich lösen) der Dachse zu finden. In dem Jahr, in dem er ohne seinen Hund suchte, fand er 178 Latrinen, im folgenden Jahr fand er mit der Hilfe von Samson 348 Stellen.

Das Skandinavische Braunbärenprojekt

Der Leiter für das Skandinavische Braunbären-Forschungsprojekt,[102] Professor Jon E. Swenson und der Postdoc-Kandidat Andreas Zedrosser wollten 2007 mehr über die Geruchskommunikation der Bären herausfinden. Daher wurde ich kontaktiert und zur Teilnahme am Projekt eingeladen. Das Skandinavische Bärenprojekt wurde bereits 1984 in Nordschweden ins Leben gerufen. 1985 kam eine Studienumgebung im Süden dazu und seit 1987 ist es ein gemeinsames skandinavisches Projekt. Die Geländearbeit wird in Dalarnas, Gävleborg und Norrbottens Län in Schweden und im Bezirk Hedmark in Norwegen durchgeführt. Hauptziele waren immer das Verständnis für die Ökologie des skandinavischen Braunbären, die Schaffung einer wissenschaftlichen Grundlage für die Verwaltung der Arten in Schweden und Norwegen sowie Informationen für die Öffentlichkeit zur Verfügung zu stellen.

Die Forscher wussten bis 2007 wenig über die Geruchskommunikation der Bären, zum Beispiel war unbekannt, ob Bären Analbeutel haben. Vier Jahre später fanden wir heraus, dass dem so ist und mithilfe chemischer Untersuchungen erfuhren wir, dass die Analsekrete der Geschlechter verschieden sind.[103] 2012 wurde klar, dass junge, in einem Zoo lebende Bären zwischen dem Analsekret von unbekannten männlichen und weiblichen Tieren unterscheiden konnten.[104] Wir wissen bislang noch nicht, wie dieses Sekret draußen in der Natur benutzt wird.[105] Es wäre sehr spannend, Hunde darauf zu trainieren und herausfinden zu lassen, wann und wo Braunbären dieses Sekret einsetzen und ob es mit dem Kot abgesetzt wird. Die Geruchsstoffe des Kots und im Analsekret sind unterschiedlich,[106] es sollte also für einen Hund einfach sein, sie zu unterscheiden. Und welche Information findet sich im Analsekret, außer der des Geschlechts? Was ist mit dem Urin? Wo markiert der Bär? Gibt es individuelle Unterschiede bei den Urin- und/oder den Analsekretmarkierungen? Können wir Hunde einsetzen, um herauszufinden, ob eine Bärin trächtig ist? Können Hunde aus den Exkrementen der Bären verschiedene Krankheiten herausriechen? Dies sind nur einige der zukünftigen Fragen. Die Doktorandin Melanie Clapham an der Universität Cumbria in England hat die Geruchsmarkierungs-Aktivität der Braunbären (Grizzlys) an Bäumen in Kanada mit einer Kamerafalle untersucht.[107-109] Erwachsene männliche Bären setzen sich an einem Markierungsbaum nieder und setzen das Analsekret nach Möglichkeit an der Baumwurzel ab. Es wäre interessant, Hunde zu trainieren um festzulegen, ob die Bären dies tatsächlich so machen.

Das Aufspüren von Pflanzen

In den USA sind Hunde darauf trainiert worden, eingeschleppte Pflanzen aufzuspüren, die nicht natürlicherweise dorthin gehören, weil sie einheimische Pflanzen verdrängen und die biologische Vielfalt bedrohen können.[110-111] Solche Veränderungen können enorme finanzielle Kosten

Hier hat ein Hund eine seltene Flockenblumenart gefunden. Foto: Montana State University / Dogbreath Photography

verursachen und es ist wichtig, solche Pflanzenarten so früh wie möglich auszurotten. Alle Pflanzen produzieren eine Mischung aus flüchtigen organischen Verbindungen, die jeder Art einen charakteristischen Geruch verleiht. Hunde können durch ein entsprechendes Training bestimmte Pflanzenarten oder Pflanzengattungen finden. Und während es für uns Menschen schwierig ist, kleine, junge Pflanzen zu finden, schaffen Hunde dies viel besser.[112] Wenn Hunde gelernt haben, eine seltene Art von Flockenblumen zu finden, sind sie ebenfalls genauer darin als Menschen.[113]

In den USA gibt es Hunde, die eine eingeschleppte Art chinesischen Klee[114] sowie eine seltene Lupine aufspüren, welche die Wirtspflanze für eine bedrohte Schmetterlingsart ist.[115] Durch das Auffinden und eventuelle Schützen dieser Lupine hoffen die Naturschützer, auch die Schmetterlingsart retten zu können. Hunde werden auch dazu eingesetzt, eine bedrohte Baumrosenart in Neuseeland zu finden, die weltweit einzige Blume, die von Fledermäusen bestäubt wird,[116] außerdem auch für das Wiederfinden von Pflanzen, die von öffentlichen Plätzen und Wegrändern in den USA gestohlen werden.[117] In Norwegen werden verschiedene Pilzarten mit Hunden gesucht (siehe hierzu Kapitel andere Arbeitsaufgaben), aber das Potenzial ist auch für andere Pflanzenarten groß.

Vor- und Nachteile beim Einsatz von Artenschutzhunden

Ein Nachteil beim Einsatz von Artenschutzhunden ist das intensive Training und die damit verbundenen hohen Kosten. Die Hunde sind sehr mobil, aber die Begleiter können bei schwierigem Gelände nicht in gleichem Maße mithalten. Verschiedene Individuen und Rassen können sich besser als andere dafür eignen, eine bestimmte Art zu finden. Einzelne Hunde können sehr gut darin sein, Bären zu finden, aber wenn man ihnen Katzenkot zeigt, wälzen sie sich darin. Hunde können Krankheiten auf das Wild übertragen,[118] daher sind eine umfassende Impfung sowie Kontrollen beim Tierarzt wichtig und dass man Veränderungen im Gesundheitszustand des Hundes im Auge behält. Hunde können außerdem das Wild stören.[119] Peter B. Banks,

Professor für Naturschutzbiologie und die Forscherin Jessica V. Bryant von der Universität New South Wales fanden 2007 heraus, dass die Vielfalt der Vögel und ihre Anzahl in einem Waldgebiet nördlich von Sydney/Australien um 35 % beziehungsweise 41 % sank, wenn man dort mit Hunden spazieren ging.[120] Beim Einsatz von Hunden zwecks Lokalisation von Tieren im Gelände sollte das gesteigerte Risiko beachtet werden, Raubtiere anzuziehen oder das Verhalten der Art, nach der man sucht, zu verändern. Diese potenziell negativen Effekte werden bei bedrohten Arten noch problematischer. Eine Studie aus dem Jahr 2008 über kalifornische Gopherschildkröten, die vom Forscher Jill S. Heaton an der Universität in Nevada Reno/USA geleitet wurde, zeigte, dass das Risiko für die Schildkröten, von Raubtieren gefressen zu werden, nicht durch den Einsatz von Hunden gesteigert wurde. Die Anwesenheit von Hunden veränderte das Bewegungsmuster der Schildkröten auch nicht mehr, als wenn lediglich Menschen da gewesen wären. Keine Schildkröte wurde im Jahr nach der Suche von einem Raubtier gefressen.[121] In manchen Situationen kann die Anwesenheit oder der Geruch der Hunde tatsächlich Raubtiere eher vertreiben. [122-123] Das Wohlbefinden der Hunde ist ebenfalls wichtig. Wenn Hunde einem hohen Risiko ausgesetzt werden, von anderen Tieren wie Bären, Wölfen oder Giftschlangen verletzt oder getötet zu werden, ist es wohl besser, nach einer anderen Lösung zu suchen. In Parks oder Umgebungen mit vielen Menschen ist der Einsatz der Hunde durch die erhöhte Ablenkung ebenfalls nicht ideal.

Hunde können für die Suche nach verschiedenen Tierarten trainiert werden

Insekten

2011 und 2012 wurden in England Artikel über Hunde publiziert, die bis zu 33 Hummelnester von vier verschiedenen Hummelarten gefunden hatten (Mooshummel, Kleehummel, Steinhummel und Heidehummel).[124-125] Die Hunde spürten die verschiedenen Bestandteile der Hummelnester auf.

Weichtiere

Die rosige Wolfschnecke wurden in den 1930er Jahren nach Hawaii eingeführt, um eine große afrikanische Schnecke unter Kontrolle zu bringen,[126] was stattdessen damit endete, dass drei Viertel der einheimischen Schnecken auf Hawaii ausgelöscht wurden.[127] Nun werden Hunde eingesetzt, um diese Schnecken zu finden und sie zu beseitigen.

Norwegische Elchhunde wurden in den 1960er Jahren eingesetzt, um betäubte Elche oder Hirschtiere zu finden, die die Forscher in den USA aus den Augen verloren hatten, bevor das Betäubungsmittel zu wirken begann. Wenn die Forscher Hunde dabeihatten, konnten sie die Dosis des Betäubungsmittels und damit auch die Sterblichkeitsrate senken. Die Forscher rechneten damit, dass ohne den Einsatz von Hunden 19 von 49 Tieren verendet wären.[129-130] Heutzutage sind die Betäubungsmethoden wesentlich fortgeschrittener.[131] Foto: Jon M. Arnemo

The California Department of Fish and Game waren die ersten, die 2007 einen Hund darauf trainierten, Wandermuscheln zu finden. Diese Art war nicht einheimisch in Kalifornien und der Hund Popeye hilft dabei, ihrer Vermehrung entgegenzuwirken.[128]

Fisch

Hunde können illegal gefangenen Fisch aufspüren[132] und herausfinden, ob sich in Wasserproben Geruchsstoffe von Fischen befinden, die nicht in das untersuchte Gewässer gehören.[133]

Amphibien

Hunde können seltene Frösche und Salamander aufspüren.[134] In England finden Hunde Strandkröten und große Salamander. Hunde werden auf die Ausscheidungen und Schwänze einer bedrohten Salamander-Art trainiert, um beide Geschlechter von lebenden Salamandern zu finden.[135]

Reptilien

Hunde können Schildkröten in einem Abstand von 60 Metern entdecken.[136]

Vögel

Hunde finden außerdem lebende und tote Vögel sowie Federn und Eier.[137]

1. Hunde können Geruchsmarkierungen im Gelände finden. Hier hat Shib einen Markierungshaufen eines eurasischen Bibers gefunden.[148-149] Foto: Frank Rosell

2. Ein Hund hat viele verschiedene Arten von Exkrementen aufgespürt. Foto: Alice Whitlaw / Working Dogs for Conversation

3. Der Hund Apple riecht an einem toten Tuatara, findet aber auch lebende Kriechtierarten. In Neuseeland wurde Apple mit großem Erfolg eingesetzt, um seltene Kriechtierarten wie Tuatara, Grüne Baumgeckos und Waldgeckos aufzuspüren.[150] Foto: Clare Browne

4. Bailey schnuppert hier an einem Frosch. Foto: Frank Rosell

5. Hirschkälber, die sich außerhalb der Sichtweite des Hundes auf den Boden pressen, werden dennoch vom diesem entdeckt. Das deutet darauf hin, dass die Kälber einen Geruch abgeben.[151] Foto: Bart Rogers

1.

2.

3.

4.

5.

Säugetiere

Hunde werden dazu eingesetzt, Exkremente von einer Reihe verschiedener Arten in vielen verschiedenen Lebensräumen zu finden[138] wie zum Beispiel Nerz und Otter[139], Wolf, Kojote, Vielfraß, Rotluchs[140], Puma, Schwarz- und Braunbär[141], Tiger,[142] Leopard, Schneeleopard, Stinktier, Waschbär, Dachs[143], Fuchs[144] und Marder.[145-147]

Hunde finden Fledermauskot,[152] die Aufenthaltsorte verschiedener Säugetiere wie zum Beispiel die Schlafplätze von Fledermäusen,[153] Schwarzfußiltisse, die in den Löchern der Präriehunde leben[154] und Mammutreste, die unter dem Permafrost in Sibirien liegen.[155]

Hunde finden die Liegeplätze der Ringelrobben und ihre Atemlöcher[156-157] aus einem Abstand von anderthalb Kilometern (selbst wenn die Windgeschwindigkeit bis zu 46 km/h beträgt, also 12,8m/s) und in Schneetiefen von bis zu zwei Metern.[158]

Foto: fotolia@K.Thalhofer

12 Der Schädlingsbekämpfer und Gebäudeinspektor

Viele Schädlinge ziehen in unsere Häuser oder andere Gebäude ein oder richten Schäden an Bäumen an. Tor Iljar gründete 2007 die Firma DogPoint und ist einer der Schädlingsbekämpfer in Norwegen, der am häufigsten Hunde für seine Arbeit einsetzt.[1] Iljar hat Hunde darauf trainiert, Schädlinge wie Ameisen zu finden (unter anderem Rossameisen und schwarze Waldameise), Wanzen und lebende Nager (unter anderem braune Ratten, Waldmäuse und Hausmäuse). Seine Hunde finden auch Kadaver und Fäulnisschäden. Demi, ein zweieinhalbjähriger Jagdlabrador, findet Wanzen, Ameisen, Kadaver und Fäulnisschäden, während der zweijährige Jagdlabrador Andrea Spezialist für Wanzen und Ameisen ist. Sie finden die Ameisenbauten mit Puppen, Kokons, Larven und Königinnen. Wenn der Bau der Ameisen mitsamt Königin entfernt ist, fehlt die Lebensgrundlage für die Kolonie und das Problem ist damit behoben. Iljar kann auch vier Jack Russel-Terrier einsetzen, die lebende und tote Nager und ihre Nester finden. Wenn Mäuse und Ratten zwischen den Wänden eines Hauses sterben, nachdem sie Gift gefressen haben, entwickelt sich nach einer Weile ein sehr unangenehmer Geruch. Iljar berichtete von einem großen Haus, in dem es laut Aussage des Besitzers „überall" im Wohnzimmer gestunken habe. Aber beide Hunde, die Iljar dabei hatte, wollten in den Flur. Hier war kein Gestank bemerkbar, aber beide Hunde zeigten an der Treppe zum ersten Stock an. Handwerker entfernten Teile der Wand und es stellte sich heraus, dass die Hunde Recht hatten. In der Wand lagen drei große tote Ratten. Wenn man Hunde einsetzt, um solche toten Tiere zu lokalisieren, braucht man nicht mehr als einen kleinen Teil einer Wand zu öffnen, was dazu führt, dass der Hausbesitzer viel Geld sparen kann. Auch Versicherungsgesellschaften können Geld sparen, indem sie Schädlingsbekämpfer, die Hunde einsetzen, bestellen. Demi und Andrea markieren Eier, Nymphen und erwachsene Wanzen, während sie den Geruch von toten Tieren ignorieren. Bei einem Versuch an der HiT haben wir drei Wattebäusche mit Wanzengeruch ausgelegt. Iljar hatte mehrere Gläser mit lebenden Wanzen dabei. Indem die Wattebäusche über diese Gläser gehalten wurden, wurde genug Geruch der Tiere übertragen, sodass die Hunde ihn wieder erkannten. Er befahl den Hunden, zu suchen und es dauerte nicht lange, bis Demi und Andrea die Stelle anzeigten, an der der Wanzengeruch ausgelegt worden war.[2]

Bücher können im Übrigen Wanzen verbreiten. Sie können mit den Büchern in und aus der Bibliothek „trampen“. Wanzen sind ein zunehmendes Problem für viele Bibliotheken in den USA geworden. Wenn man ein Buch in der Bibliothek ausleiht, sollte man gründlich nach kleinem Ungeziefer und ihren Ausscheidungen suchen, die wie schwarze Flecken oder Tintenklekse aussehen.[3]

Der Jagdlabrador Andrea sucht nach Wanzen in einer Bibliothek in der Hochschule Telemark in Bö. Es wurden keine gefunden. Foto: Frank Rosell.

Die Suche nach Schädlingen

Hunde finden schädliche Insekten viel leichter als Menschen, denn im Gegensatz zu uns können sie dieses kleine Ungeziefer riechen. Sie sind schneller als wir, erreichen leichter beengtere Stellen und können uns somit viel Arbeit ersparen. Hunde machen eine wichtige Arbeit und können verhindern, dass Schädlinge große Probleme verursachen. Einige Schädlinge saugen unser Blut, andere richten Schaden im Weinbau, an Obst- oder anderen wertvollen Bäumen an. Einige schaden anderen Tieren innerlich oder äußerlich. Der Einsatz von Hunden zum Auffinden von Schädlingen kann große finanzielle Vorteile haben und wenn man die Insekten ausrottet, sinkt natürlich das Risiko für einen Wiederbefall.

Die Suche nach Bettwanzen

Im Hotel gibt es nichts zu beklagen, es ist ja ein Fünf-Sterne-Hotel, aber warum sind da so viele rote Flecken am Körper, die jucken? Das fragen sich immer mehr Menschen. Es ist sehr wahrscheinlich, dass es sich um Wanzenbisse handelt. Wanzen werden von der Wärme, die wir ausstrahlen, angezogen, sowie vom Kohlendioxyd der ausgeatmeten Luft und einigen Geruchsstoffen wie Aldehyden und Ketonen, die von unserer Haut freigesetzt werden.[4] Bettwanzen sind in den letzten Jahren eine Plage in vielen Hotels weltweit geworden und selbst die saubersten Hotelzimmer können von Schädlingen befallen sein. In New York stieg die Anzahl der berichteten Fälle von Wanzenbefall von 537 im Jahr 2004 auf fast 13.000 im Jahr 2010. Die Steigerung ist zum Teil dem vermehrten Reiseaufkommen in den Gegenden in der Welt geschuldet, in dem Wanzen häufiger vorkommen.[5]

Wanzen gibt es unter anderem auch in Campinghütten, Studentenwohnheimen und im Kino. In unseren Häusern verstecken sie sich in erster Linie in Betten und Sofas, aber auch an anderen Plätzen.[6] Egal, wo sie sich verstecken, wir können morgens mit Bissen aufwachen. Die Anzahl der Wanzenvorkommen hat auch in Norwegen zugenommen.[7] Zum großen Teil ist die Zunahme durch das Verbot von DDT (Dichlor-Diphenyl-Trichlorethan) bedingt, das 1970 eingeführt wurde. Norweger reisen mehr, was das Risiko steigert, dass Wanzen als blinde Passagiere eingeführt werden. Sie können in unserer Kleidung „trampen", in der Bettwäsche oder im Gepäck. In vielen Ländern werden Schädlingsvernichtungsmittel eingesetzt, um Wanzen zu töten, die auch in den Hotels versprüht werden. 2011 starben acht Menschen in einem Hotel in Thailand. Es wird behauptet, dass die Hotelzimmer mit dem giftigen Schädlingsbekämpfungsmittel „Pyrophus" eingesprüht worden waren, das in vielen Ländern für die Anwendung in Innenräumen verboten ist.[8]

In England,[9] USA, Australien,[10-12] Thailand[13] und Norwegen wurden Hunde darauf trainiert, diese Schädlinge zu finden, weil es schwierig ist, sie mit dem bloßen Auge zu sehen. Es ist wichtig, diese Schädlinge früh zu entdecken, bevor der Befall zu groß wird. Wanzen sind nur 4-5mm lang und 3 mm breit. Eine weibliche Wanze legt täglich 1-5 Eier und kann im Lauf ihres Lebens 200-500 Eier legen[14], die nacheinander über 10 Tage bebrütet werden. Wanzen besitzen Stinkdrüsen und haben daher einen sehr charakteristischen und für Hunde gut erkennbaren Geruch. Die Forscherin Margie Pfister an der Universität in Florida/USA und ihre Kollegen trainierten 2008 Hunde darauf, Wanzen zu finden. Die Hunde fanden 98 % der lebenden Wanzen in Hotelzimmern. Sie fanden die Wanzen auch, wenn nur eine einzige Wanze im Zimmer war. Sie konnten die Wanzen auch von anderen Tieren wie Kakerlaken, Termiten und Ameisen sowie lebende Wanzen von Eiern und anderen Wanzenteilen wie Schalenresten, Exkrementen oder toten Tieren unterscheiden. Hoteldirektoren sollten, bevor Klagen von Gästen kommen, die Zimmer in regelmäßigen Abständen von Hunden durchsuchen lassen.[15] Hunde reagieren auch auf das Filterpapier, das nur die Alarmpheromone der Wanzen enthält.[16] Wenn sich die Wanzen weit über den Köpfen der Hunde befinden und der Luftstrom den Geruch nach oben zieht, können sie die Tiere übersehen. Es sind solche Fehler, die manche am Nutzen der Hunde bei solchen Aufgaben zweifeln lassen. Aber die Erfahrung zeigt, dass Hunde oftmals Tiere finden, die für Menschen schwer zu entdecken gewesen wären.

Die Suche nach Borkenkäfern

In Norwegen stellt der Borkenkäfer ein großes Problem für Waldbesitzer dar. Die schwedische Organisation Snifferdogs hat Hunden beigebracht, den Geruch von Borkenkäfern zu erkennen. Die Käfer befallen lebende Nadelbäume und übertragen auch den Pilz Ceratostoma pilifera.[17] Die Hundetrainerin Annette Johansson von der schwedischen Landwirtschaftsfakultät begann im Winter 2008, den Hund Meja auf synthetische Geruchsstoffe vom Borkenkäfer zu trainieren. Im Sommer 2009 testete sie Meja im Gelände und fand befallene Nadelbäume. Später hat Johansson auch den Hund Aska trainiert. Beide Hunde erkennen vier verschiedene Pheromone von diesem Käfer. Der Schaden kann daher zu einem frühen Stadium festgestellt werden. Sie spüren befallene Bäume in einem Abstand von über hundert Metern auf.[18]

Hund können auch darauf trainiert werden, Borkenkäfer in der Rinde von Nadelbäumen zu finden. Foto: fotolia@ Carola Schubbel

Schädlingssuche international

Die Forscher William E. Wallner und Thomas L. Ellis an der Michigan State Universität /USA setzten bereits 1976 Schäferhunde ein, um Schwammspinner zu finden, die zu den Schädlingen gezählt werden.[19] Im Gelände fanden sie Eier auf Steinen, Bäumen und Rinde, die im Abstand von zwei Metern gefunden wurden. Die Schmeißfliege ist ebenfalls ein lästiger Parasit. Wenn sie erwachsen sind, fliegen die Weibchen umher und suchen nach Tieren oder Menschen mit offenen Wunden. Entlang der Wundränder können sie Hunderte Eier legen. Nach einigen Stunden sind die Eier ausgebrütet und die Larven tauchen auf. Die Larven graben sich in die Haut ein, wo sie eine Nahrungsquelle haben. Es ist äußerst unangenehm, solche Larven in Wunden zu haben. Menschen und Tiere können an solchen „Larvenangriffen" sterben. Die Schmeißfliege kann auch der Grund für große finanzielle Unkosten sein. Diese Insekten sind in Nordamerika gänzlich ausgerottet, bis zur Nordgrenze von Guatemala und Belize. Es ist wichtig, diese Schädlinge zu finden, sodass sie sich nicht wieder verbreiten können. Daher ist zum Beispiel die Untersuchung von Haustieren an Flugplätzen in Ländern, wo es diese Schädlinge nicht gibt, besonders wichtig. Hunde können auch dafür eingesetzt werden, um Menschen, Tiere und Fahrzeuge auf Quarantänestationen zu untersuchen. Der Hund des Forschers John B. Welch vom Srewworm Research in San Jose in Costa Rica fand bei einem Versuch 95 % der Tiere, die infizierte Wunden hatten.[20]

Triatominae (gehören zur Familie der Raubwanzen) sind blutsaugende Insekten, die Parasiten über den Blutweg übertragen und wiederum zur Chagas-Krankheit führen,[21] an der in Lateinamerika und USA 16-18 Millionen Menschen leiden. Früher nahm man an, dass auch der britische Naturforscher Charles Darwin an der Chagas-Krankheit starb, da er von dieser Raubwanze gestochen wurde,[22] aber heutzutage spricht vieles dafür, dass er an einer Laktoseintoleranz verstorben ist.[23] „Chagas-Wanzen" sind nachtaktiv und leben häufig in Spalten von Hauswänden. Es kann bedrohlich sein, da sie oft in der Nähe der Augen beißen.[24] Der Hund des Forschers Miriam Rolon vom Centro para el Desarrollo de la Investigacion Cientifica i Asuncion in Paraguay fand die Chagastegene hauptsächlich in gefällten Bäumen. Neben den erwachsene Individuen und ihre Nymphen entdeckte er auch drei andere Raubwanzenarten. Mit ihnen hatte er zuvor keinen Kontakt, was darauf hin deutet, dass die Nymphen und die drei anderen Wanzenarten die gleichen Geruchsstoffe hatten wie die erwachsenen Individuen, auf die er trainiert wurde. Der Hund erkannte allerdings nicht die Exkremente dieser Wanzen.[25] In Nordamerika finden Hunde auch den „Asian Longhorned Beatle" (eine Art Baumkäfer), der verschiedenen Laubbäumen und Büschen schadet.[26]

Die Larven des roten Palmrüsselkäfers können an Palmen in tropischen Bereichen Asiens große Schäden anrichten. 1994 verbreitete sich der Käfer unter anderem bis Spanien, 2006 wurde er in Frankreich entdeckt. Vom Befall bis zum Abtöten des Baumes durch die Larven können sechs Monate vergehen. Die Larven leben vom weichen Pflanzengewebe im Stamm, was zu Gängen innerhalb der Palmen führt. Bei starkem Befall werden die Palmen geschwächt und sterben ab. Meist wird der Schaden zu spät entdeckt. Es ist ungeheuer wichtig, den Befall früh zu erkennen, sodass die richtigen Maßnahmen getroffen werden können, um die Palmenplantagen zu retten. Es wurden daher im Jahr 2000 zwei Golden Retriever vom Forscher Joseph Nakash und seinen Kollegen vom The Peres Center for Peace in Israel ausgebildet, um das braun-gelbliche Sekret zu erkennen, das von befallenen Palmen sezerniert wird. Um die Hunde zu testen, sammelten die Forscher das Sekret ein und trugen es an anderen Bäumen in der Plantage auf. Die Hunde fanden die Bäume rasch und waren zu 100 % treffsicher. Außerdem fanden sie infizierte Bäume, die noch nicht erkannt worden waren.[27-28]

Die Schmierlaus, die in Weinbergen entlang der Küste Kaliforniens lebt, war wiederholt Ursache für das Absterben von Rebstöcken. Es ist eine fremde Art, die 1994 nach Kalifornien eingeschleppt wurde.[29] Die Schmierlaus verbreitet sich von Land zu Land über importiertes Pflanzenmaterial.[30] Für die Winzer ist es sehr schwer, diese winzigen Schädlinge mit bloßem Auge zu entdecken und unmöglich, sie zu riechen. Die Schmierläuse verstecken sich unter der Rinde und in den Wurzeln. Sie greifen die Trauben an und hinterlassen Honigtau (eine zuckerhaltige Ausscheidung), welches ein ideales Milieu für Rußtau (eine Schimmelpilzart) und andere Krankheiten bildet.[31 32] Das führt dazu, dass die Blätter der Weinrebe schwarz und nass werden und die Trauben eine klebrige, widerliche Masse bilden, die für die Weinproduktion absolut unbrauchbar ist.

Honigtau zieht auch andere Insekten an, wie zum Beispiel Ameisen und die Schmierlaus kann auch Überträger des Weintraubenvirus sein. Bonnie Bergin, die das Assistance Dog Institute in Santa Rosa/USA leitet, hat seit 2005 Golden Retriever dazu ausgebildet, die Geruchsstoffe zu erkennen, die die weiblichen Schmierläuse im April und Mai einsetzen, um die Männchen anzulocken. Die Weibchen können nicht fliegen und die Geruchsstoffe sind daher eine effektive Art, einen Partner anzuziehen. Das Training beginnt bereits im Welpenalter. Die Mütter bekommen eine synthetische Version auf die Pfoten geschmiert, bevor sie die Welpen säugen, sodass die Welpen in einem frühen Alter an den Geruch der Schmierlaus gewöhnt werden. Findet man diese Schädlinge bereits zwischen Januar und März, wenn sie unter der Rinde sind, können die Winzer die befallenen Reben behandeln. Sie können ein oder zwei Trauben entfernen und brauchen nicht die ganze Plantage zu behandeln. Somit können die Plantagenbesitzer große Mengen Insektenmittel vermeiden, die nicht nur teuer, sondern auch umweltschädlich sind.[33]

Termiten sind in Nordamerika vorkommende Schädlinge, deren Lokalisierung in Gebäuden sehr schwierig ist. In Norwegen gibt es keine Termiten, aber Rossameisen, die sich ähnlich verhalten. Diese Schädlinge fressen Holz und können daher große Schäden verursachen, deren Reparatur teuer ist. Beide Arten verursachen große Schäden, bevor sie gefunden werden und es wird geschätzt, dass Termiten allein in Amerika jährlich Schäden an Gebäuden in Höhe von fünf Milliarden US-Dollar verursachen. Die Schädlingsbekämpfung begann bereits Mitte der 1970er Jahre mit dem Einsatz von Hunden zum Aufspüren der Termiten.[34-35] Die ersten Ergebnisse waren nicht sonderlich zufriedenstellend, was sicherlich an einem unzureichenden Training und verunreinigtem Trainingsmaterial lag.[36] In einer Studie von 2004, die der Entomologe Shawn E. Brooks an der Universität Florida/USA leitete, fanden die Hunde 96 % der Arbeitertermiten. Die Hunde machten nur in 3 % der Versuche Fehler. Bei vier anderen Termitenarten fanden sie in 89 % bzw. 100 % der Fälle die Arbeitertermiten. Die Hunde unterschieden auch zwischen anderen Insektenarten wie Kakerlaken und Ameisen und dem von Termiten beschädigten Baumaterial.[37]

In Südkorea wurde Hunden beigebracht, Termiten in Tempeln, die aus Holz gebaut sind, zu finden. In den USA und Japan wurden Hunde darauf trainiert, Termiten in Bäumen, Holzprodukten und Telegrafenmasten zu finden. In Abu Dhabi in den Vereinigten Arabischen Emiraten spüren Hunde Termiten und andere Larven in Dattelpalmen und Telegrafenmasten auf. Dadurch können Schäden behoben werden, bevor sie zu groß werden.[38]

Feuerameisen kamen ursprünglich in Südamerika vor und haben sich unter anderem zu Beginn des 21. Jahrhunderts nach Taiwan verbreitet. Diese Ameisen sind berüchtigte Schädlinge in Taiwan, da sie landwirtschaftliche Produkte zerstören und sowohl die Gesundheit der Menschen als auch der Haustiere schädigen können und zudem die lokalen Arten beeinflussen. Nach einer langen Trainingsperiode sowohl drinnen als auch draußen finden nun Hunde (Beagle) diese Ameisen mit großem Erfolg (>98 %). Ameisen können sich in der Erde, auf Bauernhöfen, in Gewächshäusern und in Gewässern aufhalten. Die Hunde können diese Art von drei anderen Ameisenarten unterscheiden und ihre Bauten draußen in der Natur auffinden.[39]

Die Suche nach Pilzen und Bakterien

Diverse Pilze und Bakterien können dazu führen, dass Holz und andere Baumaterialien faulen. Sporen, Staub und verfaultes Material können Allergien und andere Probleme bei den Hausbewohnern auslösen.[40] Menschen, die in solchen Häusern leben, können auch unter Müdigkeit, Kopfschmerzen, Hautproblemen, Atembeschwerden und Gelenkschmerzen leiden.[41] In den 1980er Jahren begann man damit, Hunde einzusetzen, um von Mikroorganismen verursachte Schäden zu entdecken. Dies geschah zuerst in Schweden[42], später in Dänemark[43], Finnland[44] und den USA.[45] Der erste „Pilzhund“ 1991 in Norwegen war ein schwedischer Schäferhund, der verfaulte Telefonmasten finden sollte.[46]

In Schweden wurden Hunde in den 80er Jahren eingesetzt, um Fäulnisschäden in Telefon- und Strommasten sowie Schimmelbefall in Gebäuden zu lokalisieren.[47] Die Hunde lernten, verschiedene Schimmelarten zu erkennen.[48] Schimmelpilze wachsen oft an schwer zugänglichen Stellen hinter Wänden, im Boden oder hinter diversen Installationen. Hunde sind sehr effektiv im Absuchen von großen Gebäuden wie Schulen oder Bürogebäuden und bekommen schnell einen Überblick, wo sich die Organismen finden. Ein Gebäude mit 200 Räumen kann im Lauf von acht Stunden untersucht werden. Hunde werden daher immer häufiger eingesetzt, um Schimmelpilze zu finden.[49] In Schweden sind sie auch darauf trainiert worden, alten, flüssigen Spachtel zu finden, der in sehr feuchtem Milieu vorkommt. Diese Spachtelmasse enthält Fischprotein.[50]

Schädlingsbekämpfungsfirmen

Die Hunde von Tor Iljars Dogpoint finden Fäulnisschäden rasch und in einem frühen Stadium, sodass eventuelle Renovierungsarbeiten an Gebäuden stark begrenzt werden können. Der Schaden tritt schleichend ein. Erst wenn die Holzteile an der Außenseite beschädigt sind, bemerkt man, dass etwas nicht stimmt. Manche sind gut darin, ausgesetzte Stellen nach solchen Schäden zu untersuchen, aber viele entdecken den Schaden zu spät. Iljars Hund Demi kann Stellen markieren, an denen ein Fäulnisschaden entsteht, sodass der Schaden zu einem frühen Zeitpunkt behoben werden kann.[51-52]

Ellen Saugerud Karlsen und Ove André Karlsen führten früher die Firma Athena Sopp- og Skadedyrpåvisning (Athena Pilz- und Schädlingsnachweis). Sie haben Englische Springer Spaniel eingesetzt, um verschiedene Pilzarten zu finden. Die Trefferquote der Hunde war sehr hoch, beinahe 100%. Die Hunde markierten schon kleinen Pilzbefall, der durch ein Wasserleck verursacht wurde. Sie konnten zum Beispiel im Bad markieren, wo Schimmel in den Fugen oder im Abfluss war. Wenn sie an den Wänden im Bad markierten, war der Schaden meist größer, dann wurden Proben genommen und zur Analyse ins Labor geschickt.[53]

Fäulnishunde untersuchen Strommasten in Norwegen

Nettpartner, der in Norwegen größte Anbieter für elektrische Infrastruktur, begann 2004 mit dem Einsatz von Hunden, um Fäulnisschäden in Niedrig- und (hauptsächlich) Hochspannungsmasten sowie Telefonmasten aufzufinden. Der Verantwortliche und Hundetrainer Cato Sletten hat für Nettpartner im Östland viele Aufträge erledigt. Im Sommer 2013 wurden fünf Hunde für diese Arbeit eingesetzt, meist Malinois sowie Flat Coated Retriever und Labrador Retriever. Dies ist eine effektive Methode, um zu überprüfen, ob die Masten in einem guten Zustand oder aber von Fäulnis befallen sind. Die Hauptsaison erstreckt sich vom Frühjahr (April), wenn der Boden frostfrei ist, bis November, wenn der Frost wieder einsetzt. Früher haben Monteure die Masten überprüft. Dies geschah, indem sie an die Masten klopften oder nach „Schäden" lauschten. Intakte und solide Masten sind entscheidend für die Stromversorgung.[54] Hunde brauchen nur fünf bis zehn Sekunden, um herauszufinden, ob die Masten von Fäulnis befallen sind oder nicht.[55] Slettens Hund Cleopatra, genannt Cleo, gräbt fieberhaft an einem Mast, wenn sie Fäulnis entdeckt. Der Schaden ist meist im Bodenbereich (von 45 cm unter der Erde bis 15 cm oberhalb), wo Feuchtigkeit, Pilze, Bakterien und Verunreinigungen durch natürliche Risse im Holz oder von Insekten verursachten Gängen in den Mast gelangen können.[56]

Es kommt vor, dass Hunde Fäulnis in einer Höhe von einem Meter über dem Grund finden. Ist die Fäulnis weiter oben, versuchen die Hunde, an den Masten hochzuklettern. Steht der Mast im Wasser oder auf Stein, kann er lange stehen, ohne von Fäulnis befallen zu sein. Ein Hundeteam schafft es an einem Tag, ca. 100 – 150 Masten zu untersuchen, natürlich abhängig vom Gelände und der Zugänglichkeit. Dabei sind ungefähr 4 – 6 % der kontrollierten Masten so verfault, dass sie ersetzt werden müssen, der Preis pro Mast beträgt ungefähr 27.000 Kronen, also ungefähr 3.300 Euro).[57] Indem man die Masten rechtzeitig austauscht, bevor sie umstürzen, können enorme Kosten eingespart werden. Außerdem kann vielen Kunden ein Stromausfall aufgrund eines defekten Mastes erspart werden. Ein Hundeteam überprüft ca. 10.000 Masten pro Jahr,[58] insgesamt schafft es Nettpartner, 50.000 Masten pro Jahr zu kontrollieren.

Die Suche nach Bakterien- und Pilzschäden im Ausland

Fäulnis an den Wurzeln bei verschiedenen Zier- oder Obstbäumen ist ein Problem in den bewohnten Gebieten im Süden Taiwans. Laubbäume bekommen braune Blätter und sterben plötzlich ab. Es ist der Gemeine Feuerschwamm, der diese Wurzelfäulniskrankheit auslöst.[59] Diese Pilze sind typische Wundfäulnispilze und die Krankheit tritt auf, wenn die Bäume Verletzungen bekommen, zum Beispiel, wenn Äste abbrechen oder ähnliches. Fäulnis ist in erster Linie ein Zeichen dafür, dass die Bäume alt sind. Je älter die Bäume sind, desto mehr sind sie Fäulnisinfektionen ausgesetzt. Die Fruchtkörper der Pilze (Fortpflanzungsorgane) finden wir meist etwas weiter oben am Stamm.[60] Spezialsuchhunde, die an der National Pingtung University of Science and Technology ausgebildet werden, und der Hundetrainer Wei-Lien Chi erkennen die Krankheit, bevor die Stämme umfallen und zur Verletzungsgefahr für Menschen werden.[61] Zitrusfrüchte wie Apfelsinen, Zitronen, Clementinen, Mandarinen und Grapefruit können von einer bakteriellen Infektion namens Citrus Greening Disease (Huanglongbing, HLB) betroffen sein. Diese Krankheit wird von Blattflöhen übertragen. [62-63] Diese Sauger verursachen große Schäden bei der Ernte in den Südstaaten Nordamerikas. Die Insekten kamen 2005 nach Florida und 2008 nach Kalifornien. Ihre Nymphen produzieren ein Gift, was unter anderem dazu führt, dass die Blätter sich nicht normal entwickeln werden und befallene Früchte klein und verfärbt sind. Der Fruchtsaft enthält viel Säure und wird unnormal bitter. Die befallenen Früchte behalten ihre grüne Farbe, auch wenn sie reif sind und haben aufgrund der kleinen Größe und schlechten Qualität keinen Wert. Es gibt keine Behandlung gegen diese Krankheit. Das einzige, was dagegen getan werden kann, ist, die kranken Bäume zu einem frühen Zeitpunkt zu entfernen, um eine Ausbreitung zu vermeiden.[64] Im Herbst 2010 wurde diese Krankheit an Christsternen entdeckt, die nach Norwegen

Cato Sletten, der für die Firma Nettpartner arbeitet, und sein Hund Cleopatra, eine achtjährige Malinoishündin und Expertin im Auffinden von Fäulnisschäden an Strommasten. Hier markiert sie einen Mast, der ausgetauscht werden muss. Foto: Frank Rosell importiert wurden.[65] Der Forscher Tim Gottwald am U.S. Department of Agriculture's Horticulturel Research Laboratory in Fort Pierce/USA begann 2010 Hunde einzusetzen, um befallene Bäume zu lokalisieren. Bislang haben die Hunde 97 – 99 % der infizierten Bäume und auch die infizierten Früchte gefunden.[66]

In Alabama finden die Hunde des Forschers Lori Eckhardt an der Auburn University auch kleine Käfer, die Überträger von Pilzen sind, die wiederum die Wurzeln von Kiefern angreifen und zerstören. Die Hunde Opie und Charme sind darauf trainiert, diese Pilze (Leptographium, Grosmannia und Heterobasidion) aufzuspüren (in Norwegen gibt es eine ähnliche Kiefer- und Fichtenwurzelkrankheit). Die Forscher möchten die Wurzeln nicht ausgraben, da dies viele Stoffe freisetzt, die noch mehr Käfer anziehen können. Hunde hingegen stören die Käfer nicht und verbreiten so auch nicht die Pilze.[67-68]

Ein Beagle hat holzzerstörende Pilze an einem Baum im Chungshan-Park in Taiwan gefunden. Foto: Wie-Lien Chi

Die Hundetrainerin Sharon C. de Wet aus Australien trainierte 2013 den Labrador Retriever Baz darauf, eine Bakterieninfektion in Bienenstöcken zu finden. Diese Krankheit führt dazu, dass die Larven der Honigbienen in ihren Zellen sterben. Die Hunde suchen nach diesem Geruch. Bakterielle Krankheiten können große finanzielle Verluste verursachen und ein zunehmendes Problem in vielen Gegenden der Welt werden. Baz inspizierte 51 Bienenstöcke. Er fand alle infizierten Bienenstöcke mit diesen Bakterien (Sensitivität) und 76% der Bienenstöcke, die nicht von dieser Krankheit befallen war. (Spezifität).[69]

Suche nach Rundwürmern bei Schafen

Hunde können anderen Tieren helfen, die Träger von inneren Parasiten sind. Die australische Forscherin Kate M. Richards leitete 2008 an der Universität La Trobe in Viktoria /Australien ein Projekt, das klären sollte, ob Hunden beigebracht werden kann, Rundwürmer aufzuspüren, die in Schafsdärmen leben.[70] Es war die Rede von drei verschiedenen Arten von Rundwürmern und man wollte herausfinden, in welchem Stadium die Hunde den Befall frühestens feststellen konnten. Die Hunde wurden mit neun Papiertüten getestet, in denen sich Schafskot von nicht infizierten Schafen befand und eine Tüte mit Kot von einem infiziertem Schaf. Diese wurden nach Zufallsprinzip in einem Kreis angeordnet und die Hunde konnten dann an den Tüten riechen. Die Tüte mit dem infizierten Schafskot enthielt entweder Kot von einem Schaf, das mit einem der Würmer infiziert war, oder einer Mischung von allen dreien. Im Lauf von 80 Versuchen hatten die Hunde eine durchschnittliche Erfolgsquote von 76-80%, abhängig von der Art der Rundwürmer. In den Tests mit allen drei Rundwürmern hatten sie eine Erfolgsrate von 92%. Wenn der infizierte Kot eine Woche alt war, sank die Erfolgsrate auf 85%.

Diese Studie zeigte, dass Hunde darauf trainiert werden können, eine Infektion mit Rundwürmern im Schafskot zu finden. Wenn wir die chemische Zusammensetzung dieses Geruchs finden, können wir sensitive elektronische „Nasen“ bauen, die Parasiteninfektionen effektiv bei allen Schafen einer Herde entdecken können.[71]

Border Collies nutzen ihre Nase, um verloren gegangene Schafe in den Bergen zu finden, aber sie können auch Rundwürmer im Schafsdarm entdecken. Foto: Frank Rosell.

Die Suche nach Räudemilben bei Gämsen

In den unzugänglichen Gebieten der italienischen Alpen haben der Forscher Samer Alasaad von der Universität Zürich und seine Kollegen 2012 Hunde trainiert, Gämsen zu finden, die an einer Hautkrankheit leiden, welche von parasitären Räudemilben hervorgerufen wird. Nach einigen Monaten sterben die Tiere oft in Folge einer Kombination von Abmagern, Infektionen und Dehydrierung. Der Geruch von Tieren mit Räude ist einzigartig. Die Hunde fanden 292 tote Tiere mit der Hautkrankheit und 63 kranke Tiere. Die infizierten Tiere wurden identifiziert, aus dem Rudel ausgesondert und von den Forschern gefangen. Sowohl tote als auch lebende infizierte Tiere sind eine potenzielle Infektionsquelle für andere Gämsen und Tierarten in der Umgebung sowie auch für Menschen.[72] Die Räudemilbe kann starken Juckreiz beim Menschen hervorrufen, ist aber nicht gefährlich. Viele andere Säugetiere sind ebenfalls mögliche Wirte für die Milben. Hunde, Kühe, Schweine, Ziegen und Rotfüchse bekommen oft diese Hautkrankheit, die sowohl zu großen Beschwerden bei den Tieren wie auch zu hohen Kosten führt.[73] Hunde können auch dafür eingesetzt werden, infizierte Rotfüchse in Norwegen zu finden. In einer Langzeitstudie zu Rotfüchsen in Norwegen fanden die Doktorandin Rebecca K. Davidson und ihre Kollegen am Veterinärmedizinischen Institut in Oslo 2008 heraus, dass die Füchse sich daran gewöhnten, mit den Parasiten zu leben und manche von ihnen wieder gesund wurden. Tiere mit diesen Parasiten hatten allerdings eine deutlich schlechtere körperliche Verfassung als Tiere ohne Infektion.[74]

Die Suche nach Ratten in New York

Wo Menschen leben, leben auch Ratten. In vielen Städten sind Ratten ein großes Problem, wie zum Beispiel in New York. Sie leben in der Kanalisation und an Stellen mit viel Abfall. Daher haben Mitglieder von The Ryders Alley Trencher-fed Society (RATS) ihre Hunde darauf trainiert, Ratten aufzuspüren und diese zu töten.[75] Die Hunde arbeiten im Team. Ein Hund spürt die Ratte auf und bellt und ein zweiter fängt sie, wenn sie zu fliehen versucht. Bereits 1851 begann man damit, Hunde (Terrier) einzusetzen, um Ratten in London zu fangen. Es gibt sogar eine eigene amerikanische Rasse, die „Rat Terrier", Rattenterrier heißt. Heutzutage gibt es auch eine Sportart in Amerika, die Scheunenjagd heißt. Hier haben die Hunde zwei Minuten Zeit, um in einem Labyrinth von Heuballen zu spüren und sollen danach

Bei der Sportart Scheunenjagd, die in Amerika betrieben wird, haben Hunde zwei Minuten Zeit, um in einem Labyrinth von Heuballen Ratten aufzuspüren, die sicher in einem Rohr liegen. Danach müssen sie anzeigen, wo sie die Ratten gerochen haben. Foto: Janet Oatney

anzeigen, wo sie Ratten gerochen haben. Die Ratten nehmen keinen Schaden und liegen sicher in einem Rohr. Der Hundesport hat sogar eine eigene Facebook-Gruppe, die sich Barn Hunt Association, LLC nennt.

Zukünftige Möglichkeiten

Es ist möglich, Hunde auch dafür einzusetzen, viele andere Schädlinge zu finden und die Bestände zu überwachen als die bisher genannten, wie zum Beispiel die Nester der afrikanischen Honigbiene (auch Killerbiene genannt), die jedes Jahr viele Menschen in Südamerika töten.[76] Und was ist mit Läusen und Flöhen? Können Hunde die neuen Mitarbeiter der Gemeindeschwestern in Kindergärten und Grundschulen werden? Die Anzahl von Zecken hat dramatisch zugenommen. Vielleicht sollten Sie ihrem Hund beibringen, den Geruch von Zecken zu erkennen,[77] so dass er Sie immer untersuchen kann, wenn Sie draußen waren?

Es gibt ständig neue Schädlingsarten, die die Insekten bedrohen, die es in Norwegen schon gibt.[78] Die dunkle Erdhummel ist ein Beispiel für eine solche neue Bedrohung.[79] Das gleiche gilt für den Asiatischen Marienkäfer und die Drüsenameise,[80] die eine verwandte Art der Hypoponera Punctatissima (Ameise aus der Unterfamilie der Urameisen) ist.[81] 2004 fand man viele Hundert Argentina-Arbeitsameisen in zwei Wohnungen in Sandnes in Rogaland. Sie fressen Nahrungsmittel, sind sehr lästig und können sehr schwierig zu beseitigen sein.[82] Die Ameisen kamen mit einem Pferdetransport aus Südeuropa ins Land. Nun hat auch das Norwegische Institut für Naturforschung (NINA) ebensolche gefunden, als Container mit importierten Pflanzen untersucht wurden. Diese Ameisen sind recht aggressiv und bedrohen auch andere, einheimische Ameisenarten. Nun wird befürchtet, dass die Argentina-Ameisen eine noch größere Plage als die spanischen Wegschnecken werden.[83]

Die Suche nach Gasleckagen

Grubenarbeiten sind aufgrund des Risikos für Gasleckagen gefährlich und schon viele Menschen haben ihr Leben bei Grubenunglücken verloren. Die Grubenrettungsmannschaften hatten früher Kanarienvögel in kleinen Vogelbauern nach einem Brand oder einer Explosion dabei. Wenn die Vögel zu singen aufhörten, wurde es Zeit, wieder ins Freie zu kommen, da dies ein Zeichen dafür war, dass das giftige Kohlenmonoxid in der Luft war. Dies ist ein farb- und geruchloses Gas. Die Kanarienvögel funktionierten als ein Frühwarnsystem, da sie 15 Mal empfindlicher als Menschen auf diese Gase reagieren[84] und daher bereits starben, bevor die Grubenarbeiter unter dem Gas litten. Hunde haben ebenfalls eine sehr niedrige Schwelle, auf die Reaktion von Gas (zum Beispiel Propan oder Butan), was in vielen Fällen Leben retten kann. In vielen Großstädten, wie zum Beispiel Stockholm in Schweden wird viel Gas benutzt, unter anderem zum Kochen und Heizen. Der Stockholmshund Aaron wurde in den frühen 2000er Jahren ausgebildet, in der Stadt verschiedene Gase zu finden. Er konnte zum Beispiel die Quelle einer Gasleckage ausmachen, wenn in einem großen Wohnkomplex Gasgeruch gemeldet war.[85]

Die Gasleitungen werden stetig besser, aber dennoch kommen Lecks vor. Diese kleinen Löcher zu finden war sehr schwierig, daher entwickelten der Forscher L.R. Quaife und seine Kollegen von Esso Resources Canada Limited in Calgary 1991 ein System, um solche Leckagen zu finden.[86] Dieses System besteht aus zwei Komponenten, nämlich einer Flüssigkeit, die die Leckagen entdeckt (TEKSCENT) und aus einem trainierten Hund. Eine Schlüsselkomponente in der Flüssigkeit ist ein anderer Stoff, der bei einer Leckage freigesetzt wird und direkt an die Erdoberfläche aufsteigt, wo der Hund sie in bereits so niedrigen Konzentrationen wie 1 Teil auf 1 Trillion entdeckt ($1{:}10^{18}$). Naturgas hat an sich keinen Eigengeruch, für gewöhnlich werden dem Gas kleine Mengen Ethandiol beigesetzt, um ihm einen Geruch zu verleihen. Hunde, die an Gasleitungen riechen, können daher nach diesem Stoff suchen und die Stelle mit dem Leck lokalisieren.[87] Hunde wurden bei 60 Suchen nach Leckagen eingesetzt. Sie haben unter harten Winterverhältnissen gearbeitet und sogar unter Wasser nach Lecks gesucht. Die Erfolgsrate lag bei 100 %. Die Forscher haben auch chemische Tests durchgeführt, bei denen wurden aber lediglich zwei von neun Lecks entdeckt.[88]

In städtischen Umgebungen ist es besonders wichtig, zu untersuchen, ob die Gasleitungen dicht sind. In Städten können Leckagen zu großen Konsequenzen führen. Bei den ersten Versuchen zu Beginn der 2000er Jahre untersuchten die schwedischen Forscher Bjørn Rosén und Lennart Wetterholm vom Hundecampus in Schweden, ob die Hunde in der Lage waren, zwischen Gasleckagen in Leitungen, aus denen Gas austrat und Leckagen, aus denen früher Gas ausgeströmt war, zu unterscheiden. Dies gelang den Hunden nicht.[89] Die Hunde wurden im folgenden Jahr darauf trainiert, Tetrahydrothiophen (THT) anzuzeigen, was nach einer Leckage lange verbleibt, und nicht auf das eigentliche Naturgas.[90] THT enthält als Zusatzstoff Buttersäure. Die Hunde leicht entdecken können.[91] Dieses giftige und brennbare Gas ist ein Zusatzstoff zum Naturgas. Die Forscher ergänzten weitere Versuche, bei denen die Hunde korrekt markierten. Bei schwachem Wind entdeckten die Hunde eine Leckage von 20:1 000 000 Teilen in einem Abstand von mindestens zwanzig Metern, bei starkem Wind auf mindestens 45 Meter Abstand.[92]

Gasleckage

Luna, eine sechsjährige Huskyhündin, entdeckte eine Gasleckage im Hinterhof ihrer Besitzerin Jenny Conarrroe und ihrer Familie in Mill Woods in Kanada. Sie wurde an einem Abend im Juni 2011 für eine letzte Runde rausgelassen und kam schlammbedeckt zurück. An diesem Abend bemerkten die Besitzer nichts, aber am folgenden Tag sahen sie eine Stelle, wo Luna im Hinterhof gegraben hatte. Es war ein großes Loch mit einer Wasserpfütze, die blubberte. Sie erkannten, dass es sich um eine Gasleckage handelte. Eine Leitung war undicht und Luna hatte dies mit ihrem guten Geruchssinn entdeckt. Luna hatte die achtköpfige Familie aus einer gefährlichen Situation gerettet.[93]

Inspektion von Gasleitungen in Norwegen

Korrosionsschäden an Rohstoffleitungen sind ein Problem in der Gasbranche. Das Kårstø Gaswerk in Nord-Rogaland handelt mit dem Transport und der Behandlung von Gas und Kondensat (Erdgaskondensat) aus wichtigen Gegenden auf dem norwegischen Kontinentalschelf. Für die Gasanlage bestehen kilometerlange Gasleitungen, an denen Rostschäden entstehen und die zu Problemen führen können. Unter der Wärmedämmung kann Feuchtigkeit gebildet werden, die zu Rost und im schlimmsten Fall zu Löchern in den Leitungen führt. Seit 2007 hat Kårstø jährlich 200 Millionen Kronen (ca. 25 Millionen Euro) investiert, um Rostschäden zu vermeiden. Rune Fjellanger an der Fjellanger Hundeschule in Os südlich von Bergen hat in Zusammenarbeit mit Gassco (ein staatliches Unternehmen, welches für die Gaswerke an Land verantwortlich ist) seit 2010 fünf Hunde eingesetzt (Englische Jagdspringerspaniel und Malinois), um Rostschäden zu lokalisieren. Sie werden darauf trainiert, Korrosionsgeruch zu erkennen. Bislang hat Gassco 6,5 Millionen Kronen für das Projekt investiert. Die Proben werden anhand eines Ejektors gewonnen, der ein Vakuum durch Druckluft erzeugt. Mit Hilfe des Vakuums werden die Luftproben durch einen Filter gewonnen, der mit ins Labor genommen werden kann. In einem Geruchskarussell können die Hunde an Filterproben von Umgebungen der Leitung mit oder ohne Rost riechen. Geruchsproben werden auch von Kollsnes, Sture und Mongstad in Norwegen und Emden in Deutschland eingeschickt. Wenn die Proben Korrosion enthalten, markieren die Hunde mit den Pfoten oder setzen sich vor die Probe. Dadurch kann genau dieser Rostschaden an der Leitung gesichert werden. Bislang haben die Hunde 3300 Proben untersucht und in 92-93% aller Versuche richtig angezeigt. [94-98]

Rostschäden an den Gasleitungen sind ein Problem in der Branche und nun werden Hunde eingesetzt, um die Schäden zu lokalisieren. Im Labor riechen die Hunde in einem Geruchskarussell an Proben aus der Umgebung von Leitungen mit oder ohne Rost. Beide Fotos: Rune Fjellanger, Fjellanger Hundeskole

13 Andere Arbeitsaufgaben für Spürhunde

Turid Buvik von der Trondheimer Hundeschule und Per Johan Brandvik von Sintef haben seit 2007 die Hunde Jippi (Border Collie) und Tara (Langhaardackel) darauf trainiert, Ölverschmutzungen zu finden. Die Hunde entdecken Öl, das von Schnee, Eis oder Strandablagerungen bedeckt ist. Bevor die Hunde im Gelände arbeiten, müssen sie zeigen, wie gut sie auf der Geruchs-Suchbahn sind. Die Geländesuche beginnt damit, dass die Hunde an einer Ölprobe riechen. Danach suchen sie in der fraglichen Umgebung. Jippi und Tara haben in den Important Bird and Biodiversity Areas (IBA) bei Gaulosen und auf Svalbard gesucht. In Gaulosen war die Ölverschmutzung durch einen Autounfall verursacht. Die Hunde markierten das Öl entlang des Ufers von Gaulosen. Sie markierten auch entlang der Autobahn, wo ein dieselbetriebenes Auto verunglückt war und Öl ausgetreten war. Die Hundeteams haben später auf Svalbard unter harten arktischen Verhältnissen trainiert, mit dem Ziel, unsere Sensibilität, die wir heute gegenüber Ölverschmutzungen haben, auch auf Gegenden mit ewigem Eis auszuweiten. Arktische Umgebungen können große Mengen Öl verbergen und die Umwelt dort ist sehr gefährdet. Niedrige Temperaturen führen dazu, dass das Öl schwerer und zäher wird. Das Eis begrenzt die Möglichkeiten, Öl mit mechanischer Ausrüstung einzusammeln und erschwert es auch, ein Ölleck zu bemerken und zu lokalisieren.

Auf Svalbard haben die Hunde effektiv bis zu einer Temperatur von -20°C sowie bei lang dauerndem starkem Wind gearbeitet. Die Ölproben (0,4l) wurden eine Woche, bevor die Hunde ankamen, im Fjordeis 30 cm tief eingegraben. Die Hunde haben sie mit großer Genauigkeit markiert und konnten auch anzeigen, wie groß das Gebiet mit Ölverschmutzung war. Sie fanden auch größere Verschmutzungen von einem 400 Liter-Ölfass, was sich auf dem Eis befand. Diese entdeckten sie auf einen Abstand von fünf Kilometern. Später wurde den Hunden beigebracht, kleinere Ölmengen zu ignorieren und sich auf größere Mengen zu fokussieren, sodass man bevorzugt diese Gebiete reinigen kann. Hunde könnten in der Zukunft effektiv für das

Auffinden von Ölverschmutzungen in Küstengebieten eingesetzt werden.[1-5] Wir hören leider allzu häufig von auf Grund gelaufenen Schiffen mit Ölverschmutzungen im Wasser. Öl hat verheerende Auswirkungen auf das Tierleben. Ein Beispiel ist der Ölaustritt vom Frachter „Full City“ im Juli 2009. Er lief etwas südlich von Langesund auf Grund und viele Vögel bezahlten dafür mit dem Leben.[6] Hunde, die darauf trainiert sind, Öl zu finden, finden auch Kreosot (Teeröl). Kreosot besteht hauptsächlich aus polyzyklischen aromatischen Kohlenwasserstoffen und ist ein Überbegriff für die Produkte Drei-Kreosot und Kohlenteer-Kreosot. Jippi und Turid Buvik haben auch für das Eisenbahnwerk nach Kreosot in Hommelvik gesucht.

Die Hunde sind darauf trainiert, von Schnee, Eis oder Strandablagerungen bedeckte Ölverschmutzungen zu finden. Diese Hundeteams hier suchen nach Öl auf Svalbard. Foto: Turid Buvik, Hundeschule Trondheim

Der Lebensmittel- und Weininspektor

Die Suche nach Trüffeln und anderen Pilzen

Es gibt eine unterirdische Pilzart mit dem Namen *Elaphomyces leveillei*, auf Norwegisch „Hundesnuteløpekule“, was übersetzt „Hundeschnauzentrüffel“ heißt. Diese seltene Trüffelart gewann 2011 den dritten Platz in einem Wettbewerb für die witzigsten norwegischen Artennamen.[7] Hunde können darauf trainiert werden, mehrere unterschiedliche Arten von Speisepilzen zu finden.[8] In Norwegen werden seit Jahren Pilzsuchkurse für Hunde angeboten, unter anderem von der Frederikstad Hundeschule und der Trondheim Hundeschule. In zwei Tagen können Hunde darauf trainiert werden, Pfifferlinge zu finden, die eine recht komplizierte Geruchszusammensetzung besitzen.[9] Die Fähigkeit der einzelnen Hunderassen, Pilzsuche zu lernen, ist relativ ähnlich. Von kleinen Chihuahuas bis zu riesigen Wolfshunden können alle Hunde darauf trainiert werden, die Pilze zu finden, die man mag[10] – vom Gemeinen Steinpilz, Reifpilz und Semmel-Stopppelpilz bis hin zur Totentrompete, dem Trompetenpfifferling und dem Sommertrüffel.

Die meisten von uns assoziieren den Trüffel mit Italien, und der Umsatz der Trüffelindustrie liegt bei jährlich 3,5 Milliarden Kronen.[11] Der Lagotto Romagnolo ist eine italienische Wasserhunderasse, die auf die Trüffelsuche spezialisiert ist.[12] Die Hunde suchen dicht am Boden und haben keinen nennenswerten Jagdinstinkt, weshalb sie sich nicht besonders von Wildspuren ablenken lassen. Auch andere Hunderassen wie der Pyrenäenschäferhund, Golden Retriever, Labrador Retriever, Schäferhund und Welsh Springer Spaniel können für die Trüffelsuche ausgebildet werden. Dennoch ist es am besten, einen Lagotto oder eine andere apportierende Wasserhunderasse zu haben.[13] Der Lagotto wird schon seit fast 130 Jahren zur Trüffelsuche eingesetzt.[14] Trüffelindustrien gibt es auch in Frankreich, Kroatien, Spanien, Portugal, China, Australien und den USA.[15] 2007 wurde ein Trüffel von 1,5 kg Gewicht für 1,8 Millionen Kronen an einen chinesischen Kasinobesitzer verkauft. Da Trüffel so wertvoll sind, kommt es vor, dass Trüffeljäger in Südeuropa vergiftete Köder auslegen, um konkurrierende Hunde zu töten.[16] Dies kommt besonders in schlechten Trüffeljahren vor.[17]

Trüffel sind Pilze, die 10 – 20 cm tief in kalkhaltiger Erde wachsen. Alle Trüffel leben in Symbiose mit den Wurzeln der Bäume.[18] Viele Arten wachsen zusammen mit den Wurzeln an Edellaubbäumen wie Hasel oder Eiche, aber auch Buche oder Linde.[19] Die Pilze versorgen die Bäume mit Mineralien und Wasser und die Bäume geben zuckerhaltige, energiereiche Photosynthese-Produkte zurück an die Pilze. Der schwarze Trüffel – oder Sommertrüffel- hat einen schwer zu beschreibenden Geschmack, der von einem enormen Geruchsbild überschattet wird. Die Trüffel haben in der Evolution deshalb einen so starken Geruch entwickelt, damit sichergestellt ist, dass sie gegessen und verbreitet werden. Die Entwicklung der Trüffel findet unter der Erde statt, wo sie ihre Sporen in einer Art Ball verschließen.[20] Der starke Geruch zieht Insekten und andere Tiere an. Es ist der Dimethylsulfid- Wirkstoff, der den Ort der Trüffel preisgibt.[21-22] Alle Säugetiere graben diese Pilze aus und fressen sie. Traditionell werden Schweine benutzt, um Trüffel zu finden, aber das Problem ist, dass ein Schwein den Trüffel am liebsten selbst frisst. Auch die Trüffelhunde würden die Trüffel am liebsten selbst fressen, aber es ist einfacher, einem Hund dies abzugewöhnen als einem Schwein. Außerdem sind Hunde einfacher zu transportieren als Schweine.[23] Dafür erwarten Hunde eine Belohnung, wenn sie einen Trüffel gefunden haben.[24-25] Die Hunde haben mehr und mehr die Arbeitsaufgaben der Trüffelschweine übernommen. In Schweden wurde der erste schwarze Trüffel am 16.August 1977 gefunden und es sollte 20 Jahre dauern, bis der nächste gefunden wurde. Die glückliche Finderin war Christina Wedén auf Gotland. Der schwarze Trüffel hat ein Aroma, für das Feinschmecker bereit sind, 6.000 – 10.000 Kronen pro Kilo zu bezahlen. Die weißen Trüffel (Albatrüffel oder Piemonttrüffel) können für 30.000 Kronen pro Kilo oder mehr verkauft werden.[26] Auf Gotland dauert die Trüffelsaison von September bis Dezember.[27]

Hunde können unterschiedliche Gerüche bereits vor und gleich nach der Geburt lernen.[28-29] Wenn man seinen Hund zum Trüffelsuchen einsetzen möchte (oder etwas anderes), empfiehlt es sich, frühzeitig mit dem Training zu beginnen. Man kann der Mutter der Welpen Trüffel geben, sodass die Welpen den Geruch früh kennenlernen. Wenn die Mutter mit Trüffel gefüttert wird, geht der Geschmack in die Muttermilch über und damit weiter an die Welpen. Wenn man die Ernährung nach der Geburt weiterführt, hat man einen guten Start für das Training, um beim Hund besonderes Interesse am Trüffelgeruch zu entwickeln. Manche tragen auch Trüffelessenz auf die Zitzen der Mutter, damit die Welpen den Geruch schon früh mit etwas Positivem assoziieren.[30] Es ist wichtig, die Hunde nicht mit irgendwelchen Pilzen zu füttern. Jedes Jahr wird über Pilzvergiftungen bei Hunden berichtet. Hunde können mit Trüffeln gefüttert werden, da diese dazu bestimmt sind, von Tieren gefressen und verbreitet zu werden. Andere Speisepilze sind dies hingegen nicht und sollten daher auch nicht an Hunde verfüttert werden. Die meisten Speisepilze werden mit dem Wind verbreitet.[31]

In Frankreich werden Trüffeljagdproben seit 1969 abgehalten. Hierbei müssen die Hunde so schnell wie möglich sechs Trüffel auf einem 25 m² großen Gebiet finden und den Fund mit der Pfote anzeigen. Wenn die Hunde die Trüffel fressen, werden sie disqualifiziert.[32]

Die Bedeutung des Geruchs für Entwicklung und Überleben

Der Geruchssinn der Hunde entwickelt sich in den ersten beiden Lebenswochen.[33] Seit 2006 ist bekannt, dass Welpen schon vor ihrer Geburt Gerüche lernen können. Die Forscher Deborah Wells und Peter Hepper von der Queens University in Belfast/Nordirland haben 2006 in einer Reihe von Experimenten die Fähigkeit von Hunden untersucht, Gerüche schon vor ihrer Geburt über die Ernährung der Mutter zu lernen. Wenn die Mutter Anissamen bekam, bevorzugten 24 Stunden alte Welpen diesen Geruch stärker als Welpen, die diesem Geruch vor der Geburt nicht ausgesetzt waren. Sie bevorzugten also das, was sie vor ihrer Geburt erfahren hatten. Auch Welpen, die 15 Minuten nach der Geburt getestet wurden, zeigten eine ähnliche Bevorzugung von Anissamen. Geruch kann also schon vor der Geburt gelernt werden.[34] In einem anderen Experiment im gleichen Jahr und von den gleichen Forschern bekamen die Welpen Anissamen vor und gleich nach ihrer Geburt. Auch diese Welpen bevorzugten Anissamen.[35] Dieses Lernen ist eine wichtige Anpassung, die die Entwicklung und das Überleben der Welpen sichert. Es ist für die Welpen wichtig, die Mutter wiederzuerkennen und sich an sie zu halten und das, was sie gefressen hat, ist auch für die Welpen ein sicheres Futter.[36] [37]

Die Trüffeljagd mit Hunden in Norwegen

Die Trüffelexpertin Anna Molia arbeitet für das Naturhistorische Museum in Oslo und ist seit 2011 verantwortlich für die Kartierung von Trüffeln in Norwegen für die Arten-Datenbank.[38] Kristin Killingmo ist Hundeexpertin und Züchterin von Lagottos.[39] In Norwegen kann man Pilzarten finden, die bislang noch nicht entdeckt worden sind. Molia und Killingmo träumen davon, den „schwarzen Diamanten" – den schwarzen Sommertrüffel – den Küchendiamant zu finden. Im Herbst 2010 übernahm Molia den siebenjährigen Lello, der aus Italien importiert war, von Killingmo. Lello ist einer von mehreren Hunden, der das Kartieren der Trüffel in Norwegen sehr erleichtert. Es wurde auch früher schon eine Kartierung vorgenommen, was aber ohne Hunde viel schwieriger war.[40]

Das Land Telemark (entspricht ungefähr einem Bundesland) und speziell die Küstenbereiche mit dem kalkreichen Boden bieten gute Wachstumsbedingungen für Trüffel. Im Herbst 2013 wurde in der Gegend von Langesund in der Kommune Bamle eine Art gefunden, die einer Gattung Trüffel angehört (Sclerogaster), die für Norwegen neu ist.[41] Diese Art hat noch keinen norwegischen Namen erhalten. Im Gegensatz zu vielen anderen Trüffeln ist diese nicht weich, wenn man darauf drückt. Die Schweden nennen ihn Hartrüffel. Wenn Molia und Killingmo draußen nach Pilzen suchen, dauert es nicht lange, bis alle Hunde an ihrem Platz suchen – Lello, Jahrgang 2006, Louise, Jahrgang 2012 und Kokkos, Jahrgang 2003. Die Hunde haben Wurzeltrüffel, Hymenogaster und kleinwarzige Hirschtrüffel gefunden. Der Wurzeltrüffel hat einen starken und angenehmen Geruch nach Knoblauch. Es gibt verschiedene Arten von Hymenogaster und diese können nach allem von altem Mehl, Rettich oder Kartoffelkeller bis hin zu etwas Süßlichem riechen. Der Hirschtrüffel hat einen ganz anderen, fast metallischen Geruch. Kokkos gräbt intensiv, wenn sie Hirschtrüffel gefunden hat und will die Trüffel, vor allem die reifen, selbst fressen. Lagottos haben ein angeborenes Geschick, das Graben nach Trüffeln ist für sie also selbstverständlich. Die Herausforderung besteht darin, sie daran zu hindern, die Trüffel zu fressen. Wenn Kokkos neue Pilzarten findet, ist sie weniger eifrig beim Graben und führt ihre Arbeit vorsichtiger aus, beinahe so, als wüsste sie, dass etwas Wertvolles im Boden ist. Manche der Trüffel finden sich teilweise auf der Erde, unmittelbar unter der Oberfläche, während nach anderen tiefer gegraben werden muss.

Anne Molia und Kristin Killingmo bei der einträglichen Trüffeljagd mit den drei Hunden Lello, Louise und Kokkos. Foto: Frank Rosell

Moila und Killingmo und ihre Hunde haben auch Stinkende Trüffel, Gefleckte Trüffel, Frühlingstrüffel und Flaumhaarige Zwergtrüffel gefunden. Außerdem haben sie eine neue Trüffel der Gattung Hymenogaster gefunden. Dieser hat einen gelblichen Kern in der Mitte, nicht den gewöhnlichen bräunlichen. Ein anderer Höhepunkt im Herbst 2013 war, als sie einen Stachelige Hirschtrüffel fanden, der 35 g wog. Keine der Trüffel, die bisher in Norwegen gefunden wurden, haben einen Wert als Lebensmittel. Nicht, weil sie giftig oder ungenießbar sind, sondern weil sie so klein sind. Im Winter und Frühjahr 2013 – 2014 arbeitete Molia daran, alle Trüffelarten, die sie und Killingmo gesammelt hatten, zu bestimmen. Die Wahrscheinlichkeit ist groß, dass noch mehr unbekannte norwegische Trüffelarten auftauchen werden.[42]

Die Suche nach Gemüse und Früchten

An rohem oder schlecht gewaschenem Gemüse kann Kot von Nagern oder Vögeln sein, was wiederum zu Krankheiten führen kann. Die amerikanische Forscherin Melissa L. Partika von der Universität Kalifornien/USA und ihre Kollegen brachten 2014 zwei Hunden bei, Verunreinigungen von acht verschiedenen Säugetieren oder Vögeln an Salat, Spinat, Koriander und Tomaten zu finden.[43] Die Hunde schafften es in 96 % der Fälle, die Exkremente am Gemüse und Obst zu finden, wenn die Menge mindestens 2,5 g betrug. Je weniger Kot da war, desto schlechter waren die Hunde. Bei 0,25 g Exkrementen schafften sie 83 % der Fälle zu finden, aber nur noch 36 % bei einer Kotmenge von 0,025 g, 17 % bei 0,0025 g und 7 % bei 0,00025 g. Die Menge der Exkremente hatte also eine große Bedeutung dafür, wie erfolgreich die Hunde waren.

Die Suche nach Blaugrünalgen, die Zuchtfischen schaden

Fisch ist gut und gesund und viele essen häufig Lachs. Aber wenn der Zuchtlachs in Norwegen muffig oder erdig riechen würde, bedingt durch Stoffe, die von Algen in den Zuchtanlagen gebildet werden, würde der Verkauf drastisch sinken. Hunde können den Züchtern dabei helfen, genau dies zu vermeiden.[44-45] Hunde können dafür sorgen, dass Algenbildung früh bemerkt wird. Dann können Stoffe, die die Algen töten, in die Aufzuchtanlage gegeben werden und damit dem Fischzüchter bedeutende Kosten ersparen. 2001 wurden 136 Millionen Kilo Wels mit einem Wert von 670 Millionen US-Dollar verspeist, also ein sehr gutes Geschäft für Welszüchter.[46] Leider führt ein muffiger und erdiger Geruch zu großen Verlusten der Welszüchter in den Südstaaten der USA.[47] Dieser Geruch kann dazu führen, dass die Verbraucher weniger Wels essen, eine andere Sorte Fisch wählen oder Fleisch kaufen. Unter anderem sind es einige natürliche Blaugrünalgen, die diese Geruchsverbindungen bilden (2-Methylisoborneol und Geosmin) und es gibt sie in den meisten Aufzuchtstationen für Welse. Das Wachstum der Algen entwickelt sich rasch und unvorhersehbar im Sommer in den Welsteichen.

Das führt zu einer raschen Aufnahme und Akkumulation dieser Stoffe im Fisch, was dazu führt, dass die Fische nicht gefangen werden können, bevor diese Stoffe wieder abgebaut sind. Daher müssen die Welse länger in den Zuchtbecken bleiben. Das führt zu zusätzlichen Kosten in Verbindung mit der Fütterung und Chemikalien gegen das Algenwachstum sowie zu zusätzlicher Arbeit. Dadurch dass sich der Fang verzögert, können mehr Tiere an Krankheiten versterben, die Wasserqualität nachlassen oder die Fische von Vögeln gefressen werden. Es wird geschätzt, dass dies zu zusätzlichen Kosten von 15-24 Millionen US-Dollar pro Jahr führt.[48-49] Das Gift, das die Algen bekämpft, kann auch die Fische töten.[50]

Um diese hohen Kosten, die das Algenwachstum der Welszuchtindustrie verursachen kann, zu vermeiden, sind 2004 vom Mikrobiologen Richard A. Shelby am Aquatic Health Research Laboratory in Auburn/USA und seinen Kollegen Hunde ausgebildet worden, die diese Geruchsstoffe zu einem frühen Zeitpunkt wahrnehmen. Drei der Hunde, die am besten auf das Training ansprachen, wurden ausgewählt, um zu testen, ob sie die Geruchsstoffe in einer Konzentration wahrnehmen können, die typisch in einem frühen Stadium des Algenwachstums ist. Bei der niedrigsten Konzentration von 10ng/Liter lag die durchschnittliche richtige Antwort bei den drei Hunden bei 37 % bzw. 43 % bzw. 67 %. Weitere Tests mit normalen Konzentrationen zeigten Ergebnisse zwischen 30 % und 95 %, abhängig von der Probe und dem Hund. Die Fischteiche, die diese Stoffe nicht beinhalteten, wurden zu 96 % richtig identifiziert. Der Geruch verändert sich rasch, daher brauchen die Fischzüchter schnelle Analysen.[51] In einer anderen Studie der gleichen Forscher zwei Jahre später zeigten sie, dass vier Hunde diese Stoffe auch im Welsfleisch erkennen konnten. Sie lagen an einer Bodenplattform in 81 % der Fälle richtig.[52] Klimaveränderungen können zu zunehmenden Problemen mit Algen in den norwegischen Fischzuchten und zu großen Verlusten führen. Sollten die norwegischen Züchter auch Hunde einsetzen, um zu prüfen, ob ein Algenwachstum in den Zuchtanlagen vorhanden ist?

Der Weininspektor

Schlechte Korken können Wein einen Geschmack zufügen, der an den Geruch nach schimmeligem Keller, morschem Holz, Staub, Erde oder ähnlichem erinnert.[53] Verschiedene Stoffe können zu diesem muffigen Geruch führen, einer von diesen ist der Stoff 2,4,6-Trichloranisol (TCA).[54] Weinkorken werden mit Chlor behandelt, was mit Phenolen (und anderem Holz) reagiert. Wenn der Korken mit Schimmelpilz behaftet ist, wird TCA gebildet. Schon sehr kleine Mengen TCA am Korken können ausreichen, um den Wein zu verderben. Eine ganze Jahresproduktion Wein in den USA kann durch eine teelöffelgroße Menge von diesem Stoff verdorben werden.[55]

Der Wächter

Eine Hundemeute, die in Vorzeiten in Menschennähe lebte, hat diesen Menschen zweifelsohne Vorteile gegenüber Feinden ohne Hunde gebracht, indem sie vor Gefahren warnte. Krieger, die sich an einen Lagerplatz anschlichen, waren mit Wachhunden rund um das Lager sehr viel leichter zu entdecken. Menschen, die ohne Hunde lebten, wurden unter solchen Umständen leichter Opfer nächtlicher Überfälle. Der gute Geruchssinn der Hunde und die Fähigkeit zum Bewachen führten dazu, dass sie die Aufgabe bekamen, Forts und Festungen zu bewachen.[57] Auch Napoleon setzte Wachhunde ein. Er kettete sie an die Stadtmauern von Alexandria fest, damit sie vor drohenden Angriffen warnen konnten. Viele Wachhunde und Hunde sind dafür eingesetzt worden, wichtige Ressourcen für uns zu beschützen.[58] Das kann alles sein von Waldplantagen[59], Apfelplantagen[60] und Gemüsefarmen[61], die vor Wild geschützt werden, bis zu Golfbahnen[62] und Eigentum, das vor Kanadischen Gänsen geschützt wird.[63]

Hunde sind lange Zeit dafür eingesetzt worden, Vieh zu bewachen, damit die Tiere nicht von Raubtieren gefressen werden.[64] Sie sind effektiv[65-69] und können ein frühes Warnsignal geben. Zusätzlich zum Geruchssinn benutzen sie Augen und Ohren für diese Arbeitsaufgaben. Wenn Raubtiere dem Vieh zu nah kommen, werden die Hunde aggressiv. Auf dem türkischen Land haben Hütehunde (Anatolische Hirtenhunde) die Tierherden der Nomaden

Der kalifornische Weinproduzent Napa's Cliff Lede brachte dem Bluthund Miss Louisa Belle 2006 bei, schlechte Weinflaschen zu finden. Sie roch schlechten Wein sogar bei geschlossener Flasche.[56] Foto: Jay Town/Newspix

seit 1800 vor Christus bewacht. Der beste Hund war der, der bei der Herde blieb und keine Zeit damit verschwendete, Tiere zu jagen. Sie wurden über Generationen gezüchtet, um das Vieh zu hüten und Haustiere nicht anzugreifen.[70] In Namibia reißt der seltene und bedrohte Gepard viel Vieh, wenn kein Hund bei der Herde ist. Der Farmbesitzer Johann Coetzee verlor viele Tiere, bevor der Hund Flintis Ende der 90er Jahre auf die Farm kam. Geparden hatten in einer Nacht 42 Schafe gerissen, einige Nächte später weitere 29. Das führte dazu, dass der Farmbesitzer viele Geparde erschoss, um seine Herde zu beschützen, aber nachdem Flintus auf die Farm kam, waren die Geparde keine Bedrohung mehr. Sie haben Angst vor dem Hund. Wenn er ein Raubtier sieht, bellt er intensiv, um den Eindringling zu warnen, dass er entdeckt worden ist und er angegriffen wird, wenn er sich weiter nähert. Flintis arbeitet rund um die Uhr und beschützt sowohl die Schafe als auch die Geparden.[71]

Schafzucht ist in Norwegen ein großer Erwerbszweig. Umso erstaunlicher, dass keine Wachhunde eingesetzt werden. Die Hunde würden ja nicht nur den Schafen helfen, sondern auch den Raubtieren. Man hört oft davon, dass ein Bauer ein Schaf an einen Wolf, Bär, Vielfraß oder Luchs verloren hat. Und immer wieder ist zu lesen, dass Exemplare dieser Raubtiere erschossen wurden. Hätten wir Hunde mit in der Herde, würden sicher auch viele Raubtiere in Norwegen bewahrt werden.

Herdenschutzhunde bei der Arbeit in Griechenland. Foto: Melina Avgerinou / ARCTUROS

Feststellung des Geruchs bei Kühen in der Brunst und trächtigen Eisbärinnen

Es ist wichtig zu wissen, wann Milchkühe bereit für die Paarung sind. Hunde wurden schon 1978 dafür in den USA benutzt.[72-73] Die Forscherin Carola Fischer-Tenhagen an der Freien Universität Berlin und der Hundetrainer Lennart Wetterholm vom Hundecampus in Schweden[74] trainierten 2011 sieben Hunde darauf, zu erkennen, wann die Kühe brünstig wurden.[75] Sie untersuchten, ob die Hunde zwischen Urin, Vaginalsekret und Milch von Kühen in Brunst und nicht brünstigen Kühen unterscheiden konnten. Sie fanden heraus, dass die Hunde den Brunstgeruch im Urin und Vaginalsekret mit einer Genauigkeit von 80 % herausfanden. Viele Betriebe haben Wachhunde, daher könnte man diese Hunde darauf trainieren, die Brunst der Kühe zu bemerken. Auf diese Weise könnten die Landwirte viel Zeit sparen. Der Versuch mit Milch war nicht so erfolgreich. Der erste Teil des Trainings funktionierte gut, aber in der zweiten Runde wurden die Hunde so abgelenkt vom Milchgeruch (als mögliche Belohnung), dass sie kein weiteres Interesse zeigten, länger nach dem Brunstgeruch zu suchen.[76] Fischer-Tenhagen und ihre Kollegen trainierten 2011 Hunde auch darauf, Brunstgeruchsstoffe im Speichel von Kühen zu finden, die Erfolgsrate variierte von 40-75 % (im Durchschnitt 58 %). Auch wenn die Erfolgsrate hier geringer war als beim Vaginalsekret, zeigte dieser Versuch, dass Hunde die Brunstperiode feststellen können, indem sie an Maul und Nase der Kühe schnuppern.[77-78]

Der Eisbär ist heute durch den Klimawandel bedroht.[79] Daher werden Eisbären in Gefangenschaft gezüchtet. In Toledo /Ohio wurden 2013 zwei Eisbären in Gefangenschaft geboren. Es wurde nur ein weiterer Eisbär in Gefangenschaft in den ganzen USA geboren. Daher ist es wichtig, herauszufinden, ob die Paarung erfolgreich war und die Bärin trächtig wurde. Es ist nicht leicht festzustellen, ob Eisbärinnen trächtig sind und es gibt häufig Scheinschwangerschaften. Daher kam der Hundetrainer Matt Skogen vom IronHeart High Performance Working Dogs Cinncinnati Zoo /USA zur Hilfe. Nach einer Paarung in einem zoologischen Garten werden die Eisbärinnen von den Bären getrennt und gehen für den Winterschlaf ins Lager. Die Forscher stellen Kameras auf, um zu überwachen, ob und wann im Lauf des Winters die Bärin ein Junges gebiert. Es wäre besser zu wissen, ob eine Eisbärin nach einer Paarung trächtig wurde, bevor sie in den Winterschlaf geht. Ein Beagle namens Elvis bekam daher 2013 die Aufgabe, dies herauszufinden. Nur die trächtigen Tiere haben bestimmte Proteine im Kot. Nach diesen Proteinen spürt Elvis. Er untersuchte 22 Kotproben von Eisbärinnen aus 14 verschiedenen Zoos in den USA und Kanada und erzielte in 97 % der Fälle richtige Resultate.[80]

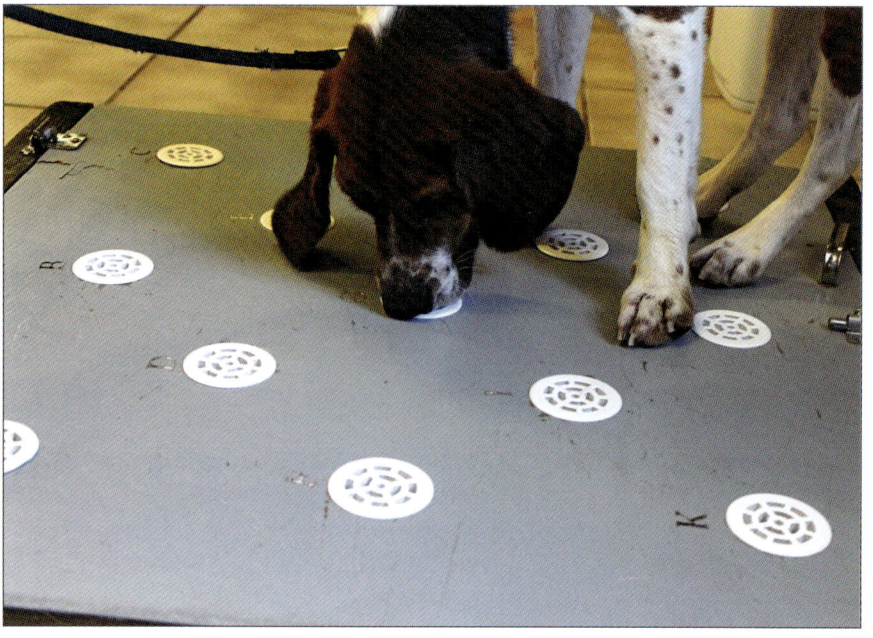

Der Brunsthund Elvis spürt auf, ob die Eisbärinnen trächtig sind oder nicht. Foto: IronHeart High Performance Working Dogs, LLC

Die Suche nach menschlichen Exkrementen

Scott und Karen Reynolds aus Vermontville in Michigan/USA starteten 2009 das Unternehmen Environmental Canine Services. Sie benutzen den Hund Sable, einen Schäferhundmischling, und Logan, eine langhaarige Colliemischung, um die Quelle zu finden, wenn Wasserbecken, Oberflächenwasser und Erholungsgebiete verunreinigt wurden. Es ist wichtig herauszufinden, wer oder was die Verunreinigung verursacht und die Ursache zu entfernen. Sie haben Sable und Logan beigebracht, menschlichen Stuhlgang zu erkennen. Stuhl enthält Bakterien (Escherichia coli und Enterokokken), die Krankheiten auslösen können. In Erholungsgebieten untersuchen die Hunde auch, ob Stuhlgang aus den Toilettentanks der Wohnmobile austritt.[81] [82]

Sable untersucht ein Wasserbecken nach Kloake. Foto: Scott und Karen Reynolds, Environmental Canine Services

Die Suche nach verschiedenen Erzen und Mineralien

Erz ist ein Gestein, das viele Mineralien enthält und aus dem leicht Metalle gewonnen werden können. Alles Metall, was wir im Alltag gebrauchen, ist aus Erzmineralien gewonnen. Gegen Ende der 1960er Jahre wurden Hunde eingesetzt, um verschiedene Arten Erze zu finden, wie Schwefelkies, Eisen II Sulfid, Kupferkies und Arsenkies.[83] Hunde haben später auch Zink, Nickel und Kupfer gefunden.[84] Hunde können Mineralien finden, die 10 – 15 Meter tief unter der Erde sind.[85] In Schweden untersuchte Peter Bergmans Firma OreDog, ob Hunde es schaffen, Arsenkies (was auf Gold hinweist) vom sehr ähnlichen Eisen II Sulfid (enthält kein Gold) unterscheiden können. Er soll auch testen, inwieweit Hunde seltene Erden wie Yttrium, Cerium, Terbium und Lantan finden können. Dies sind wichtige Mineralien, die unter anderem in Batterien, Windkraftwerken, Harddiscs und fiberoptischen Kabeln eingesetzt werden.[86] In den USA werden Hunde eingesetzt, um Gold, Silber und Messing zu finden.[87]

Die Suche nach Verschmutzungen und Giftstoffen

Hunde werden eingesetzt, um PCB (polychlorierte Biphenyle), PAH (polyzyklische aromatische Kohlenwasserstoffe) und Quecksilber zu finden.[88-89] Heutzutage ist es in Norwegen verboten, PCB zu benutzen. PCB wurde im Leim von Isolierglasscheiben, Kondensatoren, Lichtarmaturen, Beton, Fugenmasse, Farben und anderen Baumaterialien in den 1930er Jahren eingesetzt. Das Gift ist ungefährlich, solange es in den Gebäuden bleibt, aber wenn die Materialien abgebaut werden, können Fische, Vögel und Säugetiere den Stoff aufnehmen.[90-91]

Die Forscherin Allison Crook aus Australien begann 1997, den Hund Norm als weltweit ersten Hund darauf zu trainieren, chlorierte organische Umweltgifte (Organochlorine) in der Erde zu finden, besonders Dieldrin, Aldrin, DDT (Dichlordiphenyltrichlorethan) und ihre Abbauprodukte DDD (Dichlor-diphenyldichlorethan) und DDE (Dichlordiphenyldichlorethen). Chemische Reste von Organochlorinen wurden in Beafsteaks in Australien nachgewiesen. Um verschiedene Verschmutzungen in der Landwirtschaft zu finden, wurde dem Hund Norm beigebracht, die Insektizide Aldrin, Dieldrin und DDT in sehr niedriger Konzentration in der Erde zu finden (1:1 000000 oder weniger). Der Einsatz von Hunden ist zeitsparend und reduziert die Anzahl der Erdproben, die nötig sind, um kontaminierte Stellen zu finden.[92]

Hunde suchen auch nach anderen Giftstoffen (Toluen, 2,4,5- und 2,4,6-Trichlorphenol, 1,2,3-Trichlorpropan) um die Sicherheit der Menschen zu erhöhen.[93] Einer der giftigsten Stoffe der Welt ist Quecksilber. Bei Raumtemperatur ist es flüssig. Quecksilber gibt es in (alten) Fieberthermometern, Barometern und Glühbirnen. Quecksilber zu finden ist nicht einfach. Es kann im Chemielabor der Schule vorkommen, im Krankenhaus oder in alten Fabrikgebäuden.[94-95] Quecksilberdampf einzuatmen ist gesundheitsschädlich und kann Hirnschäden verursachen.[96] Es hat auch große Konsequenzen für Fische[97] und Säugetiere.[98] 1999 untersuchten zwei Hunde 1100 Schulen in Schweden nach Quecksilber und fanden ca. 1,4 Tonnen![99]

Hunde können auch darauf trainiert werden, Giftköder zu finden und Tiere, die vergiftet wurden.[100] In Spanien ist die Jagd sehr beliebt, was zu Konflikten zwischen Menschen und Raubtieren führt. Gift gegen Raubtiere einzusetzen ist verboten, aber dennoch legen manche Jäger und Wildhüter giftige Köder aus, um Füchse, Wildkatzen, Wildhunde und andere Raubtiere zu töten.[101]

Hunde entdecken Leckagen von gefährlichen Chemikalien aus Bulldozern, Traktoren und Baggern.[102]

Pickles fand den gestohlenen Fußball-WM-Pokal

Am 20.3.1966 wurde die FIFA World Cup Trophäe in London gestohlen. Dies geschah nur vier Monate, bevor das WM-Finale stattfinden sollte. Eine Woche später, im Süden Londons, bekam David Corbetts Collie-Mischling Pickles einen Geruch von etwas im Garten in die Nase. Unter einer Hecke lag ein in eine Zeitung eingepackter Gegenstand. Pickles hatte den vermissten WM-Pokal gefunden und wurde damit über Nacht zum Nationalheld.[103]

Die Suche nach Golfbällen

Goya, ein fast fünfjähriger Mischlingshund (Labrador und Golden Retriever), hat auf Liermoen in Kongsvinger zusammen mit seinem Frauchen Elisabeth Thomsen Golfbälle aufgespürt. Ihr Rekord liegt bei 27 Golfbällen an einem Tag. Im Lauf von September-Oktober 2012 und vom 1. Mai-16. September 2013 hat sie 1.053 Golfbälle gefunden. Sie findet die Bälle sogar, wenn sie in schlammigem Wasser liegen und sie sie nicht sehen kann. Im Frühsommer 2014 hat sie im Lauf von 14 Tagen nicht weniger als 123 Golfbälle aufgespürt. Sie lagen unter Schnee, Heidekraut oder Gras, oder weit unten in Bächen und Mooren nach einem langen Winter. Dennoch findet sie sie nach intensivem Graben![104] Den Weltrekord hält der Cocker Spaniel Rikki, der während des Zweiten Weltkriegs 40.000 Golfbälle in der Umgebung des Saunton Golf Club in Südwest-England fand.[105]

Goya und ihre Besitzerin Elisabeth Thomsen haben über 1.000 Golfbälle gefunden. Beide Fotos: Eva Katrine Thomson

Foto: fotolia@Evdoha

Quellenverzeichnis

Kapitel 1 Der Arbeitshund

1 Salisbury, G., Salisbury, L. The cruelest miles. The heroic story of dogs and men in a race against an epidemic. (W.W. Norton & Company, 2003).

2 Miklosi, A. Dog behaviour, evolution, and cognition. (Oxford University Press, 2007)

3 Mehrkam, L. R., Wynne, C. D. L. Behavioral differences among breeds of domestic dogs (Canis lupus familiaris): Current status of the science. Applied Animal Behaviour Science 155, 12–27,doi:http://dx.doi.org/10.1016/j.applanim.2014.03.005.

4 Bjolgerud, A. H. E-Mail 31. mars. (2014).

5 Robin, S., Tacher, S., Rimbault, M., Vaysse, A., Dreano, S., Andre, C., Hitte, C., Galibert, F. Genetic Diversity of Canine Olfactory Receptors. BMC Genomics 10, 21 (2009).

6 Lord, K., Coppinger, L., Coppinger, R. in Genetics and behaviour of domestic animals (second edition) (ed T.Grandin, Deesing, M. J.) (Academic Press, 2014).

7 Gompper, M. E. in Free-ranging dogs and wildlife conservation (ed M.E. Gompper) 9–54 (Oxford University Press, 2014).

8 Cline, K. M. C. Psychological Effects of Dog Ownership: Role Strain, Role Enhancement, and Depression. Journal of Social Psychology 150, 117–131 (2010).

9 Austin, R. How to train your dog to find gold (Golddogs, 2008).

10 Bjolgerud, A. H. E-Mail 31. March. (2014).

11 http://www.ta.no/nyheter/article6163825.ece.

12 Helton, W. S. E. Canine Ergonomics: The Science of Working Dogs. Taylor and Francis, New York (2009).

13 McGowan, R. T., Rehn, T., Norling, Y., Keeling, L. J. Positive affect and learning: exploring the «Eureka Effect» in dogs. Anim Cogn 17, 577–587, doi:10.1007/s10071-013-0688-x (2014).

14 Wayne, R. K. Molecular evolution of the dog family. Trends Genetics 9, 218–224 (1993).

15 Hare, B., Woods, V. The genius of dogs. How dogs are smarter than you think. (Dutton, 2013).

16 Hindrikson, M., Maennil, P., Ozolins, J., Krzywinski, A., Saarma, U. Bucking the Trend in Wolf-Dog Hybridization: First Evidence from Europe of Hybridization between Female Dogs and Male Wolves. Plos One 7, doi:10.1371/journal.pone.0046465 (2012).

17 Vila, C., Savolainen, P., Maldonado, J. E., Amorim, I. R., Rice, J. E., Honeycutt, R. L., Crandall, K. A.,Lundeberg, J., Wayne, R. K. Multiple and ancient origins of the domestic dog. Science 276, 1687–1689,doi:10.1126/science. 276.5319.1687 (1997).

18 http://arxiv.org/abs/1305.7390.

19 Thalmann, O., Shapiro, B., Cui, P., Schuenemann, V. J., Sawyer, S. K., Greenfield, D. L., Germonpre, M. B.,Sablin, M. V., Lopez-Giraldez, F., Domingo-Roura, X., Napierala, H., Uerpmann, H. P., Loponte, D. M., Acosta,A. A., Giemsch, L., Schmitz, R. W., Worthington, B., Buikstra, J. E., Druzhkova, A., Graphodatsky, A. S.,Ovodov, N. D.,Wahlberg, N., Freedman, A. H., Schweizer, R. M., Koepfli, K. P., Leonard, J. A., Meyer, M., Krause, J., Paabo, S., Green, R. E., Wayne, R. K. Complete mitochondrial genomes of ancient canids suggest a European origin of domestic dogs. Science 342, 871–874, doi:10.1126/science.1243650 (2013).

20 Freedman, A. H., Gronau, I., Schweizer, R. M., Ortega-Del Vecchyo, D., Han, E., Silva, P. M., Galaverni, M.,Fan, Z., Marx, P., Lorente-Galdos, B., Beale, H., Ramirez, O., Hormozdiari, F., Alkan, C., Vila, C., Squire, K.,Geffen, E., Kusak, J., Boyko, A. R., Parker, H. G., Lee, C., Tadigotla, V., Siepel, A., Bustamante, C. D.,Harkins, T. T., Nelson, S. F., Ostrander, E. A., Marques-Bonet, T., Wayne, R. K., Novembre, J. Genome Sequencing Highlights the Dynamic Early History of Dogs. PLoS Genet 10, e1004016,doi:10.1371/journal.pgen.1004016 (2014).

21 Clutton-Brock, J. in The domestic dog: its evolution, behaviour and interaction with people (ed J. Serpell) 7 20 (Cambridge University Press, 1995).

22 Ovodov, N. D., Crockford, S.J., Kuzmin, Y.V., Higham, T.F.G., Hodgins,G.W.L., Van der Plicht, J. A 33,000-year-old icipient dog from the Altai mountains of Siberia: evidence of the earliest domesticationm disrupted by the last glacial maximum. PLoS ONE 6:e22821-e22821 (2011).

23 Thalmann, O., Shapiro, B., Cui, P., Schuenemann, V. J., Sawyer, S. K., Greenfield, D. L., Germonpre, M. B.,Sablin, M. V., Lopez-Giraldez, F., Domingo-Roura, X., Napierala, H., Uerpmann, H. P., Loponte, D. M., Acosta,A. A., Giemsch, L., Schmitz, R. W., Worthington, B., Buikstra, J. E., Druzhkova, A., Graphodatsky, A. S., Ovodov, N. D.,Wahlberg, N., Freedman, A. H., Schweizer, R. M., Koepfli, K. P., Leonard, J. A., Meyer, M., Krause, J., Paabo, S., Green, R. E., Wayne, R. K. Complete mitochondrial genomes of ancient canids suggest a European origin of domestic dogs. Science 342, 871–874, doi:10.1126/science.1243650 (2013).

24 Axelsson, E., Ratnakumar, A., Arendt, M.-L., Maqbool, K., Webster, M. T., Perloski, M., Liberg, O., Arnemo,J. M., Hedhammar, A., Lindblad-Toh, K. The genomic signature of dog domestication reveals adaptation to a starch rich diet. Nature 495, 360–364, doi:10.1038/nature11837 (2013).

25 Axelsson, E., Ratnakumar, A., Arendt, M.-L., Maqbool, K., Webster, M. T., Perloski, M., Liberg, O., Arnemo,J. M., Hedhammar, A., Lindblad-Toh, K. The genomic signature of dog domestication reveals adaptation to a starch rich diet. Nature 495, 360–364, doi:10.1038/nature11837 (2013).

26 Bhadra, A., Bhadra, A. Preference for meat is not innate in dogs. J Ethol 32, 15–22, doi:10.1007/s10164–013–0388–7 (2014).

27 Dias, B. G., Ressler, K. J. Parental olfactory experience influences behavior and neural structure in subsequent

generations. Nat. Neurosci. 17, 89–96 (2014).

28 Freedman, A. H., Gronau, I., Schweizer, R. M., Ortega-Del Vecchyo, D., Han, E., Silva, P. M., Galaverni, M.,Fan, Z., Marx, P., Lorente-Galdos, B., Beale, H., Ramirez, O., Hormozdiari, F., Alkan, C., Vila, C., Squire, K., Geffen, E., Kusak, J., Boyko, A. R., Parker, H. G., Lee, C., Tadigotla, V., Siepel, A., Bustamante, C. D., Harkins, T. T., Nelson, S. F., Ostrander, E. A., Marques-Bonet, T., Wayne, R. K., Novembre, J. Genome Sequencing Highlights the Dynamic Early History of Dogs. PLoS Genet 10, e1004016, doi:10.1371/journal.pgen.1004016 (2014).

29 Bonanni, R., Cafazzo, S., Valsecchi, P., Natoli, E. Effect of affiliative and agonistic relationships on leadership behaviour in free-ranging dogs. Animal Behaviour 79, 981–991, doi:10.1016/j.anbehav.2010.02.021 (2010).

30 Rooney, N. J., Bradshaw, J. W. S. An experimental study of the effects of play upon the dog human relationships. Applied Animal Behaviour Science 75, 161–176, doi:10.1016/s0168–1591(01)00192–7 (2002).

31 Ritter, C., Viranyi, Z., Range, F. Who is more tolerant? Cofeeding in pairs of pack-living dogs (Canis familaris) and wolves (Canis lupus). 3rd Canine Science forum, 25, 26, 27 July, Barcelona, Spain (2012).

32 Goldblatt, A., Gazit, I., Terkel, J. in Canine Ergonomics: The Science of Working Dogs (ed W. S. Helton) (Taylor and Francis, 2009).

33 Mehus-Roe, K. Working dogs. True stories of dogs and their handlers. (BowTie Press, 2003).

34 Roy, M. C., Villeneuve, C. Canine Angels. (Roy and Newtown, 2011).

35 Rogak, L. Dogs of courage. The heroism and heart of working dogs around the world. (Tomas Dunne Books. St. Martin's Griffin Press, 2012).

36 Helton, W. S. E. Canine Ergonomics: The Science of Working Dogs. Taylor and Francis, New York (2009).

37 Lorenzo, N., Wan, T. L., Harper, R. J., Hsu, Y. L., Chow, M., Rose, S., Furton, K. G. Laboratory and field experiments used to identify Canis lupus var. familiaris active odor signature chemicals from drugs, explosives, and humans. Anal. Bioanal. Chem. 376, 1212–1224, doi:10.1007/s00216–003–2018–7 (2003).

38 Hare, B., Woods, V. The genius of dogs. How dogs are smarter than you think. (Dutton, 2013).

39 Kaminski, J., Call, J., Fischer, J. Word learning in a domestic dog: Evidence for «fast mapping ». Science 304, 1682–1683, doi:10.1126/science.1097859 (2004).

40 Pilley, J. W., Reid, A. K. Border collie comprehends object names as verbal referents. Behavioural Processes 86, 184–195, doi:10.1016/j.beproc.2010.11.007 (2011).

41 Pilley, J. W. *Border collie comprehends sentences containing a prepositional object, verb, and direct object.*
Learning and Motivation 44, 229–240, doi:10.1016/j.lmot.2013.02.003 (2013).

42 Pilley, J. W., Reid, A. K. *Border collie comprehends object names as verbal referents. Behavioural Processes* 86, 184–195, doi:10.1016/j.beproc.2010.11.007 (2011).

43 Pilley, J. W. Border collie comprehends sentences containing a prepositional object, verb, and direct object. Learning and Motivation 44, 229–240, doi:10.1016/j.lmot.2013.02.003 (2013).

44 Pilley, J. W., Hinzmann, H. Chaser. Unlocking the genius of the dog who knows a thousand words. (Houghton Mifflin Harcourt, 2013).

45 Hare, B., Woods, V. The genius of dogs. How dogs are smarter than you think. (Dutton, 2013).

46 Cook, A., Arter, J. & Jacobs, L. F. My owner, right or wrong: the effect of familiarity on the domestic dog's behavior in a food-choice task. Anim Cogn 17, 461–470, doi:10.1007/s10071–013–0677–0 (2014).

47 Hare, B., Woods, V. The genius of dogs. How dogs are smarter than you think. (Dutton, 2013).

48 Brauer, J., Schonefeld, K., Call, J. When do dogs help humans? Applied Animal Behaviour Science 148, 138–149, doi:10.1016/j.applanim.2013.07.009 (2013).

49 Hare, B., Woods, V. The genius of dogs. How dogs are smarter than you think. (Dutton, 2013).

50 Adams, G. J., Johnson, K. G. Sleep, work, and the effects of shift work in drug detector dogs Canis familiaris.
Applied Animal Behaviour Science 41, 115–126, doi:10.1016/0168–1591(94)90056–6 (1994).

51 MacKay, P., Smith, D. A., Long, R. A., Parker, M. in Noninvasive Survey Methods for Carnivores (ed R. A. Long, MacKay, P., Zielinski, W. J., Ray, J. C.) 183–222 (Island Press, 2008).

52 Nau, M. Snooping around! Train your dog to be an expert sniffer. (Cadmos Publishing, 2011).

53 https://www.nacsw.net/

54 http://funnose work.com/

55 www.dogpoint.no/

56 http://www.spesialsok.no/

57 Nau, M. Snooping around! Train your dog to be an expert sniffer. (Cadmos Publishing, 2011).

58 Kvam, A. L. Nesearbeid for hund. Skritt for skritt fra godbitsok til sporsok. (Tun forlag AS, 2005).

59 Kvam, A. L., Rugaas, T. in Nose work: search games (Videoopptak, Haqihana, Torino, Italy, 2012).

60 Johnen, D., Heuwieser, W., Fischer-Tenhagen, C. Canine scent detection-fact or fiction? Applied Animal Behaviour Science 148, 201–208 (2013).

61 http://www.fjellanger.net/artikler/88-hunden-ilaboratoriet

62 King, J. E., Becker, R. F., Markee, J.,E. Studies on olfaction discrimination in dogs: (3) ability to detect human odour trace. Animal Behaviour 12, 311–315 (1964).

63 Moulton, D. G., Ashton, E. H., Eayrs, J. T. Study in olfactory acuity. 4. Relative detectability of n-alipatic acids in dog. British Journal of Animal Behaviour 8, 129–133 (1960).

64 Moulton, D. G., Marshall, D. A. The performance of dogs in detecting α-ionone in the vapor phase. J. Comp.Physiol., 287–306 (1976).

65 http://www.fjellanger.net/artikler/88-hunden-ilaboratoriet

66 Rosell, F., Hovde, B. Methods of aquatic and terrestrial netting to capture Eurasian beavers. Wildl. Soc. Bull.29, 269–274 (2001).

67 Rosell, F., Sun, L. X. Use of anal gland secretion to distinguish the two beaver species Castor canadensis and C. fiber. Wildlife Biology 5, 119–123 (1999).

68 Rosell, F., Bergan, P., Parker, H. Scent-marking in the Eurasian beaver (Castor fiber) as a means of territory defense. J. Chem. Ecol. 24, 207–219, doi:10.1023/a:1022524223435 (1998).

69 Campbell, R. D., Rosell, F., Nolet, B. A., Dijkstra, V. A. A. Territory and group sizes in Eurasian beavers (Castor fiber): echoes of settlement and reproduction? Behavioral Ecology and Sociobiology 58, 597–607, doi:10.1007/s00265–005–0942–6 (2005).

70 Echeverria, M. GPS- aided mapping of Eurasian beaver (Castor fiber) territories in southern Norway. MSc thesis, Telemark University College, Norway (2014).

71 Graf, P. M., Wilson, R. P., Qasem, L., Hacklander, K., Rosell, F. Using tri-axial acceleration to assess behaviour and energy expenditure in free-living beavers (Castor fiber). ISBE, 12–17 August, Lund, Sweden (2012).

72 Rosell, F., Sundsdal, L. J. Odorant source used in Eurasian beaver territory marking. J. Chem. Ecol. 27, 2471–2491, doi:10.1023/a:1013627515232 (2001).

73 Rosell, F., Sundsdal, L. J. Odorant source used in Eurasian beaver territory marking. J. Chem. Ecol. 27, 2471–2491, doi:10.1023/a:1013627515232 (2001).

74 Rosell, F., Bergan, F. Free-ranging Eurasian Beavers, Castor fiber, deposit anal gland secretion when scent marking. Canadian Field-Naturalist 112, 532–535 (1998).

75 Rosell, F., Sundsdal, L. J. Odorant source used in Eurasian beaver territory marking. J. Chem. Ecol. 27, 2471–2491, doi:10.1023/a:1013627515232 (2001).

76 Horn, L., Huber, L., Range, F. The Importance of the Secure Base Effect for Domestic Dogs – Evidence from a Manipulative Problem-Solving Task. Plos One 8, doi:10.1371/journal.pone.0065296 (2013).

77 Merola, I., Prato-Previde, E., Lazzaroni, M.,Marshall-Pescini, S. Dogs' comprehension of referential emotional expressions: familiar people and familiar emotions are easier. AnimCogn 17, 373–385, doi:10.1007/s10071–013–0668–1 (2014).

78 Bulanda, S., Bulanda, L. Ready! Training the search and rescue dog. Second edition. (Kennel Club Books, 2010).

79 Millan, C., Peltier, M. J. Cesar's way: The natural, everyday guide to understanding and correcting common dog problems. (Hodder and Stoughton, 2012).

80 Browne, C. M., Starkey, N. J., Foster, M., McEwan, J. S. What dog owners read: a review of best-selling books. 3rd Canine Science forum, 25, 26, 27 July, Barcelona, Spain (2012).

81 Fugazza, C., Miklosi, A. Should old dog trainers learn new tricks? The efficiency of the Do as I do method and shaping/clicker training method to train dogs. Applied Animal Behaviour Science 153, 53–61, doi:http://dx.doi. org/10.1016/j. applanim.2014.01.009 (2014).

82 Goldblatt, A., Gazit, I., Terkel, J. in Canine Ergonomics: The Science of Working Dogs (ed W. S. Helton) (Taylor and Francis, 2009).

83 Furton, K. G., Myers, L. J. The scientific foundation and efficacy of the use of canines as chemical detectors for explosives. Talanta 54, 487–500, doi:10.1016/s0039–9140(00)00546–4 (2001).

84 Pfungst, O. Clever Hans (The horse of Mr. von Osten): a contribution to experimental animal and human psychology (C. L. Rahn, Trans.). (Henry Holt, 1911).

85 Schoon, G. A. A., Haak, R. K9 Suspect discrimination. (Detseling Enterprises Ltd, 2002).

86 Szetei, V., Miklosi, A., Topal, J., Csanyi, V. When dogs seem to lose their nose: an investigation on the use of visual and olfactory cues in communicative context between dog and owner. Applied Animal Behaviour Science 83, 141–152, doi:10.1016/s0168–1591(03)00114-x (2003).

87 Lit, L., Schweitzer, J. B., Oberbauer, A. M. Handler beliefs affect scent detection dog outcomes. Animal Cognition 14, 387–394, doi:10.1007/s10071–010–0373–2 (2011).

88 Soproni, K., Miklosi, A., Topal, J., Csanyi, V. Comprehension of human communicative signs in pet dogs (Canis familiaris). Journal of Comparative Psychology 115, 122–126, doi:10.1037//0735–7036.115.2.122 (2001).

89 Viranyi, Z., Topal, J., Gacsi, M., Miklosi, A., Csanyi, V. Dogs respond appropriately to cues of humans'attentional focus. Behavioural Processes 66, 161–172, doi:10.1016/j.beproc.2004.01.012 (2004).

90 Schwab, C., Huber, L. Obey or not obey? Dogs (Canis familiaris) behave differently in response to attentional states of their owners. Journal of Comparative Psychology 120, 169–175, doi:10.1037/0735–7036.120.3.169 (2006).

91 Schoon, A., Fjellanger, R., Kjeldsen, M., Goss, K. Detecting corrosion under insulation (CUI) using trained dogs: a novel approach. Materials Evaluation 72, 142–148 (2014).

92 Kasparson, A., A., Badridze, J., Maximov, V. V. Colour cues proved to be more informative for dogs than brightness. Proceedings. Biological sciences / The Royal Society 280, 20131356–20131356, doi:10.1098/rspb.2013.1356 (2013).

93 Neitz, J., Geist, T., Jacobs, G. H. Color vision in the dog. Visual Neuroscience 3, 119–125,doi:10.1017/S0952523800004430. (1989).

94 Douglas, R. H., Jeffery, G. The spectral transmission of ocular media suggests ultraviolet sensitivity is widespread among mammals. Proceedings of the Royal Society B: Biological Sciences 281,doi:10.1098/rspb.2013.2995 (2014).

95 Johnen, D., Heuwieser, W., Fischer-Tenhagen, C. Canine scent detection-fact or fiction? Applied Animal Behaviour Science 148, 201–208 (2013).

96 Falt, L., Gustavsson, T., Karlsson, J., Aberg, J. Sparhunden och lukterna. (SWDI forlag, 2011).

97 Gadbois, S., Reeve, C. in Domestic Dog Cognition and Behavior (ed A. Horowitz) Ch. 1, 3–29 (Springer Berlin Heidelberg, 2014).

98 Johnen, D., Heuwieser, W., Fischer-Tenhagen, C. Canine scent detection-fact or fiction? Applied Animal Behaviour Science 148, 201–208 (2013).

99 Rosell, F., Bozser, O., Collen, P., Parker, H. Ecological impact of beavers Castor fiber and Castor Canadensis and their ability to modify ecosystems. Mammal Review 35, 248–276,doi:10.1111/j.1365–2907.2005.00067.x (2005).

100 Rosell, F. The function of scent marking in beaver (Castor fiber) territorial defence PhD thesis thesis, Norwegian University of Science and Technology, (2002).

101 McEwing, R., Frosch, C., Rosell, F., Campbell-Palmer, R. A DNA assay for rapid discrimination between beaver species as a tool for alien species management. European Journal of Wildlife Research 60, 547–550, doi:10.1007/s10344–014–0803–6 (2014).

102 Parker, H., Nummi, P., Hartman, G., Rosell, F. Invasive North American beaver Castor canadensis in Eurasia: a review of potential consequences and a strategy for eradication. Wildlife Biology 18, 354–365, doi:10.2981/12–007 (2012).

103 McGowan, R. T., Rehn, T., Norling, Y., Keeling, L. J. Positive affect and learning: exploring the «Eureka Effect» in dogs. Anim Cogn 17, 577–587, doi:10.1007/s10071–013–0688-x (2014).

104 McGowan, R. T., Rehn, T., Norling, Y., Keeling, L. J. Positive affect and learning: exploring the «Eureka Effect» in dogs. Anim Cogn 17, 577–587, doi:10.1007/s10071–013–0688-x (2014).

105 Quaranta, A., Siniscalchi, M., Vallortigara, G. Asymmetric tail-wagging responses by dogs to different emotive stimuli. Current Biology 17, R199-R201, doi:10.1016/j.cub.2007.02.008 (2007).

106 Rooney, N. J., Bradshaw, J. W. S., Almey, H. Attributes of specialist search dogs – A questionnaire survey of UK dog handlers and trainers. Journal of Forensic Sciences 49, 300–306 (2004).

107 Rooney, N. J., Bradshaw, J. W. S. Breed and sex differences in the behavioural attributes of specialist search dogs – a questionnaire survey of trainers and handlers. Applied Animal Behaviour Science 86, 123–135, doi:10.1016/j.applanim.2003.12.007 (2004).

108 Tomkins, L. M., Thomson, P. C., McGreevy, P. D. Associations between motor, sensory and structural lateralisation and guide dog success. Veterinary Journal 192, 359–367, doi:10.1016/j.tvjl.2011.09.010 (2012).

109 Tomkins, L. M., Williams, K. A., Thomson, P. C., McGreevy, P. D. Lateralization in the domestic dog (Canis familiaris): Relationships between structural, motor, and sensory laterality. Journal of Veterinary Behavior-Clinical Applications and Research 7, 70–79, doi:10.1016/j.jveb.2011.07.001 (2012).

110 Gosling, S. D., Kwan, V. S. Y., John, O. P. Dog's got personality: A cross-species comparative approach to personality judgments in dogs and humans. Journal of Personality and Social Psychology 85, 1161–1169, doi:10.1037/0022–3514.85.6.1161 (2003).

111 Maejima, M., Inoue-Murayama, M., Tonosaki, K., Matsuura, N., Kato, S., Saito, Y., Weiss, A., Murayama, Y., Ito, S. Traits and genotypes may predict the successful training of drug detection dogs. Applied Animal Behaviour Science 107, 287–298, doi:10.1016/j.applanim.2006.10.005 (2007).

112 Jensen, P. Hundens sprak och tankar. (Natur & Kultur, 2012).

113 Kukekova, A. V., Trut, L. N., Acland, G. M. in Genetics and behaviour of domestic animals (second edition) (ed T. Grandin, Deesing, M. J.) (Academic Press, 2014).

114 Svartberg, K. A comparison of behaviour in test and in everyday life: evidence of three consistent boldnessrelated personality traits in dogs. Applied Animal Behaviour Science 91, 103–128, doi:10.1016/j.applanim.2004.08.030 (2005).

115 Svartberg, K. Breed-typical behaviour in dogs – Historical remnants or recent constructs? Applied Animal Behaviour Science 96, 293–313, doi:10.1016/j.applanim.2005.06.014 (2006).

116 Ley, J., Bennett, P., Coleman, G. Personality dimensions that emerge in companion canines. Applied Animal Behaviour Science 110, 305–317, doi:10.1016/j.applanim.2007.04.016 (2008).

117 Mornement, K., M., Coleman, G. J., Toukhsati, S., Bennett, P. C.,. Development of the Behavioural Assessment for Re-homing K9's (B.A.R.K.) Protocol. Applied Animal Behaviour Science 151, 75–83, doi:http://dx.doi.org/10.1016/j.applanim.2013.11.008.

118 Mirko, E., Doka, A., Miklosi, A. Association between subjective rating and behaviour coding and the role of experience in making video assessments on the personality of the domestic dog (Canis familaris). Applied Animal Behaviour Science (2013).

119 Foyer, P., Wilsson, E., Wright, D., Jensen, P. Early experiences modulate stress coping in a population of German shepherd dogs. Applied Animal Behaviour Science 146, 79–87,doi:10.1016/j.applanim.2013.03.013 (2013).

120 Svartberg, K. A comparison of behaviour in test and in everyday life: evidence of three consistent boldnessrelated personality traits in dogs. Applied Animal Behaviour Science 91, 103–128,

doi:10.1016/j.applanim.2004.08.030 (2005).

121 Foyer, P., Wilsson, E., Wright, D., Jensen, P. Early experiences modulate stress coping in a population of German shepherd dogs. Applied Animal Behaviour Science 146, 79–87, doi:10.1016/j.applanim.2013.03.013 (2013).

122 Svobodova, I., Vapenik, P., Pinc, L., Bartos, L. Testing German shepherd puppies to assess their chances of certification. Applied Animal Behaviour Science 113, 139–149, doi:10.1016/j.applanim.2007.09.010 (2008).

123 Battaglia, C. L. Periods of Early Development and the Effects of Stimulation and Social Experiences in the Canine. Journal of Veterinary Behavior-Clinical Applications and Research 4, 203–210, doi:10.1016/j.jveb.2009.03.003 (2009).

124 Rezac, P., Viziova, P., Dobesova, M., Havlicek, Z., Pospisilova, D. Factors affecting dog-dog interactions on walks with their owners. Applied Animal Behaviour Science 134,170–176, doi:10.1016/j.applanim.2011.08.006 (2011).

125 Rezac, P., Viziova, P., Dobesova, M., Havlicek, Z., Pospisilova, D. Factors affecting dog-dog interactions on walks with their owners. Applied Animal Behaviour Science 134,170–176, doi:10.1016/j.applanim.2011.08.006 (2011).

126 Rezac, P., Viziova, P., Dobesova, M., Havlicek, Z., Pospisilova, D. Factors affecting dog-dog interactions on walks with their owners. Applied Animal Behaviour Science 134, 170–176, doi:10.1016/j.applanim.2011.08.006 (2011).

127 Kotrschal, K., Schoberl, I., Bauer, B., Thibeaut, A. M., Wedl, M. Dyadic relationships and operational performance of male and female owners and their male dogs. Behavioural Processes 81, 383–391, doi:10.1016/j.beproc.2009.04.001 (2009).

128 Riemer, S., Muller, C., Viranyi, Z, Huber, L., Range, F. Choice of conflict resolution strategy is linked to sociability in dog puppies. Applied Animal Behaviour Science 149, 36–44, doi:http://dx.doi.org/10.1016/j. applanim.2013.09.006 (2013).

129 Quaranta, A., Siniscalchi, M., Vallortigara, G. Asymmetric tail-wagging responses by dogs to different emotive stimuli. Current Biology 17, R199-R201, doi:10.1016/j.cub.2007.02.008 (2007).

130 http://www.psychologytoday.com/blog/caninecorner/201112/what-dog-s-tail-wags-reallymean-some-newscientific-data.

131 Siniscalchi, M., Lusito, R., Vallortigara, G., Quaranta, A. Seeing left- or right-asymmetric tail wagging produces different emotional responses in dogs. Current Biology 23, 2279–2282 (2013).

132 http://www.dyrebar.no/artikkel/schaeferfortsatt-paa-hunde-tronen-20327673

Kapitel 2 Der Geruchssinn

1 http://kennelometyst.dinstudio.no/2/7/thomassens-hundepensjonat-og-treningssenter/

2 Thomassen, T. E-Mail i november. (2013).

3 Syrotuck, W. G. Scent and the scenting dog. (Arner Publishing, Rome, 2000).

4 Blatt, C. M., Taylor, C. R., Habal, M. B. Thermal panting in dogs – lateral nasal gland, a source of water for evaporative cooling. Science 177, 804–805, doi:10.1126/science.177.4051.804 (1972).

5 Evans, H. E., Lahunta, A. de. in Miller's Anatomy of the dog, fourth edition (Elsevier Saunders, 2013).

6 Settles, G. S. E-Mail den 15. september. (2013).

7 Craven, B. A., Neuberger, T., Paterson, E. G., Webb, A. G., Josephson, E. M., Morrison, E. E., Settles, G. S.Reconstruction and morphometric analysis of the nasal airway of the dog (Canis familiaris) and implications regarding olfactory airflow. Anatomical Record-Advances in Integrative Anatomy and Evolutionary Biology 290,1325–1340, doi:10.1002/ar.20592 (2007).

8 Craven, B. A., Paterson, E. G., Settles, G. S. The fluid dynamics of canine olfaction: unique nasal airflow patterns as an explanation of macrosmia. Journal of the Royal Society Interface 7, 933–943,doi:10.1098/rsif.2009.0490 (2010).

9 Settles, G. S. E-Mail den 15. september. (2013).

10 Craven, B. A., Paterson, E. G., Settles, G. S. The fluid dynamics of canine olfaction: unique nasal airflow patterns as an explanation of macrosmia. Journal of the Royal Society Interface 7, 933–943, doi:10.1098/rsif.2009.0490 (2010).

11 Craven, B. A., Neuberger, T., Paterson, E. G., Webb, A. G., Josephson, E. M., Morrison, E. E., Settles, G. S.Reconstruction and morphometric analysis of the nasal airway of the dog (Canis familiaris) and implications regarding olfactory airflow. Anatomical Record-Advances in Integrative Anatomy and Evolutionary Biology 290, 1325–1340, doi:10.1002/ar.20592 (2007).

12 Lawson, M. J., Craven, B. A., Paterson, E. G., Settles, G. S. A Computational Study of Odorant Transport and Deposition in the Canine Nasal Cavity: Implications for Olfaction. Chem. Senses 37, 553–566, doi:10.1093/chemse/bjs039 (2012).

13 Eiting, T., Smith, T. D., Perot, J. B., Dumont, E. R. The role of the olfactory recess in olfactory airflow.Journal of Experimental Biology 217, 1799–1803 (2014).

14 Craven, B. A., Paterson, E. G., Settles, G. S. The fluid dynamics of canine olfaction: unique nasal airflow patterns as an explanation of macrosmia. Journal of the Royal Society Interface 7, 933–943, doi:10.1098/rsif.2009.0490 (2010).

15 Henshaw, J. M. A tour of the senses. How your brain interprets the world. (The John Hopkins University Press, 2012).

16 Craven, B. A., Neuberger, T., Paterson, E. G., Webb, A. G., Josephson, E. M., Morrison, E. E., Settles, G. S.Reconstruction and morphometric analysis of the nasal airway of the dog (Canis familiaris) and implications regarding olfactory airflow. Anatomical Record-Advances in Integrative Anatomy and Evolutionary Biology 290, 1325–1340, doi:10.1002/ar.20592 (2007).

17 Henshaw, J. M. A tour of the senses. How your brain interprets the world. (The John Hopkins University Press, 2012).

18 Gerritsen, R. & Haak, R. K9 Professional tracking. A complete manual for theory and training. (Detselig Enterprises Ltd., 2001).

19 Quignon, P., Rimbault, M., Robin, S., Galibert, F. Genetics of canine olfaction and receptor diversity. Mammalian Genome 23, 132–143, doi: 10.1007/s00335–011–9371–1 (2012).

20 Quignon, P., Robin, S., Galibert, F. in The genetics of the dog, 2nd edition (ed E. Ostrander, Ruvinsky, A.)(CABI, 2012).

21 Gilad, Y., Lancet, D. Population differences in the human functional olfactory repertoire. Molecular Biology and Evolution 20, 307–314, doi:10.1093/molbev/msg013 (2003).

22 Quignon, P., Robin, S., Galibert, F. in The genetics of the dog, 2nd edition (ed E. Ostrander, Ruvinsky, A.)(CABI, 2012).

23 Steiger, S. S., Fidler, A. E., Valcu, M., Kempenaers, B. Avian olfactory receptor gene repertoires: evidence for a well-developed sense of smell in birds? Proceedings of the Royal Society B-Biological Sciences 275, 2309–2317, doi:10.1098/rspb.2008.0607 (2008).

24 Robin, S., Tacher, S., Rimbault, M., Vaysse, A., Dreano, S., Andre, C., Hitte, C., Galibert, F. Genetic diversity of canine olfactory receptors. BMC Genomics 10, 21 (2009).

25 Goldblatt, A., Gazit, I., Terkel, J. in Canine Ergonomics: The Science of Working Dogs (ed W. S. Helton)(Taylor and Francis, 2009).

26 Tacher, S., Quignon, P., Rimbault, M., Dreano, S., Andre, C., Galibert, F. Olfactory receptor sequence polymorphism within and between breeds of dogs. Journal of Heredity 96, 812–816, doi:10.1093/jhered/esi113 (2005).

27 Quignon, P., Robin, S., Galibert, F. in The genetics of the dog, 2nd edition (ed E. Ostrander, Ruvinsky, A.)(CABI, 2012).

28 Syrotuck, W. G. Scent and the scenting dog. (Arner Publishing, Rome, 2000).

29 Fenton, V. The use of dogs in search, rescue and recovery. Journal of Wilderness Medicine 3, 292–300, doi:10.1580/0953–9859–3.3.292 (1992).

30 Syrotuck, W. G. Scent and the scenting dog. (Arner Publishing, Rome, 2000).

31 Walker, D. B., Walker, J. C., Cavnar, P. J., Taylor, J. L., Pickel, D. H., Hall, S. B., Suarez, J. C. Naturalistic quantification of canine olfactory sensitivity. Applied Animal Behaviour Science 97, 241–254, doi:10.1016/j.applanim.2005.07.009 (2006).

32 Walker, J. C., Hall, S. B., Walker, D. B., Kendal-Reed, M. S., Hood, A. F., Niu, X. F. Human odor detectability: New methodology used to determine threshold and variation. Chem. Senses 28, 817–826,doi:10.1093/chemse/bjg075 (2003).

33 Stejskal, S. M. Death, decomposition, and detector dogs. (CRC Press, Taylor & Francis Group, 2013).

34 Syrotuck, W. G. Scent and the scenting dog. (Arner Publishing, Rome, 2000).

35 Goldblatt, A., Gazit, I., Terkel, J. in Canine Ergonomics: The Science of Working Dogs (ed W. S. Helton) (Taylor and Francis, 2009).

36 Atkinson, R. L., Atkinson, R.C., Smith, E.E., Bem, D.J., Hilgard, E.R. Introduction to psychology. (Harcourt Brace Jovanovich, Publ., 1990).

37 Quignon, P., Robin, Stephanie, Galibert, F. in The genetics pf the dog, 2nd edition (ed E. & Ruvinsky Ostrander, A.) (CABI, 2012).

38 Quignon, P., Rimbault, M., Robin, S. & Galibert, F. Genetics of canine olfaction and receptor diversity.Mammalian Genome 23, 132-143, doi: 10.1007/s00335-011-9371-1 (2012).

39 Syrotuck, W. G. Scent and the scenting dog. (Barkleigh Productions, Inc, 1972).

40 Fenton, V. The use of dogs in search, rescue and recovery. Journal of Wilderness Medicine 3, 292-300, doi:10.1580/0953-9859-3.3.292 (1992).

41 Safran, M. et al. Human Gene-Centric Databases at the Weizmann Institute of Science: GeneCards, UDB, CroW 21 and HORDE. Nucleic Acids Research 31, 142-146, doi:10.1093/nar/gkg050 (2003).

42 Syrotuck, W. G. Scent and the scenting dog. (Arner Publishing, Rome, 2000).

43 Pearsall, M. D., Verbruggen, M.D. Scent. Training to track, search and rescue. (Alpine Publications, Inc., 1982).

44 Walker, D. B. et al. Naturalistic quantification of canine olfactory sensitivity. Applied Animal Behaviour Science 97, 241-254, doi:10.1016/j.applanim.2005.07.009 (2006).

45 Nagata, Y., Takeuchi, N. Measurement of odor threshold by triangle odor bag method. Bull Jpn Environ Sanit Center 17, 77-89 (1990).

46 Bulanda, S., Bulanda, L. Ready ! Training the search and rescue dog. Second edition. (Kennel Club Books, 2010).

47 Adams, B., Chan, A., Callahan, H., Siwak, C., Tapp, D., Ikeda-Douglas, C., Atkinson, P., Head, E., Cotman, C. W., Milgram, N. W. Use of a delayed non-matching to position task to model age-dependent cognitive decline in the dog. Behavioural Brain Research 108, 47–56, doi: 10.1016/s0166–4328(99)00132–1 (2000).

48 Wells, D. L., Hepper, P. G. Directional tracking in the domestic dog, Canis familiaris. Applied Animal Behaviour Science 84, 297–305, doi:10.1016/j.applanim.2003.08.009 (2003).

49 Wallis, L. J., Range, F., Muller, C. A., Serisier, S., Huber, L., Viranyi, Z. Lifespan development of attentiveness in domestic dogs: drawing parallels with humans. Frontiers in Psychology 5, doi:10.3389/fpsyg.2014.00071 (2014).

50 Moulton, D. G., Ashton, E. H., Eayrs, J. T. Study in olfactory acuity. 4. Relative detectability of n-alipatic acids in dog. British Journal of Animal Behaviour 8, 129–133 (1960).

51 Grandjean, D., Haymann, F. Hunde-encyklopedi. (RK Grafisk, 2010).

52 Parlee, M. B. Menstrual rhythms in sensory processes: a review of fluctuations in vison, olfaction, audition, taste and touch. Psychological Bulletin 93, 539–548 (1983).

53 Riva, J., Marelli, S. P., Redaelli, V., Bondiolotti, G. P., Sforzini, E., Santoro, M. M., Carenzi, C., Verga,M.,Luzi, F. The effects of drug detection training on behavioral reactivity and blood neurotransmitter levels in drug detection dogs: A preliminary study. Journal of Veterinary Behavior-Clinical Applications and Research 7,11–20, doi:10.1016/j.jveb.2011.04.002 (2012).

54 Myers, L. J., Nusbaum, K. E., Swango, L. J., Hanrahan, L. N., Sartin, E. Dysfunction of sense of smell caused by canine parainfluenza virus-infection in dogs. American Journal of Veterinary Research 49, 188–190 (1988).

55 Gunnarsson, L., Zakrisson, G., Lilliehook, I., Christensson, D., Rehbinder, C., Uggla, A. Experimental-infection of dogs with the nasal mite Pneumonyssoides caninum. Veterinary Parasitology 77, 179–186, doi:10.1016/s0304–4017(98)00104–6 (1998).

56 Bredal, W. P. The prevalence of nasal mite (Pneumonyssoides caninum) infection in Norwegian dogs.Veterinary Parasitology 76, 233–237, doi:10.1016/s0304–4017(97)00204–5 (1998).

57 Gunnarsson, L. K., Zakrisson, G., Egenvall, A., Christensson, D. A., Uggla, A. Prevalence of Pneumonyssoides caninum infection in dogs in Sweden. Journal of the American Animal Hospital Association 37, 331–337 (2001). Gjerde, B. E-Mail den 5. desember. (2013).

58 Gunnarsson, L. K., Zakrisson, G.,Egenvall, A., Christensson, D. A., Uggla, A. Prevalence of Pneumonyssoides caninum infection in dogs in Sweden. Journal of the American Animal Hospital Association 37, 331–337 (2001).

59 King, A. The nose knows. New Scientist 24, August, 40–43 (2013).

60 Arnett, E. B. A preliminary evaluation on the use of dogs to recover bat fatalities at wind energy facilities.Wildl. Soc. Bull. 34, 1440–1445, doi:10.2193/0091–7648(2006)34[1440:apeotu]2.0.co;2 (2006).

61 Wasser, S. K., Davenport, B., Ramage, E. R., Hunt, K. E., Parker, M., Clarke, C., Stenhouse, G. Scat detection dogs in wildlife research and management: application to grizzly and black bears in the Yellowhead ecosystem, Alberta, Canada. Canadian Journal of Zoology-Revue Canadienne De Zoologie 82, 475–492, doi:10.1139/z04–020 (2004).

62 Cablk, M. E., Sagebiel, J. C., Heaton, J. S., Valentin, C. Olfaction-based

detection distance: A quantitative analysis of how far away dogs recognize tortoise odor and follow it to source. Sensors 8, 2208–2222, doi:10.3390/s8042208 (2008).

63 Paula, J., Leal, M. C., Silva, M. J., Mascarenhas, R., Costa, H., Mascarenhas, M. Dogs as a tool to improve bird-strike mortality estimates at wind farms. Journal for Nature Conservation 19, 202–208, doi:10.1016/j.jnc.2011.01.002 (2011).

64 Komar, D. The use of cadaver dogs in locating scattered, scavenged human remains: Preliminary field test results. Journal of Forensic Sciences 44, 405–408 (1999).

65 Craven, B. A., Paterson, E. G., Settles, G. S. The fluid dynamics of canine olfaction: unique nasal airflow patterns as an explanation of macrosmia. Journal of the Royal Society Interface 7, 933–943, doi:10.1098/rsif.2009.0490 (2010).

66 Settles, G. S., Kester, D. A., Dodson-Dreibelbis, L. The external aerodynamics of sniffing. In: Sensors and sensing in biology and engineering. (Springer, New York, 2003).

67 Settles, G. S., Kester, D. A., Dodson-Dreibelbis, L. The external aerodynamics of sniffing. In: Sensors and sensing in biology and engineering. (Springer, New York, 2003).

68 Steen, J. B., Mohus, I., Kvesetberg, T., Walloe, L. Olfaction in bird dogs during hunting. Acta Physiologica Scandinavica 157, 115–119, doi:10.1046/j.1365-201X.1996.479227000.x (1996).

69 Thesen, A., Steen, J. B., Doving, K. B. Behavior of dogs during olfactory tracking. Journal of Experimental Biology 180, 247–251 (1993).

70 Settles, G., Kester, D. Aerodynamic sampling for landmine trace detection. SPIE Aerosense 4294, paper 108(2001).

71 Gazit, I., Terkel, J. Domination of olfaction over vision in explosives detection by dogs. Applied Animal Behaviour Science 82, 65–73, doi:10.1016/s0168-1591(03)00051-0 (2003).

72 King, A. The nose knows. New Scientist 24, August, 40–43 (2013).

73 Altom, E. K., Davenport, G. M., Myers, L. J., Cummins, K. A. Effect of dietary fat source and exercise on odorant-detecting ability of canine athletes. Research in Veterinary Science 75, 149–155, doi:10.1016/s0034-5288(03)00071-7 (2003).

74 Gazit, I., Terkel, J. Explosives detection by sniffer dogs following strenuous physical activity. Applied Animal Behaviour Science 81, 149–161, doi:10.1016/s0168-1591(02)00274-5 (2003).

75 Smith, D. A., Ralls, K., Hurt, A., Adams, B., Parker, M., Davenport, B., Smith, M. C., Maldonado, J. E. Detection and accuracy rates of dogs trained to find scats of San Joaquin kit foxes (Vulpes macrotis mutica). Animal Conservation 6, 339–346, doi:10.1017/s136794300300341x (2003).

76 Snovak, A. E. Guide to search and rescue dogs. (Barron's Educational Series, 2004).

77 Syrotuck, W. G. Scent and the scenting dog. (Arner Publishing, Rome, 2000).

78 Fenton, V. The use of dogs in search, rescue and recovery. Journal of Wilderness Medicine 3, 292–300, doi:10.1580/0953-9859-3.3.292 (1992).

79 King, J. E., Becker, R. F., Markee, J.,E. Studies on olfaction discrimination in dogs: (3) ability to detect human odour trace. Animal Behaviour 12, 311–315 (1964).

80 Settles, G. S., Kester, D. A., Dodson-Dreibelbis, L. The external aerodynamics of sniffing. In: Sensors and sensing in biology and engineering. (Springer, New York, 2003).

81 Tonosaki, K., Tucker, D. Responsiveness of the olfactory receptor-cells in dog to some odors. Comparative Biochemistry and Physiology A-Physiology 81, 7–13 (1985).

82 Lawson, M. J., Craven, B. A., Paterson, E. G., Settles, G. S. A Computational Study of Odorant Transport and Deposition in the Canine Nasal Cavity: Implications for Olfaction. Chem. Senses 37, 553–566, doi:10.1093/chemse/bjs039 (2012).

83 Siniscalchi, M., Sasso, R., Pepe, A. M., Dimatteo, S., Vallortigara, G., Quaranta, A. Sniffing with the right nostril: lateralization of response to odour stimuli by dogs. Animal Behaviour 82, 399–404,doi:10.1016/j.anbehav.2011.05.020 (2011).

84 Henshaw, J. M. A tour of the senses. How your brain interprets the world. (The John Hopkins University Press, 2012).

85 Mainland, J. D., Keller, A., Li, Y. R., Zhou, T., Trimmer, C., Snyder, L. L., Moberly, A. H., Adipietro, K. A., Liu, Wen L. L., Zhuang, H., Zhan, S., Lee, S. S., Lin, A., Matsunami, H. The missense of smell: functional variability in the human odorant receptor repertoire. Nat. Neurosci. 17, 114–120, doi:10.1038/nn.3598 http://www.nature.com/neuro/journal/v17/n1/abs/nn.3598.html#supplementary-information (2014).

86 Henshaw, J. M. A tour of the senses. How your brain interprets the world. (The John Hopkins University Press, 2012).

87 Croy, I., Nordin, S., Hummel, T. Olfactory disorders and quality of life-an updated review. Chem. Senses 39,185–194 (2014).

88 Whisman, M., Goetzinger, J., Cottom, F., Brinkman, D. Odorant evaluation: a study of ethanethiol and tetrahdrothiophene as warning agents in propane. Environ. Sci. Technol. 12, 1285–1288 (1978).

89 Sela, L., Sobel, N. Human olfaction: a constant state of change-blindness. Experimental Brain Research 205, 13–29, doi:10.1007/s00221-010-2348-6 (2010).

90 Zelano, C., Sobel, N. Humans as an animal model for systems-level organization of olfaction. Neuron 48, 431–454, doi:10.1016/j.neuron.2005.10.009 (2005).

91 Bushdid, C., Magnasco, M. O., Vosshall, L. B., Keller, A. Humans Can Discriminate More than 1 Trillion Olfactory Stimuli. Science 343, 1370–1372, doi:10.1126/science.1249168 (2014).

92 Sela, L., Sobel, N. Human olfaction: a constant state of change-blindness. Experimental Brain Research 205, 13–29, doi:10.1007/s00221-010-2348-6 (2010).

93 Wells, D. L., Hepper, P. G. The discrimination of dog odours by humans. Perception 29, 111–115, doi:10.1068/p2938 (2000).

94 Radulescu, A. R., Mujica-Parodi, L. R. Human Gender Differences in the Perception of Conspecific Alarm Chemosensory Cues. Plos One 8, doi:10.1371/journal.pone.0068485 (2013).

95 Olsson, S. B., Barnard, J., Turri, L. Olfaction and identification of unrelated

individuals: Examination of the mysteries of human odor recognition. J. Chem. Ecol. 32, 1635–1645, doi:10.1007/s10886-006-9098-8 (2006).

96 Kaitz, M., Good, A., Rokem, A. M., Eidelman, A. I. Mothers recognition of their newborns by olfactory cues. Developmental Psychobiology 20, 587–591, doi:10.1002/dev.420200604 (1987).

97 Porter, R. H., Winberg, J. Unique salience of maternal breast odors for newborn infants. Neuroscience and Biobehavioral Reviews 23, 439–449, doi:10.1016/s0149-7634(98)00044-x (1999).

98 Vaglio, S. in Vitamins and Hormones: Pheromones Vol. 83 Vitamins and Hormones (ed G. Litwack) 289–304 (Elsevier Academic Press Inc, 2010).

99 Porter, R. H., Balogh, R. D., Cernoch, J. M., Franchi, C. Recognition of kin through characteristic body odors. Chem. Senses 11, 389–395, doi:10.1093/chemse/11.3.389 (1986).

100 Schaal, B., Porter, R. H. Microsmatic humans revisited – the generation and perception of chemical signals. Advances in the Study of Behavior 20, 135–199 (1991).

101 Porter, R. H., Balogh, R. D., Cernoch, J. M., Franchi, C. Recognition of kin through characteristic body odors. Chem. Senses 11, 389–395, doi:10.1093/chemse/11.3.389 (1986).

102 Ferdenzi, C., Schaal, B., Roberts, S. C. Family Scents: Developmental Changes in the Perception of Kin Body Odor? J. Chem. Ecol. 36, 847–854, doi:10.1007/s10886-010-9827-x (2010).

103 Wedekind, C., Furi, S. Body odour preferences in men and women: do they aim for specific MHC combinations or simply heterozygosity? Proceedings of the Royal Society B-Biological Sciences 264, 1471–1479 (1997).

104 Wedekind, C., Seebeck, T., Bettens, F., Paepke, A. J. MHC-dependent mate preferences in humans. Proceedings of the Royal Society B-Biological Sciences 260, 245–249, doi:10.1098/rspb.1995.0087 (1995).

105 Wedekind, C., Seebeck, T., Bettens, F., Paepke, A. J. MHC-dependent mate preferences in humans. Proceedings of the Royal Society B-Biological Sciences 260, 245–249, doi:10.1098/rspb.1995.0087 (1995).

106 Roberts, S. C., Gosling, L. M., Carter, V., Petrie, M. MHC-correlated odour preferences in humans and the use of oral contraceptives. Proceedings of the Royal Society B-Biological Sciences 275, 2715–2722, doi:10.1098/rspb.2008.0825 (2008).

107 Havliček, J., Dvořakova, R., Bartoš, L., Flegr, J. Non-Advertized does not Mean Concealed: Body Odour Changes across the Human Menstrual Cycle. Ethology 112, 81–90, doi:10.1111/j.1439-0310.2006.01125.x(2006).

108 Arzi, A., Shedlesky, L., Ben-Shaul, M., Nasser, K., Oksenberg, A., Hairston, I. S., Sobel, N. Humans can learn new information during sleep. Nature Neuroscience 15, 1460–1465, doi:10.1038/nn.3193 (2012).

109 Sela, L., Sobel, N. Human olfaction: a constant state of change-blindness. Experimental Brain Research 205,13–29, doi:10.1007/s00221-010-2348-6 (2010).

110 Zelano, C., Sobel, N. Humans as an animal model for systems-level organization of olfaction. Neuron 48, 431–454, doi:10.1016/j.neuron.2005.10.009 (2005).

111 Shepherd, G. M. The human sense of smell: Are we better than we think? Plos Biology 2, 572–575, doi:10.1371/journal.pbio.0020146 (2004).

112 Adams, D. R., Wiekamp, M. D. The canine vomeronasal organ. Journal of Anatomy 138, 771–787 (1984).

113 Salazar, I., Cifuentes, J. M., Quinteiro, P. S., Caballero, T. G. Structural, morphometric, and immunohistological study of the accessory olfactory-bulb in the dog. Anatomical Record 240, 277–285, doi:10.1002/ar.1092400216 (1994).

114 Salazar, I., Barber, P. C. & Cifuentes, J. M. Anatomical and immunohistological demonstration of the primary neural connections of the vomeronasal organ in the dog. Anatomical Record 233, 309–313, doi:10.1002/ar.1092330214 (1992).

115 Jacobson, L. Anatomisk beskrivelse over et nyt organ i husdyrenes næse. Veterinær Selskapets Skrifter 2, 209–246 (1813).

116 Schoon, G. A. A., Haak, R. K9 Suspect discrimination. (Detseling Enterprises Ltd, 2002).

117 Evans, H. E., Lahunta, A. de. in Miller's Anatomy of the dog, fourth edition (Elsevier Saunders, 2013).

118 Berthoud, D., Nevison, C., Waterhouse, J., Hawkins, D. The effect of castrating male dogs on their use of the vomeronasal organ when investigating conspecific urine deposits. 3rd Canine Science forum, 25, 26, 27 July, Barcelona, Spain (2012).

119 Bradshaw, J. In defence of dogs. (Penguin Group Ltd., 2011).

120 Goodwin, M., Gooding, K. M., Regnier, F. Sex-pheromone in the dog. Science 203, 559–561, doi:10.1126/science.569903 (1979).

121 Fyrand, O. Det gåtefulle språket. Om hudens kommunikasjon. (Universitetesforlaget AS, 1996).

122 Berthoud, D., Nevison, C., Waterhouse, J., Hawkins, D. The effect of castrating male dogs on their use of the vomeronasal organ when investigating conspecific urine deposits. 3rd Canine Science forum, 25, 26, 27 July, Barcelona, Spain (2012).

123 Zucco, G. M., Aiello, L., Turuani, L., Koster, E. Odor-Evoked Autobiographical Memories: Age and Gender Differences Along the Life Span. Chem. Senses 37, 179–189, doi:10.1093/chemse/bjr089 (2012).

124 Williams, M., Johnston, J. M. Training and maintaining the performance of dogs (Canis familiaris) on an increasing number of odor discriminations in a controlled setting. Applied Animal Behaviour Science 78, 55–65, doi:10.1016/s0168-1591(02)00081-3 (2002).

125 Schoon, G. A. A., Haak, R. K9 Suspect discrimination. (Detseling Enterprises Ltd, 2002).

Kapitel 3 Der Menschenkenner

1 Bulanda, E-Mail Mitteilung vom 18. mars (2013).

2 Grandjean, D., Haymann, F. Hunde-encyklopedi. (RK Grafisk, 2010).

3 Grandjean, D., Haymann, F. Hunde-encyklopedi. (RK Grafisk, 2010).

4 Smith, J. Africa's new poaching police. Men's Journal (2012).

5 Most, K., Brückner, G. H. Über Voraussetzungen und den derzeitigen Stand der Nasenleistungen von Hunden. Zeitschrift für Hundeforschung 12, 9–30 (1936)

6 Schettler, J. Red dog rising. (Alpine Publications, 2009).

7 Syrotuck, W. G. Scent and the scenting dog. (Arner Publishing, Rome, 2000).

8 Schettler, J. K-9 Trailing. The Straightest path. (Alpine Publications Inc, 2011).

9 Syrotuck, W. G. Scent and the scenting dog. (Arner Publishing, Rome, 2000).

10 Edge, B. A., Paterson, E. G., Settles, G. S. Computational study of the wake and contaminant transport of a walking human. Journal of Fluids Engineering-Transactions of the Asme 127, 967–977, doi:10.1115/1.2013291(2005).

11 Choi, J. I., Edwards, J. R. Large eddy simulation and zonal modeling of human-induced contaminant transport. Indoor Air 18, 233–249, doi:10.1111/j.1600–0668.2008.00527.x (2008)

12 Syrotuck, W. G. Scent and the scenting dog. (Arner Publishing, Rome, 2000).

13 Findley, K., Oh, J., Yang, J., Conlan, S., Deming, C., Meyer, J. A., Schoenfeld, D., Nomicos, E., Park, M.,Kong, H. H., Segre, J. A.,. Topographic diversity of fungal and bacterial communities in human skin. Nature 498, 367–370, doi:10.1038/nature12171 http://www.nature.com/nature/journal/vaop/ncurrent/abs/nature12171.html#supplementary-information (2013).

14 Korting, H. C., Lukacs, A., Braun-Falco, O. Mikrobielle flora und geruch der gesunden menslichen haut. Hautarzt 39, 564–568 (1988).

15 Dormont, L., Bessiere, J. M., Cohuet, A. Human Skin Volatiles: A Review. J. Chem. Ecol. 39, 569–578, doi:10.1007/s10886–013–0286-z (2013).

16 Fialova, J., Roberts, S. C., Havlicek, J. in Chemical Signals in Vertebrates 12. (ed M. East, Dehnhard, M.)(Springer Science+Buisness Media).

17 Havlicek, J., Lenochova, P. The effect of meat consumption on body odor attractiveness. Chem. Senses 31, 747–752, doi:10.1093/chemse/bjl017 (2006).

18 Dormont, L., Bessiere, J. M., Cohuet, A. Human Skin Volatiles: A Review. J. Chem. Ecol. 39, 569–578, doi:10.1007/s10886–013–0286-z (2013).

19 Kippenberger, S., Havlicek, J., Bernd, A., Thaci, D., Kaufmann, R., Meissner, M. 'Nosing Around' the human skin: What information is concealed in skin odour? Experimental Dermatology 21, 655–659, doi:10.1111/j.1600–0625.2012.01545.x (2012).

20 Song, S. J., Lauber, C., Costello, E. K., Lozupone, C. A., Humphrey, G., Berg-Lyons, D., Caporaso, J. G., Knights, D., Clemente, J. C., Nakielny, S., Gordon, J. I., Fierer, N., Knight, R. Cohabiting family members share microbiota with one another and with their dogs. eLife 2, e00458-e00458, doi:10.7554/eLife.00458 (2013).

21 Stokholm, J., Schjorring, S., Pedersen, L., Bischoff, A. L., Folsgaard, N., Carson, C. G., Chawes, B., Bonnelykke, K., Molgaard, A., Krogfelt, K. A., Bisgaard, H. Living with Cat and Dog Increases Vaginal Colonization with E. coli in Pregnant Women. Plos One 7, doi:10.1371/journal.pone.0046226 (2012).

22 Dunn, R. R., Fierer, N., Henley, J. B., Leff, J. W., Menninger, H. L. Home Life: Factors Structuring the Bacterial Diversity Found within and between Homes. Plos One 8, doi:10.1371/journal.pone.0064133 (2013)

23 Gallagher, M., Wysocki, J., Leyden, J. J., Spielman, A. I., Sun, X., Preti, G. Analyses of volatile organic compounds from human skin. British Journal of Dermatology 159, 780–791, doi:10.1111/j.1365–2133.2008.08748.x (2008).

24 Dormont, L., Bessiere, J. M., Cohuet, A. Human Skin Volatiles: A Review. J. Chem. Ecol. 39, 569–578, doi:10.1007/s10886–013–0286-z (2013).

25 Dormont, L., Bessiere, J. M., Cohuet, A. Human Skin Volatiles: A Review. J. Chem. Ecol. 39, 569–578, doi:10.1007/s10886–013–0286-z (2013).

26 Kippenberger, S., Havlicek, J., Bernd, A., Thaci, D., Kaufmann, R., Meissner, M. 'Nosing Around' the human skin: What information is concealed in skin odour? Experimental Dermatology 21, 655–659, doi:10.1111/j.1600–0625.2012.01545.x (2012).

27 Girod, A., Ramotowski, R., Weyermann, C. Composition of fingermark residue: A qualitative and quantitative review. Forensic Science International 223, 10–24, doi:10.1016/j.forsciint.2012.05.018 (2012).

28 Goetz, N., Kaba, G., Good, D., Hussler, G. & Bore, P. Detection and identification of volatile compounds evolved from human-hair and scalp using headspace gas-chromatography. Journal of the Society of Cosmetic Chemists 39, 1–13 (1988).

29 Girod, A., Ramotowski, R., Weyermann, C. Composition of fingermark residue: A qualitative and quantitative review. Forensic Science International 223, 10–24, doi:10.1016/j.forsciint.2012.05.018 (2012).

30 Kusano, M., Mendez, E., Furton, K. G. Comparison of the Volatile Organic Compounds from Different Biological Specimens for Profiling Potential. Journal of Forensic Sciences 58, 29–39, doi:10.1111/j.1556– 4029.2012.02215.x (2013).

31 Filiatre, J. C., Eckerlin, A., Millot, J. L., Montagner, H. An experimental-analysis of olfactory cues in child dog interaction. Chem. Senses 15, 679–689, doi:10.1093/chemse/15.6.679 (1990).

32 Filiatre, J. C., Millot, J. L., Eckerlin, A. Behavioral variability of olfactory exploration of the pet dog in relation to human adults. Applied Animal Behaviour Science 30, 341–350, doi:10.1016/0168–1591(91)90139-o (1991)

33 Kippenberger, S., Havlicek, J., Bernd, A., Thaci, D., Kaufmann, R., Meissner, M. 'Nosing Around' the human skin: What information is concealed in skin odour? Experimental Dermatology 21, 655–659, doi:10.1111/j.1600-0625.2012.01545.x (2012).

34 Ellervik, U. Ond kemi. Berättelser om människor, mord och molekyler. (Fri tanke forlag, 2011).

35 Kusano, M., Mendez, E., Furton, K. G. Comparison of the Volatile Organic Compounds from Different Biological Specimens for Profiling Potential. Journal of Forensic Sciences 58, 29–39, doi:10.1111/j.1556- 4029.2012.02215.x (2013).

36 Gallagher, M., Wysocki, J., Leyden, J. J., Spielman, A. I., Sun, X., Preti, G. Analyses of volatile organic compounds from human skin. British Journal of Dermatology 159, 780–791, doi:10.1111/j.1365-2133.2008.08748.x (2008).

37 Schoon, G. A. A., Haak, R. K9 Suspect discrimination. (Detseling Enterprises Ltd, 2002).

38 Gallagher, M., Wysocki, J., Leyden, J. J., Spielman, A. I., Sun, X., Preti, G. Analyses of volatile organic compounds from human skin. British Journal of Dermatology 159, 780–791, doi:10.1111/j.1365-2133.2008.08748.x (2008).

39 Dormont, L., Bessiere, J. M., McKey, D., Cohuet, A. New methods for field collection of human skin volatiles and perspectives for their application in the chemical ecology of human-pathogen-vector interactions. Journal of Experimental Biology 216, 2783–2788, doi:10.1242/jeb.085936 (2013).

40 Ara, K., Hama, M., Akiba, S., Koike, K., Okisaka, K., Hagura, T., Kamiya, T., Tomita, F. Foot odor due to microbial metabolism and its control. Canadian Journal of Microbiology 52, 357–364, doi:10.1139/w05-130 (2006).

41 Fält, L., Gustavsson, T., Karlsson, J., Åberg, J. Spårhunden och lukterna. (SWDI forlag, 2011).

42 Curran, A. M., Prada, P. A., Furton, K. G. The Differentiation of the Volatile Organic Signatures of Individuals Through SPME-GC/MS of Characteristic Human Scent Compounds. Journal of Forensic Sciences 55, 50–57, doi:10.1111/j.1556-4029.2009.01236.x (2010).

43 Girod, A., Weyermann, C. Lipid composition of fingermark residue and donor classification using GC/MS. Forensic Science International 238C, 68–82, doi:10.1016/j.forsciint.2014.02.020 (2014).

44 Löhner, L. Über menschliche Individual- und Regionalgerüche. Arch. Ges. Physiol 202, 25–45 (1924).

45 King, J. E., Becker, R. F., Markee, J.,E. Studies on olfaction discrimination in dogs: (3) ability to detect human odour trace. Animal Behaviour 12, 311–315 (1964)

46 Santariova. Ability of scent identification dogs to detect individual human odors. 3rd Canine Science forum, 25, 26, 27 July, Barcelona, Spain (2012).

47 Vyplelova, P., Vokalek, V., Pinc, L., Pacakova, Z., Luděk, B., Milena, S., Zuzana, Č. Individual human odor fallout as detected by trained canines. Forensic Science International 234, 13–15, doi:http://dx.doi.org/10.1016/j.forsciint.2013.10.018 (2014).

48 Jezierski, T., Sobczynska, M., Walczak, M., Gorecka-Bruzda, A., Ensminger, J. Do trained dogs discriminate individual body odors of women better than those of men? Journal of Forensic Sciences 57, 647–653, doi:10.1111/j.1556-4029.2011.02029.x (2012).

49 Curran, A. M., Ramirez, C. F., Schoon, A. A., Furton, K. G. The frequency of occurrence and discriminatory power of compounds found in human scent across a population determined by SPME-GCMS. Journal of Chromatography B-Analytical Technologies in the Biomedical and Life Sciences 846, 86–97, doi:10.1016/j.jchromb.2006.08.039 (2007).

50 Kloek, J. The smell of some steroid sex hormones and their metabolites: reflections and experiments concerning the significance of smell for the mutual relations of the sexes. Psychiatr. Neurol. Neurochir. 64, 309–344 (1961).

51 Schaal, B., Porter, R. H. Microsmatic humans revisited – the generation and perception of chemical signals. Advances in the Study of Behavior 20, 135–199 (1991).

52 Shirasu, M., Touhara, K. The scent of disease: volatile organic compounds of the human body related to disease and disorder. Journal of Biochemistry 150, 257–266, doi:10.1093/jb/mvr090 (2011).

53 Kusano, M., Mendez, E., Furton, K. G. Comparison of the Volatile Organic Compounds from Different Biological Specimens for Profiling Potential. Journal of Forensic Sciences 58, 29–39, doi:10.1111/j.1556- 4029.2012.02215.x (2013).

54 Curran, A. M., Prada, P. A., Furton, K. G. Canine human scent identifications with post-blast debris collected from improvised explosive devices. Forensic Science International 199, 103–108, doi:10.1016/j.forsciint.2010.03.021 (2010).

55 Steen, J. B., Wilsson, E. How do dogs determine the direction of tracks. Acta Physiologica Scandinavica 139, 531–534, doi:10.1111/j.1748-1716.1990.tb08956.x (1990).

56 Hepper, P. G., Wells, D. L. How many footsteps do dogs need to determine the direction of an odour trail? Chem. Senses 30, 291–298, doi:10.1093/chemse/bji023 (2005).

57 Hepper, P. G., Wells, D. L. How many footsteps do dogs need to determine the direction of an odour trail? Chem. Senses 30, 291–298, doi:10.1093/chemse/bji023 (2005)

58 Thesen, A., Steen, J. B., Doving, K. B. Behavior of dogs during olfactory tracking. Journal of Experimental Biology 180, 247–251 (1993)

59 Hepper, P. G., Wells, D. L. How many footsteps do dogs need to determine the direction of an odour trail? Chem. Senses 30, 291–298, doi:10.1093/chemse/bji023 (2005).

60 Steen, J. B., Wilsson, E. How do dogs determine the direction of tracks. Acta Physiologica Scandinavica 139, 531–534, doi:10.1111/j.1748-1716.1990.tb08956.x (1990).

61 Hepper, P. G., Wells, D. L. How many footsteps do dogs need to determine the direction of an odour trail? Chem. Senses 30, 291–298, doi:10.1093/chemse/bji023 (2005).

62 Wells, D. L., Hepper, P. G. Directional tracking in the domestic dog, Canis

familiaris. Applied Animal Behaviour Science 84, 297–305, doi:10.1016/j.applanim.2003.08.009 (2003).

63 Steen, J. B., Wilsson, E. How do dogs determine the direction of tracks. Acta Physiologica Scandinavica 139, 531–534, doi:10.1111/j.1748–1716.1990.tb08956.x (1990).

64 Wells, D. L., Hepper, P. G. Directional tracking in the domestic dog, Canis familiaris. Applied Animal Behaviour Science 84, 297–305, doi:10.1016/j.applanim.2003.08.009 (2003).

65 Müller-Schwarze, D. Chemical Ecology of Vertebrates. (Cambridge University Press, 2006).

66 Lisberg, A. E., Snowdon, C. T. Effects of sex, social status and gonadectomy on countermarking by domestic dogs, Canis familiaris. Animal Behaviour 81, 757–764, doi:10.1016/j.anbehav.2011.01.006 (2011).

67 Murphy, C. in Memory for Odors (ed F. R. Schab, Crowder, R. G.) 109–131 (1995).

68 Sinding, C., Puschmann, L., Hummel, T. Is the age-related loss in olfactory sensitivity similar for light and heavy molecules? Chem Senses 39, 383–390, doi:10.1093/chemse/bju004 (2014).

69 Salvin, H. E., McGrath, C., McGreevy, P. D., Valenzuela, M. J. Development of a novel paradigm for the measurement of olfactory discrimination in dogs (Canis familiaris): A pilot study. Journal of Veterinary Behavior-Clinical Applications and Research 7, 3–10, doi:10.1016/j.jveb.2011.04.005 (2012).

70 Hirai, T., Kojima, S., Shimada, A., Uemura, T., Sakai, M., Itakura, C. Age-related changes in the olfactory system of dogs. Neuropathology and Applied Neurobiology 22, 531–539 (1996).

71 Wells, D. L., Hepper, P. G. Directional tracking in the domestic dog, Canis familiaris. Applied Animal Behaviour Science 84, 297–305, doi:10.1016/j.applanim.2003.08.009 (2003).

72 Wells, D. L. E-Mail 10. april. (2014).

73 Porter, J., Craven, B., Khan, R. M., Chang, S. J., Kang, I., Judkewicz, B., Volpe, J., Settles, G., Sobel, N.Mechanisms of scent-tracking in humans. Nature Neuroscience 10, 27–29, doi:10.1038/nn1819 (2007).

74 Porter, J., Craven, B., Khan, R. M., Chang, S. J., Kang, I., Judkewicz, B., Volpe, J., Settles, G., Sobel, N.Mechanisms of scent-tracking in humans. Nature Neuroscience 10, 27–29, doi:10.1038/nn1819 (2007).

75 Gardiner, J. M., Atema, J. The function of bilateral odor arrival time differences in olfactory orientation of sharks. Current Biology 20, 1187–1191, doi:10.1016/j.cub.2010.04.053 (2010).

76 Craven, B. A., Paterson, E. G., Settles, G. S. The fluid dynamics of canine olfaction: unique nasal airflow patterns as an explanation of macrosmia. Journal of the Royal Society Interface 7, 933–943, doi:10.1098/rsif.2009.0490 (2010).

77 Romanes, G. Experiments on the sense of smell in dogs. Nature 36, 273–274 (1887).

78 Archie, E. A., Theis, K. R. Animal behaviour meets microbial ecology. Animal Behaviour 82, 425–436,doi:10.1016/j.anbehav.2011.05.029 (2011).

79 Prada, P. A., Furton, K.G. Human scent detection: a review of its developments and forensic applications. Revista de Ciencias Forenses 1, 81–87 (2008).

80 Curran, A. M., Prada, P. A., Furton, K. G. The Differentiation of the Volatile Organic Signatures ofIndividuals Through SPME-GC/MS of Characteristic Human Scent Compounds. Journal of Forensic Sciences 55, 50–57, doi:10.1111/j.1556–4029.2009.01236.x (2010).

81 Thom, M. D., Beynon, R. J., Hurst, J. L. in Chemical signals in vertebrates 10 Springer. (ed R.T. Mason, Le Master, M. P., Muller-Schwarze, D.) 174–182.

82 Kusano, M., Mendez, E., Furton, K. G. Comparison of the Volatile Organic Compounds from Different Biological Specimens for Profiling Potential. Journal of Forensic Sciences 58, 29–39, doi:10.1111/j.1556-4029.2012.02215.x (2013).

83 Thornhill, R., Gangestad, S. W., Miller, R., Scheyd, G., McCollough, J. K., Franklin, M. Major histocompatibility complex genes, symmetry, and body scent attractiveness in men and women. Behavioral Ecology 14, 668–678, doi:10.1093/beheco/arg043 (2003).

84 Santos, P. S. C., Schinemann, J. A., Gabardo, J., Bicalho, M. D. New evidence that the MHC influences odor perception in humans: a study with 58 Southern Brazilian students. Hormones and Behavior 47, 384–388, doi:10.1016/j.yhbeh.2004.11.005 (2005).

85 Bjering, S., Deinboll, I. I., Mæhlen, J. Luktesansen. Tidsskrift Norske Lægeforening 30, 3719–3725 (2000)

86 Boehm, T., Zufall, F. MHC peptides and the sensory evaluation of genotype. Trends Neurosci. 29, 100–107, doi:10.1016/j.tins.2005.11.006 (2006).

87 Kippenberger, S., Havlicek, J., Bernd, A., Thaci, D., Kaufmann, R., Meissner, M. 'Nosing Around' the human skin: What information is concealed in skin odour? Experimental Dermatology 21, 655–659, doi:10.1111/j.1600–0625.2012.01545.x (2012).

88 Troccaz, M., Borchard, G., Vuilleumier, C., Raviot-Derrien, S., Niclass, Y., Beccucci, S., Starkenmann, C. Gender-Specific Differences between the Concentrations of Nonvolatile (R)/(S)-3-Methyl-3-Sulfanylhexan-1-Ol and (R)/(S)-3-Hydroxy-3-Methyl-Hexanoic Acid Odor Precursors in Axillary Secretions. Chem. Senses 34, 203– 210, doi:10.1093/chemse/bjn076 (2009).

89 Penn, D. J., Oberzaucher, E., Grammer, K., Fischer, G., Soini, H. A., Wiesler, D., Novotny, M. V., Dixon, S. J., Xu, Y., Brereton, R. G. Individual and gender fingerprints in human body odour. Journal of the Royal Society Interface 4, 331–340, doi:10.1098/rsif.2006.0182 (2007).

90 Syrotuck, W. G. Scent and the scenting dog. (Arner Publishing, Rome, 2000).

91 Kippenberger, S., Havlicek, J., Bernd, A., Thaci, D., Kaufmann, R., Meissner, M. 'Nosing Around' the human skin: What information is concealed in skin odour? Experimental Dermatology 21, 655–659, doi:10.1111/j.1600–0625.2012.01545.x (2012).

92 Haze, S., Gozu, Y., Nakamura, S., Kohno, Y., Sawano, K., Ohta, H., Yamazaki, K. 2-Nonenal newly found in human body odor tends to increase with aging. Journal of Investigative Dermatology 116, 520–524, doi:10.1046/j.0022-202x.2001.01287.x (2001).

93 http://www.adressa.no/nyheter/article21203.ece.

94 Kippenberger, S., Havlicek, J., Bernd, A., Thaci, D., Kaufmann, R., Meissner, M. 'Nosing Around' the human skin: What information is concealed in skin odour? Experimental Dermatology 21, 655–659, doi:10.1111/j.1600-0625.2012.01545.x (2012).

95 Willis, C. M., Church, S. M., Guest, C. M., Cook, W. A., McCarthy, N., Bransbury, A. J., Church, M. R. T., Church, J. C. T. Olfactory detection of human bladder cancer by dogs: proof of principle study. British Medical Journal 329, 712–714A, doi:10.1136/bmj.329.7468.712 (2004).

96 Schettler, J. Red dog rising (Alpine Publications, 2009).

97 Schettler, J. K-9 Trailing. The Straightest path (Alpine Publications, 2011).

98 Gelstein, S., Yeshurun, Y., Rozenkrantz, L., Shushan, S., Frumin, I., Roth, Y., Sobel, N. Human tears contain a chemosignal. Science 331, 226–230, doi:10.1126/science.1198331 (2011).

99 Schettler, J. Red dog rising. (Alpine Publications, 2009).

100 Schettler, J. K-9 Trailing. The Straightest path. (Alpine Publications Inc, 2011).

101 Curran, A. M., Prada, P. A., Furton, K. G. The Differentiation of the Volatile Organic Signatures of Individuals Through SPME-GC/MS of Characteristic Human Scent Compounds. Journal of Forensic Sciences 55, 50–57, doi:10.1111/j.1556-4029.2009.01236.x (2010).

102 Kippenberger, S., Havlicek, J., Bernd, A., Thaci, D., Kaufmann, R., Meissner, M. 'Nosing Around' the human skin: What information is concealed in skin odour? Experimental Dermatology 21, 655–659, doi:10.1111/j.1600-0625.2012.01545.x (2012)

103 Troccaz, M., Borchard, G., Vuilleumier, C., Raviot-Derrien, S., Niclass, Y., Beccucci, S., Starkenmann, C. Gender-Specific Differences between the Concentrations of Nonvolatile (R)/(S)-3-Methyl-3-Sulfanylhexan-1-Ol and (R)/(S)-3-Hydroxy-3-Methyl-Hexanoic Acid Odor Precursors in Axillary Secretions. Chem. Senses 34, 203–210, doi:10.1093/chemse/bjn076 (2009).

104 Syrotuck, W. G. Scent and the scenting dog. (Arner Publishing, Rome, 2000)

105 Martin, A., Saathoff, M., Kuhn, F., Max, H., Terstegen, L., Natsch, A. A functional ABCC11 allele is essential in the biochemical formation of human axillary odor. Journal of Investigative Dermatology 130, 529–540, doi:10.1038/jid.2009.254 (2010).

106 Kippenberger, S., Havlicek, J., Bernd, A., Thaci, D., Kaufmann, R., Meissner, M. 'Nosing Around' the human skin: What information is concealed in skin odour? Experimental Dermatology 21, 655–659, doi:10.1111/j.1600-0625.2012.01545.x (2012).

107 Gallagher, M., Wysocki, J., Leyden, J. J., Spielman, A. I., Sun, X., Preti, G. Analyses of volatile organic compounds from human skin. British Journal of Dermatology 159, 780–791, doi:10.1111/j.1365-2133.2008.08748.x (2008).

108 Mitro, S., Gordon, A. R., Olsson, M. J., Lundstrom, J. N. The smell of age: perception and discrimination of body odors of different ages. Plos One 7, doi:10.1371/journal.pone.0038110 (2012).

109 Archie, E. A., Theis, K. R. Animal behaviour meets microbial ecology. Animal Behaviour 82, 425–436, doi:10.1016/j.anbehav.2011.05.029 (2011).

110 Weisfeld, G. E., Czilli, T., Phillips, K. A., Gall, J. A., Lichtman, C. M. Possible olfaction-based mechanisms in human kin recognition and inbreeding avoidance. Journal of Experimental Child Psychology 85, 279–295, doi:10.1016/s0022-0965(03)00061-4 (2003).

111 Schaal, B., Porter, R. H. Microsmatic humans revisited – the generation and perception of chemical signals. Advances in the Study of Behavior 20, 135–199 (1991).

112 Singh, D., Bronstad, P. M. Female body odour is a potential cue to ovulation. Proceedings of the Royal Society B-Biological Sciences 268, 797–801 (2001).

113 Kippenberger, S., Havlicek, J., Bernd, A., Thaci, D., Kaufmann, R., Meissner, M. 'Nosing Around' the human skin: What information is concealed in skin odour? Experimental Dermatology 21, 655–659, doi:10.1111/j.1600-0625.2012.01545.x (2012).

114 Shirasu, M., Touhara, K. The scent of disease: volatile organic compounds of the human body related to disease and disorder. Journal of Biochemistry 150, 257–266, doi:10.1093/jb/mvr090 (2011).

115 Prugnolle, F., Lefevre, T., Renaud, F., Pape Moller, A., Misse, D., Thomas, F. Infection and body odours: Evolutionary and medical perspectives. Infection Genetics and Evolution 9, 1006–1009, doi:10.1016/j.meegid.2009.04.018 (2009).

116 Chen, D., Haviland-Jones, J. Human olfactory communication of emotion. Perceptual and Motor Skills 91, 771–781, doi:10.2466/pms.91.7.771-781 (2000).

117 Ackerl, K., Atzmueller, M., Grammer, K. The scent of fear. Neuroendocrinology Letters 23, 79–84 (2002).

118 Schaal, B., Porter, R. H. Microsmatic humans revisited – the generation and perception of chemical signals. Advances in the Study of Behavior 20, 135–199 (1991).

119 Berns, G. S., Brooks, A. M., Spivak, M. Functional MRI in Awake Unrestrained Dogs. Plos One 7, doi:10.1371/journal.pone.0038027 (2012).

120 Berns, G. E-Mail 21. november. (2013).

121 Berns, G. S., Brooks, A., Spivak, M. Replicability and Heterogeneity of Awake Unrestrained Canine fMRI Responses. Plos One 8, doi:10.1371/journal.pone.0081698 (2013).

122 Berns, G. How dogs love us. A neuroscientist and his adopted dog decode the canine brain. (Lake Union publishing, 2013).

123 Berns, G. S., Brooks, A. M., Spivak, M. Functional MRI in Awake Unrestrained Dogs. Plos One 7,doi:10.1371/journal.pone.0038027 (2012).

124 Jia, H., Pustovyy, O. M., Waggoner, P., Beyers, R. J., Schumacher, J., Wildey, C., Barrett, J., Morrison, E.,Salibi, N., Denney, T. S., Vodyanoy, V. J., Deshpande, G. Functional MRI of the Olfactory System in Conscious Dogs. Plos One 9, doi:10.1371/journal.pone.0086362 (2014).

125 Kalmus, H. The discrimination by the nose of the dog of individual human odours and in praticular of the odours of twins. British Journal of Animal Behaviour III, 25–31, doi:doi: 10.1068/p170549. (1955)

126 Hepper, P. G. The discrimination of human odor by the dog. Perception 17, 549–554, doi:10.1068/p170549 (1988).

127 Sommerville, B. A., Settle, R. H., Darling, F. M. C., Broom, D. M. The use

of trained dogs to discriminate human scent. Animal Behaviour 46, 189-190, 10.1006/anbe.1993.1174 (1993).

128 Harvey, L. M., Harvey, S. J., Hom, M., Perna, A., Salib, J. The use of bloodhounds in determining the impact of genetics and the environment on the expression of human odortype. Journal of Forensic Sciences 51, 1109–1114, doi:10.1111/j.1556–4029.2006.00231.x (2006).

129 Pinc, L., Bartos, L., Reslova, A., Kotrba, R. Dogs discriminate identical twins. Plos One 6, doi:e2070410.1371/journal.pone.0020704 (2011).

130 Pinc, L., Bartos, L., Reslova, A., Kotrba, R. Dogs discriminate identical twins. Plos One 6, doi:e2070410.1371/journal.pone.0020704 (2011).

131 Thomassen, T. E-Mail vom September. (2013).

132 http://www.id-hund.no/.

Kapitel 4 Der Haustiersuchhund

1 Kvam, A. L. Nesearbeid for hund. Skritt for skritt fra godbitsøk til sporsøk. (Tun forlag AS, 2005).

2 Gosling, S. D., Sandy, C. J., Pottert, J. Personalities of Self-Identified «Dog People» and «Cat People». Anthrozoos 23, 213–222, doi:10.2752/175303710x12750451258850 (2010).

3 Garrity, T. F., Stallones, L. in Companion animals in human health (ed C. Wilson, Turner, D.C.) (Sage 1998)

4 Marcus, D. A. The Science Behind Animal-Assisted Therapy. Current Pain and Headache Reports 17, doi:10.1007/s11916–013–0322–2 (2013)

5 Aspaas, K. Vi som elsker hund. Aftenposten 3. juni (2012).

6 Rehn, T., Keeling, L. J. The effect of time left alone at home on dog welfare. Applied Animal Behaviour Science 129, 129–135, doi:10.1016/j.applanim.2010.11.015 (2011).

7 Rehn, T., Lindholm, U., Keeling, L., Forkman, B. I like my dog, does my dog like me? Applied Animal Behaviour Science 150, 65–73, doi:http://dx.doi.org/10.1016/j.applanim.2013.10.008 (2014).

8 Weisbord, M., Kachanoff, K. Dogs with jobs. (Pocket Books, 2000).

9 Weisbord, M., Kachanoff, K. Dogs with jobs. (Pocket Books, 2000).

10 Albrecht, K. Dog detectives – train your dog to find lost pets. (Dogwise Publishing, 2008).

11 http://www.katalbrecht.com/.

12 http://www.nrk.no/ho/aramis-sporer-opp-hunder-pa-rommen-1.11577248.

13 Karstensen, S. K. E-Mail 6. Juni. (2014).

14 De som er interessert i luktkildene og markeringsaktiviteten til andre arter kan sjekke bøkene til. Müller-Schwarze, D. 2006. Chemical Ecology of vertebrates. Cambridge University Press og Wyatt, T. D. 2014. Pheromones and animal behavior. Chemical signals and signatures. Cambridge University Press.

15 Müller-Schwarze, D. Chemical Ecology of Vertebrates. (Cambridge University Press, 2006).

16 Conover, M. R. Predator-prey dynamics. The role of olfaction. (CRC Press, Taylor & Francis Group, 2007).

17 Syrotuck, W. G. Scent and the scenting dog. (Arner Publishing, Rome, 2000).

18 Fält, L., Gustavsson, T., Karlsson, J., Åberg, J. Spårhunden och lukterna. (SWDI forlag, 2011).

19 Christiansen, F. W. Hundes og ulved adfærd. (Forlaget Tro-fast ApS, 2007).

20 Hare, B. E-Mail 28. mai. (2014).

21 Bekoff, M. E-Mail 2. juni. (2014).

22 Evans, H. E., Christensen, G. C. Miller's anatomy of the dog, third edition. (WB Saunders, 1993)

23 Aoki, T., Wada, M. Functional activity of the sweat glands in the hairy skin of the dog. Science 114, 123–124 (1951).

24 Nielsen, S. W. Glands of the canince skin-morphology and distribution. Am. J. Vet. Res. July, 448–454 (1953).

25 Speed, J. G. Sweat-glands of the dog. The Veterinary Journal 97, 252–256 (1941).

26 Evans, H. E., Christensen, G. C. Miller's anatomy of the dog, third edition. (WB Saunders, 1993).

27 Nielsen, S. W. Glands of the canince skin-morphology and distribution. Am. J. Vet. Res. July, 448–454 (1953).

28 Lovell, J. E., Getty, R. The hair follicle, epidermis, dermis, and skin glands of the dog. Am J. Vet. Res. October, 873–885 (1957).

29 Albone, E. S. Mammalian Semiochemistry: The Investigation of Chemical Signals Between Mammals. (John Wiley & Sons Ltd., 1984).

30 Bekoff, M. Ground scratching by male domestic dogs: a composite signal. Journal of Mammalogy 60, 847–848 (1979).

31 Hepper, P. G. Long-term retention of kinship recognition established during infancy in the domestic dog. Behavioural Processes 33, 3–14, doi:10.1016/0376–6357(94)90056–6 (1994).

32 Lisberg, A. E., Snowdon, C. T. Effects of sex, social status and gonadectomy on countermarking by domestic dogs, Canis familiaris. Animal Behaviour 81, 757–764, doi:10.1016/j.anbehav.2011.01.006 (2011).

33 Dunbar, I. F. Olfactory preferences in dogs: the response of male and female beagles to conspecific urine. Behavioral Biology 20, 471–481, doi:10.1016/s0091–6773(77)91079–3 (1978).

34 Bekoff, M. Scent-marking by free-ranging domestic dogs – olfactory and visual components. Biology of Behaviour 4, 123–139 (1979).

35 Grandjean, D., Haymann, F. Hunde-encyklopedi. (RK Grafisk, 2010).

36 Beach, F. A. Effects of gonadal hormones on urinary behavior in dogs. Physiology & Behavior 12, 1005–1013, doi:10.1016/0031-9384(74)90148-6 (1974).

37 Ranson, E., Beach, F. A. Effects of testosterone on ontogeny of urinary behavior in male and female dogs. Hormones and Behavior 19, 36–51, doi:10.1016/0018-506x(85)90004-2 (1985).

38 Sprague, R. H., Anisko, J. J. Elimination patterns in the laboratory beagle. Behaviour 47, 257–267 (1973).

39 Lisberg, A. E., Snowdon, C. T. The effects of sex, gonadectomy and status on investigation patterns of unfamiliar conspecific urine in domestic dogs, Canis familiaris. Animal Behaviour 77, 1147–1154, doi:10.1016/j.anbehav.2008.12.033 (2009).

40 Lisberg, A. E., Snowdon, C. T. Effects of sex, social status and gonadectomy on countermarking by domestic dogs, Canis familiaris. Animal Behaviour 81, 757–764, doi:10.1016/j.anbehav.2011.01.006 (2011).

41 Dunbar, I., Buehler, M. A masking effect of urine from male dogs. Applied Animal Ethology 6, 297–301 (1980).

42 Dunbar, I., Buehler, M. A masking effect of urine from male dogs. Applied Animal Ethology 6, 297–301 (1980).

43 Campbell-Palmer, R., Rosell, F. Conservation of the Eurasian beaver Castor fiber: an olfactory perspective. Mammal Review 40, 293–312, doi:10.1111/j.1365-2907.2010.00165.x (2010).

44 Bekoff, M. Observations of scent-marking and discriminating self from others by a domestic dog (Canis familiaris): tales of displaced yellow snow. Behavioural Processes 55, 75–79, doi:10.1016/s0376-6357(01)00142-5 (2001).

45 Rabelais, F. Pantagruel-de torstigas konung. (Fachlcrantz & Gumaelius, 1945).

46 Taylor, K., Mills, D. S. A placebo-controlled study to investigate the effect of Dog Appeasing Pheromone and other environmental and management factors on the reports of disturbance and house soiling during the night in recently adopted puppies (Canis familiaris). Applied Animal Behaviour Science 105, 358–368 (2007).

47 Elliot, O., Scott, J. P. The development of emotional distress reactions to separation in puppies. J. Genet. Psychol. 99, 3–22 (1961)

48 Gaultier, E., Bonnafous, L., Vienet-Legue, D., Falewee, C., Bougrat, L., Lafont-Lecuelle, C., Pageat, P. Efficacy of dog-appeasing pheromone in reducing stress associated with social isolation in newly adopted puppies. Veterinary Record 163, 73–80 (2008).

49 Sheppard, G., Mills, D. S. Evaluation of dog-appeasing pheromone as a potential treatment for dogs fearful of fireworks. Veterinary Record 152, 432–436 (2003).

50 Gaultier, E., Bonnafous, L., Bougrat, L., Lafont, C., Pageat, R. Comparison of the efficacy of a synthetic dogappeasing pheromone with clomipramine for the treatment of separation-related disorders in dogs. Veterinary Record 156, 533–538 (2005).

51 Kim, Y. M., Lee, J. K., Abd El-aty, A. M., Hwang, S. H., Lee, J. H., Lee, S. M. Efficacy of dog-appeasing pheromone (DAP) for ameliorating separation-related behavioral signs in hospitalized dogs. Canadian Veterinary Journal-Revue Veterinaire Canadienne 51, 380–384 (2010).

52 Estelles, M. G., Mills, D. S. Signs of travel-related problems in dogs and their response to treatment with dogappeasing pheromone. Veterinary Record 159, 143–148 (2006).

53 Denenberg, S., Landsberg, G. M. Effects of dog-appeasing pheromones on anxiety and fear in puppies during training and on long-term socialization. Javma-Journal of the American Veterinary Medical Association 233,1874–1882 (2008).

54 Tod, E., Brander, D., Waran, N. Efficacy of dog appeasing pheromone in reducing stress and fear related behaviour in shelter dogs. Applied Animal Behaviour Science 93, 295–308, doi:10.1016/j.applamin.2005.01.007 (2005).

55 Taylor, K., Mills, D. S. A placebo-controlled study to investigate the effect of Dog Appeasing Pheromone and other environmental and management factors on the reports of disturbance and house soiling during the night in recently adopted puppies (Canis familiaris). Applied Animal Behaviour Science 105, 358–368 (2007).

56 Graham, L., Wells, D. L., Hepper, P. G. The influence of olfactory stimulation on the behaviour of dogs housed in a rescue shelter. Applied Animal Behaviour Science 91, 143–153, doi:10.1016/j.applanim.2004.08.024 (2005).

57 Horowitz, A., Hecht, J., Dedriek, A. Smelling more or less: Investigating the olfactory experience of the domestic dog. Learning and Motivation 44, 207–217 (2013).

58 Evans, H. E., Christensen, G. C. Miller's anatomy of the dog, third edition. (WB Saunders, 1993).

59 Bacha, W. J., Bacha, L. M. Color atlas of veterinary histology, 2nd edn. (Lippincott Wiliams & Wilkins, 2000).

60 Doty, R. L., Dunbar, I. Color, odor, consistency and secretion rate of anal sac secretion from male, female and early androgenizied female beagles. Am. J. Vet. Res. 35, 729–731 (1974).

61 Montagna, W., Parks, H. F. A histochemical study of the glands of the anal sac of the dog. Anat. Rec. 100, 297–317 (1948).

62 Lake, A. M., Scott, D. W., Miller, W. H., Erb, H. N. Gross and cytological characteristics of normal canine anal-sac secretions. Journal of Veterinary Medicine Series A-Physiology Pathology Clinical Medicine 51, 249–253, doi:10.1111/j.1439-0442.2004.00629.x (2004).

63 Asa, C. S., Peterson, E. K., Seal, U. S., Mech, L. D. Deposition of anal-sac secretions by captive wolves (Canis lupus). Journal of Mammalogy 66, 89–93, doi:10.2307/1380960 (1985).

64 Müller-Schwarze, D. Chemical Ecology of Vertebrates. (Cambridge University Press, 2006).

65 Natynczuk, S., Bradshaw, J. W. S., Macdonald, D. W. Chemical-constituents of the anal sacs of domestic dogs. Biochemical Systematics and Ecology 17, 83–87, doi:10.1016/0305-1978(89)90047-1 (1989)

66 Hedlund, C. S. in Small Animal Surgery, 3rd edition (ed T. W. Fossum) 498–530 (Mosby/Elsevier, 2007).

67 James, D. J., Griffin, C. E., Polissar, N. L., Neradilek, M. B. Comparison of anal sac cytological findings and behaviour in clinically normal dogs and those affected with anal sac disease. Veterinary Dermatology 22, 80–87, doi:10.1111/j.1365-3164.2010.00916.x (2011).

68 James, D. J., Griffin, C. E., Polissar, N. L., Neradilek, M. B. Comparison of anal sac cytological findings and behaviour in clinically normal dogs and those affected with anal sac disease. Veterinary Dermatology 22, 80–87, doi:10.1111/j.1365-3164.2010.00916.x (2011).

69 Shabadash, S. A., Zelikina, T. I. The tail gland of canids. Biology Bulletin 31, 367–376, doi:10.1023/B:BIBU.0000036941.18383.bd (2004).

70 Scott, D. W., Reimers, T. J. Tail gland and perianal gland hyperplasia associated with testicular neoplasia and hypertestosteronemia in a dog. Canine Practice 13, 15–17 (1986).

71 Al-Bagdadi, F. in Miller's anatomy of the dog, fourth edition (ed H. E. Evans, Lahunta, A. de) (Elsevier Saunders, 2013).

72 Grandjean, D., Haymann, F. Hunde-encyklopedi. (RK Grafisk, 2010).

73 Sprague, R. H., Anisko, J. J. Elimination patterns in the laboratory beagle. Behaviour 47, 257–267 (1973).

74 Bouzga, M. M., Skalleberg, A. G. Hundeprosjektet. Bevis 3, 23–25 (2013).

75 Hart, V., Novakova, P., Malkemper, E., Begall, S., Hanzal, V., Jezek, M., Kusta, T., Nemcova, V., Adamkova, J., Benediktova, K., Cerveny, J., Burda, H. Dogs are sensitive to small variations of the Earth's magnetic field. Frontiers in Zoology 10, 80 (2013)

76 Hart, V., Novakova, P., Malkemper, E., Begall, S., Hanzal, V., Jezek, M., Kusta, T., Nemcova, V., Adamkova, J., Benediktova, K., Cerveny, J., Burda, H. Dogs are sensitive to small variations of the Earth's magnetic field. Frontiers in Zoology 10, 80 (2013).

77 Dunbar, I. F. Olfactory preferences in dogs: the response of male and female beagles to conspecific urine. Behavioral Biology 20, 471–481, doi:10.1016/s0091-6773(77)91079-3 (1978).

78 Ranson, E., Beach, F. A. Effects of testosterone on ontogeny of urinary behavior in male and female dogs. Hormones and Behavior 19, 36–51, doi:10.1016/0018-506x(85)90004-2 (1985).

79 Pardo-Carmona, B., Moyano, M. R., Fernandez-Palacios, R., Perez-Marin, C. C. Saliva crystallisation as a means of determining optimal mating time in bitches. Journal of Small Animal Practice 51, 437–442, doi:10.1111/j.1748-5827.2010.00967.x (2010).

80 Bennett, A., Hayssen, V. Measuring cortisol in hair and saliva from dogs: coat color and pigment differences.

81 Koyama, T., Omata, Y., Saito, A. Changes in salivary cortisol concentrations during a 24-hour period in dogs. Hormone and Metabolic Research 35, 355–357 (2003).

82 Dunbar, I. F. Olfactory preferences in dogs – response of male and female beagles to conspecific odors. Behavioral Biology 20, 471–481, doi:10.1016/s0091-6773(77)91079-3 (1977).

Kapitel 5 Der Rettungshund

1 Mech, L. D. The Wolf: The Ecology and Behavior of an Endangered Species. 389 (Natural History Press, 1970).

2 Iversen, P. T. Samtale den 27. februar. (2013).

3 Fenton, V. The use of dogs in search, rescue and recovery. Journal of Wilderness Medicine 3, 292–300, doi:10.1580/0953-9859-3.3.292 (1992).

4 Bulanda, S. Ready! The training of the search and rescue dog. (Doral Publishing Inc, 1994).

5 Charleson, S. Scent of the missing. Love and partnership with a search-and-rescue dog. (Mariner Books, Houghton Mifflin Harcourt Publishing Company, 2010).

6 Jones, K. E., Dashfield, K., Downend, A. B., Otto, C. M. Search-and-rescue dogs: an overview for veterinarians. Javma-Journal of the American Veterinary Medical Association 225, 854–860, doi:10.2460/javma.2004.225.854 (2004).

7 Bulanda, S., Bulanda, L. Ready! Training the search and rescue dog. Second edition. (Kennel Club Books, 2010).

8 Hvordan du skal trene din hund til å følge menneskespor og dyrespor er nærmere beskrevet i mange andre bøker. Hagstrom, M. Nosarbete. En bok om spår & uppletande. (Skogsborgs Gård, 2007); Handegård, I. Gå spor. Fra nybegynner til ekspert. (Pegasus forlag as, 2013); Fält, L., Gustavsson, T., Karlsson, J., Åberg, J. Spårhunden och lukterna. (SWDI forlag, 2011); Hansen, T. M. På sporet: en innføring i hvordan en kan lære hunden å gå spor. En enkel beskrivelse for folk flest. (Hansen, T. M., 2010); Mellin, A. L. Sök & räddningshunden. (Mellin, A. L., 2012); Nordin, S. Spårhundsboken. (Naturia Forlag AB, 1995); Sjösten, I., Sjösten, R. Nya spårhunden. (SRI Publication AB, 2002) og Järverud, S. Din hund söker. (Brukshundservice Sverige AB, 2002).

9 Jones, K. E., Dashfield, K., Downend, A. B., Otto, C. M. Search-and-rescue dogs: an overview for veterinarians. Javma-Journal of the American Veterinary Medical Association 225, 854–860, doi:10.2460/javma.2004.225.854 (2004)

10 Schettler, J. K-9 Trailing. The Straightest path. (Alpine Publications Inc, 2011).

11 http://redningshund.no/.

12 Schettler, J. K-9 Trailing. The Straightest path. (Alpine Publications Inc, 2011).

13 Schettler, J. Red dog rising. (Alpine Publications, 2009).

14 Schettler, J. K-9 Trailing. The Straightest path. (Alpine Publications Inc, 2011).

15 Miller, M. T. Search and rescue dogs. Dog tales. True stories about amazing dogs. (New York, 2007).

16 Bye, A. Den store hundeboken. (Børrehaug & Co. Kunstforlag, 1963).

17 Torkildsen, P. O. Savnet og ettersøkt- en studie om savnede personer på land i Norge og de søk som blir iverksatt for å finne dem. PHS-skriftserie, Politiskolen, Oslo 2 (2009).

18 Harvey, L. M., Harvey, J. W. Reliability of bloodhounds in criminal investigations. Journal of Forensic Sciences 48, 811–816 (2003).

19 Ensminger, J. J. Police and military dogs. (CRC Press, Taylor & Francis group, 2012)

20 Schettler, J. Red dog rising. (Alpine Publications, 2009).

21 Weisbord, M., Kachanoff, K. Dogs with jobs. (Pocket Books, 2000).

22 Rogak, L. The dogs of war. The courage, love, and loyalty of military working dogs. (Thomas Dunne Books, 2011).

23 Harvey, L. M., Harvey, J. W. Reliability of bloodhounds in criminal investigations. Journal of Forensic Sciences 48, 811–816 (2003).

24 Goldblatt, A., Gazit, I., Terkel, J. in Canine Ergonomics: The Science of Working Dogs (ed W. S. Helton) (Taylor and Francis, 2009).

25 McCarthy, M., Ahern, P. In search of the missing. Working with search and rescue dogs. (Irish Publisher- Irish Story, 2011).

26 Schettler, J. Red dog rising. (Alpine Publications, 2009).

27 Schettler, J. K-9 Trailing. The Straightest path. (Alpine Publications Inc, 2011).

28 http://www.norske-redningshunder.no/om-norske-redningshunder.

29 Skalstad, K. Lavinehunden Heidi. (H. Aschehoug & Co (Nygaard, W.), 1964).

30 Askildt, K. Søk. 1956–2006, Norske Redningshunder gjennom femti år. (Thorsrud AS, 2006).

31 http://www.norske-redningshunder.no/om-norske-redningshunder.

32 Hansen, J. O. E-Mail 3. april. (2014).

33 Grønning, T. B. Klare for å redde liv. Dagbladet 18. mars (2013).

34 Nessem, A. S. Utøya-tragedien som rammet oss alle. Redningshunden 3, 28–29 (2011).

35 Andersen, M. A. Regjeringsvakter fikk nei til bombehunder. VG Nett 6. oktober (2011).

36 Hansen, J. O. E-Mail 3. april. (2014).

37 Askildt, K. Søk. 1956–2006, Norske Redningshunder gjennom femti år. (Thorsrud AS, 2006).

38 http://redningshund.no/.

39 Køste, C., Egtvedt, M. Rundering i teori og praksis. (Canis Forlag, 2009).

40 Reitan, O. E-Mail 16. februar. (2014).

41 Ferworn, A. Canine augmentation technology for urban search and rescue. (Taylor and Francis, 2009).

42 Chiu, W. T., Arnold, J., Shih, Y. T., Hsiung, K. H., Chi, H. Y., Chiu, C. H., Tsai, W. C., Huang, W. C. A survey of international urban search-and-rescue teams following the Ji Ji earthquake. Disasters 26, 85–94, doi:10.1111/1467-7717.00193 (2002).

43 Bulanda, S., Bulanda, L. Ready! Training the search and rescue dog. Second edition. (Kennel Club Books, 2010).

44 Hammond, S. M. Training the disaster search dog. (Dogwise, 2006).

45 American Rescue Dog Association. Search and rescue dogs: training the K-9 hero. 2nd edition. (Howell Book House, Wiley Publishing, Inc, 2002).

46 Otto, C. M., Downend, A. B., Serpell, J. A., Ziemer, L. S., Saunders, H. M. Medical and behavioral surveillance of dogs deployed to the Worl Trade Center and the Pentagon from October 2001 to June 2002. J. Am. Vet. Med. Assoc 225, 861–867 (2004).

47 Bauer, N. K. Dog heroes of September 11th. A tribute to America's search and rescue dogs. (Kennel Club Books, 2011).

48 Otto, C. M., Downend, A. B., Serpell, J. A., Ziemer, L. S., Saunders, H. M. Medical and behavioral surveillance of dogs deployed to the World Trade Center and the Pentagon from October 2001 to June 2002. J. Am. Vet. Med. Assoc 225, 861–867 (2004).

49 American Rescue Dog Association. Search and rescue dogs: training the K-9 hero. 2nd edition. (Howell Book House, Wiley Publishing, Inc, 2002).

50 McCarthy, M., Ahern, P. In search of the missing. Working with search and rescue dogs. (Irish Publisher-Irish Story, 2011).

51 Grandjean, D., Haymann, F. Hunde-encyklopedi. (RK Grafisk, 2010).

52 Lit, L., Crawford, C. A. Effects of training paradigms on search dog performance. Applied Animal Behaviour Science 98, 277–292, doi:10.1016/j.applanim.2005.08.022 (2006).

53 Bulanda, S., Bulanda, L. Ready! Training the search and rescue dog. Second edition. (Kennel Club Books, 2010).

54 Huo, R., Agapiou, A., Bocos-Bintintan, V., Brown, L. J., Burns, C., Creaser, C. S., Devenport, N. A., Gao- Lau, B., Guallar-Hoyas, C., Hildebrand, L., Malkar, A., Martin, H. J., Moll, V. H., Patel, P., Ratiu, A., Reynolds, J. C., Sielemann, S., Slodzynski, R., Statheropoulos, M., Turner, M. A., Vautz, W., Wright, V. E., Thomas, C. L.P. The trapped human experiment. Journal of Breath Research 5, doi:10.1088/1752-7155/5/4/046006 (2011).

55 Huo, R., Agapiou, A., Bocos-Bintintan, V., Brown, L. J., Burns, C., Creaser, C. S., Devenport, N. A., Gao-Lau, B., Guallar-Hoyas, C., Hildebrand, L., Malkar, A., Martin, H. J., Moll, V. H., Patel, P., Ratiu, A., Reynolds, J. C., Sielemann, S., Slodzynski, R., Statheropoulos, M., Turner, M. A., Vautz, W., Wright, V. E., Thomas, C. L. P. The trapped human experiment. Journal of Breath Research 5, doi:10.1088/1752-7155/5/4/046006 (2011).

56 Bulanda, S. Ready! The training of the search and rescue dog. (Doral Publishing Inc, 1994).

57 Ferworn, A. Canine augmentation technology for urban search and rescue. (Taylor and Francis, 2009).

58 http://ncart.scs.ryerson.ca/research/cat/.

59 Tran, J., Ferworn, A., Ribeiro, C., Denko, M. Enhancing Canine Search. IEEE Systems of Systems Engineering (SoSE'08), June 2–5, 2008, Monterey, CA, USA (2008).

60 Tran, J., Gerdzhev, M., Ferworn, A. Continuing Progress in Augmenting Urban Search and Rescue Dogs. 6th International Wireless Communications and Mobile Computing Conference (IWCMC 2010), June 28–July 2 2010, Caen, France (2010).

61 Wrigglesworth, D. J., Mort, E. S., Upton, S. L., Miller, A. T. Accuracy of the use of triaxial accelerometry for measuring daily activity as a predictor of daily maintenance energy requirement in healthy adult Labrador Retrievers. American Journal of Veterinary Research 72, 1151–1155 (2011).

62 Ribeiro, C., Ferworn, A., Denko, M., Tran, J. Canine pose estimation: a computing for public safety solution. 2009 Canadian conference on computer and robot vision, 37–44 (2009).

63 Ribeiro, C., Ferworn, A., Denko, M., Tran, J., Mawson, C. Wireless estimation of canine pose for search and rescue. IEEE Systems of Systems Engineering (SoSE'08), June 2–5, 2008, Monterey, CA, USA. (2008).

64 Ferworn, A. Canine augmentation technology for urban search and rescue. (Taylor and Francis, 2009).

65 Ribeiro, C., Ferworn, A., Denko, M., Tran, J. Canine pose estimation: a computing for public safety solution. 2009 Canadian conference on computer and robot vision, 37–44 (2009).

66 Boecker, M., Buecheler, M. M., Schroeter, M. L., Gauggel, S. Prefrontal brain activation during stop-signal response inhibition: An event-related functional near-infrared spectroscopy study. Behavioural Brain Research 176, 259–266, doi:10.1016/j.bbr.2006.10.009 (2007).

67 Helton, W. S., Hollander, T. D., Warm, J. S., Tripp, L. D., Parsons, K., Matthews, G., Dember, W. N.,Parasuraman, R., Hancock, P. A. The abbreviated vigilance task and cerebral hemodynamics. Journal of Clinical and Experimental Neuropsychology 29, 545–552, doi:10.1080/13803390600814757 (2007).

68 Herrmann, M. J., Woidich, E., Schreppel, T., Pauli, P., Fallgatter, A. J. Brain activation for alertness measured with functional near infrared spectroscopy (fNIRS). Psychophysiology 45, 480–486, doi:10.1111/j.1469-8986.2007.00633.x (2008).

69 Ferworn, A. Canine augmentation technology for urban search and rescue. (Taylor and Francis, 2009).

70 Michel, K. E., Brown, D. C. Determination and application of cut points for accelerometer-based activity counts of activities with differing intensity in pet dogs. American Journal of Veterinary Research 72, 866–870 (2011).

71 Tran, J., Ferworn, A. Bark Indication Detection and Release Algorithm for the Automatic Delivery of Packages by Dogs. 6th International Wireless Communications and Mobile Computing Conference (IWCMC 2010), June 28–July 2 2010, Caen, France (2010).

72 Tran, J., Ferworn, A., Gerdzhev, M., Ostrom, D. Canine Assisted Robot Deployment for Urban Search and Rescue. Safety Security and Rescue Robotics (SSRR), 2010 IEEE International Workshop on, 26–30 July (2010).

73 Gerdzhev, M., Tran, J., Ferworn, A., Ostrom, D. DEX- a design for canine-delivered marsupial robot. Safety Security and Rescue Robotics (SSRR), 2010 IEEE International Workshop on, 26–30 July (2010).

74 Deshpande, B. G. Earthquakes, animals and man. Chapter III- Animal response to earthquakes. Proc. Indian Natn. Sci. Acad B52, 5, 585–618 (1986).

75 Tributsch, H. When the snakes awake: animals and earthquake prediction. (MA:MIT Press, 1988).

76 Deshpande, B. G. Earthquakes, animals and man. Chapter III- Animal response to earthquakes. Proc. Indian Natn. Sci. Acad B52, 5, 585–618 (1986).

77 Blumberg, J. A brief history of the St. Bernard Rescue dog. Smithsonian.com January 1 (2008).

78 Askildt, K. Søk. 1956–2006, Norske Redningshunder gjennom femti år. (Thorsrud AS, 2006).

79 Blumberg, J. A brief history of the St. Bernard Rescue dog. Smithsonian.com January 1 (2008).

80 Burnett, P. Avalanche! Hasty search. The care and training of avalanche search and rescue dogs. (Doral Publishing, 2003).

81 Blumberg, J. A brief history of the St. Bernard Rescue dog. Smithsonian.com January 1 (2008).

82 Hvis du vil lese mer om Barry og andre berømte hunder så anbefales boken til Thuesen, N. P. (Berømte hunder. Fortellinger om menneskets beste venn. Oslo, Historie & Kultur AS 2013).

83 Dreierstad, T. Lederen har ordet. Redningshunden, 4 (2011).

84 Burnett, P. Avalanche! Hasty search. The care and training of avalanche search and rescue dogs. (Doral Publishing, 2003).

85 Bye, A. Den store hundeboken. (Børrehaug & Co. Kunstforlag, 1963).

86 Syrotuck, W. G. Scent and the scenting dog. (Arner Publishing, Rome, 2000).

87 Burnett, P. Avalanche! Hasty search. The care and training of avalanche search and rescue dogs. (Doral Publishing, 2003).

88 Falk, M., Brugger, H., Adlerkastner, L. Avalanche survival chances. Nature 368, 21–21, doi:10.1038/368021a0 (1994).

89 Askildt, K. Søk. 1956–2006, Norske Redningshunder gjennom femti år. (Thorsrud AS, 2006).

90 Torkildsen, P. O. Savnet og ettersøkt- en studie om savnede personer på land i Norge og de søk som bliriverksatt for å finne dem. PHS-skriftserie, Politiskolen, Oslo 2 (2009).

91 Miller, M. T. Search and rescue dogs. Dog tales. True stories about amazing dogs. (New York, 2007).

92 Torkildsen, P. O. Savnet og ettersøkt- en studie om savnede personer på land i Norge og de søk som bliriverksatt for å finne dem. PHS-skriftserie, Politiskolen, Oslo 2 (2009).

93 Askildt, K. Søk. 1956–2006, Norske Redningshunder gjennom femti år. (Thorsrud AS, 2006).

94 Burnett, P. Avalanche! Hasty search. The care and training of avalanche search and rescue dogs. (Doral Publishing, 2003).

95 Burnett, P. Avalanche! Hasty search. The care and training of avalanche search and rescue dogs. (Doral Publishing, 2003).

96 Askildt, K. Søk. 1956–2006, Norske Redningshunder gjennom femti år. (Thorsrud AS, 2006).

Kapitel 6 Der Jagdhund

1 Parker, H. Historie sendt på E-Mail den 8. januar. (2014).

2 Ruusila, V., Pesonen, M. Interspecific cooperation in human (Homo sapiens) hunting: the benefits of a barking dog (Canis familiaris). Annales Zoologici Fennici 41, 545–549 (2004).

3 Koster, J. M. Hunting with Dogs in Nicaragua: An Optimal Foraging Approach. Current Anthropology 49,935–944, doi:10.1086/592021 (2008).

4 Grandjean, D., Haymann, F. Hunde-encyklopedi. (RK Grafisk, 2010).

5 Lescureux, N., Linnell, J. D. C. Warring brothers: The complex interactions between wolves (Canis lupus) and dogs (Canis familiaris) in a conservation context. Biological Conservation 171, 232–245, doi:http://dx.doi.org/10.1016/j.biocon.2014.01.032 (2014).

6 Huson, H. J. Genetic aspects of performance in working dogs. (CAB International, 2012).

7 Ewald, J. A., Callegari, S. E., Kingdon, N. G., Graham, N. A. Fox-hunting in England and Wales: its contribution to the management of woodland and other habitats. Biodiversity and Conservation 15, 4309–4334, doi:10.1007/s10531-005-3739-z (2006).

8 http://www.thefoxwebsite.org/foxhunting/huntban.html.

9 Christoffersson, S. Jakt i Norden. (Cappelen Damm AS, 2008).

10 Pedersen, K. V., Unsgård, J. Elghunder og elgjakt. (Tun Forlag, 2010).

11 Andersen, R., Mysterud, A., Lund, E. Rådyret- det lille storviltet. (Naturforlaget, 2004).

12 Pedersen, K. V. Rådyrjakt med hund. (Tun Forlag, 2007).

13 Meisingset, E. L. Hjort og hjortejakt i Norge. (Naturforlaget, 2003).

14 Meisingset, E. L. Alt om hjort biologi, jakt, forvaltning. (Tun Forlag, 2008).

15 Lier-Hansen, S. Villrein & villreinjakt. (Landbruksforlaget, 1994).

16 http://www.vg.no/nyheter/innenriks/artikkel.php?artid=10143640.

17 Ruusila, V., Pesonen, M. Interspecific cooperation in human (Homo sapiens) hunting: the benefits of a barking dog (Canis familiaris). Annales Zoologici Fennici 41, 545–549 (2004).

18 Godwin, C., Schaefer, J. A., Patterson, B. R. & Pond, B. A. Contribution of dogs to white-tailed deer hunting success. Journal of Wildlife Management 77, 290–296, doi:10.1002/jwmg.474 (2013).

19 Pedersen, H. C., Karlsen, D. H. Alt om rypa, biologi, jakt, forvaltning. (Tun Forlag, 2007).

20 Wangen, S. S., Sagen, R. Rypejakt og jakten på den perfekte fuglehund. (Kom Forlag, 2006).

21 Barikmo, J., Pedersen, H. C. Harer og harejakt. (Gyldendal Fakta, 1997).

22 Frøstrup, J. C. Hare og harejakt. (Teknologisk forlag, 1996).

23 Christoffersson, S. Jakt i Norden. (Cappelen Damm AS, 2008).

24 Pedersen, K. V. Småvilt- jakt of fangst. (Tun Forlag AS, 2008).

25 Pedersen, K. V. Småvilt- jakt of fangst. (Tun Forlag AS, 2008).

26 Christoffersson, S. Jakt i Norden. (Cappelen Damm AS, 2008).

27 Rosell, F., Pedersen, K. V. Bever. 272 (Landbruksforlaget, 1999).

28 Gackis, M., Berzina, Z. Beaver hunting success using whole family hunt-out method. 6th International Beaver Symposium Ivanić Grad, Croatia, 17–20. September (2012).

29 Gackis, M. E-Mail og samtaler i Kroatia i september. (2012).

30 Pedersen, K. V. Småvilt- jakt of fangst. (Tun Forlag AS, 2008).

31 Steen, J. B., Wilsson, E. Fuglehundens ABC & D. (Hundskolan i Sollefteå AB, 1993).

32 Steen, J. B., Wilsson, E. Fuglehundens ABC & D. (Hundskolan i Sollefteå AB, 1993).

33 Steen, J. B., Wilsson, E. Fuglehundens ABC & D. (Hundskolan i Sollefteå AB, 1993).

34 Steen, J. B., Wilsson, E. Fuglehundens ABC & D. (Hundskolan i Sollefteå AB, 1993).

35 Christoffersson, S. Bird dogs, dressur og jakt. (Schibsted Forlag, 1999).

36 Andersen, R., Mysterud, A., Lund, E. Rådyret- det lille storviltet. (Naturforlaget, 2004).

37 Pedersen, K. V. Rådyrjakt med hund. (Tun Forlag, 2007).

38 Pedersen, K. V., Unsgård, J. Elghunder og elgjakt. (Tun Forlag, 2010).

39 Meisingset, E. L. Hjort og hjortejakt i Norge. (Naturforlaget, 2003).

40 Meisingset, E. L. Hjort og hjortejakt i Norge. (Naturforlaget, 2003).

41 Meisingset, E. L. Hjort og hjortejakt i Norge. (Naturforlaget, 2003).

42 Frøstrup, J. C. Hare og harejakt. (Teknologisk forlag, 1996).

43 Pedersen, K. V. Småvilt- jakt of fangst. (Tun Forlag AS, 2008).

44 Pedersen, K. V. Småvilt- jakt of fangst. (Tun Forlag AS, 2008).

45 Grandjean, D., Haymann, F. Hunde-encyklopedi. (RK Grafisk, 2010).

46 Pedersen, K. V. Småvilt- jakt of fangst. (Tun Forlag AS, 2008).

47 Christoffersson, S. Jakt i Norden. (Cappelen Damm AS, 2008).

48 Gutzwiller, K. J. Minimizing dog-induced biases in game bird research. Wildl. Soc. Bull. 18, 351–356 (1990).

49 Campagna, S., Mardon, J., Celerier, A., Bonadonna, F. Potential Semiochemical Molecules from Birds: A Practical and Comprehensive Compilation of the Last 20 Years Studies. Chem. Senses 37, 3–25, doi:10.1093/chemse/bjr067 (2012).

50 Müller-Schwarze, D. Chemical Ecology of Vertebrates. (Cambridge University Press, 2006).

51 Conover, M. R. Predator-prey dynamics. The role of olfaction. (CRC Press, Taylor & Francis Group, 2007).

52 Campagna, S., Mardon, J., Celerier, A., Bonadonna, F. Potential Semiochemical Molecules from Birds: A Practical and

Comprehensive Compilation of the Last 20 Years Studies. Chem. Senses 37, 3–25, doi:10.1093/chemse/bjr067 (2012).

53 Conover, M. R. Predator-prey dynamics. The role of olfaction. (CRC Press, Taylor & Francis Group, 2007).

54 Syrotuck, W. G. Scent and the scenting dog. (Arner Publishing, Rome, 2000).

55 Bulanda, S. Scenting in the wind. Scentwork for hunting dogs. (Doral Publishung, 2002).

56 Conover, M. R. Predator-prey dynamics. The role of olfaction. (CRC Press, Taylor & Francis Group, 2007).

57 Gabrielsen, G. W., Blix, A. S., Ursin, H. Orienting and freezing responses in incubating ptarmigan hens. Physiology & Behavior 34, 925–934, doi:10.1016/0031–9384(85)90015–0 (1985).

58 Steen, J. B., Gabrielsen, G. W., Kanwisher, J. W. Physiological-aspects of freezing behavior in willow ptarmigan hens. Acta Physiologica Scandinavica 134, 299–304, doi:10.1111/j.1748–1716.1988.tb08493.x (1988).

59 Conover, M. R. Predator-prey dynamics. The role of olfaction. (CRC Press, Taylor & Francis Group, 2007).

60 Syrotuck, W. G. Scent and the scenting dog. (Arner Publishing, Rome, 2000).

61 Conover, M. R. Predator-prey dynamics. The role of olfaction. (CRC Press, Taylor & Francis Group, 2007).

62 Müller-Schwarze, D. Chemical Ecology of Vertebrates. (Cambridge University Press, 2006).

63 Andersen, R., Mysterud, A., Lund, E. Rådyret- det lille storviltet. (Naturforlaget, 2004).

64 Müller-Schwarze, D. Chemical Ecology of Vertebrates. (Cambridge University Press, 2006).

65 Campagna, S., Mardon, J., Celerier, A., Bonadonna, F. Potential Semiochemical Molecules from Birds: A Practical and Comprehensive Compilation of the Last 20 Years Studies. Chem. Senses 37, 3–25, doi:10.1093/chemse/bjr067 (2012).

66 Cook, R. S., White, M., Trainer, D. O., Glazener, W. C. Mortality of young white-tailed deer fawns in south texas. Journal of Wildlife Management 35, 47–56, doi:10.2307/3799870 (1971).

67 Müller-Schwarze, D. Chemical Ecology of Vertebrates. (Cambridge University Press, 2006).

68 Woollett, D. A. S., Hurt, A., Richards, N. L. in Free-Ranging Dogs and Wildlife Conservation (ed M. E. Gompper) Ch. 10, 239–264 (Oxford University Press, 2014).

69 Conover, M. R. Predator-prey dynamics. The role of olfaction. (CRC Press, Taylor & Francis Group, 2007).

70 Rosell, F., Holtan, L. B., Thorsen, J. G., Heggenes, J. Predator-Naive Brown Trout (Salmo trutta) Show Antipredator Behaviours to Scent from an Introduced Piscivorous Mammalian Predator Fed Conspecifics. Ethology 119, 303–308, doi:10.1111/eth.12065 (2013).

71 Syrotuck, W. G. Scent and the scenting dog. (Arner Publishing, Rome, 2000).

72 Conover, M. R. Predator-prey dynamics. The role of olfaction. (CRC Press, Taylor & Francis Group, 2007).

73 Shivik, J. A. Odor-adsorptive clothing, environmental factors, and search-dog ability. Wildl. Soc. Bull. 30, 721–727 (2002).

74 Syrotuck, W. G. Scent and the scenting dog. (Arner Publishing, Rome, 2000).

75 Conover, M. R. Predator-prey dynamics. The role of olfaction. (CRC Press, Taylor & Francis Group, 2007).

76 Wasser, S. K., Davenport, B., Ramage, E. R., Hunt, K. E., Parker, M., Clarke, C., Stenhouse, G. Scat detection dogs in wildlife research and management: application to grizzly and black bears in the Yellowhead ecosystem, Alberta, Canada. Canadian Journal of Zoology-Revue Canadienne De Zoologie 82, 475–492, doi:10.1139/z04– 020 (2004).

77 Geist, V. in North American Elk: Ecology and Management (ed D. E. Toweill, Thomas, J. W.) 389–433 (Smithsonian Institute Press, 2002).

78 Conover, M. R. Predator-prey dynamics. The role of olfaction. (CRC Press, Taylor & Francis Group, 2007).

79 Syrotuck, W. G. Scent and the scenting dog. (Arner Publishing, Rome, 2000).

80 Reitan, O. E-Mail 16. februar. (2014).

81 Bulanda, S. Scenting in the wind. Scentwork for hunting dogs. (Doral Publishung, 2002).

82 Reitan, O. E-Mail 16. februar. (2014).

83 Conover, M. R. Predator-prey dynamics. The role of olfaction. (CRC Press, Taylor & Francis Group, 2007).

84 Conover, M. R. Predator-prey dynamics. The role of olfaction. (CRC Press, Taylor & Francis Group, 2007).

85 Gutzwiller, K. J. Minimizing dog-induced biases in game bird research. Wildl. Soc. Bull. 18, 351–356 (1990).

86 Bulanda, S. Scenting in the wind. Scentwork for hunting dogs. (Doral Publishung, 2002).

87 Stejskal, S. M. Death, decomposition, and detector dogs. (CRC Press, Taylor & FrancisGroup, 2013).

88 Bulanda, S. Scenting in the wind. Scentwork for hunting dogs. (Doral Publishung, 2002).

89 Hanssen-Bauer, I. E-Mail 30. mars. (2014).

90 Conover, M. R. Predator-prey dynamics. The role of olfaction. (CRC Press, Taylor & Francis Group, 2007).

91 Conover, M. R. Predator-prey dynamics. The role of olfaction. (CRC Press, Taylor & Francis Group, 2007).

92 Conover, M. R. Predator-prey dynamics. The role of olfaction. (CRC Press, Taylor & Francis Group, 2007).

93 Conover, M. R. Predator-prey dynamics. The role of olfaction. (CRC Press, Taylor & Francis Group, 2007).

94 Conover, M. R. Predator-prey dynamics. The role of olfaction. (CRC Press, Taylor & Francis Group, 2007).

95 Syrotuck, W. G. Scent and the scenting dog. (Arner Publishing, Rome, 2000).

96 Syrotuck, W. G. Scent and the scenting dog. (Arner Publishing, Rome, 2000).

97 Müller-Schwarze, D. Chemical Ecology of Vertebrates. (Cambridge University Press, 2006).

98 Conover, M. R. Predator-prey dynamics. The role of olfaction. (CRC Press, Taylor & Francis Group, 2007).

99 Müller-Schwarze, D. Chemical Ecology of Vertebrates. (Cambridge University Press, 2006).

100 Conover, M. R. Predator-prey dynamics. The role of olfaction. (CRC Press, Taylor & Francis Group, 2007).

101 Conover, M. R. Predator-prey dynamics. The role of olfaction. (CRC Press, Taylor & Francis Group, 2007).

102 Hanssen-Bauer, I. E-Mail 30. mars. (2014).

103 Conover, M. R. Predator-prey dynamics. The role of olfaction. (CRC Press, Taylor & Francis Group, 2007).

104 Budgett, H. M. Hunting by scent. (Charles Scribner's Sons, 1933).

105 Syrotuck, W. G. Scent and the scenting dog. (Arner Publishing, Rome, 2000).

106 Steen, J. B., Wilsson, E. Fuglehundens ABC & D. (Hundskolan i Sollefteå AB, 1993).

107 Syrotuck, W. G. Scent and the scenting dog. (Arner Publishing, Rome, 2000).

108 Hanssen-Bauer, I. E-Mail 30. mars. (2014).

109 Jeanneney, J. Tracking dogs for finding wounded deer. (Teckel Time Inc., 2006).

110 Buvik, A. Ettersøkshunden. Trening og godkjenningsprøver. (Landbruksforlaget, 1993).

111 http://www.ssb.no/jord-skog-jakt-og-fiskeri/statistikker/hjortavg/aar/2013-08-30.

112 http://www.lovdata.no/for/sf/md/xd-20020322-0313.html.

113 Stokke, S., Vang, S., Arnemo, J., Hansson, M., Roer, O., Stokkereit, A., Meisingset, E., Wahl, B., Slettemark,I., Johnsen, B., Bartzke, G., Rolandsen, C., Solberg, E. Kan vi stole på våre ettersøkshunder? En evaluering av godkjente ettersøkshunders sporingsevne på hjortevilt. (Norsk institutt for naturforskning, Trondheim, 2011).

114 Stokke, S., Vang, S., Arnemo, J., Hansson, M., Roer, O., Stokkereit, A., Meisingset, E., Wahl, B., Slettemark, I., Johnsen, B., Bartzke, G., Rolandsen, C., Solberg, E. Kan vi stole på våre ettersøkshunder? En evaluering av godkjente ettersøkshunders sporingsevne på hjortevilt. (Norsk institutt for naturforskning, Trondheim, 2011).

115 Aarnes, S. G., Tobiassen, C., Brøseth, H., Spachmo, B., Bakke, B. B., Hagen, S. B., Eiken, H. G. Populasjonsovervåking av brunbjørn 2009–2012: DNA – analyse av prøver innsamla i Norge i 2012. (Bioforsk Rapport Nr. 47, 2013).

116 Kindberg, J., Swenson, J. E., Ericsson, G., Bellemain, E., Miquel, C., Taberlet, P. Estimating population size and trends of the Swedish brown bear Ursus arctos population. Wildlife Biology 17, 114–123, doi:10.2981/10-100 (2011).

117 Moen, G. K., Stoen, O. G., Sahlen, V., Swenson, J. E. Behaviour of Solitary Adult Scandinavian Brown Bears (Ursus arctos) when Approached by Humans on Foot. Plos One 7, doi:10.1371/journal.pone.0031699 (2012).

118 Swenson, J. E., Sandegren, F., Söderberg, A, Heim, M., Sørensen, O. J., Bjärvall, A., Frantzen, R., Wikan, S., Wabakken, P. Interactions between brown bear and humans in Scandinavia. Biosphere Conservation 2, 1–9 (1999).

119 Stokke, S., Arnemo, J. M., Kristoffersson, M., Söderberg, A. Märkbart många björnar skadeskjuts. Våre Rovdyr 2, 18–20 (2008).

120 Vang, S., Zedrosser, A., Swenson, J. E., Brunberg, S. Sporing av bjørn. En empirisk studie av ettersøksekvipasjer på bjørn sommeren 2007 og 2008. (Universitet for miljø- og biovitenskap Ås, 2009).

121 Vang, S., Zedrosser, A., Brunberg, S., Swenson, J. E. Ettersøksekvipasjene ikke gode nok. Jakt og Fiske 1–2, 64–68 (2011).

122 Vang, S., Zedrosser, A., Swenson, J. E., Brunberg, S. Sporing av bjørn. En empirisk studie av ettersøksekvipasjer på bjørn sommeren 2007 og 2008. (Universitet for miljø- og biovitenskap Ås, 2009).

123 Vang, S., Zedrosser, A., Brunberg, S., Swenson, J. E. Ettersøksekvipasjene ikke gode nok. Jakt og Fiske 1–2, 64–68 (2011).

124 Vang, S. E-Mail 18. juni. (2014).

125 Forkman, B., Gustavsson, T., Støren, O.-G., Karlsson, J., Brunberg, S. Dogs hunting bears – what do they really hunt? 3rd Canine Science forum, 25, 26, 27 July, Barcelona, Spain (2012).

126 Stokke, S., Vang, S., Arnemo, J., Hansson, M., Roer, O., Stokkereit, A., Meisingset, E., Wahl, B., Slettemark, I., Johnsen, B., Bartzke, G., Rolandsen, C., Solberg, E. Kan vi stole på våre ettersøkshunder? En evaluering av godkjente ettersøkshunders sporingsevne på hjortevilt. (Norsk institutt for naturforskning, Trondheim, 2011).

127 Vang, S., Zedrosser, A., Swenson, J. E., Brunberg, S. Sporing av bjørn. En empirisk studie av ettersøksekvipasjer på bjørn sommeren 2007 og 2008. (Universitet for miljø- og biovitenskap Ås, 2009).

128 Vang, S., Moen, G. K. Kan ettersøksekvipasjer spore bjørn: en empirisk studie av norsk og svensk ettersøksekvipasjer på bjørn. 9 (UMB, ÅS, Semesteroppgave. Det skandinaviske bjørneprosjektet, 2007).

Kapitel 7 Der Polizeihund

1 Sødal, P. A. E-Mail oktober. (2013).

2 Karlsen, J. E. Samtaler (2011).

3 Schoon, G. A. A., Haak, R. K9 Suspect discrimination. (Detseling Enterprises Ltd, 2002).

4 Ozcan, S. S., Akin, H., Bayram, H., Bas, M., Yildiz, A., Ozdemiroglu, A. Utilization of police dogs: a Turkish perspective. Policing-an International Journal of Police Strategies & Management 32, 226–237, doi:10.1108/13639510910958154 (2009).

5 Pemberton, N. 'Bloodhounds as detectives'. Dogs, slum stench and late-victorian murder investigation. Cultural & Social History 10, 69–91, doi:10.2752/147800413x13515292098197 (2013).

6 Pemberton, N. Hounding Holmes: Arthur Conan Doyle, Bloodhounds and Sleuthing in the Late-Victorian Imagination. Journal of Victorian Culture 17, 454–467, doi:10.1080/13555502.2012.737099 (2012).

7 Allsopp, N. K9 Cops. Police dogs of the word. (Big Sky Publishing, 2012).

8 Barbour, B. Review of the Police powers (drug detection dogs) Act 2001. (NSW Ombudsman, Sydney, 2006).

9 Sødal, P. A. E-Mail oktober. (2013).

10 Sødal, P. A. E-Mail oktober. (2013).

11 Allsopp, N. K9 Cops. Police dogs of the word. (Big Sky Publishing, 2012).

12 Sødal, P. A. E-Mail oktober. (2013).

13 Stochkham, R. A., Slavin, D. L., Kift, W. Survivability of human scent. Forensic Science Communications 6, 1–10 (2004).

14 Lorenzo, N., Wan, T. L., Harper, R. J., Hsu, Y. L., Chow, M., Rose, S., Furton, K. G. Laboratory and field experiments used to identify Canis lupus var. familiaris active odor signature chemicals from drugs, explosives, and humans. Anal. Bioanal. Chem. 376, 1212–1224, doi:10.1007/s00216–003–2018–7 (2003).

15 Sødal, P. A. E-Mail oktober. (2013).

16 http://www.norsk politihundelag.no/index.php?option=com_content&view=article&id=48&Itemid=2.

17 Sødal, P. A. Politiets hundetjeneste. Nordisk kriminalkrønike, 393–410 (2013).

18 Sødal, P. A. Politiets hundetjeneste. Nordisk kriminalkrønike, 393–410 (2013).

19 Sødal, P. A. Politiets hundetjeneste. Nordisk kriminalkrønike, 393–410 (2013).

20 Sødal, P. A. Politiets hundetjeneste. Nordisk kriminalkrønike, 393–410 (2013).

21 Sødal, P. A. Politiets hundetjeneste. Nordisk kriminalkrønike, 393–410 (2013).

22 Korneliussen, M. Likhunders markeringer ved molekylære søk som bevismiddel i straffesaker. (Liten masteroppgave i rettsvitenskap ved Universitetet i Tromsø, Det jurdiske fakultet, Tromsø, 2007).

23 Sødal, P. A. Politiets hundetjeneste. Nordisk kriminalkrønike, 393–410 (2013).

24 Mortvedt, O. M. For første gang i Norge- brannhund på åstedet. Politiforum 2, 8 (2003).

25 Sødal, P. A. Politiets hundetjeneste. Nordisk kriminalkrønike, 393–410 (2013).

26 Grøndahl, H. E-Mail 29. oktober. (2012).

27 Sødal, P. A. Politiets hundetjeneste. Nordisk kriminalkrønike, 393–410 (2013).

28 Sødal, P. A. E-Mail oktober. (2013).

29 Sødal, P. A. E-Mail oktober. (2013).

30 Norsted, L. Coppel (3) lukter seg fram til våpen. Østlandets Blad 18. februar (2012).

31 http://www.norsk-politihundelag.no/index.php?option=com_content&view=article&id=48&Itemid=2.

32 Spurkland, K. Narkotikaforebyggende skoleinnsatser med hund – hva nå? Motgift 3, 18–19 (2012).

33 Hagesæther, P. V. Stortinget snudde om narkorazzia på skolene. Aftenposten 10. mai (2012).

34 Sødal, P. A. E-Mail 3. juni. (2014).

35 Vilkensen, K. Politidugnad på Hovefestivalen. Motgift 03, 20–21 (2012).

36 https://www.facebook.com/pages/Oslo-politidistrikt/146733012052307?ref=stream.

37 Olsen, O. G. Super snuten. Vi Menn nr. 12/13, 30–33 (2013).

38 Iversen, K. Samtaler og E-Mail. (2012/2013).

39 Iversen, K. E-Mail 4. juni. (2014).

40 Bye, A. Den store hundeboken. (Børrehaug & Co. Kunstforlag, 1963).

41 Slabbert, J. M., Odendaal, J. S. J. Early prediction of adult police dog efficiency – a longitudinal study. Applied Animal Behaviour Science 64, 269–288, doi:10.1016/s0168–1591(99)00038–6 (1999).

42 Jensen, P. Hundens språk och tankar. (Natur & Kultur, 2012).

43 Diederich, C., Giffroy, J. M. Behavioural testing in dogs: A review of methodology in search for standardisation. Applied Animal Behaviour Science 97, 51–72, doi:10.1016/j.applanim.2005.11.018 (2006).

44 Asher, L., Blythe, S., Roberts, R., Toothill, L., Craigon, P. J., Evans, K. M., Green, M. J., England, G. C. W. A standardized behavior test for potential guide dog puppies: Methods and association with subsequent success in guide dog training. Journal of Veterinary Behavior-Clinical Applications and Research 8, 431–438, doi:10.1016/j.jveb.2013.08.004 (2013).

45 Tiira, K., Lohi, H. Reliability and validity of a questionnaire survey in canine anxiety research. Applied Animal Behaviour Science 155, 82–92, doi:http://dx.doi.org/10.1016/j.applanim.2014.03.007 (2014).

46 Foyer, P., Bjällerhag, N., Wilsson, E., Jensen, P. Behaviour and experiences of dogs during the first year of life predict the outcome in a later temperament test. Applied Animal Behaviour Science 155, 93–100 (2014).

47 Slabbert, J. M., Odendaal, J. S. J. Early prediction of adult police dog efficiency – a longitudinal study. Applied Animal Behaviour Science 64, 269–288, doi:10.1016/s0168-1591(99)00038-6 (1999).

48 www.volhard.com.

49 Schoon, G. A. A., Curran, A. M., Furton, K. G. Odor biometrics. (Springer Science + Business Media, LLC, 2009).

50 Jezierski, T., Walczak, M., Gorecka, A. Information-seeking behaviour of sniffer dogs during match-to-sample training in the scent lineup. Polish Psychological Bulletin 39, 71–80 (2008).

51 Jezierski, T., Gorecka-Bruzda, A., Walczak, M., Swiergiel, A. H., Chruszczewski, M. H., Pearson, B. L. Operant conditioning of dogs (Canis familiaris) for identification of humans using scent lineup. Anim. Sci. Pap. Rep. 28, 81–93 (2010).

52 Kaldenbach, J. K9 Scent detection. My favorite judge lives in a kennel. (Canada, Calgary, Alberta, 1998).

53 Bulanda, S., Bulanda, L. Ready! Training the search and rescue dog. Second edition. (Kennel Club Books, 2010).

54 Ensminger, J. J. Police and military dogs. (CRC Press, Taylor & Francis group, 2012).

55 Schoon, G. A. A., Haak, R. K9 Suspect discrimination. (Detseling Enterprises Ltd, 2002).

56 Schoon, G. A. A., Haak, R. K9 Suspect discrimination. (Detseling Enterprises Ltd, 2002).

57 Schoon, G. A. A. Scent identification line-ups using trained dogs in the Netherlands. Problems of Forensic Sciences 47, 175–183 (2001).

58 Tomaszewski, T., Girdwoyn, P. Scent identification evidence in jurisdiction (drawing on the example of judicial practice in Poland). Forensic Science International 162, 191–195, doi:10.1016/j.forsciint.2006.06.017 (2006).

59 Tomaszewski, T., Girdwoyn, P. Scent identification evidence in jurisdiction (drawing on the example of judicial practice in Poland). Forensic Science International 162, 191–195, doi:10.1016/j.forsciint.2006.06.017 (2006).

60 Settle, R. H., Sommerville, B. A., McCormick, J. & Broom, D. M. Human scent matching using specially trained dogs. Animal Behaviour 48, 1443–1448, doi:10.1006/anbe.1994.1380 (1994).

61 Stochkham, R. A., Slavin, D. L., Kift, W. Survivability of human scent. Forensic Science Communications 6, 1–10 (2004).

62 Kaldenbach, J. K9 Scent detection. My favorite judge lives in a kennel. (Canada, Calgary, Alberta, 1998).

63 Schoon, G. A. A. Scent identification line-ups using trained dogs in the Netherlands. Problems of Forensic Sciences 47, 175–183 (2001).

64 Schoon, G. A. A. The effect of the ageing of crime scene objects on the results of scent identification line-ups using trained dogs. Forensic Science International 147, 43–47, doi:10.1016/j.forsciint.2004.04.080 (2005).

65 Schoon, G. A. A. The effect of the ageing of crime scene objects on the results of scent identification line-ups using trained dogs. Forensic Science International 147, 43–47, doi:10.1016/j.forsciint.2004.04.080 (2005).

66 66 Jenkins, S. H. in How Science Works: Evaluating Evidence in Biology and Medicine (ed S.H. Jenkins) 36–52 (Oxford University Press, 2004).

67 Kaldenbach, J. K9 Scent detection. My favorite judge lives in a kennel. (Canada, Calgary, Alberta, 1998).

68 Settle, R. H., Sommerville, B. A., McCormick, J. & Broom, D. M. Human scent matching using specially trained dogs. Animal Behaviour 48, 1443–1448, doi:10.1006/anbe.1994.1380 (1994).

69 Schoon, G. A. A. The effect of the ageing of crime scene objects on the results of scent identification line-ups using trained dogs. Forensic Science International 147, 43–47, doi:10.1016/j.forsciint.2004.04.080 (2005).

70 Schoon, G. A. A., Debruin, J. C. The ability of dogs to recognize and cross-match human odors. Forensic Science International 69, 111–118, doi:10.1016/0379-0738(94)90247-x (1994).

71 Schoon, G. A. A. Scent identification lineups by dogs (Canis familiaris): Experimental design and forensic application. Applied Animal Behaviour Science 49, 257–267, doi:10.1016/0168-1591(95)00656-7 (1996).

72 http://dt.no/nyheter/norges-beste-patruljehund-i-aksjon-1.3391087.

73 Rebmann, A., David, E., Sorg, M. Cadaver dog handbook: forensic training and tactics for the recovery of human remaine. (CRC press, 2000).

74 Rodriguez, W. C., Bass, W. M. Decomposition of buried bodies and methods that may aid in their location. Journal of Forensic Sciences 30, 836–852 (1985).

75 Martin, P. S., Tormey, B. R., Reda, K. M., Nelson, R. C. Dog versus machine: exploring the utility of cadaver dogs and ground-penetrating radar in locating human burials at historical archeological sites. Geological Society of America, Southeastern Section – 61st Annual meeting 1–2 April, 9 (2012).

76 Migala, A. F., Brown, S. E. Use of Human Remains Detection Dogs for Wide Area Search After Wildfire: A New Experience for Texas Task Force 1 Search and Rescue Resources. Wilderness & Environmental Medicine 23, 337–342 (2012).

77 Rebmann, A., David, E., Sorg, M. Cadaver dog handbook: forensic training and tactics for the recovery of human remaine. (CRC press, 2000).

78 Lasseter, A. E., Jacobi, K. P., Farley, R., Hensel, L. Cadaver dog and handler team capabilities in the recovery of buried human remains in the southeastern United States. Journal of Forensic Sciences 48, 617–621 (2003).

79 Rebmann, A., David, E., Sorg, M. Cadaver dog handbook: forensic training and tactics for the recovery of human remaine. (CRC press, 2000).

80 Korneliussen, M. Likhunders markeringer ved molekylære søk som bevismiddel i straffesaker. (Liten masteroppgave i rettsvitenskap ved Universitetet i Tromsø, Det juridiske fakultet, Tromsø, 2007).

81 Sødal, P. A. E-Mail 17. juni. (2014).

82 Prada, P. A., Curran, A. M., Furton, K. G. Characteristic human scent compounds trapped on natural and synthetic fabrics as analyzed by SPME-GC/MS. Journal of Forensic Science & Criminology 1 (2014).

83 Prada, P. A., Curran, A. M., Furton, K. G. The evaluation of human hand odor volatiles on various textiles: a comparison between contact and noncontact sampling methods. J Forensic Sci 56, 866–881, doi:10.1111/j.1556-4029.2011.01762.x (2011).

84 Jezierski, T. E-Mail 16. juni. (2014).

85 Stejskal, S. M. Death, decomposition, and detector dogs. (CRC Press, Taylor & Francis Group, 2013).

86 France, D. L., Griffin, T. J., Swanburg, J. G., Lindemann, J. W., Davenport, G. C., Trammell, V., Armbrust, C. T., Kondratieff, B., Nelson, A., Castellano, K., Hopkins, D. A multidisciplinary approach to the detection of clandestine graves. Journal of Forensic Sciences 37, 1445–1458 (1992).

87 Stejskal, S. M. Death, decomposition, and detector dogs. (CRC Press, Taylor & Francis Group, 2013).

88 Statheropoulos, M., Spiliopouiou, C., Agapiou, A. A study of volatile organic compounds evolved from the decaying human body. Forensic Science International 153, 147–155, doi:10.1016/j.forsciint.2004.08.015 (2005).

89 Page, D. Labrador: new alpha dog in human remains detection? Forensic Magazine 5, 33–40 (2010).

90 Korneliussen, M. Likhunders markeringer ved molekylære søk som

bevismiddel i straffesaker. (Liten masteroppgave i rettsvitenskap ved Universitetet i Tromsø, Det juridiske fakultet, Tromsø, 2007).

91 Lorenzo, N., Wan, T. L., Harper, R. J., Hsu, Y. L., Chow, M., Rose, S., Furton, K. G. Laboratory and field experiments used to identify Canis lupus var. familiaris active odor signature chemicals from drugs, explosives, and humans. Anal. Bioanal. Chem. 376, 1212–1224, doi:10.1007/s00216-003-2018-7 (2003).

92 Vass, A. A., Smith, R. R., Thompson, C. V., Burnett, M. N., Dulgerian, N., Eckenrode, B. A. Odor analysis of decomposing buried human remains. Journal of Forensic Sciences 53, 384–391, doi:10.1111/j.1556- 4029.2008.00680.x (2008).

93 Page, D. Labrador: new alpha dog in human remains detection? Forensic Magazine 5, 33–40 (2010).

94 Cablk, M. E., Szelagowski, E. E., Sagebiel, J. C. Characterization of the volatile organic compounds present in the headspace of decomposing animal remains, and compared with human remains. Forensic Science International 220, 118–125, doi:10.1016/j.forsciint.2012.02.007 (2012).

95 Grande, A. E-Mail i oktober. (2013).

96 Koenig, M. E-Mail den 8. oktober. (2013).

97 Jones, B. E-Mail 8. oktober. (2013).

98 Lorenzo, N., Wan, T. L., Harper, R. J., Hsu, Y. L., Chow, M., Rose, S., Furton, K. G. Laboratory and field experiments used to identify Canis lupus var. familiaris active odor signature chemicals from drugs, explosives, and humans. Anal. Bioanal. Chem. 376, 1212–1224, doi:10.1007/s00216-003-2018-7 (2003).

99 Ellervik, U. Ond kemi. Berättelser om människor, mord och molekyler. (Fri tanke forlag, 2011).

100 Oesterhelweg, L., Krober, S., Rottmann, K., Willhoft, J., Braun, C., Thies, N., Puchel, K., Silkenath, J., Gehl, A. Cadaver dogs – A study on detection of contaminated carpet squares. Forensic Science International 174, 35- 39, doi:10.1016/j.forsciint.2007.02.031 (2008).

101 Cooke, M., Leeves, N., White, C. Time profile of putrescine, cadaverine, indole and skatole in human saliva. Archives of Oral Biology 48, 323–327, doi:10.1016/s0003-9969(03)00015-3 (2003).

102 Stadler, S., Stefanuto, P. H., Byer, J. D., Brokl, M., Forbes, S., Focant, J. F. Analysis of synthetic canine training aids by comprehensive two-dimensional gas chromatography-time of flight mass spectrometry. J. Chromatogr. A 1255, 202–206, doi:10.1016/j.chroma.2012.04.001 (2012).

103 DeGreeff, L. E., Weakley-Jones, B., Furton, K. G. Creation of training aids for human remains detection canines utilizing a non-contact, dynamic airflow volatile concentration technique. Forensic Science International 217, 32–38, doi:10.1016/j.forsciint.2011.09.023 (2012).

104 Hudson-Holness, D. T., Furton, K. G. Comparison between human scent compounds collected on cotton and cotton blend materials for SPME-GC/MS analysis. Journal of Forensic Research 1, doi:10.4172/2157- 7145.1000101 (2010).

105 Oesterhelweg, L., Krober, S., Rottmann, K., Willhoft, J., Braun, C., Thies, N., Puchel, K., Silkenath, J., Gehl, A. Cadaver dogs – A study on detection of contaminated carpet squares. Forensic Science International 174, 35- 39, doi:10.1016/j.forsciint.2007.02.031 (2008).

106 Bulanda, S. E-Mail den 19. mars. (2013).

107 Judah, C. Search and rescue dogs. Water Search. Finding drowned persons. (Coastal books, 2011).

108 Osterkamp, T. K9 Water Searches: Scent and Scent Transport Considerations. Journal of Forensic Sciences 56, 907–912, doi:10.1111/j.1556–4029.2011.01773.x (2011).

109 Aasheim, K. I. Hund som arbeidsredskap i brannvesenet. Brannmannen 61, 42–43 (2006).

110 Catania, K. C., Hare, J. F., Campbell, K. L. Water shrews detect movement, shape, and smell to find prey underwater. Proceedings of the National Academy of Sciences of the United States of America 105, 571–576, doi:10.1073/pnas.0709534104 (2008).

111 Bulanda, S., Bulanda, L. Ready! Training the search and rescue dog. Second edition. (Kennel Club Books, 2010).

112 Müller-Schwarze, D. Chemical Ecology of Vertebrates. (Cambridge University Press, 2006).

113 Bulanda, S., Bulanda, L. Ready! Training the search and rescue dog. Second edition. (Kennel Club Books, 2010).

114 http://www.rodekorsforstehjelp.no/default.aspx?articleid=115&pageId=59&news=1.

115 Judah, J. C. Buzzards and Butterflies. Human remains detection dogs. (Coastal Books, 2008).

116 Bulanda, S., Bulanda, L. Ready! Training the search and rescue dog. Second edition. (Kennel Club Books, 2010).

117 Graham, H., Graham, J. Taking back from the river. Response September/October, 34–37 (1987).

118 Miller, M. T. Search and rescue dogs. Dog tales. True stories about amazing dogs. (New York, 2007).

119 Sødal, P. A. E-Mail oktober. (2013).

120 Brown, J. S., Prada, P. A., Curran, A. M., Furton, K. G. Applicability of emanating volatile organic compounds from various forensic specimens for individual differentiation. Forensic Sci Int 226, 173–182, doi:10.1016/j.forsciint.2013.01.008 (2013).

121 Newbery, S., Cassella, J. P. A study of the use of cadaver dogs for blood scent detection in criminal investigations. Abstract FIRN Midlands Regional Student Forensic Science Conference (2008).

122 Bouzga, M. M., Skalleberg, A. G. Hundeprosjektet. Bevis 3, 23–25 (2013).

123 Skalleberg, A. G. Hundeprosjektet. Bevis 1, 8–10 (2012).

124 Skalleberg, A. G. Hundeprosjektet. Bevis 2, 14–16 (2013).

125 Cablk, M. E., Sagebiel, J. C. Field Capability of Dogs to Locate Individual Human Teeth. Journal of Forensic Sciences 56, 1018–1024, doi:10.1111/j.1556-4029.2011.01785.x (2011).

126 Allsopp, N. K9 Cops. Police dogs of the word. (Big Sky Publishing, 2012).

127 http://www.na.fs.fed.us/ss/12/K9FriendlyFirePreventionSS_121107.pdf.

128 Strobel, R. A., Noll, R. Pilot project arson accelerant detector dog program, The Forensic Science Laboratory's role. Proceedings of the canine accelerant detection training seminar; Connecticut (USA) August (1988).

129 Smith, W., Lancelot, D. C., Butterworth, J., Barger, D. R. Pilot project arson accelerant detector dog program. Proceedings of the canine accelerant detection training seminar; Connecticut (USA) August (1988).

130 Gialamas, D. M. Enhancement of fire scene investigations using accelerant detection canines. Science & Justice 36, 51–54, doi:10.1016/s1355-0306(96)72555-8 (1996).

131 Tindall, R., Lothridge, K. An evaluation of 42 accelerant detection canine teams. Journal of Forensic Sciences 40, 561–564 (1995).

132 Weisbord, M., Kachanoff, K. Dogs with jobs. (Pocket Books, 2000).

133 Gialamas, D. M. Enhancement of fire scene investigations using accelerant detection canines. Science & Justice 36, 51–54, doi:10.1016/s1355-0306(96)72555-8 (1996).

134 Katz, S. R., Midkiff, C. R. Unconfirmed canine avcelerant detection: a reliability issue in court. Journal of Forensic Sciences 43, 329–333 (1998).

135 Weisbord, M., Kachanoff, K. Dogs with jobs. (Pocket Books, 2000).

136 Kurz, M. E., Billard, M., Rettig, M., Augustiniak, J., Lange, J., Larsen, M., Warrick, R., Mohns, T., Bora, R., Broadus, K., Hartke, G., Glover, B., Tankersley, D., Marcouiller, J. Evaluation of canines for accelerant detection at fire scenes. Journal of Forensic Sciences 39, 1528–1536 (1994).

137 Sandercock, P. M. Fire investigation and ignitable liquid residue analysis – A review: 2001–2007. Forensic Science International 176, 93–110, doi:10.1016/j.forsciint.2007.09.004 (2008).

138 http://www.statefarm.com/aboutus/_pressreleases/2012/new-arson-dog-nc.asp.

139 Mortvedt, O. M. For første gang i Norge- brannhund på åstedet. Politiforum 2, 8 (2003).

140 Gialamas, D. M. Enhancement of fire scene investigations using accelerant detection canines. Science & Justice 36, 51–54, doi:10.1016/s1355-0306(96)72555-8 (1996).

141 Jacobs, S. K-9s prove their worth. Fire & Arson Invertigator 43, 50 (1993).

142 Sødal, P. A. E-Mail oktober. (2013).

143 Sandercock, P. M. Fire investigation and ignitable liquid residue analysis – A review: 2001–2007. Forensic Science International 176, 93–110, doi:10.1016/j.forsciint.2007.09.004 (2008).

144 Nowlan, M., Stuart, A. W., Basara, G. J., Sandercock, P. M. L. Use of a solid absorbent and an accelerant detection canine for the detection of ignitable liquids burned in a structure fire. Journal of Forensic Sciences 52, 643–648, doi:10.1111/j.1556-4029.2007.00408.x (2007).

145 Tranthim-Fryer, D. J., DeHaan, J. D. Canine accelerant detectors and problems with carpet pyrolysis products. Science & Justice 37, 39–46, doi:10.1016/s1355-0306(97)72139-7 (1997).

146 Sødal, P. A. E-Mail oktober. (2013).

147 En manual for riktig bruk av et hundeteam ved en brannstiftelse er utgitt av Office of the Deputy Prime Minister. (January 2004. United kingdom fire investigation dog and handler teams. Guide to the best practice. Office of the Deputy Prime Minister, London).

148 Scientific working group on dog and orthogonal detector guidelines (SWGDOG) har utgitt noen retningslinjer for sertifisering og opprettholdelse av sertifiseringen for hundeteamene. (se http://swgdog.fiu.edu/).

149 Hallgren, A. Livräddaren på fyra ben. (Mälaröbörsen Forlag AB, 2002).

150 Jalakas, I. Den nyttiga nosen. (Bilda Forlag, 2000).

151 Jalakas, I. Den nyttiga nosen. (Bilda Forlag, 2000).

152 Ellervik, U. Ond kemi. Berättelser om människor, mord och molekyler. (Fri tanke forlag, 2011).

153 Aasheim, K. I. Hund som arbeidsredskap i brannvesenet. Brannmannen 61, 42–43 (2006).

Kapitel 8 Der Zollhund

1 Weisbord, M., Kachanoff, K. Dogs with jobs. (Pocket Books, 2000).

2 Ashley, J., Billinge, S., Hemmens, C. Who let the dogs out? Drug dogs in court. Criminal Justice Studies 20,177–196 (2007).

3 Rolak, R. T. Use of police canine units in narcotic searches of vehicles. School of police staff and command skip lawver-eastern Michigan University, 1–28 (2000).

4 Grandjean, D., Haymann, F. Hunde-encyklopedi. (RK Grafisk, 2010).

5 Zeno, P. W. Going to the dogs. AAA Going Places Magazine May-June, 20–22 (1998).

6 Grandjean, D., Haymann, F. Hunde-encyklopedi. (RK Grafisk, 2010).

7 Agriculture, U. S. D. o. USDA's detector dogs: protecting American agriculture. Animal Plant health Isnpection Service, Miscellaneous Publication No. 1539, 1–13 (1996).

8 Stamper, J. B. Eco dogs. (Bearport Publishing Company Inc, 2011).

9 http://thebark.com/content/conservation-dogs-work-wildlife.

10 Orenstein, R. I. Ivory, horn and blood: behind the elephant and rhinoceros poaching crisis. (Firefly Books, 2013).

11 Anonym. Yemen acts to halt rhino horn daggers; scientific tests fail to show rhino horn effective as medicine. Environmentalist 3, 153 (1983).

12 Hardcastle, E. African rhino poaching hits record on cancer claim. Reuters October 16 (2012).

13 Starkey, R. E-Mail oktober. (2013).

14 Kermeliotis, T. Poaching stinks ... and now dogs are sniffing it out.

http://edition.cnn.com/2013/09/25/world/africa/poaching-stinks-dogs-sniffing/index.html (2013).

15 Chhabra, D. B. E-Mail fra Manager-Communications TRAFFIC India 4. april. (2013).

16 http://www.traffic.org/.

17 http://www.wwfindia.org/.

18 Scheiner, C. Time of the es'scent: the fourth amendment, canine olfaction, and vehicle stops. Florida Bar Journal 76, 26–32 (2002).

19 English, T. The quiet Americans: a history of military working dogs. Office of History 37th training wing (Lackland AFB, 2000).

20 English, T. The quiet Americans: a history of military working dogs. Office of History 37th training wing (Lackland AFB, 2000).

21 Ensminger, J. J. Police and military dogs. (CRC Press, Taylor & Francis group, 2012).

22 Helton, W. S. E., Canine Ergonomics: The Science of Working Dogs. Taylor and Francis, New York (2009).

23 Aaron, R., Lewis, P. Cocaine residues on money. Crime laboratory digest 14, 18 (1987).

24 Furton, K. G., Hong, Y. C., Hsu, Y. L., Luo, T. Y., Rose, S., Walton, J. Identification of odor signature chemicals in cocaine using solid-phase microextraction-gas chromatography and detector-dog response to isolated compounds spiked on US paper currency. Journal of Chromatographic Science 40, 147–155 (2002).

25 Furton, K. G., Hsu, Y.-L., Luo, T., Wang, J., Rose, S. Odor signature of cocaine analyzed by GC/MS and threshold levels of detection for drug detection canines. Current topics in forensic science, Proceedings of the 14th International association of forensic sciences 2, 329–332 (1997).

26 Remsberg, C. Tactics for criminal patrol. (Northbrook, IL, 1995).

27 Handwerk, B. «Detector dogs» sniff out smugglers for U.S. customs. National geographic news July 12 (2002).

28 Knapperholen, T. E-Mail 1. november. (2013).

29 Bradshaw, J. In defence of dogs. (Penguin Group Ltd., 2011).

30 Jezierski, T., Adamkiewicz, E., Walczak, M., Sobczyńska, M., Gorecka-Bruzda, A., Ensminger, J., Papet, E. Efficacy of drug detection by fully-trained police dogs varies by breed, training level, type of drug and search environment. Forensic Science International 237, 112–118, doi:http://dx.doi.org/10.1016/j.forsciint.2014.01.013 (2014).

31 Spoto, M. A. Cell phone-sniffing dogs used to crack down on N.J. Prisoners orchestrating crime from behind bars, 2011).

32 Grandjean, D., Haymann, F. Hunde-encyklopedi. (RK Grafisk, 2010).

33 Orr, S. Flo and Lucky, MPAA's DVD sniffing dogs. www.nj.com, May 14 (2008).

34 Vestreng, V. Tollvesenets hundetjeneste. Et tilbakeblikk ved Vidar Vestreng. Norsk Tollblad, 14–16 (2003).

35 Vestreng, V. Tollvesenets hundetjeneste. Et tilbakeblikk ved Vidar Vestreng. Norsk Tollblad, 14–16 (2003).

36 Krogh, v. R. E-Mail 27. november. (2013).

37 Vestreng, V. Tollvesenets hundetjeneste. Et tilbakeblikk ved Vidar Vestreng. Norsk Tollblad, 14–16 (2003).

38 Vestreng, V. Tollvesenets hundetjeneste. Et tilbakeblikk ved Vidar Vestreng. Norsk Tollblad, 14–16 (2003).

39 Krogh, v. R. E-Mail 27. november. (2013).

40 Knapperholen, T. E-Mail 1. november. (2013).

41 Aanstad, K. H. Rekord mange tollbeslag i 2011. VG 4. januar (2011).

42 Monsen, Ø. N. Fant fire kilo heroin i kjellerbod. Dagbladet 5. mars (2013).

43 Vilkensen, K. Politidugnad på Hovefestivalen. Motgift 03, 20–21 (2012).

44 Taktisk etterforskningsavdeling Kripos. Den organiserte kriminaliteten i Norge- trender og utfordringer 2013–2014. (Politiet, Kripos, Oslo, 2013).

45 Vilkensen, K. Politidugnad på Hovefestivalen. Motgift 03, 20–21 (2012).

46 Skår, T. Vil ha stoffer raskere på narkotikalisten. På Grensen 3, 12 (2012).

47 http://www.aftenposten.no/nyheter/iriks/Rekordbeslag-av-narkotika-7247752.html#.UiiUAG17C3Y.

48 Eie, L. G. Skal sniffe etter syntetisk cannabis. NRK, Sørlandet 17. april (2013).

49 Nygaard, F. Hunden Sniff (3) avslørte Snoop Dogg VG Nett 26. juni (2012).

50 Grandjean, D., Haymann, F. Hunde-encyklopedi. (RK Grafisk, 2010).

51 Knapperholen, T. E-Mail 1. november. (2013).

Kapitel 9 Der Militärhund

1 Rogak, L. The dogs of war. The courage, love, and loyalty of military working dogs. (Thomas Dunne Books, 2011).

2 Bye, A. Den store hundeboken. (Børrehaug & Co. Kunstforlag, 1963).

3 Coren, S. The intelligence of dogs. (Bantam Books, 1994).

4 Hebard, C. Use of search and rescue dogs. Journal of the American Veterinary Medical Association 203, 999– 1001 (1993).

5 Allsopp, N. Cry havoc. The history of war dogs. (New Holland Publisers Pty Ltd, 2011).

6 Bye, A. Den store hundeboken. (Børrehaug & Co. Kunstforlag, 1963).

7 Fenton, V. The use of dogs in search, rescue and recovery. Journal of Wilderness Medicine 3, 292–300, doi:10.1580/0953–9859–3.3.292 (1992).

8 Syrotuck, W. G. Scent and the scenting dog. (Arner Publishing, Rome, 2000).

9 Grandjean, D., Haymann, F. Hunde-encyklopedi. (RK Grafisk, 2010).

10 Allsopp, N. Cry havoc. The history of war dogs. (New Holland Publisers Pty Ltd, 2011).

11 Allsopp, N. Cry havoc. The history of war dogs. (New Holland Publisers Pty Ltd, 2011).

12 English, T. The quiet Americans: a history of military working dogs. Office of History 37th training wing (Lackland AFB, 2000).

13 Allsopp, N. Cry havoc. The history of war dogs. (New Holland Publisers Pty Ltd, 2011).

14 Bye, A. Den store hundeboken. (Børrehaug & Co. Kunstforlag, 1963).

15 Rogak, L. The dogs of war. The courage, love, and loyalty of military working dogs. (Thomas Dunne Books, 2011).

16 Allsopp, N. Cry havoc. The history of war dogs. (New Holland Publisers Pty Ltd, 2011).

17 Auten, O. K. Samtale og E-Mail. (2013).

18 Auten, O. K. Samtale og E-Mail. (2013).

19 Auten, O. K. E-Mail 3. juni. (2014).

20 Auten, O. K. Samtale og E-Mail. (2013).

21 Ege, R. T. 38 rekrutter tatt for narkotikabruk. VG Nett 14. januar (2013).

22 Auten, O. K. Samtale og E-Mail. (2013).

23 Grande, A. E-Mail i oktober. (2013).

24 Bonafede, H. Firbente elitesoldater. Vi Menn 2. januar (2011).

25 Yttrehus, S. Fred og fare: historien om en norsk soldat i internasjonale operasjoner. (Font Forlag, 2013).

26 Grande, A. E-Mail i oktober. (2013).

27 Grande, A. E-Mail i oktober. (2013).

28 Yttrehus, S. Fred og fare: historien om en norsk soldat i internasjonale operasjoner. (Font Forlag, 2013).

29 Grande, A. E-Mail i oktober. (2013).

30 Yttrehus, S. Fred og fare: historien om en norsk soldat i internasjonale operasjoner. (Font Forlag, 2013).

31 Grevskott, H. Her rydder han norske klasevåpen. Vi Menn 11. september (2013).

32 Lie, Ø. Sniffer etter dynamitt på trafostasjon. Teknisk Ukeblad 40, 18–22 (2013).

33 Goldblatt, A., Gazit, I., Terkel, J. in Canine Ergonomics: The Science of Working Dogs (ed W. S. Helton) (Taylor and Francis, 2009).

34 Furton, K. G., Myers, L. J. The scientific foundation and efficacy of the use of canines as chemical detectors for explosives. Talanta 54, 487–500, doi:10.1016/s0039-9140(00)00546-4 (2001).

35 Gazit, I., Terkel, J. Domination of olfaction over vision in explosives detection by dogs. Applied Animal Behaviour Science 82, 65–73, doi:10.1016/s0168–1591(03)00051–0 (2003).

36 Furton, K. G., Myers, L. J. The scientific foundation and efficacy of the use of canines as chemical detectors for explosives. Talanta 54, 487–500, doi:10.1016/s0039–9140(00)00546–4 (2001).

37 Grandjean, D., Haymann, F. Hunde-encyklopedi. (RK Grafisk, 2010).

38 Engel, Y., Elnathan, R., Pevzner, A., Davidi, G., Flaxer, E., Patolsky, F. Supersensitive Detection of Explosives by Silicon Nanowire Arrays. Angewandte Chemie-International Edition 49, 6830–6835, doi:10.1002/anie.201000847 (2010).

39 Jezierski, T., Adamkiewicy, E., Walczak, M., Prokopcyk, M. Factors affecting drugs and explosives detection by dogs in experimental tests. 3rd Canine Science forum, 25, 26, 27 July, Barcelona, Spain (2012).

40 Goldblatt, A., Gazit, I., Terkel, J. in Canine Ergonomics: The Science of Working Dogs (ed W. S. Helton) (Taylor and Francis, 2009).

41 Jalakas, I. Den nyttiga nosen. (Bilda Forlag, 2000).

42 GICHD. Remote explosive scent tracing. REST. (Geneva International Centre for Humanitarian Demining, 2011).

43 Lotspeich, E., Kitts, K., Goodpaster, J. Headspace concentrations of explosive vapors in containers designed for canine testing and training: Theory, experiment, and canine trials. Forensic Science International 220, 130– 134, doi:10.1016/j.forsciint.2012.02.009 (2012).

44 Lazarowski, L., Dorman, D. C. Explosives detection by military working dogs: Olfactory generalization from components to mixtures. Applied Animal Behaviour Science 151, 84–93, doi:http://dx.doi.org/10.1016/j.applanim.2013.11.010 (2014).

45 Kranz, W., Kitts, K., Strange, N., Cummins, J., Lotspeich, E., Goodpaster, J. On the Smell of Composition C-4. Forensic Science International 236, 157–163, doi:http://dx.doi.org/10.1016/j.forsciint.2013.12.012 (2014).

46 Furton, K. G., Myers, L. J. The scientific foundation and efficacy of the use of canines as chemical detectors for explosives. Talanta 54, 487–500, doi:10.1016/s0039–9140(00)00546–4 (2001).

47 Goldish, M. Bomb-sniffing dogs. (Bearport publishing, 2012).

48 Goldish, M. Bomb-sniffing dogs. (Bearport publishing, 2012).

49 http://auburn.edu/research/vapor-wake-dogs-stay-on-target/.

50 http://www.telegraph.co.uk/news/uknews/1511557/Bomb-sniffer-dog-in-line-for-animal-VC.html.

51 news.sky.com/home/article/12278515.

52 Helton, W. S. E. Canine Ergonomics: The Science of Working Dogs. Taylor and Francis, New York (2009).

53 Allsopp, N. Cry havoc. The history of war dogs. (New Holland Publisers Pty Ltd, 2011).

54 McLean, I. G. GICHD, Designer dogs: improving the quality of mine detection dogs. (The Geneva international centre for humanitarian demining, Geneva, 2001).

55 McLean, I. G. Mine detection dogs: Training, operations and odour detection. (Report. Geneva: Geneva International Centre for Humanitarian Demining, 2003).

56 Davner, L. Decay! Dogs hunting damaged wood. Skogen 5, 48 (1986).

57 Weisbord, M., Kachanoff, K. Dogs with jobs. (Pocket Books, 2000).

58 Hadzimujagic, N. Effect of inadequate care for mine detection dogs on performance quality in the mine action operations. Email skriv, Mine Detection Dog Center in Bosnia and Herzegovina (2013).

59 GICHD. Remote explosive scent tracing. REST. (Geneva International Centre for Humanitarian Demining, 2011).

60 http://www.gichd.org/.

61 Berntsen, T. Power point presentasjon laget av Terje Berntsen, sendt på E-Mail. (2013).

62 http://www.folkehjelp.no/Vaart-arbeid/Miner-og-vaapen/Hva-vi-gjoer/Mine-ogeksplosivrydding/ Minehunder.

63 http://www.folkehjelp.no/Vaart-arbeid/Miner-og-vaapen/Hva-vi-gjoer/Mine-ogeksplosivrydding/ Minehunder.

64 Goth, A., McLean, I. G., Trevelyan, J. How do dogs detect landmines? A Summary of research results. Technical report, Geneva Int. Centre for Humanitarian Demining, 195–208 (2002).

65 McLean, I. G. GICHD, Designer dogs: improving the quality of mine detection dogs. (The Geneva international centre for humanitarian demining, Geneva, 2001).

66 McLean, I. G. Mine detection dogs: Training, operations and odour detection. (Report. Geneva: Geneva International Centre for Humanitarian Demining, 2003).

67 Phelan, J. M., Barnett, J. L. Chemical sensing thresholds for mine detection dogs. Proc. SPIE 4742, 532;

http://dx.doi.org/10.1117/12.479126. (2002).

68 McLean, I. G., Sargisson, R. J. Optimising the use of REST for mine detection. Journal of Mine Action 8, 100–104 (2004).

69 McLean, I. G., Sargisson, R. J. Optimising the use of REST for mine detection. Journal of Mine Action 8, 100–104 (2004).

70 Jones, B. M. Applied behavior analysis is ideal for the development of a land mine detection technology using animals. Behav. Anal. 34, 55–73 (2011).

71 Fjellanger, R., Andersen, E. K., McLean, I.G. A training program for filter-search mine detction dogs. International Journal of Comparative Psychology 15, 277–286 (2002).

72 McLean, I. G., Sargisson, R. J. Optimising the use of REST for mine detection. Journal of Mine Action 8, 100–104 (2004).

73 Fjellanger, R., Andersen, E. K., McLean, I.G. A training program for filter-search mine detction dogs. International Journal of Comparative Psychology 15, 277–286 (2002).

74 McLean, I. G. Mine detection dogs: Training, operations and odour detection. (Report. Geneva: Geneva International Centre for Humanitarian Demining, 2003).

75 Fjellanger, R., Andersen, E. K., McLean, I.G. A training program for filter-search mine detction dogs. International Journal of Comparative Psychology 15, 277–286 (2002).

76 Fjellanger, R. «The REST concept». Mine detection dogs: training, operations and odour detection. GICHD, Geneva, 53–108 (2003).

77 Uddqvist, A., Roberthson, I. Improvement of sampling system for Remote Explosive Scent Tracing, (2010).

78 Joynt, V. The Mechem explosive and drug detection system (MEDDS). Mine detection dogs: training, operations and odour detection. GICHD, Geneva, 165–174 (2003).

79 McLean, I. G., Sargisson, R. J. Optimising the use of REST for mine detection. Journal of Mine Action 8, 100–104 (2004).

80 http://www.stu100.com/.

81 Uddqvist, A., Roberthson, I. Improvement of sampling system for Remote Explosive Scent Tracing, (2010).

82 GICHD. Remote explosive scen

Kapitel 10 Der Diagnoseschnüffelhund

1 Fisher, L. The one pupil allowed to sniff in class: How Shirley the labrador uses her nose to stop Rebecca, 7, falling into a coma. Daily mail Online 8. February (2011).

2 Cline, K. M. C. Psychological Effects of Dog Ownership: Role Strain, Role Enhancement, and Depression. Journal of Social Psychology 150, 117–131 (2010).

3 Marcus, D. A. The Science Behind Animal-Assisted Therapy. Current Pain and Headache Reports 17, doi:10.1007/s11916-013-0322-2 (2013).

4 Wells, D. L. Domestic dogs and human health: An overview. British Journal of Health Psychology 12, 145– 156, doi:10.1348/135910706x103284 (2007).

5 Edney, A. T. B. Companion animals and human health. Veterinary Record 130, 285–287 (1992).

6 Cline, K. M. C. Psychological Effects of Dog Ownership: Role Strain, Role Enhancement, and Depression. Journal of Social Psychology 150, 117–131 (2010).

7 Wells, D. L. Dogs As a Diagnostic Tool for Ill Health in Humans. Alternative Therapies in Health and Medicine 18, 12–17 (2012).

8 Bijland, L. R., Bomers, M. K., Smulders, Y. M. Smelling the diagnosis A review on the use of scent in diagnosing disease. Netherlands Journal of Medicine 71, 300–307 (2013).

9 Smith, M. The use of smell in differential diagnosis. The Lancet 25, 1452–1453 (1982).

10 Garner, C. E., Smith, B., de Lecey Costello, B., White, P., Spencer, R., Probert, C. S. J., Ratcliffe, N. M. Volatile

organic compounds from feces and their potential for diagnosis of gastrointestinal disease. The FASEB Journal 21, 1675–1688 (2007).

11 Brown, R. E. What is the role of the immune-system in determining individually distinct body odors. International Journal of Immunopharmacology 17, 655–661, doi:10.1016/0192–0561(95)00052–4 (1995).

12 Tuuminen, T. Urine as a specimen to diagnose infections in twenty-first century: focus on analytical accuracy. Frontiers in Immunology 3, 1–6 (2012).

13 Smith, M. The use of smell in differential diagnosis. The Lancet 25, 1452–1453 (1982).

14 Fyrand, O. Det gåtefulle språket. Om hudens kommunikasjon. (Universitetesforlaget AS, 1996).

15 McSherry, J. Sniffing out the diagnosis. Canadian Medical Association Journal 135, 1070–1070 (1986).

16 Fyrand, O. Det gåtefulle språket. Om hudens kommunikasjon. (Universitetesforlaget AS, 1996).

17 Smith, K., Thompson, G. F. & Koster, H. D. Sweat in schizophrenic patients – indentification of odorous substance. Science 166, 398–399, doi:10.1126/science.166.3903.398 (1969).

18 Settles, G. S. Sniffers: Fluid-dynamic sampling for olfactory trace detection in nature and homeland security – The 2004 Freeman Scholar Lecture. Journal of Fluids Engineering-Transactions of the Asme 127, 189–218, doi:10.1115/1.1891146 (2005).

19 http://www.idf.org/diabetesatlas/5e/the-global-burden.

20 www.diabetes.no.

21 Tassopoulos, C. N., Barnett, D. & Fraser, T. R. Breath-acetone and blood-sugar measurements in diabetes. Lancet 293, 1282–1286 (1969).

22 Fleischer, M., Simon, E., Rumpel, E., Ulmer, H., Harbeck, M., Wandel, M., Fietzek, C., Weimar, U., Meixner, H. Detection of volatile compounds correlated to human diseases through breath analysis with chemical sensors. Sensors and Actuators B-Chemical 83, 245–249, doi:10.1016/s0925–4005(01)01056–5 (2002).

23 www.diabetes.no.

24 www.diabetes.no.

25 O'Connor, M. B., O'Connor, C., Walsh, C. H. A dog's detection of low blood sugar: a case report. Irish Journal of Medical Science 177, 155–157, doi:10.1007/s11845–008–0128–0 (2008).

26 Chen, M., Daly, M., Williams, N., Williams, S., Williams, C., Williams, G. Non-invasive detection of hypoglycaemia using a novel, fully biocompatible and patient friendly alarm system. BMJ (Clinical research ed.) 321, 1565–1566 (2000).

27 Wells, D. L., Lawson, S. W., Siriwardena, A. N. Canine Responses to Hypoglycemia in Patients with Type 1 Diabetes. Journal of Alternative and Complementary Medicine 14, 1235–1241, doi:10.1089/acm.2008.0288 (2008).

28 Dehlinger, K., Tarnowski, K., House, J. L., Los, E., Hanavan, K., Bustamante, B., Ahmann, A. J., Ward, W. K. Can Trained Dogs Detect a Hypoglycemic Scent in Patients With Type 1 Diabetes? Diabetes Care 36, E98- E99, doi:10.2337/dc12–2342 (2013).

29 Tauveron, I., Delcourt, I., Desbiez, F., Somda, F., Thieblot, P. Canine detection of hypoglycaemic episodes whilst driving. Diabetic Medicine 23, 335–335, doi:10.1111/j.1464–5491.2006.01820.x (2006).

30 McAulay, V., Deary, I. J., Frier, B. M. Symptoms of hypoglycaemia in people with diabetes. Diabetic Medicine 18, 690–705, doi:10.1046/j.1464–5491.2001.00620.x (2001).

31 O'Connor, M. B., O'Connor, C., Walsh, C. H. A dog's detection of low blood sugar: a case report. Irish Journal of Medical Science 177, 155–157, doi:10.1007/s11845–008–0128–0 (2008).

32 Tauveron, I., Delcourt, I., Desbiez, F., Somda, F., Thieblot, P. Canine detection of hypoglycaemic episodes whilst driving. Diabetic Medicine 23, 335–335, doi:10.1111/j.1464–5491.2006.01820.x (2006).

33 Wells, D. L., Lawson, S. W., Siriwardena, A. N. Canine Responses to Hypoglycemia in Patients with Type 1 Diabetes. Journal of Alternative and Complementary Medicine 14, 1235–1241, doi:10.1089/acm.2008.0288 (2008).

34 Rooney, N., Morant, S., Guest, C. Investigation into the value of trained glycaemia alert dogs to clients with type 1 diabetes. PLos One 8, e69921 (2013).

35 http://bodyodd.nbcnews.com/_news/2010/08/03/4807400-dog-chews-off-owners-toe-and-may-have-savedhis- life?lite.

36 www.diabetes.no.

37 Johansen, A. E-Mail 8. august. (2013).

38 http://tidewaterk9.com/.

39 Zimmerman, V. Dog: a diabetic's best friend training guide. Train your own diabetic & glycemic alert dog. (Black & White Edition, 2011).

40 Martinez, R., Barns, S. M. Training your diabetic alert dog. (Martinez, R., Barns, S. M., 2013).

41 Bondarenko, N. Correlation between assessment, selction and training outcomes of a puppy to be used as a diabetic alert dog. 3rd Canine Science forum, 25, 26, 27 July, Barcelona, Spain (2012).

42 Johansen, A. E-Mail 8. august. (2013).

43 Skille, T.-W. En ekte blodhund. Diabetes 3, 34–35 (2013).

44 Jemal, A., Bray, F., Center, M. M., Ferlay, J., Ward, E., Forman, D. Global Cancer Statistics. CA Cancer Journal for Clinicians 61, 69–90 (2011).

45 Kreftregisteret. http://www.kreftregisteret.no/ (2009).

46 Williams, H., Pembroke, A. Sniffer dogs in the melanoma clinic. Lancet 1, 734 (1989).

47 Church, J., Williams, H. Another sniffer dog for the clinic? Lancet 358, 930–930, doi:10.1016/s0140–6736(01)06065–2 (2001).

48 Welsh, J. S., Barton, D. & Ahuja, H. A case of breast cancer detected by a pet dog. Community Oncology July/August, 325–326 (2005).

49 Wells, D. L. Dogs As a Diagnostic Tool for Ill Health in Humans. Alternative Therapies in Health and Medicine 18, 12–17 (2012).

50 Balsetro, S. C., Correia, H. R. Is olfactory detection of human cancer by dogs based on major histocompatibility complexdependent odour components? A

possible cure and a precocious diagnosis of cancer. Medical Hypotheses 66, 270–272, doi:10.1016/j.mehy.2005.08.027 (2006).

51 Willis, C. M., Church, S. M., Guest, C. M., Cook, W. A., McCarthy, N., Bransbury, A. J., Church, M. R. T., Church, J. C. T. Olfactory detection of human bladder cancer by dogs: proof of principle study. British Medical Journal 329, 712–714A, doi:10.1136/bmj.329.7468.712 (2004).

52 Pickel, D., Manucy, G. P., Walker, D. B., Hall, S. B., Walker, J. C. Evidence for canine olfactory detection of melanoma. Applied Animal Behaviour Science 89, 107–116, doi:10.1016/j.applanim.2004.04.008 (2004).

53 Jezierski, T., Walczak, M., Gorecka, A. Canine olfactory detection of human cancer odor markers. Polish Academy of Sciences, Annual Report, 64–65 (2008).

54 Walczak, M., Jezierski, T., Gorecka-Bruzda, A., Sobczynska, M., Ensminger, J. Impact of individual training parameters and manner of taking breath odor samples on the reliability of canines as cancer screeners. Journal of Veterinary Behavior-Clinical Applications and Research 7, 283–294, doi:10.1016/j.jveb.2012.01.001 (2012).

55 McCulloch, M., Jezierski, T., Broffman, M., Hubbard, A., Turner, K., Janecki, T. Diagnostic accuracy of canine scent detection in early- and late-stage lung and breast cancers. Integrative Cancer Therapies 5, 30–39, doi:10.1177/1534735405285096 (2006).

56 Buszewski, B., Ligor, T., Jezierski, T., Wenda-Piesik, A., Walczak, M., Rudnicka, J. Identification of volatile lung cancer markers by gas chromatography-mass spectrometry: comparison with discrimination by canines. Anal. Bioanal. Chem. 404, 141–146, doi:10.1007/s00216–012–6102–8 (2012).

57 Ehmann, R., Boedeker, E., Friedrich, U., Sagert, J., Dippon, J., Friedel, G., Walles, T. Canine scent detection in the diagnosis of lung cancer: revisiting a puzzling phenomenon. European Respiratory Journal 39, 669–676, doi:10.1183/09031936.00051711 (2012).

58 Amundsen, T., Sundstrom, S., Buvik, T., Gederaas, O. A., Haaverstad, R. Can dogs smell lung cancer? First study using exhaled breath and urine screening in unselected patients with suspected lung cancer. Acta oncologica (Stockholm, Sweden) 53, 307–315, doi:10.3109/0284186x.2013.819996 (2014).

59 Jezierski, T., Walczak, M., Gorecka, A. Canine olfactory detection of human cancer odor markers. Polish Academy of Sciences, Annual Report, 64–65 (2008).

60 Walczak, M., Jezierski, T., Gorecka-Bruzda, A., Sobczynska, M., Ensminger, J. Impact of individual training parameters and manner of taking breath odor samples on the reliability of canines as cancer screeners. Journal of Veterinary Behavior-Clinical Applications and Research 7, 283–294, doi:10.1016/j.jveb.2012.01.001 (2012).

61 McCulloch, M., Jezierski, T., Broffman, M., Hubbard, A., Turner, K., Janecki, T. Diagnostic accuracy of canine scent detection in early- and late-stage lung and breast cancers. Integrative Cancer Therapies 5, 30–39, doi:10.1177/1534735405285096 (2006).

62 Buszewski, B., Ligor, T., Jezierski, T., Wenda-Piesik, A., Walczak, M., Rudnicka, J. Identification of volatile lung cancer markers by gas chromatography-mass spectrometry: comparison with discrimination by canines. Anal. Bioanal. Chem. 404, 141–146, doi:10.1007/s00216–012–6102–8 (2012).

63 Horvath, G., Järverud, G. A., Järverud, S., Horvath, I. Human ovarian carcinomas detected by specific odor. Integrative Cancer Therapies 7, 76–80, doi:10.1177/1534735408319058 (2008).

64 Horvath, G., Andersson, H., Nemes, S. Cancer odor in the blood of ovarian cancer patients: a retrospective study of detection by dogs during treatment, 3 and 6 months afterwards. BMC Cancer 13, 396–401 (2013).

65 Gordon, R. T., Schatz, C. B., Myers, L. J., Kosty, M., Gonczy, C., Kroener, J., Tran, M., Kurtzhals, P., Heath, S., Koziol, J. A., Arthur, N., Gabriel, M., Hemping, J., Hemping, G., Nesbitt, S., Tucker-Clark, L., Zaayer, J. The use of canines in the detection of human cancers. Journal of Alternative and Complementary Medicine 14, 61–67, doi:10.1089/acm.2006.6408 (2008).

66 Sonoda, H., Kohnoe, S., Yamazato, T., Satoh, Y., Morizono, G., Shikata, K., Morita, M., Watanabe, A., Kakeji, Y., Inoue, F., Maehara, Y. Colorectal cancer screening with odour material by canine scent detection. Gut 60, 814–819, doi:10.1136/gut.2010.218305 (2011).

67 Willis, C. M., Church, S. M., Guest, C. M., Cook, W. A., McCarthy, N., Bransbury, A. J., Church, M. R. T., Church, J. C. T. Olfactory detection of human bladder cancer by dogs: proof of principle study. British Medical Journal 329, 712–714A, doi:10.1136/bmj.329.7468.712 (2004).

68 Spanel, P., Smith, D., Holland, T. A., Al Singary, W., Elder, J. B. Analysis of formaldehyde in the headspace of urine from bladder and prostate cancer patients using selected ion flow tube mass spectrometry. Rapid Commun Mass Spectrom 13, 1354–1359, doi:10.1002/(sici)1097–0231(19990730)13:14<1354::aidrcm641> 3.0.co;2-j (1999).

69 Willis, C. M., Church, S. M., Guest, C. M., Cook, W. A., McCarthy, N., Bransbury, A. J., Church, M. R. T., Church, J. C. T. Olfactory detection of human bladder cancer by dogs: proof of principle study. British Medical Journal 329, 712–714A, doi:10.1136/bmj.329.7468.712 (2004).

70 Wakamatsu, K., Kageshita, T., Furue, M., Hatta, N., Kiyohara, Y., Nakayama, J., Ono, T., Saida, T.,Takata, M., Tsuchida, T., Uhara, H., Yamamoto, A., Yamazaki, N., Naito, A., Ito, S. Evaluation of 5-S-cysteinyidopa as a marker of melanoma progression: 10 years' experience. Melanoma Research 12, 245–253, doi:10.1097/00008390–200206000–00008 (2002).

71 Pickel, D., Manucy, G. P., Walker, D. B., Hall, S. B., Walker, J. C. Evidence for canine olfactory detection of melanoma. Applied Animal Behaviour Science 89, 107–116, doi:10.1016/j.applanim.2004.04.008 (2004).

72 McCulloch, M., Jezierski, T., Broffman, M., Hubbard, A., Turner, K., Janecki, T. Diagnostic accuracy of canine scent detection in early- and late-stage lung and breast cancers. Integrative Cancer Therapies 5, 30–39, doi:10.1177/1534735405285096 (2006).

73 Horvath, G., Chilo, J., Lindblad, T. Different volatile signals emitted by human ovarian carcinoma and healthy tissue. Future Oncology 6, 1043–1049, doi:10.2217/fon.10.60 (2010).

74 Horvath, G., Järverud, G. A., Järverud, S., Horvath, I. Human ovarian carcinomas detected by specific odor. Integrative Cancer Therapies 7, 76–80, doi:10.1177/1534735408319058 (2008).

75 Horvath, G., Andersson, H., Paulsson, G. Characteristic odour in the blood reveals ovarian carcinoma. BMC Cancer 10, doi:64310.1186/1471-2407-10-643 (2010).

76 Sonoda, H., Kohnoe, S., Yamazato, T., Satoh, Y., Morizono, G., Shikata, K., Morita, M., Watanabe, A., Kakeji, Y., Inoue, F., Maehara, Y. Colorectal cancer screening with odour material by canine scent detection. Gut 60, 814–819, doi:10.1136/gut.2010.218305 (2011).

77 Cornu, J. N., Cancel-Tassin, G., Ondet, V., Girardet, C., Cussenot, O. Olfactory Detection of Prostate Cancer by Dogs Sniffing Urine: A Step Forward in Early Diagnosis. European Urology 59, 197–201, doi:10.1016/j.eururo.2010.10.006 (2011).

78 Wells, D. L. Dogs As a Diagnostic Tool for Ill Health in Humans. Alternative Therapies in Health and Medicine 18, 12–17 (2012).

79 Walczak, M., Jezierski, T., Gorecka-Bruzda, A., Sobczynska, M., Ensminger, J. Impact of individual training parameters and manner of taking breath odor samples on the reliability of canines as cancer screeners. Journal of Veterinary Behavior-Clinical Applications and Research 7, 283–294, doi:10.1016/j.jveb.2012.01.001 (2012).

80 Moser, E., McCulloch, M. Canine scent detection of human cancers: A review of methods and accuracy. Journal of Veterinary Behavior-Clinical Applications and Research 5, 145–152, doi:10.1016/j.jveb.2010.01.002 (2010).

81 Horvath, G. E-Mail 21. september. (2013).

82 Walczak, M., Jezierski, T., Gorecka-Bruzda, A., Sobczynska, M., Ensminger, J. Impact of individual training parameters and manner of taking breath odor samples on the reliability of canines as cancer screeners. Journal of Veterinary Behavior-Clinical Applications and Research 7, 283–294, doi:10.1016/j.jveb.2012.01.001 (2012).

83 Ellervik, U. Ond kemi. Berättelser om människor, mord och molekyler. (Fri tanke forlag, 2011).

84 Lippi, G., Cervellin, G. Canine olfactory detection of cancer versus laboratory testing: myth or opportunity? Clinical Chemistry and Laboratory Medicine 50, 435–439, doi:10.1515/cclm.2011.672 (2012).

85 Bjartell, A. S. Dogs Sniffing Urine: A Future Diagnostic Tool or a Way to Identify New Prostate Cancer Markers? European Urology 59, 202–203, doi:10.1016/j.eururo.2010.10.033 (2011).

86 Rock, F., Barsan, N., Weimar, U. Electronic nose: current status and future trends. Chemical reviews 108, 705–725 (2008).

87 Bijland, L. R., Bomers, M. K., Smulders, Y. M. Smelling the diagnosis A review on the use of scent in diagnosing disease. Netherlands Journal of Medicine 71, 300–307 (2013).

88 Svendsen, S. H. Vil lære hunden å lukte eggstokkreft. VG Nett 10. september (2013).

89 Horvath, G., Andersson, H., Nemes, S. Cancer odor in the blood of ovarian cancer patients: a retrospective study of detection by dogs during treatment, 3 and 6 months afterwards. BMC Cancer 13, 396–401 (2013).

90 Jezierski, T., Walczak, M., Gorecka, A. Canine olfactory detection of human cancer odor markers. Polish Academy of Sciences, Annual Report, 64–65 (2008).

91 McCarthy, E. P., Burns, R. B., Coughlin, S. S., Freund, K. M., Rice, J., Marwill, S. L., Ash, A., Shwartz, M., Moskowitz, M. A. Mammography use helps to explain differences in breast cancer stage at diagnosis between older black and white women. Annals of Internal Medicine 128, 729–736 (1998).

92 Ulanowska, A., Ligor, T., Michel, M. & Buszewski, B. Hyphenated and unconventional methods for searching volatile cancer biomarkers. Ecological Chemistry and Engineering S-Chemia I Inzynieria Ekologiczna S 17, 9– 23 (2010).

93 Helton, W. S. E. Canine Ergonomics: The Science of Working Dogs. Taylor and Francis, New York (2009).

94 Leja, M., Liu, H., Haick, H. Breath testing: the future for digestive cancer detection. Expert. Rev. gastroenterol. Hepatil. 75, 389–391 (2013).

95 Altomare, D. F. Exhaled volatile organic compounds identify patients with colorectal cancer. British Journal of Surgery 100, 144–150, doi:10.1002/bjs.9149 (2013).

96 Amundsen, T., Sundstrom, S., Buvik, T., Gederaas, O. A., Haaverstad, R. Can dogs smell lung cancer? First study using exhaled breath and urine screening in unselected patients with suspected lung cancer. Actaoncologica (Stockholm, Sweden) 53, 307–315, doi:10.3109/0284186x.2013.819996 (2014).

97 http://www.krefthunder.no/.

98 Isaksen, S. O. Loddpenger til krefthund. Røyken og Hurums avis 19. oktober (2012).

99 Marcus, D. A. The Science Behind Animal-Assisted Therapy. Current Pain and Headache Reports 17, doi:10.1007/s11916–013–0322–2 (2013).

100 Edney, A. Dogs and human epilepsy. Veterinary Record 132, 337–338 (1993).

101 Strong, V., Brown, S. W., Walker, R. Seizure-alert dogs – fact or fiction? Seizure-European Journal of Epilepsy 8, 62–65, doi:10.1053/seiz.1998.0250 (1999).

102 Edney, A. Dogs and human epilepsy. Veterinary Record 132, 337–338 (1993).

103 http://www.peanutdogs.com/.

104 Newsome, B. Peanut-sniffing dog is allergic girl's best friend. The Gazette 16. February (2009).

105 Holst, C. Meghan kan dø af at spise en nød: min hund reder meg. Ude & hjemme 34, 4–5 (2013).

106 http://eenp.org/main/KKandJJ.

107 Bomers, M. K., van Agtmael, M. A., Luik, H., van Veen, M. C., Vandenbroucke-Grauls, C. M. J. E., Smulders, Y. M. Using a dog's superior olfactory sensitivity to identify Clostridium difficile in stools and patients: proof of principle study. British Medical Journal 345, doi:10.1136/bmj.e7396 (2012).

108 Syhre, M., Chambers, S. T. The scent of Mycobacterium tuberculosis. Tuberculosis 88, 317–323, doi:10.1016/j.tube.2008.01.002 (2008).

109 Suckling, D. M., Sagar, R. L. Honeybees Apis mellifera can detect the scent of Mycobacterium tuberculosis. Tuberculosis 91, 327–328, doi:10.1016/j.tube.2011.04.008 (2011).

110 Mgode, G. F., Weetjens, B. J., Nawrath, T., Lazar, D., Cox, C., Jubitana, M., Mahoney, A., Kuipers, D., Machang'u, R. S., Weiner, J., Schulz, S., Kaufmann, S. H. E. Mycobacterium tuberculosis volatiles for diagnosis of tuberculosis by Cricetomys rats. Tuberculosis 92, 535–542, doi:10.1016/j.tube.2012.07.006 (2012).

111 Mgode, G. F., Weetjens, B. J., Cox, C., Jubitana, M., Machang'u, R. S., Lazar, D., Weiner, J., Van Geertruyden, J. P., Kaufmann, S. H. E. Ability of Cricetomys rats to detect Mycobacterium tuberculosis and discriminate it from other microorganisms. Tuberculosis 92, 182–186, doi:10.1016/j.tube.2011.11.008 (2012).

112 Poling, A., Weetjens, B., Cox, C., Beyene, N., Durgin, A., Mahoney, A. Tuberculosis Detection by Giant African Pouched Rats. Behav. Anal. 34, 47–54 (2011).

113 Tasker, J. Sniffer dogs to detect bovine TB? Farmers Weekly 1. October (2012).

114 Tuuminen, T. Urine as a specimen to diagnose infections in twenty-first century: focus on analytical accuracy. Frontiers in Immunology 3, 1–6 (2012).

115 Church, J., Williams, H. Another sniffer dog for the clinic? Lancet 358, 930–930, doi:10.1016/s0140-6736(01)06065-2 (2001).

116 På Medical Detection Dogs (http://medicaldetectiondogs.org.uk/) kan interesserte holde seg oppdatert.

117 http://www.telegraph.co.uk/lifestyle/pets/9935073/How-my-beloved-dog-found-my-cancer.html.

118 Potts, J. The dogs who can smell cancer. Telegraph Blogs 13. November (2012).

119 http://medicaldetectiondogs.org.uk/.

120 Guest, C. E-Mail 6. juni. (2014).

Kapitel 11 Der Artenschutzhund

1 Bonesi, L., Palazon, S. The American mink in Europe: Status, impacts, and control. Biological Conservation 134, 470–483, doi:10.1016/j.biocon.2006.09.006 (2007).

2 Bevanger, K., Ålbu, Ø. Mink Mustela vison i Norge. (Trondheim, Norge, 1986).

3 Gederaas, L., Moen, T. L., Skjelseth, S., Larsen, L.-K. Fremmede arter i Norge – med norsk svarteliste 2012 (Artsdatabanken, Trondheim, 2012).

4 Bonesi, L., Palazon, S. The American mink in Europe: Status, impacts, and control. Biological Conservation 134, 470–483, doi:10.1016/j.biocon.2006.09.006 (2007).

5 Bevanger, K., Ålbu, Ø. Mink Mustela vison i Norge. (Trondheim, Norge, 1986).

6 Bonesi, L., Palazon, S. The American mink in Europe: Status, impacts, and control. Biological Conservation 134, 470–483, doi:10.1016/j.biocon.2006.09.006 (2007).

7 Edvardsen, O. I. E-Mail med upubliserte rapporter. (2013).

8 Woollett, D. A. S., Hurt, A., Richards, N. L. in Free-Ranging Dogs and Wildlife Conservation (ed M. E. Gompper) Ch. 10, 239–264 (Oxford University Press, 2014).

9 Dahlgren, D. K., Elmore, R.D., Smith, D.A., Hurt, A., Arnett, E.B., Connelly, J.W. in The Wildlife Techniques Manuel, 7th edition Vol. 1 (ed N.J. Silvy) (The Johns Hopkins University Press, 2012).

10 Campbell, K., Donlan, C. J. Feral goat eradications on islands. Conservation Biology 19, 1362–1374, doi:10.1111/j.1523-1739.2005.00228.x (2005).

11 Browne, C., Stafford, K., Fordham, R. The use of scent-detection dogs. Irish Vet. J. 59, 97–104 (2006).

12 Cowan, P. E. The eradication of introduced australian brushtail possums, Trichosurus vulpecula, from kapiti island, a new-zealand nature-reserve. Biological Conservation 61, 217–226, doi:10.1016/0006-3207(92)91119-d (1992).

13 Hurt, A., Smith, D. A. in Canine ergonomics: the science of working dogs (ed W. S. (Ed.) Helton) 175–194 (New York, CRC Press, 2009).

14 Smith, D. A., Ralls, K., Hurt, A., Adams, B., Parker, M., Davenport, B., Smith, M. C., Maldonado, J. E. Detection and accuracy rates of dogs trained to find scats of San Joaquin kit foxes (Vulpes macrotis mutica). Animal Conservation 6, 339–346, doi:10.1017/s136794300300341x (2003).

15 Hurt, A., Smith, D. A. in Canine ergonomics: the science of working dogs (ed W. S. (Ed.) Helton) 175–194 (New York, CRC Press, 2009).

16 Smith, D. A., Ralls, K., Hurt, A., Adams, B., Parker, M., Davenport, B., Smith, M. C., Maldonado, J. E. Detection and accuracy rates of dogs trained to find scats of San Joaquin kit foxes (Vulpes macrotis mutica). Animal Conservation 6, 339–346, doi:10.1017/s136794300300341x (2003).

17 Long, R. A., Donovan, T. M., Mackay, P., Zielinski, W. J., Buzas, J. S. Comparing scat detection dogs, cameras, and hair snares for surveying carnivores. Journal of Wildlife Management 71, 2018–2025, doi:10.2193/2006-292 (2007).

18 Smith, D. A., Ralls, K., Davenport, B., Adams, B., Maldonado, J. E. Canine assistants for conservationists. Science 291, 435–435 (2001).

19 Vynne, C., Skalski, J. R., Machado, R. B., Groom, M. J., Jacomo, A. T. A., Marinho, J., Neto, M. B. R., Pomilla, C., Silveira, L., Smith, H., Wasser, S. K. Effectiveness of Scat-Detection Dogs in Determining Species Presence in a Tropical Savanna Landscape. Conservation Biology 25, 154–162, doi:10.1111/j.1523-1739.2010.01581.x (2011).

20 Smith, D. A., Ralls, K., Davenport, B., Adams, B., Maldonado, J. E. Canine assistants for conservationists. Science 291, 435–435 (2001).

21 Robertson, H. A., Fraser, J. R. Use of trained dogs to determine the age structure and conservation status of kiwi Apteryx spp. populations. Bird Conservation International 19, 121–129, doi:10.1017/s0959270908007673 (2009).

22 Colbourne, R. Little spotted kiwi (Apteryx owenii): recruitment and behavior of juveniles on kapiti island, New Zealand. Journal of the Royal Society of New Zealand 22, 321–328 (1992).

23 Hill, S., Hill, J. Richard Henry of Resolution Island. 364 (John McIndoe Ltd., 1987).

24 Browne, C. M. The use of dogs to detect New Zealand reptile scents, Massey University, (2005).

25 Gsell, A., Innes, J., de Monchy, P., Brunton, D. The success of using trained dogs to locate sparse rodents in pest-free sanctuaries. Wildlife Research 37, 39–46, doi:10.1071/wr09117 (2010).

26 Shapira, I., Buchanan, F., Brunton, D. H. Detection of caged and free-ranging Norway rats Rattus norvegicus by a rodent sniffing dog on browns Island, Auckland, New Zealand. Conservation Evidence 8, 38–42 (2011).

27 Vincent, K. E-Mail 17. april. (2013).

28 Skinner, W. R., Snow, D. P., Payne, N. F. A capture technique for juvenile willow ptarmigan. Wildl. Soc. Bull. 26, 111–112 (1998).

29 Pedersen, H. C., Steen, H., Kastdalen, L., Broseth, H., Ims, R. A., Svendsen, W., Yoccoz, N. G. Weak compensation of harvest despite strong density-dependent growth in willow ptarmigan. Proceedings of the Royal Society B-Biological Sciences 271, 381–385, doi:10.1098/rspb.2003.2599 (2004).

30 Sandercock, B. K., Nilsen, E. B., Broseth, H., Pedersen, H. C. Is hunting mortality additive or compensatory to natural mortality? Effects of experimental harvest on the survival and cause-specific mortality of willow ptarmigan. Journal of Animal Ecology 80, 244–258, doi:10.1111/j.1365-2656.2010.01769.x (2011).

31 Campagna, S., Mardon, J., Celerier, A., Bonadonna, F. Potential Semiochemical Molecules from Birds: A Practical and Comprehensive Compilation of the Last 20 Years Studies. Chem. Senses 37, 3–25, doi:10.1093/chemse/bjr067 (2012).

32 Reneerkens, J., Piersma, T., Damste, J. S. S. Switch to diester preen waxes may reduce avian nest predation by mammalian predators using olfactory cues. Journal of Experimental Biology 208, 4199–4202, doi:10.1242/jeb.01872 (2005).

33 Espelien, I. Lundehundboka. (Vigmostad & Bjørke, 2012).

34 http://www.nrk.no/nordnytt/lundehunder-sikrer-flyplassen-1.11099894.

35 Evenseth, M. E-Mail i august. (2013).

36 Norsk Lundehund Klubb. Norsk Lundehund. Hundesport 2, 39–41 (2010).

37 Evenseth, M. E-Mail 13. juni. (2014).

38 Klauber, L. M. Rattlesnakes: their habits, life histories, and influence on mankind. 1533 pp. (Univeristy of California Press, Berekely, California, 1956).

39 Stevenson, D. J., Ravenscroft, K. R., Zappalorti, R. T., Ravenscroft, M. D., Weigley, S. W., Jenkins, C. L. Using a wildlife detector dog for locating eastern indigo snakes (Drymarchon couperi). Herpetological Review 41, 437–442 (2010).

40 Gazit, I., Terkel, J. Domination of olfaction over vision in explosives detection by dogs. Applied Animal Behaviour Science 82, 65–73, doi:10.1016/s0168-1591(03)00051-0 (2003).

41 Smith, D. A., Ralls, K., Hurt, A., Adams, B., Parker, M., Davenport, B., Smith, M. C., Maldonado, J. E. Detection and accuracy rates of dogs trained to find scats of San Joaquin kit foxes (Vulpes macrotis mutica). Animal Conservation 6, 339–346, doi:10.1017/s136794300300341x (2003).

42 Grandjean, D., Haymann, F. Hunde-encyklopedi. (RK Grafisk, 2010).

43 http://ecodogs.auburn.edu/Resources.html.

44 Dorcas, M. E., Willson, J. D., Reed, R. N., Snow, R. W., Rochford, M. R., Miller, M. A., Meshaka, W. E., Andreadis, P. T., Mazzotti, F. J., Romagosa, C. M., Hart, K. M. Severe mammal declines coincide with proliferation of invasive Burmese pythons in Everglades National Park. Proceedings of the National Academy of Sciences of the United States of America 109, 2418–2422, doi:10.1073/pnas.1115226109 (2012).

45 http://ocm.auburn.edu/featured_story/pythons_dogs.html.

46 Rodda, G. H., Fritts, T. H. The impact of the introduction of the colubrid snake Boiga irregularis on guam lizards. Journal of Herpetology 26, 166–174, doi:10.2307/1564858 (1992).

47 Rawlings, L. R., Whittier, J., Mason, R. T., Donnellan, S. C. Phylogenetic analysis of the brown treesnake, Boiga irregularis, particularly relating to a population on Guam. Brown treesnake research symposium, Honolulu, 31 (1998).

48 Rodda, G. H., Fritts, T. H. The impact of the introduction of the colubrid snake Boiga irregularis on guam lizards. Journal of Herpetology 26, 166–174, doi:10.2307/1564858 (1992).

49 Fritts, T. H., McCoid, M. J. Predation by the brown treesnake (Boiga irregularis) on poultyr and other domesticated animals on Guam. Snake 23, 75–80 (1991).

50 Fritts, T. H., McCoid, M. J., Haddock R. L. Risks to infants on Guam from bites of the brown treesnake (Boiga irregularis). American Journal of Tropical Medicine and Hygiene 42, 606–611 (1990).

51 Fritts, T. H., McCoid, M. J., Haddock R. L. Symptoms and circumstances associated with bites by the brown treesnake (Colubridae: Boiga irregularis) on Guam. Journal of Herpetology 28, 27–33 (1994).

52 Fritts, T. H., Scott, Jr. N. J., Savidge, J. A. Activity of the arboreal brown tree snake (Boiga irregularis) on Guam as determined by electrical power outages. The Snake 19, 51–58 (1987).

53 Vice, D. S., Pitzler, M. E. Brown treesnake conrol: economy of scales. 127–131 (Colorado, National Wildlife Research Center, Proceeding of the Third NWRC Special Symposium, 2002).

54 Johnston, J. J., Mauldin, R. E., Savarie, P. J., Brooks, J. E., Primus, T. M. Ecotoxicological risks of potential toxicants for brown tree snake control on Guam. http://digitalcommons.unl.edu/icwdm_usdanwrc/590/ (2001).

55 Vice, D. S. & Engeman, R. M. Brown tree snake discoveries during detector dog inspections following supertyphoon Paka. Micronesica 33, 105–110 (2000).

56 Engeman, R. M., Vice, D. S., York, D., Gruver, K. S. Sustained evaluation of the

effectiveness of detector dogs for locating brown tree snakes in cargo outbound from Guam. International Biodeterioration & Biodegradation 49, 101–106, doi:10.1016/s0964-8305(01)00109-3 (2002).

57 Vice, D. S. E-Mail i april. (2013).

58 Savidge, J. A., Stanford, J. W., Reed, R. N., Haddock, G. R., Adams, A. A. Y. Canine detection of freeranging brown treesnakes on Guam. New Zealand Journal of Ecology 35, 174–181 (2011).

59 Christy, M. T., Adams, A. A. Y., Rodda, G. H., Savidge, J. A., Tyrrell, C. L. Modelling detection probabilities to evaluate management and control tools for an invasive species. Journal of Applied Ecology 47, 106–113, doi:10.1111/j.1365-2664.2009.01753.x (2010).

60 Shaver, D. J. Analysis of Kemp's Ridley imprinting and headstart project at Padra Island National Seashore, Texas, 1978–88, with subsequent nesting and stranding records on the texas coast. Chelonian Conservation and Biology 44, 846–859 (2005).

61 Anonym. Ranger Ridley to the rescue. A Texas Cairn joins the fight to save a rare sea turtle. The Cairn Terrier club of America Spring edition, 63–64 (2013).

62 Paula, J., Leal, M. C., Silva, M. J., Mascarenhas, R., Costa, H., Mascarenhas, M. Dogs as a tool to improve bird-strike mortality estimates at wind farms. Journal for Nature Conservation 19, 202–208, doi:10.1016/j.jnc.2011.01.002 (2011).

63 Steyaert, S. M. J. G., Kindberg, J., Swenson, J. E., Zedrosser, A. Male reproductive strategy explains spatiotemporal segregation in brown bears. Journal of Animal Ecology 82, 836–845, doi:10.1111/1365-2656.12055 (2013).

64 Steyaert, S. M. J. G., Reusch, C., Brunberg, S., Swenson, J. E., Hackländer, K., Zedrosser, A. Infanticide as a male reproductive strategy has a nutritive risk effect in brown bears. Biology Letters (2013).

65 Clapham, M., Nevin, O. T., Ramsey, A. D., Rosell, F. A Hypothetico-Deductive Approach to Assessing the Social Function of Chemical Signalling in a Non-Territorial Solitary Carnivore. Plos One 7, doi:10.1371/journal.pone.0035404 (2012).

66 Hansen, I. Kadaversøkende hunder. Bioforsk tema 6, 1–6 (2011).

67 Hansen, I. Kadaversøkende hunder. Bioforsk tema 6, 1–6 (2011).

68 Nerhoel, I., Smestad, K. Kadaversøk i Skaret beitelagsområde et pilotprosjekt. 17 (http://norskekadaverhunder.no/, 2013).

69 Hansen, I., Hind, L. J. Erfaringer med bruk av kadaversøkende hunder i Norge. (2009).

70 For ytterligere informasjon om kadaversøk og kurs kan du ta en titt på nettsidene:. www.kjellsmestad.no, www.viltskadesenter.no, www.norskekadaverhunder.no, www.rovvilt.net.

71 Homan, H. J., Linz, G., Peer, B. D. Dogs increase recovery of passerine carcasses in dense vegetation. Wildl. Soc. Bull. 29, 292–296 (2001).

72 Bevanger, K., Bartzke, G., Brøseth, H., Dahl, E. L., Gjershaug, J. O., Hanssen, F., Jacobsen, K. O., Kvaloy, P., May, R., Meas, R., Nygard, T., Refsnas, S., Stokke, S., Vang. R. Optimal design and routing of power lines; ecological, technical and economic perspectives (OPTIPOL). 51 (Progress report 2010. NINA rapport 619, 2009).

73 Bevanger, K., Broseth, H. Bird collisions with power lines – an experiment with ptarmigan (Lagopus spp.). Biological Conservation 99, 341–346, doi:10.1016/s0006-3207(00)00217-2 (2001).

74 Bevanger, K., Brøseth, H. Impact of power lines on bird mortality in a subalpine area. Animal Biodiversity and Conservation 27, 67–77 (2004).

75 Reitan, O. Søk etter døde fugler i Smøla vindpark 2011-årsrapport. Nina Rapport 790, 23 sider (2012).

76 Reitan, O. Søk etter døde fugler i Smøla vindpark 2012-årsrapport. NINA Rapport 925, 25 sider (2013).

77 Arnett, E. B. A preliminary evaluation on the use of dogs to recover bat fatalities at wind energy facilities. Wildl. Soc. Bull. 34, 1440–1445, doi:10.2193/0091-7648(2006)34[1440:apeotu]2.0.co;2 (2006).

78 Mathews, F., Swindells, M., Goodhead, R., August, T. A., Hardman, P., Linton, D. M., Hosken, D. J. Effectiveness of search dogs compared with human observers in locating bat carcasses at wind-turbine sites: a blinded randomized trial. Wildl. Soc. Bull. 37, 34–40 (2013).

79 Wasser, S. K., Hayward, L. S., Hartman, J., Booth, R. K., Broms, K., Berg, J., Seely, E., Lewis, L., Smith, H. Using detection dogs to conduct simultaneous surveys of Northern Spotted (Strix occidentalis caurina) and Barred Owls (Strix varia). Plos One 7, doi:e42892 10.1371/journal.pone.0042892 (2012).

80 Smith, D. A., Ralls, K., Davenport, B., Adams, B., Maldonado, J. E. Canine assistants for conservationists. Science 291, 435–435 (2001).

81 Parker, M. Wildlife Detection dogs. Specially trained, these canines work hard for conervation. The Wildlife Professional, 47–49 (2011).

82 Smith, D. A., Ralls, K., Davenport, B., Adams, B., Maldonado, J. E. Canine assistants for conservationists. Science 291, 435–435 (2001).

83 Long, R. A., Donovan, T. M., Mackay, P., Zielinski, W. J., Buzas, J. S. Comparing scat detection dogs, cameras, and hair snares for surveying carnivores. Journal of Wildlife Management 71, 2018–2025, doi:10.2193/2006-292 (2007).

84 Long, R. A., Donovan, T. M., Mackay, P., Zielinski, W. J., Buzas, J. S. Effectiveness of scat detection dogs for detecting forest carnivores. Journal of Wildlife Management 71, 2007–2017, doi:10.2193/2006-230 (2007).

85 Rolland, R. M., Hamilton, P. K., Kraus, S. D., Davenport, B., Gillett, R. M., Wasser, S. K. Faecal sampling using detection dogs to study reproduction and health in North Atlantic right whales (Eubalaena glacialis). Journal of Cetacean Research and Management 8, 121–125 (2006).

86 Ayres, K. L., Booth, R. K., Hempelmann, J. A., Koski, K. L., Emmons, C. K., Baird, R. W., Balcomb-Bartok, K., Hanson, M. B., Ford, M. J., Wasser, S. K. Distinguishing the Impacts of Inadequate Prey and Vessel Traffic on an Endangered Killer Whale (Orcinus orca) Population. Plos One 7, doi:e36842 10.1371/journal.pone.0036842 (2012).

87 Ayres, K. L., Booth, R. K., Hempelmann, J. A., Koski, K. L., Emmons, C.

K., Baird, R. W., Balcomb-Bartok, K., Hanson, M. B., Ford, M. J., Wasser, S. K. Distinguishing the Impacts of Inadequate Prey and Vessel Traffic on an Endangered Killer Whale (Orcinus orca) Population. Plos One 7, doi:e36842 10.1371/journal.pone.0036842 (2012).

88 http://conservationbiology.net/conservation-canines/.

89 Long, R. A., Donovan, T. M., Mackay, P., Zielinski, W. J., Buzas, J. S. Comparing scat detection dogs, cameras, and hair snares for surveying carnivores. Journal of Wildlife Management 71, 2018–2025, doi:10.2193/2006–292 (2007).

90 Long, R. A., Donovan, T. M., Mackay, P., Zielinski, W. J., Buzas, J. S. Effectiveness of scat detection dogs for detecting forest carnivores. Journal of Wildlife Management 71, 2007–2017, doi:10.2193/2006–230 (2007).

91 Long, R. A., Donovan, T. M., Mackay, P., Zielinski, W. J., Buzas, J. S. Comparing scat detection dogs, cameras, and hair snares for surveying carnivores. Journal of Wildlife Management 71, 2018–2025, doi:10.2193/2006–292 (2007).

92 Kerley, L. L., Salkina, G. P. Using scent-matching dogs to identify individual Amur tigers from scats. Journal of Wildlife Management 71, 1349–1356, doi:10.2193/2006–361 (2007).

93 Parker, M. Wildlife Detection dogs. Specially trained, these canines work hard for conervation. The Wildlife Professional, 47–49 (2011).

94 94 Smith, D. A., Ralls, K., Cypher, B. L., Maldonado, J. E. Assessment of scat-detection dog surveys to determine kit fox distribution. Wildl. Soc. Bull. 33, 897–904, doi:10.2193/0091–7648(2005)33[897:aosdst]2.0.co;2 (2005).

95 Smith, D. A., Ralls, K., Cypher, B. L., Clark, H. O., Kelly, P. A., Williams, D. F., Maldonado, J. E. Relative abundance of endangered San Joaquin kit foxes (Vulpes macrotis mutica) based on scat-detection dog surveys. Southwestern Naturalist 51, 210–219, doi:10.1894/0038–4909(2006)51[210:raoesj]2.0.co;2 (2006).

96 Hurt, A., Davenport, B., Greene, E. Training dogs to distinguish between black bear (Ursus americanus) and grizzly bear (Ursus arctos) feces. (University of Montana Under-Graduate Biology Journal, 2000).

97 Smith, D. A., Ralls, K., Hurt, A., Adams, B., Parker, M., Davenport, B., Smith, M. C., Maldonado, J. E. Detection and accuracy rates of dogs trained to find scats of San Joaquin kit foxes (Vulpes macrotis mutica). Animal Conservation 6, 339–346, doi:10.1017/s136794300300341x (2003).

98 Smith, D. A., Ralls, K., Cypher, B. L., Maldonado, J. E. Assessment of scat-detection dog surveys to determine kit fox distribution. Wildl. Soc. Bull. 33, 897–904, doi:10.2193/0091–7648(2005)33[897:aosdst]2.0.co;2 (2005).

99 Ralls, K., Sharma, S., Smith, D. A., Bremner-Harrison, S., Cypher, B. L., Maldonado, J. E. Changes in Kit Fox Defecation Patterns During the Reproductive Season: Implications for Noninvasive Surveys. Journal of Wildlife Management 74, 1457–1462, doi:10.2193/2009–401 (2010).

100 Vynne, C., Skalski, J. R., Machado, R. B., Groom, M. J., Jacomo, A. T. A., Marinho, J., Neto, M. B. R., Pomilla, C., Silveira, L., Smith, H., Wasser, S. K. Effectiveness of Scat-Detection Dogs in Determining Species Presence in a Tropical Savanna Landscape. Conservation Biology 25, 154–162, doi:10.1111/j.1523–1739.2010.01581.x (2011).

101 Kauhala, K., Salonen, L. Does a non-invasive method – latrine surveys – reveal habitat preferences of raccoon dogs and badgers? Mammalian Biology 77, 264–270, doi:10.1016/j.mambio.2012.02.007 (2012).

102 http://www.bearproject.info/nn/content.

103 Rosell, F., Jojola, S. M., Ingdal, K., Lassen, B. A., Swenson, J. E., Arnemo, J. M., Zedrosser, A. Brown bears possess anal sacs and secretions may code for sex. Journal of Zoology 283, 143–152, doi:10.1111/j.1469– 7998.2010.00754.x (2011).

104 Jojola, S. M., Rosell, F., Warrington, I., Swenson, J. E., Zedrosser, A. Subadult brown bears (Ursus arctos) discriminate between unfamiliar adult male and female anal gland secretion. Mammalian Biology 77, 363–368, doi:10.1016/j.mambio.2012.05.003 (2012).

105 Clapham, M., Nevin, O. T., Ramsey, A. D., Rosell, F. A Hypothetico-Deductive Approach to Assessing the Social Function of Chemical Signalling in a Non-Territorial Solitary Carnivore. Plos One 7, doi:10.1371/journal.pone.0035404 (2012).

106 Ingdal, K., Lassen, B. Chemical communication in brown bears and yellow-bellied marmots. MSc thesis Telemark University College, Bø i Telemark (2008).

107 Clapham, M., Nevin, O. T., Ramsey, A. D., Rosell, F. A Hypothetico-Deductive Approach to Assessing the Social Function of Chemical Signalling in a Non-Territorial Solitary Carnivore. Plos One 7, doi:10.1371/journal.pone.0035404 (2012).

108 Clapham, M., Nevin, O. T., Ramsey, A. D., Rosell, F. The function of strategic tree selectivity in the chemical signalling of brown bears. Animal Behaviour 85, 1351–1357, doi:10.1016/j.anbehav.2013.03.026 (2013).

109 Clapham, M., Nevin, O. T., Ramsey, A. D., Rosell, F. Scent marking in wild brown bears: time investment, motor patterns and age-related development. Animal Behaviour (in press) (2014).

110 Goodwin, K. M., Engel, R. E., Weaver, D. K. Trained Dogs Outperform Human Surveyors in the Detection of Rare Spotted Knapweed (Centaurea stoebe). Invasive Plant Sci. Manag. 3, 113–121, doi:10.1614/ipsm-d-09–00025.1 (2010).

111 Goodwin, K. M. A novel method to detect knapweed (Centaurea biebersteinii DC.) using specially trained canines. (Bozeman, MT, USA, 2005).

112 Goodwin, K. M., Engel, R. E., Weaver, D. K. Trained Dogs Outperform Human Surveyors in the Detection of Rare Spotted Knapweed (Centaurea stoebe). Invasive Plant Sci. Manag. 3, 113–121, doi:10.1614/ipsm-d-09–00025.1 (2010).

113 Goodwin, K. M., Engel, R. E., Weaver, D. K. Trained Dogs Outperform Human Surveyors in the Detection of Rare Spotted Knapweed (Centaurea stoebe). Invasive Plant Sci. Manag. 3, 113–121, doi:10.1614/ipsm-d-09–00025.1 (2010).

114 Dahlgren, D. K., Elmore, R.D., Smith, D.A., Hurt, A., Arnett, E.B., Connelly, J.W. in The Wildlife Techniques Manuel, 7th edition Vol. 1 (ed N.J. Silvy) (The

Johns Hopkins University Press, 2012).

115 Parker, M. Wildlife Detection dogs. Specially trained, these canines work hard for conervation. The Wildlife Professional, 47–49 (2011).

116 Parker, M. Wildlife Detection dogs. Specially trained, these canines work hard for conervation. The Wildlife Professional, 47–49 (2011).

117 Fosdick, D. Poachers steal publi plants; collectors join other thieves in endangering beneficial wildlife. Columbian (Vancouver, WA) June 5 (2002).

118 Knobel, D. L., Butler, J. R. A., Lembo, T., Critchlow, R., Gompper, M. E. in The current and future roles of free-ranging detection dogs in conservation efforts (ed M. E. Gompper) Ch. 6, 144–169 (Oxford University Press, 2014).

119 Weston, M. A., Stankowich, T. in The current and future roles of free-ranging detection dogs in conservation efforts (ed M. E. Gompper) Ch. 4, 94–116 (Oxford University Press, 2014).

120 Banks, P. B., Bryant, J. V. Four-legged friend or foe? Dog walking displaces native birds from natural areas. Biology Letters 3, 611–613, doi:10.1098/rsbl.2007.0374 (2007).

121 Heaton, J. S., Cablk, M. E., Nussear, K. E., Esque, T. C., Medica, P. A., Sagebiel, J. C., Fracis, S. S. Comparison of effects of humans versus wildlife-detector dogs. Southwestern Naturalist 53, 472–479, doi:10.1894/pas-03.1 (2008).

122 Andelt, W. F. Relative effectiveness of guarding-dog breeds to deter predation on domestic sheep in Colorado. Wildl. Soc. Bull. 27, 706–714 (1999).

123 Kamler, J. F., Keeler, K., Wiens, G., Richardson, C., Gipson, P. S. Feral dogs, Canis familiaris, kill Coyote, Canis latrans. Canadian Field-Naturalist 117, 123–124 (2003).

124 Waters, J., O'Connor, S., Park, K. J., Goulson, D. Testing a detection dog to locate bumblebee colonies and estimate nest density. Apidologie 42, 200–205, doi:10.1051/apido/2010056 (2011).

125 O'Connor, S., Park, K. J., Goulson, D. Humans versus dogs; a comparison of methods for the detection of bumble bee nests. Journal of Apicultural Research 51, 204–211, doi:10.3896/ibra.1.51.2.09 (2012).

126 Whitelaw, A., Hurt, A., Kawelo, K., Joe, S., Costello, V. Using detector dogs to locate Euglandina rosea. University of Hawaii at Manoa, Honolulu, HI, USA (2009).

127 Parker, M. Wildlife Detection dogs. Specially trained, these canines work hard for conervation. The Wildlife Professional, 47–49 (2011).

128 http://musseldogs.info/.

129 Zwickel, F. C. in Wildlife Management Techniques, Third Edition (ed R. H. Giles) Chapter nineteen, 319–324 (The Wildlife Society, 1969).

130 Zwickel, F. C. in Wildlife Management Techniques (ed S. D. Schemnitz) 531–536 (The Wildlife Society, 1980).

131 Kreeger, T., Arnemo, J. M. Handbook of Wildlife Chemical Immobilization. (Self-Published; 3rd edition, 2007).

132 Warren, C. What the dog knows. The science and wonder of working dogs. (Touchstone, 2013).

133 http://tws.sclivelearningcenter.com/index.aspx.

134 http://conservationbiology.net/conservation-canines/.

135 http://www.wagtailuk.com/conservation-dogs/.

136 Cablk, M. E., Sagebiel, J. C., Heaton, J. S., Valentin, C. Olfaction-based detection distance: A quantitative analysis of how far away dogs recognize tortoise odor and follow it to source. Sensors 8, 2208–2222, doi:10.3390/s8042208 (2008).

137 Zwickel, F. C. in Wildlife Management Techniques, Third Edition (ed R. H. Giles) Chapter nineteen, 319–324 (The Wildlife Society, 1969).

138 MacKay, P., Smith, D. A., Long, R. A., Parker, M. in Noninvasive Survey Methods for Carnivores (ed R. A. Long, MacKay, P., Zielinski, W. J., Ray, J. C.) 183–222 (Island Press, 2008).

139 http://tws.sclivelearningcenter.com/index.aspx.

140 Harrison, R. L. A comparison of survey methods for detecting bobcats. Wildl. Soc. Bull. 34, 548–552, doi:10.2193/0091–7648(2006)34[548:acosmf]2.0.co;2 (2006).

141 Wasser, S. K., Davenport, B., Ramage, E. R., Hunt, K. E., Parker, M., Clarke, C., Stenhouse, G. Scat detection dogs in wildlife research and management: application to grizzly and black bears in the Yellowhead ecosystem, Alberta, Canada. Canadian Journal of Zoology-Revue Canadienne De Zoologie 82, 475–492, doi:10.1139/z04–020 (2004).

142 Kerley, L. L., Salkina, G. P. Using scent-matching dogs to identify individual Amur tigers from scats. Journal of Wildlife Management 71, 1349–1356, doi:10.2193/2006–361 (2007).

143 Kauhala, K., Salonen, L. Does a non-invasive method – latrine surveys – reveal habitat preferences of raccoon dogs and badgers? Mammalian Biology 77, 264–270, doi:10.1016/j.mambio.2012.02.007 (2012).

144 Smith, D. A., Ralls, K., Cypher, B. L., Clark, H. O., Kelly, P. A., Williams, D. F., Maldonado, J. E. Relative abundance of endangered San Joaquin kit foxes (Vulpes macrotis mutica) based on scat-detection dog surveys. Southwestern Naturalist 51, 210–219, doi:10.1894/0038–4909(2006)51[210:raoesj]2.0.co;2 (2006).

145 Wasser, S. K., Davenport, B., Ramage, E. R., Hunt, K. E., Parker, M., Clarke, C., Stenhouse, G. Scat detection dogs in wildlife research and management: application to grizzly and black bears in the Yellowhead ecosystem, Alberta, Canada. Canadian Journal of Zoology-Revue Canadienne De Zoologie 82, 475–492, doi:10.1139/z04–020 (2004).

146 Hurt, A., Smith, D. A. in Canine ergonomics: the science of working dogs (ed W. S. (Ed.) Helton) 175–194 (New York, CRC Press, 2009).

147 Thompson, C. M., Royle, J. A., Garner, J. D. A framework for inference about carnivore density from unstructured spatial sampling of scat using detector dogs. Journal of Wildlife Management 76, 863–871, doi:10.1002/jwmg.317 (2012).

148 Zwickel, F. C. in Wildlife Management Techniques, Third Edition (ed R. H. Giles) Chapter nineteen, 319–324 (The Wildlife Society, 1969).

149 Zwickel, F. C. in Wildlife Management Techniques (ed S. D. Schemnitz) 531–536 (The Wildlife Society, 1980).

150 Browne, C. M. The use of dogs to detect New Zealand reptile scents, Massey University, (2005).

151 Zwickel, F. C. in Wildlife Management Techniques (ed S. D. Schemnitz) 531–536 (The Wildlife Society, 1980).

152 Dahlgren, D. K., Elmore, R.D., Smith, D.A., Hurt, A., Arnett, E.B., Connelly, J.W. in The Wildlife Techniques Manuel, 7th edition Vol. 1 (ed N.J. Silvy) (The Johns Hopkins University Press, 2012).

153 Dahlgren, D. K., Elmore, R.D., Smith, D.A., Hurt, A., Arnett, E.B., Connelly, J.W. in The Wildlife Techniques Manuel, 7th edition Vol. 1 (ed N.J. Silvy) (The Johns Hopkins University Press, 2012).

154 Reindl-Thompson, S. A., Shivik, J. A., Whitelaw, A., Hurt, A., Higgins, K. F. Efficacy of scent dogs in detecting black-footed ferrets at a reintroduction site in South Dakota. Wildl. Soc. Bull. 34, 1435–1439, doi:10.2193/0091–7648(2006)34[1435:eosdid]2.0.co;2 (2006).

155 Grandjean, D., Haymann, F. Hunde-encyklopedi. (RK Grafisk, 2010)

156 Lydersen, C., Gjertz, I. Studies of the ringed seal Phoca hispida in its breeding habitat in Kongsfjorden, Svalbard. Polar Research 4, 57–63 (1986).

157 Furgal, C. M., Innes, S., Kovacs, K. M. Characteristics of ringed seal, Phoca hispida, subnivean structures and breeding habitat and their effects on predation. Canadian Journal of Zoology-Revue Canadienne De Zoologie 74, 858–874, doi:10.1139/z96–100 (1996).

158 Smith, T. G. The ringed seal Phoca hispida of the Canadian western Arctic. Canadian Bulletin of Fisheries and Aquatic Sciences 216, 1–81 (1987)

Kapitel 12 Der Schädlingsbekämpfer und Gebäudeinspektor

1 www.dogpoint.no/.

2 Tor har nå også etablert seg i Sverige og flere hotellkjeder har vist sin interesse for å få sine hoteller sjekket for veggdyr ved hjelp av hundene hans. (2014).

3 Saint Louis, C. A dark and itchy night. The New York Times Desember 5. (2012).

4 Harraca, V., Ryne, C., Birgersson, G., Ignell, R. Smelling your way to food: can bed bugs use our odour? Journal of Experimental Biology 215, 623–629, doi:10.1242/jeb.065748 (2012).

5 Goldish, M. Pest-sniffing dogs. (Bearport publishing, 2012).

6 Goldish, M. Pest-sniffing dogs. (Bearport publishing, 2012).

7 Hågvar, S. En nattlig tegefangst. Insekt-Nytt 35, 21–23 (2010).

8 Ekeberg, D. A. Midler mot veggdyr sannsynlig dødsårsak på hotel Thailands Tidende Nett 7 (2011).

9 http://medicaldetectiondogs.org.uk/.

10 Cooper, R. Are bed bug dogs up to snuff? Pest control 75, 49–51 (2007).

11 Pfiester, M., Koehler, P. G., Pereira, R. M. Ability of bed bug-detecting canines to locate live bed bugs and viable bed bug eggs. J. Econ. Entomol. 101, 1389–1396, doi:10.1603/0022–0493(2008)101[1389:aobbct]2.0.co;2 (2008).

12 Donovan, D. Bed bug detection dogs. (On Demand, 2012).

13 Alomajan, M. Dogs in action. Working dogs and their stories. (Exisle Publishing Limited, 2013).

14 Endrestøl, A. Veggdyret-tegenes fyrst Dracula. Insekt-Nytt 36, 49–60 (2011).

15 Pfiester, M., Koehler, P. G., Pereira, R. M. Ability of bed bug-detecting canines to locate live bed bugs and viable bed bug eggs. J. Econ. Entomol. 101, 1389–1396, doi:10.1603/0022–0493(2008)101[1389:aobbct]2.0.co;2 (2008).

16 Vaidyanathan, R., Feldlaufer, M. F. Review Article: Bed Bug Detection: Current Technologies and Future Directions. American Journal of Tropical Medicine and Hygiene 88, 619–625, doi:10.4269/ajtmh.12–0493 (2013).

17 Raffa, K. F. Terpenes Tell Different Tales at Different Scales: Glimpses into the Chemical Ecology of Conifer–Bark Beetle – Microbial Interactions. J. Chem. Ecol. 40, 1–20, doi:10.1007/s10886-013–0368-y (2014).

18 Schlyter, F., Birgersson, G., Johansson, A. Detection dogs recognize pheromone from spruce bark beetle and follow it to source: a new tool from chemcial ecology to forest protection. ESA 60th Annual Meeting Knoxville presentation 1600 12. November (2012).

19 Wallner, W. E., Ellis, T.L. Olfactory detection of gypsy moth pheromone and egg masses by domestic canines. Environ. Entomol. 5, 183–186 (1976).

20 Welch, J. B. A detector dog for screwworms (Diptera, Calliphoridae). J. Econ. Entomol. 83, 1932–1934 (1990).

21 Noireau, F., Cortez, M. G. R., Monteiro, F. A., Jansen, A. M., Torrico, F. Can wild Triatoma infestans foci in Bolivia jeopardize Chagas disease control efforts? Trends in Parasitology 21, 7–10, doi:10.1016/j.pt.2004.10.007 (2005).

22 Bernstein, R. E. Darwin's illness: Chagas' disease resurgens. Journal of the Royal Society of Medicine 77, 608–609 (1984).

23 Campbell, A. K., Matthews, S. B. Darwin's illness revealed. Postgraduate Medical Journal 81, 248–251, doi:10.1136/pgmj.2004.025569 (2005).

24 Ødegaard, F. E-Mail 29. oktober. (2012).

25 Rolon, M., Vega, M. C., Roman, F., Gomez, A., Arias, A. R. First report of colonies of Sylvatic Triatoma infestans (Hemiptera: Reduviidae) in the Paraguayan Chaco, using a trained dog. PLoS Negl. Trop. Dis. 5, e1026 (2011).

26 Warfield, K. Man's best friend protects american agriculture. United States Department of Agriculture, blog (2011).

27 Nakash, J., Osem, Y., Kehat, M. A suggestion to use dogs for detecting red palm weevil (Rhynchophorus ferrugineus) infestation in date palms in Israel. Phytoparasitica 28, 153–155, doi:10.1007/bf02981745 (2000).

28 Soroker, V., Suma, P., La Pergola, A., Cohen, Y., Cohen, Y., Alchanatis, V., Golomb, O., Goldshtein, E., Hetzroni, A., Galazan, L., Kontodimas, D., Pontikakos, C., Zorovic, M., Brandstetter, M. Early detection and monitoring of red palm weevil: approcaches and challenges. AFPP-Palm pest Mediterranean conference Nice – 16., 17. and 18. January (2013).

29 Russell, A. The nose knows. Northbay biz Februar (2007).

30 Fjelddalen, J. Skjoldlus (Coccinea, Hom.) i Norge. Insekt-Nytt 21, 6–25 (1996).

31 Russell, A. The nose knows. Northbay biz Februar (2007).

32 Fjelddalen, J. Skjoldlus (Coccinea, Hom.) i Norge. Insekt-Nytt 21, 6–25 (1996).

33 Russell, A. The nose knows. Northbay biz Februar (2007).

34 Lewis, V. R., Fouche, C. F., Lemaster, R. L. Evaluation of dog-assisted searches and electronic odor decices for detecting the western subterranean termite. Forest Products Journal 47 (1997).

35 Scheffrahn, R. H., Su, N. Y., Busey, P. Laboratory and field evaluations of selected chemical treatments for control of drywood termites (Isoptera: Kalotermitidae). J. Econ. Entomol. 90, 492–502 (1997).

36 Lewis, V. R., Fouche, C. F., Lemaster, R. L. Evaluation of dog-assisted searches and electronic odor decices for detecting the western subterranean termite. Forest Products Journal 47 (1997).

37 Brooks, S. E., Oi, F. M., Koehler, P. G. Ability of canine termite detectors to locate live termites and discriminate them from non-termite material. J. Econ. Entomol. 96, 1259–1266, doi:10.1603/0022–0493– 96.4.1259 (2003).

38 Grandjean, D., Haymann, F. Hunde-encyklopedi. (RK Grafisk, 2010).

39 Lin, H. M., Chi, W. L., Lin, C. C., Tseng, Y. C., Chen, W. T., Kung, Y. L., Lien, Y. Y., Chen, Y. Y. Fire Ant-Detecting Canines: A Complementary Method in Detecting Red Imported Fire Ants. J. Econ. Entomol. 104, 225–231, doi:10.1603/ec10298 (2011).

40 Kauhanen, E., Harri, M., Nevalainen, A., Nevalainen, T. Validity of detection of microbial growth in buildings by trained dogs. Environment International 28, 153–157, doi:10.1016/s0160–4120(02)00021–1 (2002).

41 Lorenz, W., Diederich, T. How to find hidden microbial growth with a mold dog. IAQ, 1–3 (2001).

42 Ammer, A. HUSSE (Hundar for Stolprotsdetektering, Sakerhet och Ekonomi), Dogs detecting decay in telephone poles, reliability and economy. Report (in Swedish), Malmo, 1985, 25 pp (1985).

43 Davner, L. Decay! Dogs hunting damaged wood. Skogen 5, 48 (1986).

44 Kauhanen, E., Harri, M., Nevalainen, A., Nevalainen, T. Validity of detection of microbial growth in buildings by trained dogs. Environment International 28, 153–157, doi:10.1016/s0160–4120(02)00021–1 (2002).

45 Griffith, R. T., Jayachandran, K., Shetty, K. G., Whitstine, W., Furton, K. G. Differentiation of toxic molds via headspace SPME-GC/MS and canine detection. Sensors 7, 1496–1508, doi:10.3390/s7081496 (2007).

46 Sæther, N. G. Sniffer sopp og sporer mugg. Hus og Bolig 5, 59–63 (2006).

47 Davner, L. Decay! Dogs hunting damaged wood. Skogen 5, 48 (1986).

48 Järverud, S. Din hund söker. (Brukshundservice Sverige AB, 2002).

49 Lorenz, W., Diederich, T. How to find hidden microbial growth with a mold dog. IAQ, 1–3 (2001).

50 Järverud, S. Din hund söker. (Brukshundservice Sverige AB, 2002).

51 www.dogpoint.no/.

52 Iljar, T. Samtaler og E-Mail. (2012 og 2013).

53 Sæther, N. G. Sniffer sopp og sporer mugg. Hus og Bolig 5, 59–63 (2006).

54 Holen, Ø. Arbeidsulykke blir etterforsket. TA 15. mai (2009).

55 Moen, T. O. En råtten jobb. Vi Menn 8. desember (2008).

56 Refsnæs, S., Rolfseng, L., Solvang, E., Heggset, J. Timing of wood pole replacement based on lifetime estimation. 9th International Conference on Probabilistic Methods Applied to Power Systems KTH, Stockholm, Sweden June 11–15 (2006).

57 Refsnæs, S., Rolfseng, L., Solvang, E., Heggset, J. Timing of wood pole replacement based on lifetime estimation. 9th International Conference on Probabilistic Methods Applied to Power Systems KTH, Stockholm, Sweden June 11–15 (2006).

58 Moen, T. O. En råtten jobb. Vi Menn 8. desember (2008).

59 Ann, P. J., Chang, T. T., Ko, W. H. Phellinus noxius brown root rot of fruit on ornamental trees in Taiwan. The American Phytopathological Society 86, 820–826 (2002).

60 Solheim, H. Råtesopper- i levende trær. Skog og landskap, 1–28 (2010).

61 http://www.taipeitimes.com/News/taiwan/archives/2012/05/25/2003533696.

62 Saha, S., Hunter, W. B., Reese, J., Morgan, J. K., Marutani-Hert, M., Huang, H., Lindeberg, M. Survey of Endosymbionts in the Diaphorina citri Metagenome and Assembly of a Wolbachia wDi Draft Genome. Plos One 7, doi:10.1371/journal.pone.0050067 (2012).

63 Gottwald, T. R. Current epidemiological understanding of citrus huanglongbing. Annu. Rev. Phytophatol. 48, 119–139 (2010).

64 http://cisr.ucr.edu/asian_citrus_psyllid.html.

65 http://www.forskning.no/artikler/2010/oktober/266754.

66 http://twolittlecavaliers.com/2011/12/dogs-learning-to-sniff-out-citrus-canker.html.

67 Martin, C. Timber dogs. A forest owner's best friend? Alabamas's Treasured Forest Magazine Summer (2011).

68 Eckhardt, L., Steury, T. Root diseases and timber dogs. Silviculture Fall 30–31 (2011).

69 de Wet, S. C. Use of a sniffer dog in the detection of American foulbrood in beehives. Australian Government. Rural Industries Research and Development Corporation publication No. 13/080.

70 Richards, K. M., Cotton, S. J.,

Sandeman, R. M. The use of detector dogs in the diagnosis of nematode infections in sheep feces. Journal of Veterinary Behavior-Clinical Applications and Research 3, 25–31, doi:10.1016/j.jveb.2007.10.006 (2008).

71 Richards, K. M., Cotton, S. J., Sandeman, R. M. The use of detector dogs in the diagnosis of nematode infections in sheep feces. Journal of Veterinary Behavior-Clinical Applications and Research 3, 25–31, doi:10.1016/j.jveb.2007.10.006 (2008).

72 Alasaad, S., Permunian, R., Gakuya, F., Mutinda, M., Soriguer, R. C., Rossi, L. Sarcoptic-mange detector dogs used to identify infected animals during outbreaks in wildlife. BMC Veterinary Research 8, 110 (2012).

73 Mounsey, K. E., McCarthy, J. S., Walton, S. F. Scratching the itch: new tools to advance understanding of scabies. Trends in Parasitology 29, 35–42, doi:10.1016/j.pt.2012.09.006 (2013).

74 Davidson, R. K., Bornstein, S., Handeland, K. Long-term study of Sarcoptes scabiei infection in Norwegian red foxes (Vulpes vulpes) indicating host/parasite adaptation. Veterinary Parasitology 156, 277–283, doi:10.1016/j.vetpar.2008.05.019 (2008).

75 http://www.nydailynews.com/new-york/rat-hunting-dogs-bite-new-york-city-vermin-problem-article- 1.1331191.

76 Pfiester, M., Koehler, P. G., Pereira, R. M. Ability of bed bug-detecting canines to locate live bed bugs and viable bed bug eggs. J. Econ. Entomol. 101, 1389–1396, doi:10.1603/0022-0493(2008)101[1389:aobbct]2.0.co;2 (2008).

77 Skalleberg, A. G. Hundeprosjektet. Bevis 2, 14–16 (2013).

78 Gederaas, L., Moen, T. L., Skjelseth, S., Larsen, L.-K. Fremmede arter i Norge – med norsk svarteliste 2012 (Artsdatabanken, Trondheim, 2012).

79 Sletmoen, A. S., Nærheim, A. Anmeldt for humleimport. NRK Hedemark og Oppland 26. april (2013).

80 Haakaas, E., Fuglehaug, W. Maur fra Argentina truer Norge. Aftenposten 6. april (2013).

81 Stranden, I. L. Ny insektart legger sin elsk på Snillfjord. NRK Trøndelag 24. september (2013).

82 Ødegaard, F. E-Mail 3. januar. (2014).

83 Haakaas, E., Fuglehaug, W. Maur fra Argentina truer Norge. Aftenposten 6. april (2013).

84 Deshpande, B. G. Earthquakes, animals and man. Chapter III- Animal response to earthquakes. Proc. Indian Natn. Sci. Acad B52, 5, 585–618 (1986).

85 Aasheim, K. I. Hund som arbeidsredskap i brannvesenet. Brannmannen 61, 42–43 (2006).

86 Quaife, L. R., Moynihan, K. J., Larson, D. A. A new pipeline leak-location technique utilizing a novel (patented) test-fluid and trained domestic dog. Proceedings of the seventy-first GPA annual convention, 154–161 (1991).

87 Ellervik, U. Ond kemi. Berättelser om människor, mord och molekyler. (Fri tanke forlag, 2011).

88 Quaife, L. R., Moynihan, K. J., Larson, D. A. A new pipeline leak-location technique utilizing a novel (patented) test-fluid and trained domestic dog. Proceedings of the seventy-first GPA annual convention, 154–161 (1991).

89 Rosen, B., Wetterholm, L. Kvalitetssäkringsrutiner för läcksokning av gasledning med konventionella metoder och med sökshundar. (Svensk Gastekniskt Center AB A25, 2000).

90 Rosen, B., Wetterholm, L. Kvalitetssäkring av läcksøkning med hund-fas II. (Svenskt Gastekninsk Center AB 119, 2001).

91 Järverud, S. Din hund söker. (Brukshundservice Sverige AB, 2002).

92 Rosen, B., Wetterholm, L. Kvalitetssäkring av läcksøkning med hund-fas II. (Svenskt Gastekninsk Center AB119, 2001).

93 Rodrigues, A. Hero dog alerts family to gas leak. 25. June Toronto Sun (2011).

94 Schoon, A., Fjellanger, R., Kjeldsen, M., Goss, K. Detecting corrosion under insulation (CUI) using trained dogs: a novel approach. Materials Evaluation 72, 142–148 (2014).

95 Tho, E. Snuser seg fram til rust. Haugesund Avis 11. mars (2013).

96 Førde, T. Hund får jobb i gassbransjen. Bergens Tidende 12. mars (2013).

97 Schoon, A., Fjellanger, R. CUI dog project summary report. (Fjellanger Dog Training Academy, 2013).

98 Schoon, A., Fjellanger, R., Kjeldsen, M., Goss, K.-U. Using dogs to detect hidden corrosion. Applied Animal Behaviour Science 153, 43–52 (2014).

Kapitel 13 Andere Arbeitsaufgaben für Spürhunde

1 Dickins, D. Oil in ice-JIP. (SINTEF Materials and Chemisrty, 2010).

2 Buvik, T., Brandvik, P.J. Using dogs to detect oil hidden in beach sediments. Results from field training on Svalbard, September 2008 and on the west coast of Norway (Fedje/Austreheim), November 2008. ((Fedje/Austreheim), June 2009. SINTEF report, Trondheim, Norway, 2009).

3 Brandvik, P. J., Buvik, T. Using dogs to detect oil hidden in snow and ice. Results from field training on Svalbard April 2008. (2009).

4 Bjøru, S. En hund etter olje. Adressa.no 7. mars (2009).

5 Eriksen, E., Kallestad, G. Nese for olje. Status 5, 21 (2007).

6 Elvsåshagen, L. Ett år siden «Full City»-katastrofen. Østlands-Posten 30. juli (2010).

7 http://www.sabima.no/Absintsuger-er-Norges-morsomste-artsnavn.

8 Hallgren, A., Hansson, M. Kantarellsök med hund. (Jycke-Tryck AB, 2009).

9 Daniewski, W. M., Danikiewicz, W., Golebiewski, W. M., Gucma, M., Lysik, A., Grodner, J., Przybysz, E. Search for Bioactive Compounds from Cantharellus cibarius. Natural Product Communications 7, 917–918 (2012).

10 http://www.adressa.no/nyheter/article48831.ece.

11 Torp, I. S. Trøffelhelter. Aftenposten. A magasinet 12. oktober (2011).

12 Willes, R. Lagotto romagnolo. (Mälaröbörsen, 2009).

13 Wedén, C. Tryffel mat for gudar, gutar & svin. (Infotain & Infobooks, Sweden AB, 2008).

14 Grandjean, D., Haymann, F. Hunde-encyklopedi. (RK Grafisk, 2010).

15 Samils, N., Olivera, A., Danell, E., Alexander, S. J., Fischer, C., Colinas, C. The Socioeconomic Impact of Truffle Cultivation in Rural Spain. Economic Botany 62, 331–340, doi:10.1007/s12231-008-9030-y (2008).

16 Anonym. Putting tools in place to tackle the threat of poisoning. (Life and human coexistence with large carnivores, Life Nature, 63–67, 2013).

17 Torp, I. S. Trøffelhelter. Aftenposten. A magasinet 12. oktober (2011).

18 http://www.nhm.uio.no/forskning/prosjekter/troffel/metode/.

19 Odinsen, H. L. Jakten på den sorte diamant. VG 4. desember (2011).

20 Molia, A., Killingmo, K. E-Mail og samtaler i november. (2013).

21 Talou, T., Gaset, A., Delmas, M., Kulifaj, M., Montant, C. Dimethyl sulphide: the secret for black truffle hunting by animals? Mycological Research 94, 277–278 (1990).

22 Splivallo, R., Ottonello, S., Mello, A., Karlovsky, P. Truffle volatiles: from chemical ecology to aroma biosynthesis. New Phytologist 189, 688–699, doi:10.1111/j.1469-8137.2010.03523.x (2011).

23 Wedén, C. Tryffel mat for gudar, gutar & svin. (Infotain & Infobooks, Sweden AB, 2008).

24 Wedén, C. Tryffel mat for gudar, gutar & svin. (Infotain & Infobooks, Sweden AB, 2008).

25 Talou, T., Gaset, A., Delmas, M., Kulifaj, M., Montant, C. Dimethyl sulphide: the secret for black truffle hunting by animals? Mycological Research 94, 277–278 (1990).

26 Wedén, C. Tryffel mat for gudar, gutar & svin. (Infotain & Infobooks, Sweden AB, 2008).

27 Odinsen, H. L. Jakten på den sorte diamant. VG 4. desember (2011).

28 Hepper, P. G., Wells, D. L. Perinatal olfactory learning in the domestic dog. Chem. Senses 31, 207–212, doi:10.1093/chemse/bjj020 (2006).

29 Wells, D. L., Hepper, P. G. Prenatal olfactory learning in the domestic dog. Animal Behaviour 72, 681–686, doi:10.1016/j.anbehav.2005.12.008 (2006).

30 Wedén, C. Tryffel mat for gudar, gutar & svin. (Infotain & Infobooks, Sweden AB, 2008).

31 Molia, A., Killingmo, K. E-Mail og samtaler i november. (2013).

32 Grandjean, D., Haymann, F. Hunde-encyklopedi. (RK Grafisk, 2010).

33 Lord, K. A Comparison of the Sensory Development of Wolves (Canis lupus lupus) and Dogs (Canis lupus familiaris). Ethology 119, 110–120, doi:10.1111/eth.12044 (2013).

34 Wells, D. L., Hepper, P. G. Prenatal olfactory learning in the domestic dog. Animal Behaviour 72, 681–686, doi:10.1016/j.anbehav.2005.12.008 (2006).

35 Hepper, P. G., Wells, D. L. Perinatal olfactory learning in the domestic dog. Chem. Senses 31, 207–212, doi:10.1093/chemse/bjj020 (2006).

36 Hepper, P. G., Wells, D. L. Perinatal olfactory learning in the domestic dog. Chem. Senses 31, 207–212, doi:10.1093/chemse/bjj020 (2006).

37 Wells, D. L., Hepper, P. G. Prenatal olfactory learning in the domestic dog. Animal Behaviour 72, 681–686, doi:10.1016/j.anbehav.2005.12.008 (2006).

38 http://www.nhm.uio.no/forskning/prosjekter/troffel/metode/.

39 http://www.lagotto.no/.

40 Molia, A., Killingmo, K. E-Mail og samtaler i november. (2013).

41 Molia, A. E-Mail 12. juni. (2014).

42 Molia, A. E-Mail 12. juni. (2014).

43 Partyka, M. L., Bond, R. F., Farrar, J., Falco, A., Cassens, B., Cruse, A., Atwill, E. R. Quantifying the sensitivity of scent detection dogs to identify fecal contamination on raw produce. Journal of Food Protection 77, 6–14 (2014).

44 Shelby, R. A., Schrader, K. K., Tucker, A., Klesius, P. H., Myers, L. J. Detection of catfish off-flavour compounds by trained dogs. Aquaculture Research 35, 888–892, doi:10.1111/j.1365-2109.2004.01081.x (2004).

45 Shelby, R. A., Myers, L. J., Schrader, K. K., Klesius, P. H. Detection of off-flavour in channel catfish (Ictalurus punctatus Rafinesque) fillets by trained dogs. Aquaculture Research 37, 299–301, doi:10.1111/j.1365-2109.2005.01416.x (2006).

46 Hanson, T. R. in Off-flavors in Aquaculture (ed A. M. Rimando, Schrader, K. K.) 13–29 (American Chemical Society, DC, 2003).

47 Shelby, R. A., Schrader, K. K., Tucker, A., Klesius, P. H., Myers, L. J. Detection of catfish off-flavour compounds by trained dogs. Aquaculture Research 35, 888–892, doi:10.1111/j.1365-2109.2004.01081.x (2004).

48 Shelby, R. A., Schrader, K. K., Tucker, A., Klesius, P. H., Myers, L. J. Detection of catfish off-flavour compounds by trained dogs. Aquaculture Research 35, 888–892, doi:10.1111/j.1365-2109.2004.01081.x (2004).

49 Hanson, T. R. in Off-flavors in Aquaculture (ed A. M. Rimando, Schrader, K. K.) 13–29 (American Chemical Society, DC, 2003).

50 Zimba, P. V., Khoo, L., Gaunt, P. S., Brittain, S., Carmichael, W. W. Confirmation of catfish, Ictalurus punctatus (Rafinesque), mortality from Microcystis toxins. Journal of Fish Diseases 24, 41–47, doi:10.1046/j.1365-2761.2001.00273.x (2001).

51 Shelby, R. A., Schrader, K. K., Tucker, A., Klesius, P. H., Myers, L. J. Detection of catfish off-flavour compounds by trained dogs. Aquaculture

Research 35, 888–892, doi:10.1111/j.1365–2109.2004.01081.x (2004).

52 Shelby, R. A., Myers, L. J., Schrader, K. K., Klesius, P. H. Detection of off-flavour in channel catfish (Ictalurus punctatus Rafinesque) fillets by trained dogs. Aquaculture Research 37, 299–301, doi:10.1111/j.1365–2109.2005.01416.x (2006).

53 http://www.vinmonopolet.no/artikkel?id=1077.

54 Chatonnet, P., Bonnet, S., Boutou, S. & Labadie, M. D. Identification and responsibility of 2,4,6- tribromoanisole in musty, corked odors in wine. Journal of Agricultural and Food Chemistry 52, 1255–1262, doi:10.1021/jf030632f (2004).

55 Stalheim, A. Slik avslører du dårlig vin. http://www.klikk.no/mat/drikke/article397313.ece (2009).

56 Gannon, S. Winery dog sniff out TCA. Wines & Vines August (2006).

57 Grandjean, D., Haymann, F. Hunde-encyklopedi. (RK Grafisk, 2010).

58 VerCauteren, K., Lavelle, M., Gehring, T. M., Landry, J.-M., Marker, L. in The current and future roles of free-ranging detection dogs in conservation efforts (ed M. E. Gompper) Ch. 9, 211–238 (Oxford University Press, 2014).

59 Beringer, J., Hansen, L. P., Heinen, R. A., Giessman, N. F. Use of dogs to reduce damage by deer to a whitepine plantation. Wildl. Soc. Bull. 22, 627–632 (1994).

60 Curtis, P., Rieckenberg, R. Use of dogs for reducing deer damage in apple orchads. Proc. Wildl. Damage. Manage. Conf., 149–158 (2005).

61 VerCauteren, K. C., Seward, K. C., Hirtchert, D. L., Jones, M. L., Beckerman, S. F. Dogs for reducing wildlife damage to organic crops: a case study. Proc. Wildl. Damage Manage. Conf., 286–293 (2005).

62 Woodruff, R. A., Green, J. S. Livestock herding dogs: a unigue application for wildlife damage management. Proc. Great Plains Wildl. Damage Control Workshop, 43–45 (1995).

63 Castelli, P. M., Sleggs, S. E. Efficacy of border collies to control nuisance Canada geese. Wildl. Soc. Bull. 28, 385–392 (2000).

64 Lescureux, N., Linnell, J. D. C. Warring brothers: The complex interactions between wolves (Canis lupus) and dogs (Canis familiaris) in a conservation context. Biological Conservation 171, 232–245, doi:http://dx.doi.org/10.1016/j.biocon.2014.01.032 (2014).

65 Coppinger, R., Coppinger, L. Dogs. A startling new understanding of canine origin, behavior, and evolution. (Crosskeys Selct books, 2004).

66 Marker, L. L., Dickman, A. J., Macdonald, D. W. Perceived effectiveness of livestock-guarding dogs placed on Namibian farms. Rangeland Ecology & Management 58, 329–336, doi:10.2111/1551–5028(2005)058[0329:peoldp]2.0.co;2 (2005).

67 Marker, L. L., Dickman, A. J., Macdonald, D. W. Survivorship and causes of mortality for livestock-guarding dogs on Namibian rangeland. Rangeland Ecology & Management 58, 337–343, doi:10.2111/1551–5028(2005)058[0337:sacomf]2.0.co;2 (2005).

68 Svensson, L., Karlsson, J., Gustavsson, T. Boskapsvaktande hundar i Sverige, viltskadecenters rekommendationer för fortsatt använding. (Rapport från Viltskadecenter Tamdjur/Rovdjur 2011–1, 2011).

69 VerCauteren, K. C., Lavelle, M. J., Gehring, T. M., Landry, J.-M. Cow dogs: Use of livestock protection dogs for reducing predation and transmission of pathogens from wildlife to cattle. Applied Animal Behaviour Science 140, 128–136, doi:10.1016/j.applanim.2012.06.006 (2012).

70 Weisbord, M., Kachanoff, K. Dogs with jobs. (Pocket Books, 2000).

71 Weisbord, M., Kachanoff, K. Dogs with jobs. (Pocket Books, 2000).

72 Kiddy, C. A., Mitchell, D. S., Bolt, D. J., Hawk, H. W. Detection of estrous-related odors in cows by trained dogs. Biology of Reproduction 19, 389–395, doi:10.1095/biolreprod19.2.389 (1978).

73 Hawk, H. W., Conley, H. H. & Kiddy, C. A. Estrous-related odors in milk detected by trained dogs. Journal of Dairy Science 67, 392–397 (1984).

74 http://hundcampus.se/.

75 Fischer-Tenhagen, C., Wetterholm, L., Tenhagen, B.- A., Heuwieser, W. Training dogs on a scent platform for oestrous detection in cows. Applied Animal Behaviour Science 131, 63–70, doi:10.1016/j.applanim.2011.01.006 (2011).

76 Fischer-Tenhagen, C., Wetterholm, L., Tenhagen, B.- A., Heuwieser, W. Training dogs on a scent platform for oestrous detection in cows. Applied Animal Behaviour Science 131, 63–70, doi:10.1016/j.applanim.2011.01.006 (2011).

77 Fischer-Tenhagen, C., Wetterholm, L., Tenhagen, B.- A., Heuwieser, W. Training of dogs for detection of oestrous specific scent in saliva of cows. Reproduction in Domestic Animals 46, 104–105 (2011).

78 Fischer-Tenhagen, C., Tenhagen, B.-A., Heuwieser, W. Ability of dogs to detect cows in estrous from sniffing saliva samples. J. Dairy Sci. 96, 1081–1084 (2013).

79 Derocher, A. E., Aars, J., Amstrup, S. C., Cutting, A., Lunn, N. J., Molnar, P. K., Obbard, M. E., Stirling, I., Thiemann, G. W., Vongraven, D., Wiig, O., York, G. Rapid ecosystem change and polar bear conservation. Conservation Letters 6, 368–375, doi:10.1111/conl.12009 (2013).

80 http://www.dailymail.co.uk/news/article-2487374/Meet-beagle-trained-detect-pregnant-polar-bears.html.

81 Murray, J., Reynolds, S., Holden, P., Ven de Werfhorst, L. Canine scent and microbial source tracking in Santa Barbara, California. (Water Environment Reseacrh Foundation, IWA Publishing, 2011).

82 Reynolds, S. D., Christian, D. P., Reynolds, K. G. in Word Environmental and Water Resources Congress 2008 Ahupua'a, Reston, VA, USA.

83 Nilsson, G. The use of dogs in prospecting for sulphide ores. Geologiska Föreningens i Stockholm Förhandlingar 93, 725–728 (1971).

84 http://oredog.com/.

85 Grandjean, D., Haymann, F. Hunde-encyklopedi. (RK Grafisk, 2010).

86 http://oredog.com/.

87 Austin, R. How to train your dog to find gold. (Golddogs, 2008).

88 Giske, I. Jippi – en hund etter gift. Dagbladet 14. januar (2007).

89 Kvalvik, S. H. Hunder som søker etter kreft. Hundesport 6–7, 28–29 (2007).

90 Engdahl, H. M., Johannesen, M., Linnestad, Å., Rosell, F. Kartlegging/ metodeutvikling av PCB og tungmetaller i fisk og blåskjell fra Idde- og Ringdalsfjorden. 61 (Rapport. BSc thesis. Østfold Ingeniørhøgskole, Sarpsborg, 1991).

91 Kamrin, M. A., Ringer, R. K. PCB residues in mammals – a review. Toxicological and Environmental Chemistry 41, 63–84, doi:10.1080/02772249409357961 (1994).

92 Crook, A. Use of odour detection dogs in residue management programs. Asian-Australasian Journal of Animal Sciences 13, 219–219 (2000).

93 Arner, L. D., Johnson, G. R., Skovronek, H. S. Delineating toxic areas by canine olfaction. Journal of Hazardous Materials 13, 375–381, doi:10.1016/0304–3894(86)85009–9 (1986).

94 http://video.thehairstyler.com/mercury-dogs-of-the-swedish-environmental-protection-agency-495319968.

95 von Rein, K., Hylander, L. D. Experiences from phasing out the use of mercury in Sweden. Regional Environmental Change 1, 126–134, doi:10.1007/s101130000016 (2000).

96 Clarkson, T. W. Human toxicology of mercury. Journal of Trace Elements in Experimental Medicine 11, 303– 317 (1998).

97 Boening, D. W. Ecological effects, transport, and fate of mercury: a general review. Chemosphere 40, 1335– 1351, doi:10.1016/s0045–6535(99)00283–0 (2000).

98 Wolfe, M. F., Schwarzbach, S., Sulaiman, R. A. Effects of mercury on wildlife: A comprehensive review. Environmental Toxicology and Chemistry 17, 146–160, doi:10.1897/1551–

5028(1998)017<0146:eomowa>2.3.co;2 (1998).

99 Lovejoy, G. M. Clancy, the mercury-sniffing dog stops at St. Jon's school in Wykoff. http://www.mercuryinschools.uwex.edu/act/clancy.htm (2003).

100 Anonym. Putting tools in place to tackle the threat of poisoning. (Life and human coexistence with large carnivores, Life Nature, 63–67, 2013).

101 Fajardo, I., Ruiz, A., Zorrilla, I., Valero, A., Fernandez, I., Saez, E., Molino, F. M., Olivares, J. in Carbofuran and wildlife poisoning: global perspectives and forensic approaches. (ed N. Richards, Mineau, P.) 147–155 (Wiley, 2011).

102 Skovronek, H., Kebbekus, B., Messur, S., Arner, L. Application opportunities for canine olfaction: Equipment decontamination and leaking tanks. (Cooperative Agreement no. CR-812180-01-0). US Environmental Protection Agency Hazardous Waste Engineering Research Laboratory, Edison, NJ. (1987).

103 http://aipetcher.wordpress.com/2010/07/10/1966-pickles-the-dog-and-the-football-world-cup/.

104 Thomsen, E. Samtale per telefon den 16. september 2013 og E-Mail 30 mars. (2014).

105 Zachrisson, G. Hade vi spelet batte på instinkt? Golf 9, 98 (2013).

Theby, Viviane & Hares, Michaela

Das große Schnüffelbuch

Nasenspiele für Hunde

Hunde haben eine faszinierend gute Nase - Ihrer auch! Warum den so wichtigen Geruchssinn nicht nutzen, um den Vierbeiner artgerecht und abwechslungsreich zu beschäftigen? Hier lesen Sie, wie Sie und Ihr Hund fantasievoll, kreativ, offen und mit immer neuen Herausforderungen in die spannende Welt der Gerüche eintauchen. Sie werden viel Spaß haben, Ihre Zusammenarbeit verbessern und vor allem staunen, zu was Ihr Hund alles fähig ist! Unsere Erfolgstitel „Schnüffelstunde" und „Wir schnüffeln weiter", komplett überarbeitet und ergänzt, in einem Band!

Hardcover, 232 Seiten, durchgehend farbig.

ISBN 978-3-942335-01-0

Preis: 19,95 EUR

Schettler, Jeff

K.9 Trailing

Professionelle Personensuche mit Hund

Trailing oder „Mantrailing", die Personensuche mit Hund, gehört in Europa zu den neueren Unterdisziplinen der Polizei- und Rettungshundearbeit. Jeff Schettler, langjähriger Diensthundeführer der kalifornischen Polizei und Mitglied einer FBI-Spezialeinheit, berichtet in diesem praktischen Buch aus seinem reichen Erfahrungsschatz und gibt wertvolle Tipps. Auswahl und Ausbildung eines Hundes, geeignete Ausrüstung, das Verhalten von Geruch unter verschiedenen Umweltbedingungen, Trails in städtischem Gebiet, Car Trails, Training unter Ablenkungen und vieles mehr werden ausführlich besprochen. Eine Fundgrube für alle, die sich ernsthaft mit dem Thema Trailing auseinandersetzen möchten.

Flexicover, 240 Seiten, durchgehend farbig

ISBN 978-3-95464-018-8

Preis: 29,95 EUR

Grosser, Nina & Körner, Viktoria

Der Diabetikerwarnhund

Das Praxishandbuch zur Ausbildung

Hunde können einen sinkenden Blutzuckerspiegel wahrnehmen und dem Menschen mitteilen: Dies wurde inzwischen in zahlreichen Untersuchungen nachgewiesen. Der ausgebildete Diabetikerwarnhund ist also eine große Hilfe für seinen Besitzer und ermöglicht ihm mehr Unabhängigkeit.

Hardcover, 192 Seiten, durchgehend farbig

ISBN 978-3-95464-026-3

Preis: 29,95 EUR

Penkowa, Milena

Hund auf Rezept

Warum Hunde gesund für uns sind

Hunde sind gut für die Gesundheit – das ist schon länger bekannt. Aber wussten Sie, dass sie auch ganz konkret Krebs, Herzinfarkten und Demenz vorbeugen können? Dass Kinder, die mit Hunden aufwachsen, weniger unter Allergien und Asthma leiden oder Hunde selbst schwere Erkrankungen wie Parkinson, Alzheimer oder bösartige Tumore bessern können?

Hardcover, 188 Seiten, durchgehend farbig

ISBN 978-3-95464-028-7

Preis: 24,95 EUR